全国高等院校土木与建筑专业十二五创新规划教材

房屋建筑学

(第2版)

郝峻弘　主　编

李文利　马玉洁
周　凡　张凤红　副主编

清华大学出版社

北　京

内容简介

本书系统介绍了民用与工业建筑设计原理与构造方法的相关内容。全书共分 15 章，包括概论，建筑平面设计，建筑剖面设计，建筑体型和立面设计，常用建筑结构概述，建筑防火与安全疏散，民用建筑构造概述，基础与地下室，墙体，楼地层及阳台、雨篷，屋顶，楼梯及其他垂直交通设施，门窗，变形缝，工业建筑设计概论。

为使学生能够综合运用所学的专业理论知识解决实际工程问题，附录中配有全套某商业和住宅建筑设计施工图。

本书主要作为高等院校应用型土木工程专业或土木类其他相关专业的教学用书，也可作为从事建筑设计、房地产开发、建筑施工的技术人员及管理人员的参考书。

图书在版编目(CIP)数据

房屋建筑学/郝峻弘主编. —2 版. —北京：清华大学出版社，2015（2024.2 重印）
(全国高等院校土木与建筑专业十二五创新规划教材)
ISBN 978-7-302-40675-4

Ⅰ. ①房…　Ⅱ. ①郝…　Ⅲ. ①房屋建筑学—高等学校—教材　Ⅳ. ①TU22

中国版本图书馆 CIP 数据核字(2015)第 157138 号

责任编辑：桑任松
装帧设计：刘孝琼
责任校对：周剑云
责任印制：沈　露
出版发行：清华大学出版社
　网　　址：https://www.tup.com.cn, https://www.wqxuetang.com
　地　　址：北京清华大学学研大厦 A 座　　邮　　编：100084
　社 总 机：010-83470000　　邮　　购：010-62786544
　投稿与读者服务：010-62776969, c-service@tup.tsinghua.edu.cn
　质量反馈：010-62772015, zhiliang@tup.tsinghua.edu.cn
　课件下载：https://www.tup.com.cn,010-62791865
印 装 者：三河市龙大印装有限公司
经　　销：全国新华书店
开　　本：185mm×260mm　　印　张：21.75　　字　数：526 千字
版　　次：2009 年 12 月第 1 版　2015 年 10 月第 2 版　　印　次：2024 年 2 月第 8 次印刷
定　　价：49.00 元

产品编号：062849-02

第 2 版前言

本书按照土木工程专业人才培养目标、土木工程专业“卓越工程师培养计划”对“房屋建筑学”课程的基本教学要求，依据我国现行国家规范、标准，为适应培养应用技术型人才编写而成。

本书重点介绍了民用建筑设计原理与构造，工业建筑仅做一般介绍。本书在内容上精心组织，文字通俗易懂，图文并茂，论述由浅入深，循序渐进，便于学习和理解。全书注重理论内容的精练，以“实用”为主要宗旨，突出实践内容的重要性，第 2 版编写根据最新建筑设计防火规范、工程做法，对原稿进行修订，并补充了在重点章节后新增加实训练习任务书和指导书(以电子附录形式)。

本书由北京城市学院郝峻弘任主编；河北工程大学马玉洁，东南大学建筑研究所周凡，北京城市学院李文利、张凤红任副主编。编写成员及编写的具体分工为：第 1、3、6 章由郝峻弘编写、修订；第 2、4、12 章由马玉洁修订；第 5、8、9 章由李文利编写、修订；第 7、10、11 章由张凤红修订；第 13、14 章由北京城市学院马静修订；第 15 章，附录 A、B 由周凡编写、修订。全书由郝峻弘、周凡统稿、定稿。

本书的编写工作得到了院校领导和许多教师的支持和帮助，在此表示衷心的感谢；同时参考和借鉴了国内同类教材和相关的文献资料，在此特向有关作者致以深切的谢意。

由于编者水平有限，书中难免存在错误和不足，敬请读者批评指正。

编　者

目　录

第 1 章　概　　论

1.1　建筑及构成建筑的基本要素

1.1.1　建筑

在原始社会，建筑的发展是极其缓慢的，在漫长的岁月里，我们的祖先从艰难地建造穴居和巢居开始，逐步掌握了营建地面建筑的技术，创造了原始的木架建筑，满足了最基本的居住和公共社会活动的需求。我国文献《孟子·滕文公》记载："下者为巢，上者为营窟。"图 1-1 所示为郑州大河村 F1-4 遗址平面及想象外观复原图，图 1-2 所示为西安半坡村 F22 遗址平面及想象外观复原图，图 1-3 所示为西方原始宗教与纪念性建筑物。

随着社会的不断发展，建筑的技术水平不断提高，世界各地不同的建筑逐步形成独特的、成熟的建筑技术和艺术体系，如以中国为代表的东方建筑体系、以欧洲国家为代表的西方建筑体系等。在城市规划、建筑群体、园林、民居等方面，以及在建筑空间处理、建筑艺术与材料结构方面，这些建筑体系的和谐统一及其设计方法、施工技术等，为今天的建筑创作提供了有益的借鉴。

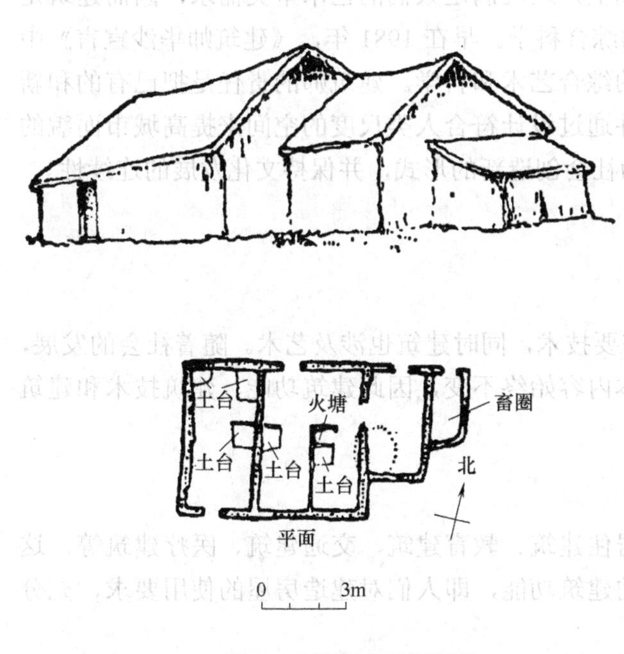

图 1-1　郑州大河村遗址

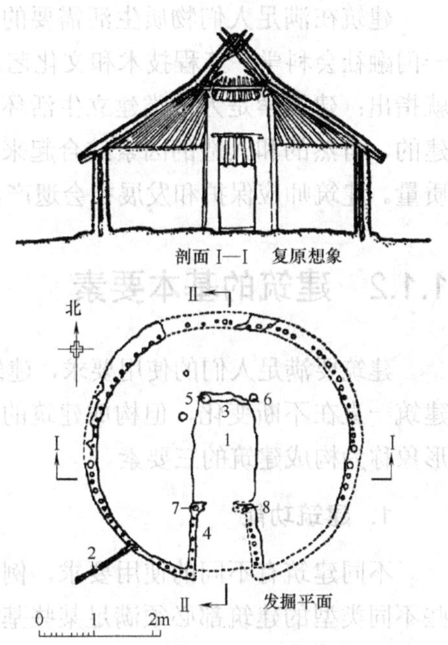

图 1-2　西安半坡村 F22 遗址

1—灶坑；2—墙壁支柱炭痕；
3、4—隔墙；5～8—屋内支柱

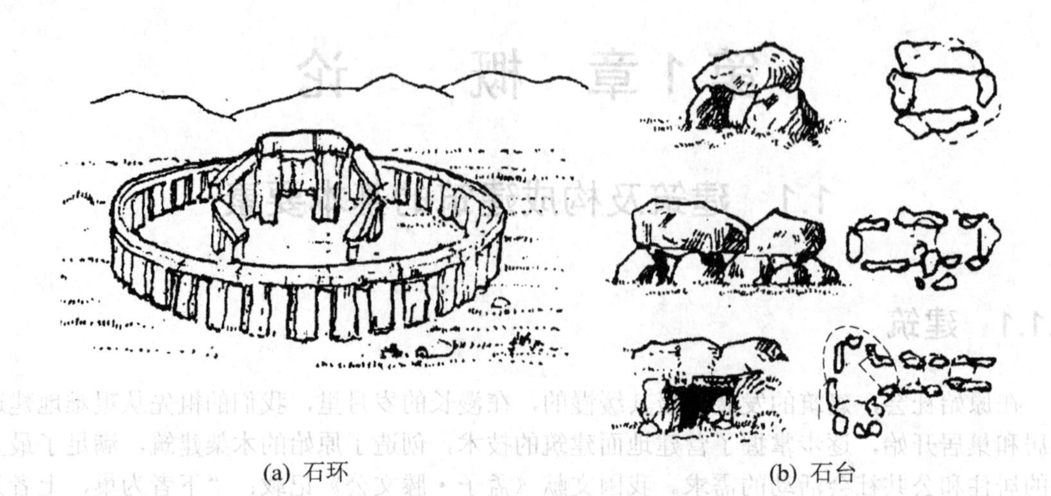

(a) 石环　　(b) 石台

图 1-3　原始宗教与纪念性建筑物

建筑是建筑物与构筑物的总称，通常把直接供人使用的“建筑”称为“建筑物”，如住宅、学校、商店、影剧院等；而把不直接供人使用的“建筑”称为“构筑物”，如水塔、烟囱、水坝等。这两类“建筑”在所用材料、构造形式、施工方法上均相同，因而统称为建筑。本书的研究重点是建筑物，简称“建筑”，其本质是一种人工创造的空间环境，是人们日常生活和从事生产活动不可缺少的场所。

建筑在满足人们物质生活需要的基础上，还应满足人们的艺术审美需求，因而建筑是一门融社会科学、工程技术和文化艺术的综合科学。早在 1981 年，《建筑师华沙宣言》中就指出：建筑学是为人类建立生活环境的综合艺术和科学。建筑师的责任是把已有的和新建的、自然的和人造的因素结合起来，并通过设计符合人类尺度的空间来提高城市面貌的质量。建筑师应保护和发展社会遗产，为社会创造新的形式，并保持文化发展的连续性。

1.1.2　建筑的基本要素

建筑要满足人们的使用要求，建筑需要技术，同时建筑也涉及艺术。随着社会的发展，建筑一直在不断变化，但构成建筑的基本内容始终不变，因此建筑功能、建筑技术和建筑形象称为构成建筑的三要素。

1. 建筑功能

不同建筑有不同的使用要求，例如居住建筑、教育建筑、交通建筑、医疗建筑等，这些不同类型的建筑都必须满足某些基本的建筑功能，即人们对建造房屋的使用要求，充分体现了建筑的目的性。

1) 人体活动尺度的要求

建筑空间是供人使用的场所，人在建筑所形成的空间里活动，人体的各种活动尺度与建筑空间具有十分密切的关系。为了了解人们使用活动的需求，首先应该熟悉人体活动的一些基本尺度。图 1-4 列举了人体尺度及其活动所需的空间大小，说明人体工学在建筑设计中的作用。图中所示是一般起码的要求，许多尺寸与当时的经济条件、使用者的实际需要等有关，具体应用时可适当变化。

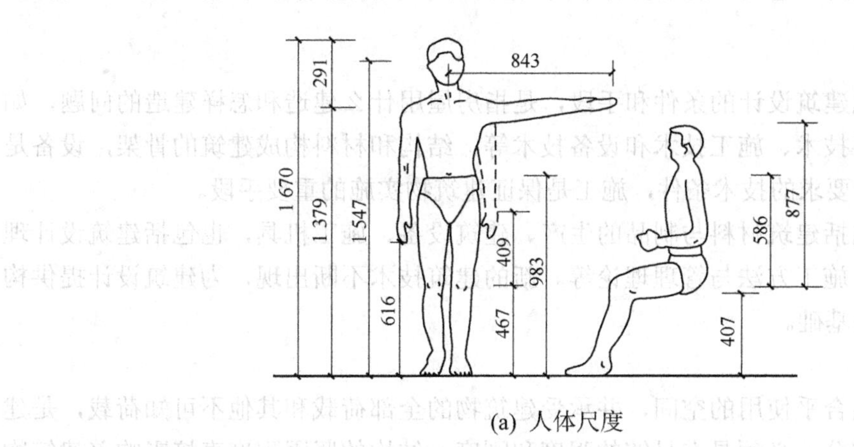

(a) 人体尺度

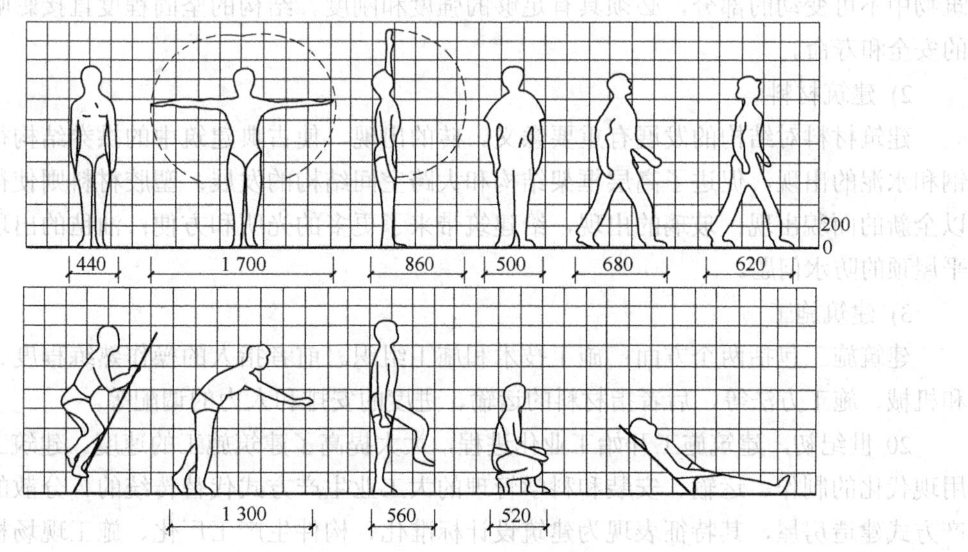

(b) 人体活动所需的空间尺度

图 1-4　人体尺度和人体活动所需的空间尺度(单位：mm)

2) 生理要求

生理要求主要是指人对建筑物的朝向、保温、防潮、隔热、隔声、通风、采光、照明等方面的要求。随着物质技术水平的提高，可以通过改进建筑材料的物理性能、采用机械通风等辅助手段，使建筑满足上述生理要求。

3) 使用要求

在各种不同类型的建筑中，人的活动经常按照一定的顺序或路线进行。例如航空港建筑必须充分考虑旅客的活动顺序和特点，合理地安排好入口大厅、安检厅、候机厅、进出口等各部分之间的关系。再如剧院建筑的听和看要求、图书馆建筑的出纳管理要求、实验

室对温度和湿度方面的特殊要求等，都直接影响建筑的使用功能。

不同类型的建筑，其功能并不是一成不变的。随着人类社会的不断发展和人们物质文化生活水平的不断提高，建筑功能也会有不同的要求和不同的内容。

2. 建筑技术

建筑技术是实现建筑设计的条件和手段，是指房屋用什么建造和怎样建造的问题，如建筑结构技术、材料技术、施工技术和设备技术等。结构和材料构成建筑的骨架，设备是保证建筑物达到某种要求的技术条件，施工是保证建筑物实施的重要手段。

建筑技术具体包括建筑材料与制品的生产、建筑设备、施工机具，也包括建筑设计理论、工程计算理论、施工方法与管理理论等。新的建筑技术不断出现，为建筑设计提供构思创造的营养并奠定基础。

1) 建筑结构

结构为建筑提供合乎使用的空间，并承受建筑物的全部荷载和其他不可知荷载，是建筑物中不可变动的部分，必须具有足够的强度和刚度。结构的坚固程度直接影响着建筑物的安全和寿命。

2) 建筑材料

建筑材料对结构的发展有重要意义。砖的出现，使古典建筑中的拱券结构得以发展；钢和水泥的出现，促进了高层框架结构和大跨空间结构的发展；塑胶材料则使得充气建筑以全新的面貌出现；玻璃的出现，给建筑带来了更多的光明和方便；油毡的出现，解决了平屋顶的防水问题。

3) 建筑施工

建筑施工包括两个方面：施工技术和施工组织。前者指人的操作熟练程度、施工工具和机械、施工方法等，后者指材料的运输、进度的安排和人力的调配等。

20 世纪初，建筑施工开始工业化进程，大大提高了建筑施工的速度。建筑工业化是指用现代化的制作、运输、安装和科学管理的大工业生产方式代替传统的、分散的手工业生产方式建造房屋，其特征表现为建筑设计标准化、构件生产工厂化、施工现场机械化和组织管理科学化。

3. 建筑形象

建筑形象是指建筑的实体形象，不仅包括建筑的外部形体和内部空间的组合，还包括表面的色彩和质感，以及建筑各部分的装修处理等的艺术效果，是建筑功能与技术的综合反映。

建筑形象和其他造型艺术一样，涉及文化传统、民族风格、社会思想意识等方面的因素，并不单纯是美观问题。随着历史的发展，人们的社会审美标准和对美的价值取向也在缓慢地发生着变化。图 1-5 所示为中国传统建筑的典范——金碧辉煌的北京皇家建筑群，沿中轴线上布置一系列重要建筑，金黄色的大屋顶充分体现了皇权的至高无上；图 1-6 所示为国家会议中心，其外形优美，立面设计取自中国古代建筑屋檐的曲线概念，对传统的建筑形式赋予现代的演绎，同时又象征一座桥梁，体现人文、信息的沟通和交流，跨向未来。

图 1-5 北京皇家建筑群

图 1-6 国家会议中心

通常情况下，建筑功能起主导作用，满足功能要求是建筑的主要目的；建筑技术是手段，依靠它可以达到和改善功能要求；而对于纪念性、象征性等建筑而言，其形象则非常重要，艺术效果常起决定性的作用，成为主要因素。因此，建筑功能、建筑技术和建筑形象三者是辩证统一的关系，不可分割并互相制约，但又有主次之分。

1.2 建筑的分类与等级划分

1.2.1 建筑的分类

建筑的分类方法很多，可以按照其功能性质、某些特征和规律等进行分类。

1. 按建筑使用性质分类

城市规划管理部门是根据建设项目的使用性质来对建设项目进行规划审批的，因此，在设计与建设的过程中，建筑师应依据规划许可的建筑使用性质进行建筑设计。在我国，建筑的使用性质分为以下 13 类。

(1) 居住建筑：以提供生活居住场所为主要目的的建筑，包括住宅、公寓、别墅、部队干休所、单身宿舍等。

(2) 行政办公建筑：为行政、党派和团体等机构使用的建筑。

(3) 商务办公建筑：供非行政办公单位的办公使用的建筑，也被称为写字楼(包括 SOHU 办公楼)。

(4) 商业建筑：为商业服务经营提供场所的建筑，包括商场建筑(综合百货商店、商场、批发市场)、服务建筑(餐饮、娱乐、美容、洗染、修理)、旅馆建筑(包括度假村、公寓式酒店)等。

(5) 文化建筑：各级广播电台、电视台、公共图书馆、博物馆、科技馆、展览馆和纪念馆等；电影院、剧场、音乐厅、杂技场等演出场所；独立的游乐场、舞厅、俱乐部、文化宫、青少年宫、老年活动中心等。

(6) 体育建筑：体育场馆及运动员宿舍等配套设施。

(7) 医疗建筑：提供医疗、保健、卫生、防疫、康复和急救场所的建筑，包括医院门诊、病房、卫生防疫站、卫生检验中心、急救中心和血库等建筑。

(8) 科教建筑：以提供教学、科研场所为主要目的的建筑，如科研建筑和教育建筑。科研建筑：承担特殊科研试验条件的建筑。教育建筑：大专院校、中小学、托幼机构的教学用房和学生宿舍等。

(9) 交通建筑：以为公众提供出行换乘的场所为主要目的的建筑，包括机场、火车站、长途客运站、港口、公共交通枢纽、社会停车场(库)等为城市客运交通运输服务的建筑。

(10) 生产建筑：以相对封闭的流程完成某种特定生产职能的建筑，包括仓储建筑和工业建筑。仓储建筑：用于存放、运输物品的建筑，包括库房、堆场和加工车间、管道运输用房等。

(11) 公用建筑：为城市生活提供保障的建筑，包括供水、供燃气、供热设施，消防设施，社会福利设施等。如水厂的泵房和调压站等；变电站所；储气站、调压站、罐装站，大型锅炉房；调压、调温站；电信、转播台、差转台等通信设施；雨水泵站、污水泵站、排渍站、污水处理厂；殡仪馆、火葬场、骨灰存放处等殡葬设施。

(12) 特殊建筑：具有特殊使用功能的建筑，包括军事建筑、监狱建筑、宗教建筑等。

(13) 单身宿舍：供不同性质建筑中特定的相关人员使用的单身居住用房。

2. 按建筑主要承重结构材料分类

建筑主要承重结构材料对建筑的形式和特点影响很大。根据主要承重结构材料的不同，建筑可以分为以下几类。

(1) 砖木结构建筑：砖、石砌筑墙体，木楼板、木屋顶的建筑。

(2) 砖混结构建筑：砖、石、砌块等砌筑墙体，钢筋混凝土楼板、屋顶的建筑。

(3) 钢筋混凝土结构建筑：装配式大板、大模板、滑模等工业化方法建造的建筑，钢筋混凝土的高层、大跨、大空间结构的建筑。

(4) 钢结构建筑：建筑主体全部使用钢作为支撑结构，如全部用钢柱、钢屋架建造的工业厂房、大型商场等。

此外还可分为木结构建筑、生土建筑、塑料建筑、充气塑料建筑等。

按照建筑高度的分类方式详见第6章表6-1民用建筑的分类。

1.2.2　建筑的等级划分

不同建筑的质量要求各异，为了便于控制和掌握，一般按照建筑物的耐久性和耐火性进行分类。

1. 耐久等级

建筑物的耐久年限主要是根据建筑物的重要性和建筑物的质量标准确定，并以此作为基建投资和建筑设计及选用材料的重要依据。耐久等级的指标是使用年限，使用年限的长短是依据建筑物的性质决定的。按照《民用建筑设计通则》(JGJ 37—87)(2001修订稿)的规定，耐久年限分为四级，见表 1-1。

表 1-1 建筑物耐久等级

级 别	适用建筑范围	使用年限/年
一	重要的单层、多层和高层建筑，超高层民用建筑等	＞100
二	多层、中高层和高层居住建筑，一般的单层、多层和高层公共建筑等	50～100
三	低层居住建筑，次要的建筑等	25～50
四	临时性民用建筑	＜5

注：使用年限是指主体结构和基础等不可置换的结构构件。

2．耐火等级

建筑物的耐火等级是衡量建筑物耐火程度的标准，根据建筑物构件的燃烧性能和耐火极限的最低值确定的。划分建筑物耐火等级的目的在于根据建筑物的不同用途提出不同的耐火等级要求，做到既有利于安全，又利于节约基建投资。

建筑构件的耐火极限是指对任何一种建筑构件按时间-温度标准曲线进行耐火试验，从受到火的作用时起，到失去支承能力(木结构)，或完整性被破坏(砖混结构)，或失去隔火作用(钢结构)时为止的这段时间，用小时(h)表示。现行《建筑设计防火规范》将建筑物的耐火等级分为 4 级，见表 1-2。

表 1-2 不同耐火等级建筑相应构件的燃烧性能和耐火极限

构件名称		耐火等级			
		一 级	二 级	三 级	四 级
墙	防火墙	不燃性 3.00h	不燃性 3.00h	不燃性 3.00h	不燃性 3.00h
	承重墙	不燃性 3.00h	不燃性 2.50h	不燃性 2.00h	难燃性 0.50h
	非承重外墙	不燃性 1.00h	不燃性 1.00h	不燃性 0.50h	可燃性
	楼梯间和前室的墙、电梯井的墙、住宅建筑单元之间的墙和分户墙	不燃性 2.00h	不燃性 2.00h	不燃性 1.50h	难燃性 0.50h
	疏散走道两侧的隔墙	不燃性 1.00h	不燃性 1.00h	不燃性 0.50h	难燃性 0.25h
	房间隔墙	不燃性 0.75h	不燃性 0.50h	不燃性 0.50	难燃性 0.25h

续表

构件名称	耐火等级			
	一 级	二 级	三 级	四 级
柱	不燃性 3.00h	不燃性 2.50h	不燃性 2.00h	不燃性 0.50h
梁	不燃性 2.00h	不燃性 1.50h	不燃性 1.00h	不燃性 0.50h
楼板	不燃性 1.50h	不燃性 1.00h	不燃性 0.50h	可燃性
屋顶承重构件	不燃性 1.50h	不燃性 1.00h	可燃性 0.50h	可燃性
疏散楼梯	不燃性 1.50	不燃性 1.00h	不燃性 0.50h	可燃性
吊顶(包括吊顶隔栅)	不燃性 0.25h	难燃性 0.25h	难燃性 0.15h	可燃性

注：① 除本规范另有规定外，以木柱承重且墙体采用不燃材料的建筑，其耐火等级应按四级确定；
② 住宅建筑构件的耐火极限和燃烧性能可按现行国家标准《住宅建筑规范》(GB 50368)的规定执行。

建筑构件按燃烧性能分为3类，即不燃性构件、难燃性构件、可燃性构件。

不燃性构件：用非燃烧材料做成的构件。非燃烧材料是指在空气中受到火烧或高温作用时不起火、不微燃、不炭化的材料，如天然石材、人工石材、金属材料等。

难燃性构件：用难燃烧材料做成的建筑构件，或者用可燃烧材料做成但用非燃烧材料作为保护层的构件，如沥青混凝土构件、木板条抹灰等。难燃烧材料是指在空气中受到火烧或高温作用时难起火、难燃烧、难炭化，当火源移走后燃烧或微燃立即停止的材料。

可燃性构件：用可燃烧材料做成的建筑构件。可燃烧材料是指在空气中受到火烧或高温作用时立即起火或燃烧，且火源移走后继续燃烧或微燃的材料，如木材、纸板、胶合板等。

1.3 房屋建筑学研究的主要内容

房屋建筑学是土木工程类专业的一门工程技术课程，涉及面广，包括建筑设计与建筑建造的各个方面，研究对象涵盖建筑功能、物质技术、建筑艺术以及三者的相互关系，通过研究建筑设计方法以及如何综合地运用建筑结构、施工、材料、设备等方面的科技成果，用以建造适应生产或生活需要的建筑物。

该课程的学习内容主要包括建筑设计和建筑构造两大部分。建筑设计研究房屋的建筑空间设计原理、设计程序和设计方法，具体包括建筑总平面、平面、立面、剖面、构造、室内外装修以及环境设计等。建筑构造研究房屋的构造组成及其各组成部分的构造原理和构造方法。构造原理研究各组成部分的要求以及满足这些要求的理论；构造方法则研究在构造原理的指导下，用建筑材料和制品做成构件和配件，以及构配件之间连接的方法。

1.4 建筑工程设计的内容、程序及要求

1.4.1 建筑工程设计的内容

建筑工程设计是整个工程建设中不可缺少的重要环节，是一项政策性、技术性、综合性都非常强的工作。一项建筑工程要满足人们的使用要求，必须通过合理的建筑设计、精确的结构计算、严密的构造方式，再配合建筑电气、给排水、暖通、空调等管线的组织安装工作。因此，建筑工程设计包括建筑设计、结构设计、设备设计3方面内容。

1. 建筑设计

建筑设计包括单体建筑物或建筑群的总体设计。设计单位要根据建设单位(业主)提供的设计任务书和国家有关政策规定，综合分析其建筑功能、建筑规模、建筑标准、材料供应、施工水平、地区特点、气候条件等因素，考虑建筑、结构、设备等多方面要求，在此基础之上提出建筑设计方案，并进一步深化成为建筑施工图设计。

2. 结构设计

结构设计是指结合建筑设计方案完成建筑结构方案与选型，确定结构类型，进行结构计算与构件设计，保证建筑结构的稳定性，并最终完成全部结构施工图设计。

3. 设备设计

设备设计是指根据建筑设计完成给水排水、采暖通风、电器照明、通信、燃气、空调、动力、能源等专业的方案、选型、布置以及相应的施工图设计。

1.4.2 建筑工程设计的程序

一般情况下，一个设计单位要获得某项建设工程的设计权，不仅要具备与该工程的等级相适应的设计资质，而且还应符合国家规定的工程建设项目招标范围和规模标准的规定，通过设计投标赢得设计资格。

建筑工程设计是把计划任务书中的文字资料编制或表达成一套完整的施工图设计文件，并以此作为施工的依据。建筑工程设计的程序一般可以分为初步设计阶段和施工图设计阶段。

一项建筑工程的建筑设计过程和各个设计阶段具体划分为以下几个步骤。

1．设计前期准备工作

1) 熟悉设计任务书

设计任务书由建设单位或开发商提供。设计之初首先要熟悉设计任务书，明确建设项目的设计要求。设计任务书的内容一般包括如下几项。

(1) 建设项目总体要求和建造目的说明。

(2) 建筑物的具体使用要求、建筑面积以及各类用途房间的面积及分配。

(3) 建设项目的总投资和单方造价，土建费用、房屋设备费用以及道路等室外设施费用情况。

(4) 建筑基地范围、大小，周围原有建筑、道路、地段环境等描述，并附有地形测量图。

(5) 供电、供水和采暖、空调等设备方面要求，并附有水源、电源接用许可文件。

(6) 设计期限和项目进度要求。

2) 收集设计基础资料

开始设计之前应清楚与工程设计有关的基本条件，收集下列有关原始数据和设计资料。

(1) 气象资料：建筑项目所在地区的温度、湿度、日照、雨、雪、风向和风速，以及土壤结冻深度等。

(2) 基地地形、地质及水文资料：基地地形标高、土壤种类及承载力、地下水位及地震烈度等。

(3) 设备管线资料：基地地下的给水、排水、电缆等管线布置，以及基地上架空线等供电线路情况。

(4) 定额指标：国家或所在省市地区有关设计项目的定额指标，例如住宅的每套面积或每人面积定额、学校教室的面积定额，以及建筑用地、用材等指标。

3) 设计前期调查研究

(1) 建筑物的使用要求：在了解建设单位对建筑物使用要求的基础上，深入走访使用单位中有实践经验的人员，认真调查同类已建建筑物的实际使用情况，通过分析、研究和总结，使拟建项目设计更加合理和完善。

(2) 建筑材料供应和结构施工等技术条件：了解当地建筑材料供应的品种、规格、价格等情况，例如预制混凝土制品以及门窗的种类和规格，新型建筑材料的性能、价格以及选用的可能性，可能选择的结构方案，当地施工力量和起重运输设备条件。

(3) 基地勘查：根据当地城建部门所规定的建筑红线进行现场踏勘，深入了解基地和周围环境的现状及历史沿革，了解基地的地形、方位、面积，以及周围原有建筑道路、绿化等多方面因素，考虑拟建的位置和总平面布局的可能方案。

(4) 当地建筑传统经验和生活习惯：传统建筑中一般有许多结合当地地理、气候条件的设计布局和创作经验，根据拟建建筑物的具体情况，“取其精华”，以资借鉴。同时在建筑设计中，也应该考虑当地的生活习惯，创造人们喜闻乐见的建筑形象。

2．初步设计阶段

初步设计属于建筑设计的第一阶段，是指提供主管部门审批的文件，即在前期调查研究的基础上，按照设计任务书的要求，综合考虑功能、安全、技术、经济和美观等多方面因素，进行多方案的比较、择优、综合，最终提出设计方案。该方案需要征求建设单位的意见，并报建设管理部门审查批准，批准通过后才可以作为实施方案。

初步设计应包括的图纸和设计文件有以下4部分。

1) 设计说明书

设计说明书分为设计总说明书和各专业的设计说明书。前者用于说明整个工程设计的主要依据、设计的规模和范围、设计指导思想和设计特点、总的经济指标(包括总用地面积、总建筑面积、总投资、水电能源消耗量、主要建筑材料用量等)；后者是指各专业涉及不同的、必要的问题阐述。设计说明书中应包含设计依据和要求、建筑物设计方案的构思、所采用的技术措施，说明有关规模、建筑物组成面积等主要技术经济指标。

2) 设计图纸

设计图纸是建筑方案设计的重要环节，其表现是否充分、美观得体，不仅关系到方案设计的形象效果，而且会影响方案的社会认可。设计图纸具体包括如下内容。

(1) 总平面图：总平面图是将拟建房屋四周一定范围内新建、拟建、原有和准备拆除的建筑物、构筑物及周围的地形地物，以水平投影的方式所画出来的图样，用于表达拟建房屋的平面形状、位置、朝向以及周围环境、道路、绿化区布置等，常用比例为1∶500～1∶2000。

(2) 各层平面图：建筑各层平面图主要表达房屋的平面形状、各房间的分隔与组合、房间的名称、出入口、楼梯的布置、门窗的位置、室外台阶、雨水管的布置、厨房、卫生间的固定设施等，常用比例为1∶100～1∶200。

(3) 立面图：建筑立面图主要用于表达房屋的高度、层、屋顶的形式、墙面的做法、门窗的形式以及大小位置等，常用比例为1∶100～1∶200。

(4) 剖面图：建筑剖面图主要用于确定房间各部分高度和空间比例，表达房屋的内部结构形式、分层情况、各层构造做法和各部位的联系等。剖面设计一般要考虑垂直方向空间的组合和利用，选择适当的剖面形式，进行垂直交通和采光通风等方面的设计，常用比例为1∶100～1∶200。

3) 工程概算书

工程概算书应包括编制说明、总概算表、单项工程综合概算书、单位工程概算书、其他工程和费用概算书和钢材、木材及水泥等主要材料表。

3. 技术设计阶段

如果工程较为复杂，就需要经过技术设计阶段来协调和研究各专业之间的技术问题，因此技术设计是进行三阶段建筑设计时的中间阶段。

技术设计的图纸和设计文件与初步设计大致相同，但要更详细些。要求建筑工种的图纸标明与技术工种有关的详细尺寸，并编制建筑部分的技术说明书；结构工种的图纸应包括房屋结构布置方案图，并附初步设计说明，设备工种也应提供相应的设备图纸和说明书。

对于不太复杂的工程，技术设计阶段也可以省略，把这个阶段的一部分工作纳入初步

设计阶段，称为“扩大初步设计”，其余的工作在施工图设计阶段解决。

4．施工图设计阶段

施工图设计是建筑设计的最后阶段，是指在上级主管部门审批同意后，在初步设计或技术设计的基础上，综合建筑、结构、设备等各工种，相互交底，深入了解材料供应、施工技术、设备等条件，解决施工中的技术措施、用料及具体做法，把满足工程施工的各项具体要求反映在图纸上，做到整套图纸齐全统一，明确无误。

施工图设计的图纸及设计文件如下。

1) 设计说明书

设计说明书的内容包括建设地点、建筑用地、建筑面积、层数、类别、等级、主要结构选型、抗震设防烈度、相对标高、绝对标高、室内外装饰做法和材料等。

2) 总平面图

施工图阶段的总平面图要标明测量坐标网、坐标值，并详细标明建筑物的定位坐标和相互关系、室内设计标高及室外地面标高、道路及绿化等位置坐标和详细尺寸，以及指北针和风向频率玫瑰图。常用比例为1∶500。

3) 各层平面图

建筑平面施工图是建筑的定位放线、砌墙、设备安装、室内装修、编制概预算和备料的重要依据，应详细标注各部分的详细尺寸、固定设施的位置和尺寸，标注门窗位置与编号、门的开启方向、房间名称、室内外地面标高、各个楼层标高、剖切线与编号，构造详图或图索引符号、指北针。常用比例为1∶100。

4) 剖面图

剖面图是指选择建筑复杂部位进行剖切，一般在层高不同或层数不同的部位进行剖视。图中需要注释墙和柱的轴线以及编号、剖视方向可见的所有建筑配件的内容，标明建筑物配件的高度尺寸和相应的标高、室内外设计标高等。比例同平面图。

5) 立面图

建筑物4个方向的立面均应画出，并标出建筑物两端轴线的编号以及建筑物各部位的材料做法与色彩，或采用节点详图索引标注，同时还应标注出各部位的标高。比例同平面图。

6) 详图

对建筑中某些细小的部位或构配件用较大的比例将其形状大小、材料和做法，按正投影的画法详细表达的图样，称为建筑详图(也称节点详图或大样图)。图中应标注出该构件细部尺寸、用料及详细做法，主要内容包括外墙详图、楼梯详图和其他节点详图。常用比例为1∶20、1∶10、1∶5、1∶1。

7) 各专业相配套的施工图以及相关的说明书、计算书

与建筑设计相关的专业配套图纸包括采光、视线、音响、防护等建筑物理方面的设计施工图，以及各专业的工程计算书，均应作为技术文件归档。

8) 工程预算书

根据预算定额编制，是确定施工图单位工程和单项工程造价的依据。

1.4.3 建筑工程设计的要求

建筑工程设计不仅应遵循具有指导意义和法定意义的建筑法规、规范、相应的建筑标准，尤其是一些强制性的规范和标准，还应该符合以下要求。

1. 满足建筑功能需求

建筑不仅要满足个人或家庭的生活需要，而且还要满足整个社会的各种需要。为人们的生产和生活活动创造良好的环境，是建筑设计的首要任务。例如设计住宅，首先要满足家居生活需要，各个卧室设置应做到合理布局、通风采光良好，同时还要合理安排客厅、书房、厨房、餐厅、卫生间等用房，使各类活动有序进行、动静分离、互不干扰。

2. 符合总体规划要求

单体建筑是总体规划中的组成部分，应符合总体规划提出的要求。建筑物的设计，还要充分考虑和周围环境的关系，例如原有建筑的状况、道路的走向、基地面积的大小以及绿化等方面和拟建建筑物的关系。总体规划是单体建筑与城市道路的连接方式或部位的设计依据，对单体建筑提出形式、高度、色彩等方面的实际要求，使每一个新建建筑与原有基地形成协调的室外空间环境组合。

3. 采用合理的技术措施

合理的技术措施能保证建筑物的施工安全且经济有效。为达到可持续发展的更高目标，应该根据不同建筑项目的特点，正确选用建筑材料和技术，并根据建筑空间组合的特点，选择适用的建筑结构体系、合理的构造方式和施工方案，力求做到高效率、低能耗，并且保证建筑物建造方便、坚固耐久。

4. 具有良好的经济效益

工程项目的建造是一个复杂的物质生产过程，需要投入大量的人力、物力和财力。项目立项的初始阶段应该确定项目的总投资，在设计的各个阶段要有周密的计划和核算，反复进行项目投资的估算、概算以及预算，重视经济领域的客观规律，讲究经济效果，保证项目能够在给定的投资范围内得以实现或根据实际情况及时予以合理调整。

5. 考虑建筑的美观要求

建筑物是社会的物质和文化财富，在满足使用功能的同时，还要考虑人们对建筑物在美观方面的要求和建筑物给予人们精神上的感受。良好的建筑设计应当既有良好、鲜明的个性特征，同时又是整个城市空间和谐、有机的组成部分。

1.4.4 建筑工程设计的依据

1. 使用功能

建筑物由许多空间组成，为了满足不同的功能要求，每个空间都必须有恰当的尺寸和尺度，在设计时首先应该满足以下基本功能的要求。

1) 人体尺度和人体活动所需的空间尺度

个体尺度及人体活动所需的空间尺度是建筑内各种空间尺度的主要作据，例如建筑中的踏步、窗台、栏杆的高度，门洞的宽度，走廊的宽度等都与人体尺度和人体活动所需的空间尺度有关。(本书第2章有详细讲解)。

2) 家具、设备所需的空间

人在建筑中生活或工作，会使用一些家具或设备，因此家具、设备的尺寸，以及人们在使用家具和设备时必要的活动空间，均是考虑房间内部使用面积大小的重要依据。

3) 特定功能

一些建筑的尺度并不为一般人和设备的尺度或尺寸所决定，而且不与人的尺度和动作发生直接关系。例如宽大的会客厅、高大的纪念堂、宏伟的教堂等，为了达到某种艺术效果，采用特殊的比例和尺度，设计时要充分考虑为人们的精神所需设定的空间尺度。

2. 自然条件

建筑物处于自然环境中，自然条件对建筑的影响较大，因此在设计前，一定要收集当地有关的气象资料、地形、地质条件和地震烈度等作为设计依据。

1) 气象资料

建设地区的温度、湿度、日照、雨、雪、风向、风速等是建筑设计的重要依据。例如南方湿热地区，隔热、通风和遮阳等问题是建筑设计要处理的关键；北方干冷地区，保温、防寒则是建筑设计的重点。

气象资料中的日照和主导风向，通常是确定建筑朝向和间距的主要因素。风玫瑰图是以“玫瑰花”形式表示各方向上气流状况重复率的统计图形，通常采用一个地区多年统计的各个方向吹风的平均日数的百分数按比例绘制而成，其类型一般有风向玫瑰图和风速玫瑰图。风向玫瑰图又称风频图，是将风向分为8个或16个方位，在各方向线上按各方向风的出现频率截取相应的长度，将相邻方向线上的截点用直线连接的闭合折线图形，如图1-7所示。图中该地区最大风频的风向为北风，约为20%(每一间隔代表风向频率5%)；中心圆圈内的数字代表静风的频率。图1-8所示是我国部分城市的风向玫瑰图，其中实线部分表示全年风向频率，虚线表示夏季风向频率，风向是指由外吹向地区中心。

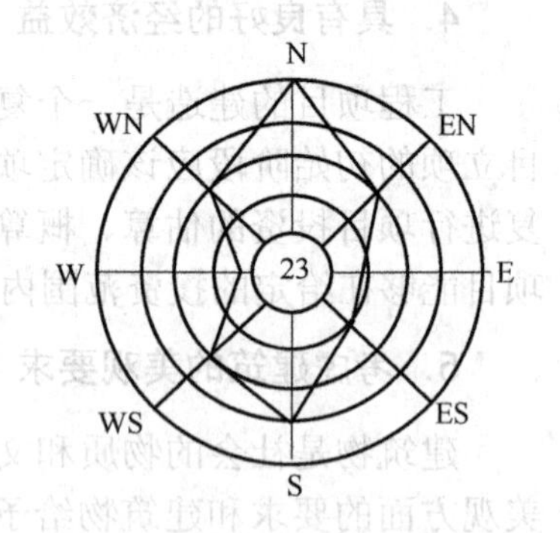

图1-7 风向玫瑰图

2) 地形、地质条件和地震烈度

建筑基地内地形的平缓或起伏、地质的构成与土壤特性、地耐力的大小等因素，都直接影响建筑的空间组织、平面构成、结构选型和建筑构造处理与体型设计等。如在坡度较陡的地形上，建筑通常用结合地形的错层形式布置，如图1-9所示。

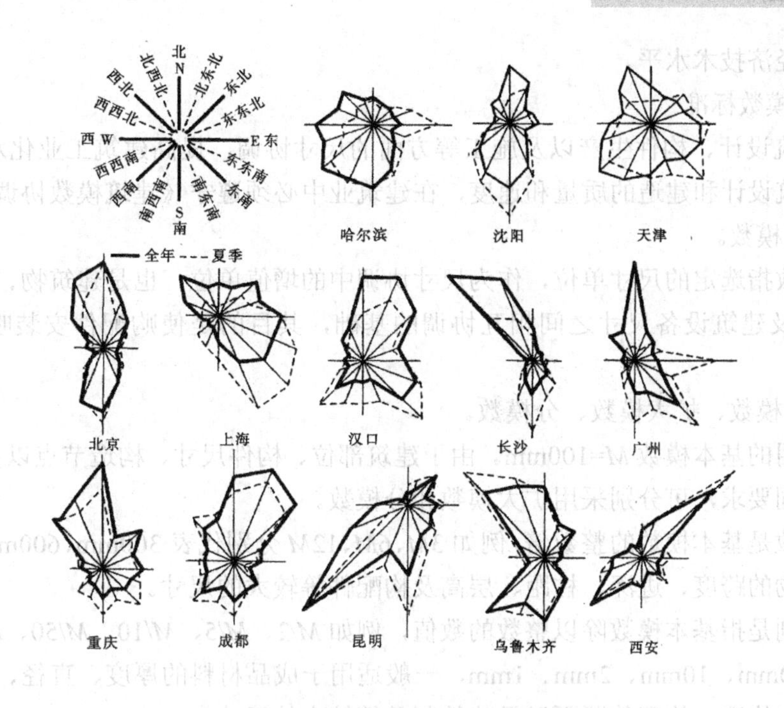

图 1-8　我国部分城市的风向玫瑰图

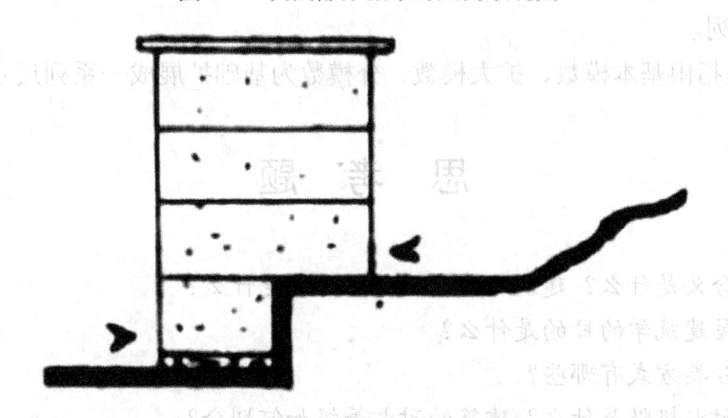

图 1-9　建筑横向错层布置

地震烈度表示当发生地震时地面及建筑物遭受破坏的程度。通常，地震烈度分为 12 度，在地震烈度 6 度及其以下地区，地震对建筑物的损坏影响较小，一般可不考虑抗震措施；而在 9 度以上地区，由于地面及建筑物受损过于严重，造成房屋倒塌，地面破坏严重，一般尽可能避免建设。因此建筑物抗震设防的重点，主要是针对 7、8、9 度地震烈度的地区，选择对抗震有利的场地和地基，建筑物的体型应尽可能规整、简洁，并采取必要的加强建筑整体性的构造措施，从材料选用和构造做法上应尽量减轻建筑物的自重。

3．建筑设计规范、标准

1) 技术要求

建筑“规范”“标准”“通则”等有关政策性文件是建筑设计必须遵守的准则和依据，有利于统一建筑技术经济要求，提高建筑科学管理水平，保证建筑工程质量，体现国家的现行政策和经济技术水平。

2) 建筑模数标准

为了建筑设计、构件生产以及施工等方面的尺寸协调，提高建筑工业化水平，降低造价，提高建筑设计和建造的质量和速度，在建筑业中必须遵守《建筑模数协调统一标准》。

(1) 建筑模数。

建筑模数指选定的尺寸单位，作为尺寸协调中的增值单位，也是建筑物、建筑构配件、建筑制品以及建筑设备尺寸之间相互协调的基础，其目的是使购配件安装吻合，并有互换性。

(2) 基本模数、扩大模数、分模数。

我国采用的基本模数 M=100mm。由于建筑部位、构件尺寸、构造节点以及断面、缝隙等尺寸的不同要求，可分别采用扩大模数和分模数。

扩大模数是基本模数的整数倍，例如 3M、6M、12M 分别代表 300mm、600mm、1 200mm，适用于建筑物的跨度、进深、柱距、层高及构配件等较大的尺寸。

分模数则是指基本模数除以整数的数值，例如 M/2、M/5、M/10、M/50、M/100 分别代表 50mm、20mm、10mm、2mm、1mm，一般适用于成品材料的厚度、直径、缝隙、构造，或者建筑节点构造、构配件断面以及建筑制品等较小的尺寸。

(3) 模数数列。

模数数列是指由基本模数、扩大模数、分模数为基础扩展成一系列尺寸。

思 考 题

1. 建筑的含义是什么？建筑物与构筑物的区别是什么？
2. 学习房屋建筑学的目的是什么？
3. 建筑的分类方式有哪些？
4. 构件的耐火极限是什么？建筑的耐火等级如何划分？
5. 建筑设计的内容和程序是什么？
6. 建筑设计的主要依据是什么？
7. 什么叫建筑模数？模数数列包括哪些？

第 2 章　建筑平面设计

2.1　概　　述

2.1.1　平面设计的内容

用来表达建筑物内部空间组合和外部形象的建筑图有平面图、剖面图和立面图，3 种样图综合起来，即可企面地反映建筑物从内到外、从水平到垂直的整体面貌。

建筑平面图用于表示建筑物在水平方向房屋各部分的组合关系，通常能够较为集中地反映建筑功能方面的问题，对建筑方案的确定有决定性作用。因此平面图是最主要、最基本的图纸，其他图纸(如立面图、剖面图)多以它为依据派生和深化而成。

2.1.2　平面设计要解决的问题

建筑设计属于空间设计，因此平面设计不能仅仅停留在平面布局上，而应从空间的角度，综合考虑建筑的剖面以及立面关系。建筑平面设计通常按照一定的设计程序进行，先从方案的总平面布局开始，然后逐步深入平面、剖面、立面设计，即先整体后局部。

建筑平面设计主要解决的问题如下。

(1) 根据建筑物的使用功能，确定单个房间的面积、形状、尺寸以及门窗的大小和位置。

(2) 根据各功能性空间的关系，确定门厅、走廊、楼梯等交通空间的设计。

(3) 根据各类建筑物的功能要求，确定使用房间、辅助房间、交通联系部分的相互关系，结合基地环境及其他条件，采取不同的组合方式将各个房间合理地组合起来。

2.2　建筑物平面功能划分

根据组成建筑平面各个空间的使用性质不同，建筑空间一般可以归纳为使用部分和交通联系部分。

使用部分是指各类建筑物中满足主要使用功能和辅助使用功能的空间，例如住宅中的客厅、卧室，学校中的教室、办公室属于满足主要使用功能的空间，住宅中的厨房、卫生间、阳台，学校中的厕所、开水间属于满足辅助使用功能的空间，它们都属于建筑中的使用部分。

交通联系部分是指建筑物中各房间之间、楼层之间以及室内与室内之间用以联系各使用功能空间的那部分空间，例如各类建筑物中的门厅、过廊、楼梯、电梯等均属于建筑中的交通联系部分。

建筑物中的交通联系部分将主要使用部分和辅助使用部分连成一个有机的整体，共同构成建筑物。

2.2.1 使用部分的平面设计

1. 主要使用房间设计

1) 主要使用房间的分类

按主要使用房间的功能要求划分，可将主要使用房间分为以下几类。

(1) 生活用房：居住建筑中的起居室、卧室，宿舍和宾馆的客房等。

(2) 工作、学习用房：各类建筑中的办公室，学校的教室、实验室等。

(3) 公共活动用房：商场的营业厅，剧院、电影院的观众厅、休息厅等。

2) 主要使用房间的设计要求

一般来说，生活、工作、学习用房要求相对安静，少干扰，由于人们在其中停留的时间相对较长，因此需要具有良好的朝向；公共活动用房的主要特点是人流比较集中，通常进出频繁，因此室内活动和交通组织比较重要，特别是人流疏散问题较为突出。

进行建筑平面设计时应注意以下几点设计要求。

(1) 房间的面积、形状和尺寸要满足室内使用活动和家具、设备的布置要求。

(2) 门窗的大小和位置，应满足房间出入方便、疏散安全、采光通风良好的要求。

(3) 房间的构成应使结构布置合理，施工方便，也要有利于房间之间的组合，所用材料要符合相应的建筑标准。

(4) 室内空间以及顶棚、地面、各个墙面和构件细部设计，要考虑人们的使用和审美要求。

3) 主要使用房间面积的确定

房间的面积由以下几部分组成。

(1) 家具和设备所占面积。

(2) 人们在室内的使用活动面积包括使用家具及设备时近旁所需的面积。

(3) 房间内部的交通面积。

图 2-1 所示为对住宅中卧室和学校教室的室内使用面积分析示意图。房间使用面积的确定，除了需要掌握家具、设备所需的数量和尺寸外，还需要了解室内活动和交通面积的大小，这些面积的确定又与人体的基本尺寸及与其活动有关的人体工学方面的基本知识密切相关。例如，教室平面中学生就座、起立时桌椅近旁必要的使用活动面积，入座、离座时需要的最小通行宽度，以及教师讲课时在黑板前的活动面积等。

4) 主要使用房间形状和尺寸的确定

在初步确定了主要使用房间面积的大小后，还需要进一步确定房间平面的形状和具体尺寸。房间的形状和尺寸，与室内使用活动特点、家具布置方式，以及采光、通风等因素有关，有时还要考虑人们对室内空间的视觉感觉。

民用建筑常见的房间形状有矩形、方形、多边形、圆形以及不规则图形。房间形状的选择应在满足使用功能的前提下充分考虑结构、施工、建筑选型、美观等因素来决定。绝大多数民用建筑房间形状采用矩形，便于家具布置和设备安装，能充分利用房间的有效面积，有较大的灵活性。同时，由于墙身平直，便于施工，结构布置和预置构件的选用较易解决，也便于统一建筑开间和进深，利于建筑平面的组合。如图 2-1(b)所示，矩形教室即为最普遍使用的教室平面布局，便于教室的平面组合。当然学校建筑中也可以使用六角形教室，六角形教室在视线以及空间利用方面也比较理想。

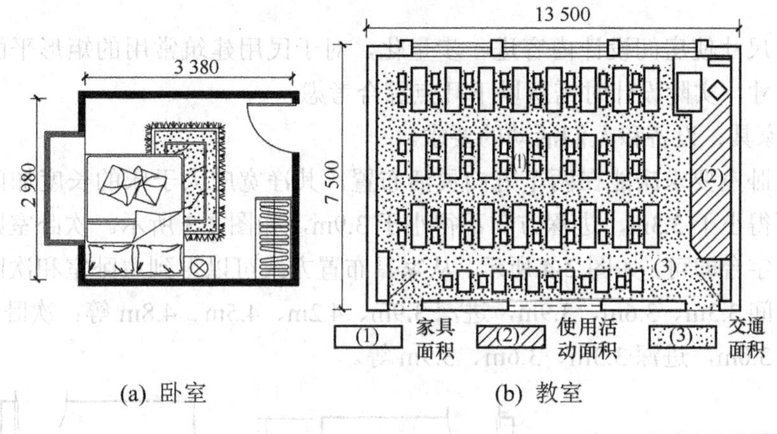

(a) 卧室　　(b) 教室

图 2-1　室内使用面积分析

对于某些功能上有特殊要求的房间，往往其面积较大且不需要同类的多个房间进行组合，为满足功能要求，房间平面就有可能采用多种不同的形状，如影剧院的观众厅，其使用特点是容纳人数较多，并在视觉质量和音质效果方面要求较高。图 2-2 所示为观众厅的几种典型平面形状，均能满足不同观众厅对视听的不同要求。矩形平面在跨度不大时声场分布比较均匀，适合于小型观众厅或报告厅；钟形平面是矩形平面的一种改进形式，声场分布均匀，并加强了对后排声音的反射，因此减少了偏座，并可适当增加视距较远的正座，

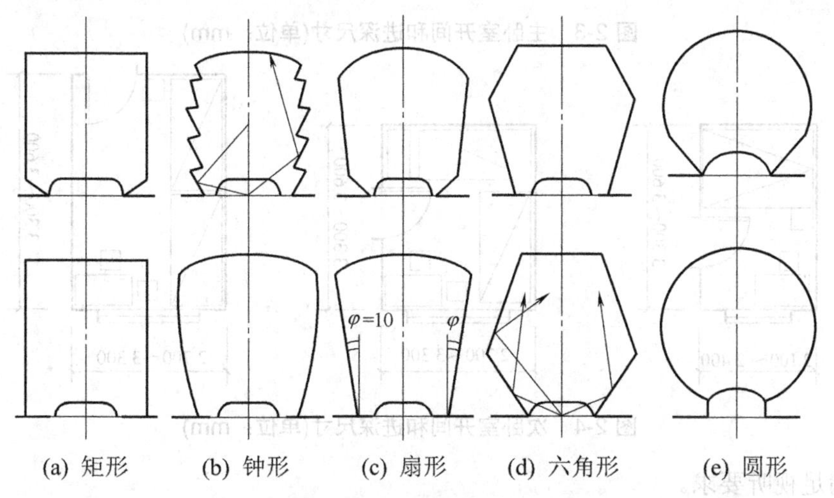

(a) 矩形　(b) 钟形　(c) 扇形　(d) 六角形　(e) 圆形

图 2-2　观众厅的平面形状

是大、中型观众厅常用的平面形状；扇形平面使声音能均匀地分散到大厅的各个区域，因此可容纳较多的观众，但偏远座位较多，适用于大、中型观众厅；六角形平面声场分布均匀，并增加了良好区域的面积，同时减少了偏远座位，改善了视觉质量，但容量也相应减少，适用于对视听要求较高的中、小型观众厅；圆形、马蹄形、卵形、椭圆形等曲线形平面具有较好的视角和视距，但声学处理较为麻烦，易产生声音沿边反射、聚焦、声场分布不均匀等缺陷，故采用较少，如杂技场采用圆形平面，能满足动物和车技演员跑弧线的需要，同时具有良好的视线条件，而体育馆采用椭圆形平面，则能满足观众多、易于疏散的要求。

确定房间尺寸使房间设计内容进一步量化，对于民用建筑常用的矩形平面来说就是确定宽与长的尺寸，实际设计时需从以下几点综合考虑。

(1) 满足家具、设备和人们活动的要求。

例如，主卧室要求床能在两个方向灵活布置，其净宽应大于床的长度加门的宽度，因此开间尺寸不得小于3.3m，进深方向不得小于3.9m，如图2-3所示。次卧室则考虑布置一张单人床和写字台即可，如图2-4所示。从家具布置方式可以得到主卧室和次卧室常见尺寸为：主卧室开间3.3m、3.6m、3.9m，进深3.9m、4.2m、4.5m、4.8m等；次卧室开间2.1m、2.4m、2.7m、3.0m，进深3.3m、3.6m、3.9m等。

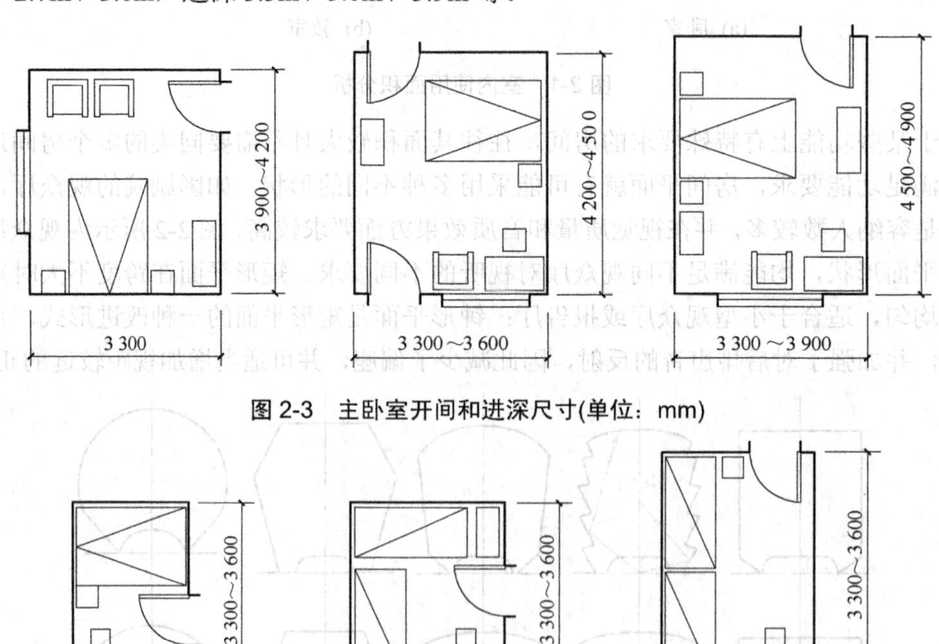

图2-3　主卧室开间和进深尺寸(单位：mm)

图2-4　次卧室开间和进深尺寸(单位：mm)

(2) 满足视听要求。

观演类建筑(如剧场、会堂等)和教学建筑的平面尺寸除应满足家具设备和人们活动的要求以外，还应具备良好的视听条件。从视听的功能考虑，教室的平面尺寸应满足以下要求：第一排座位距黑板的最小尺寸为 2m，最后一排座位距黑板的距离不应大于 8.5m，前排边座与黑板远端夹角控制在不小于 30°，如图 2-5 所示。一般教室的常用尺寸为 6.0m×9.0m~6.9m×9.9m 等规格。

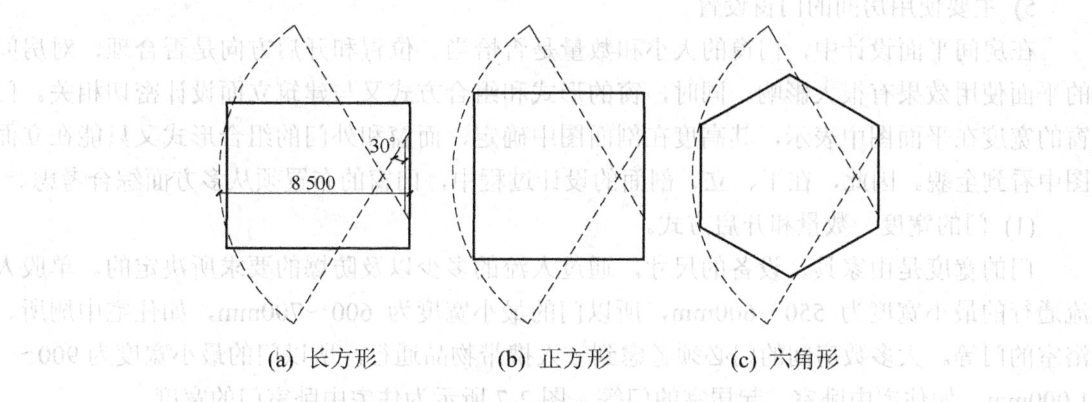

图 2-5　教室中基本满足视听要求的平面范围和形状的几种可能

(3) 良好的天然采光。

一般房间多采用单侧或双侧采光，因此房间的深度常受到采光的限制。一般单侧采光时房间进深(l)不大于窗上口至地面距离(h)的 2 倍，双侧采光时房间进深可较单侧采光增大 1 倍，即不大于有上口至地面距离的 4 倍。因此房间层高和开窗高度应综合考虑。如图 2-6 所示为采光方式对房间进深的影响。特别要注意教室要采用左侧采光的方式。

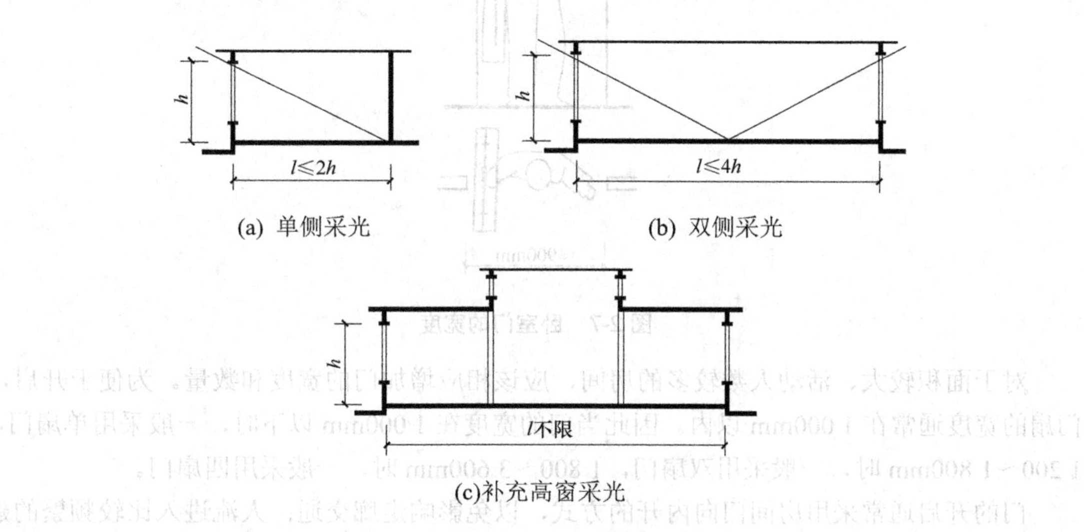

图 2-6　采光方式对房间进深的影响

(4) 合理的结构布置方式。

目前常采用的墙承重体系和框架结构体系中板的经济跨度在 4m 左右，钢筋混凝土梁经济跨度在 9m 以下，因此设计过程中要考虑建筑结构的梁板布置，尽量统一开间尺寸，减少构件类型，使结构布置经济合理。

(5) 符合建筑模数协调统一标准的要求。

为提高建筑工业化水平，必须统一构件类型，减少规格，需要在房间开间和进深上采用统一的模数，作为协调建筑尺寸的基本标准。按照建筑模数协调统一标准的规定，民用建筑的开间和进深通常用 3*M* 即 300mm 为模数。

5) 主要使用房间的门窗设置

在房间平面设计中，门窗的大小和数量是否恰当、位置和开启方向是否合理，对房间的平面使用效果有很大影响。同时，窗的形式和组合方式又与建筑立面设计密切相关。门窗的宽度在平面图中表示，其高度在剖面图中确定，而窗和外门的组合形式又只能在立面图中看到全貌。因此，在平、立、剖面的设计过程中，门窗的布置须从多方面综合考虑。

(1) 门的宽度、数量和开启方式。

门的宽度是由家具、设备的尺寸，通过人流的多少以及防爆的要求所决定的。单股人流通行的最小宽度为 550～600mm，所以门的最小宽度为 600～700mm，如住宅中厕所、浴室的门等。大多数房间的门必须考虑到一人携带物品通行，所以门的最小宽度为 900～1 000mm，如住宅中卧室、起居室的门等。图 2-7 所示为住宅中卧室门的宽度。

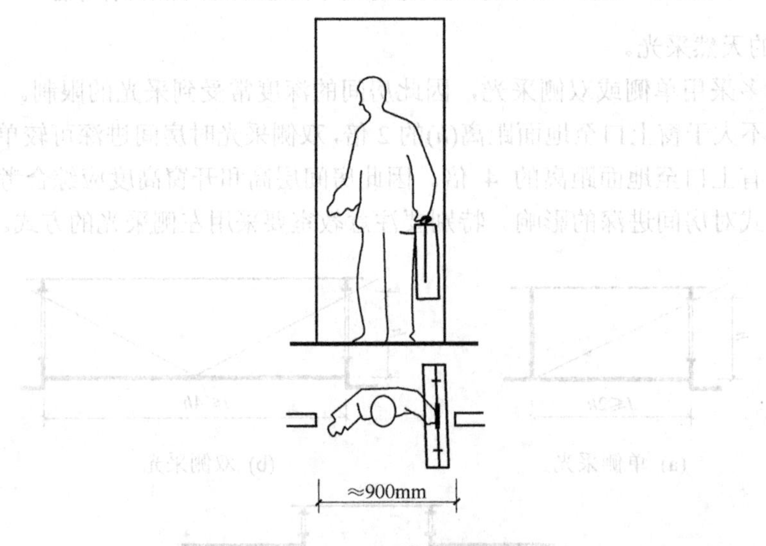

图 2-7　卧室门的宽度

对于面积较大、活动人数较多的房间，应该相应增加门的宽度和数量。为便于开启，门扇的宽度通常在 1 000mm 以内。因此当门的宽度在 1 000mm 以下时，一般采用单扇门，1 200～1 800mm 时，一般采用双扇门，1 800～3 600mm 时，一般采用四扇门。

门的开启通常采用房间门向内开的方式，以免影响走廊交通；人流进入比较频繁的建筑物的门常采用双向开启的弹簧门；剧院、礼堂等人流集中的观众厅的疏散门必须向外开。

(2) 门的位置。

门的位置直接影响到房间的使用，所以确定房门位置时要尽量使墙面完整，便于家具的摆放和充分利用室内有效面积，如图 2-8 所示。

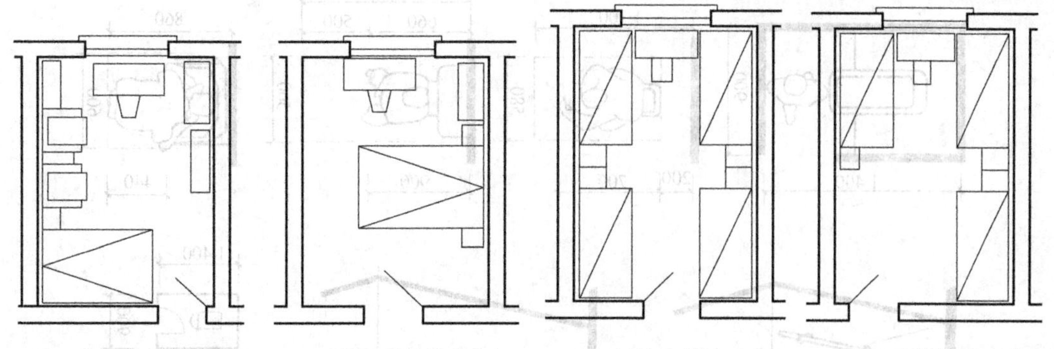
(a) 合理的卧室门　(b) 不合理的卧室门　(c) 合理的集体宿舍门　(d) 不合理的集体宿舍门

图 2-8　卧室、集体宿舍门位置的比较

(3) 窗的大小和位置。

窗的大小和位置与室内的采光和通风密切相关。窗的大小直接影响室内的采光是否充足。对采光的要求用窗地比来衡量，即透光面积与房间地面面积之比。不同使用性质的房间的窗地比在建筑设计规范中各有规定，如表 2-1 所示。窗的位置决定室内采光是否均匀，有无暗角和眩光。如果房间的进深较大，同样面积的矩形窗采用竖向布置，可使房间进深方向的采光比较均匀。

表 2-1　民用建筑中房间使用性质的采光分级和窗地比

采光等级	视觉工作特征		房间名称	窗地比
	工作或活动要求精确度	要求识别的最小尺寸/mm		
I	极精密	<0.2	绘图室、制图室、画廊、手术室	1/3～1/5
II	精密	0.2～1	阅览室、医务室、健身房、专业实验室	1/4～1/6
III	中精密	1～10	办公室、会议室、营业厅	1/6～1/8
IV	粗糙	>10	观众厅、居室、盥洗室、厕所	1/8～1/10
V	极粗糙	不做规定	储藏室、门厅、走廊、楼梯	1/10 以下

2. 辅助使用房间设计

建筑辅助使用房间主要包括厕所、浴室、盥洗室、厨房、储藏室、洗衣房、锅炉房等。

1) 厕所、浴室、盥洗室

根据各种建筑物的使用特点和使用人数的多少，首先确定所需卫生器具的个数；再根据计算所得的卫生器具个数，考虑在整幢建筑中厕所、浴室、盥洗室的分布情况；最后在建筑平面组合中，根据整幢房屋的使用要求以及卫生器具的设备尺寸及人体活动所需的空间尺寸，调整并确定厕所、浴室、盥洗室的面积、平面形式和尺寸。厕所设备及组合尺寸如图 2-9 所示。

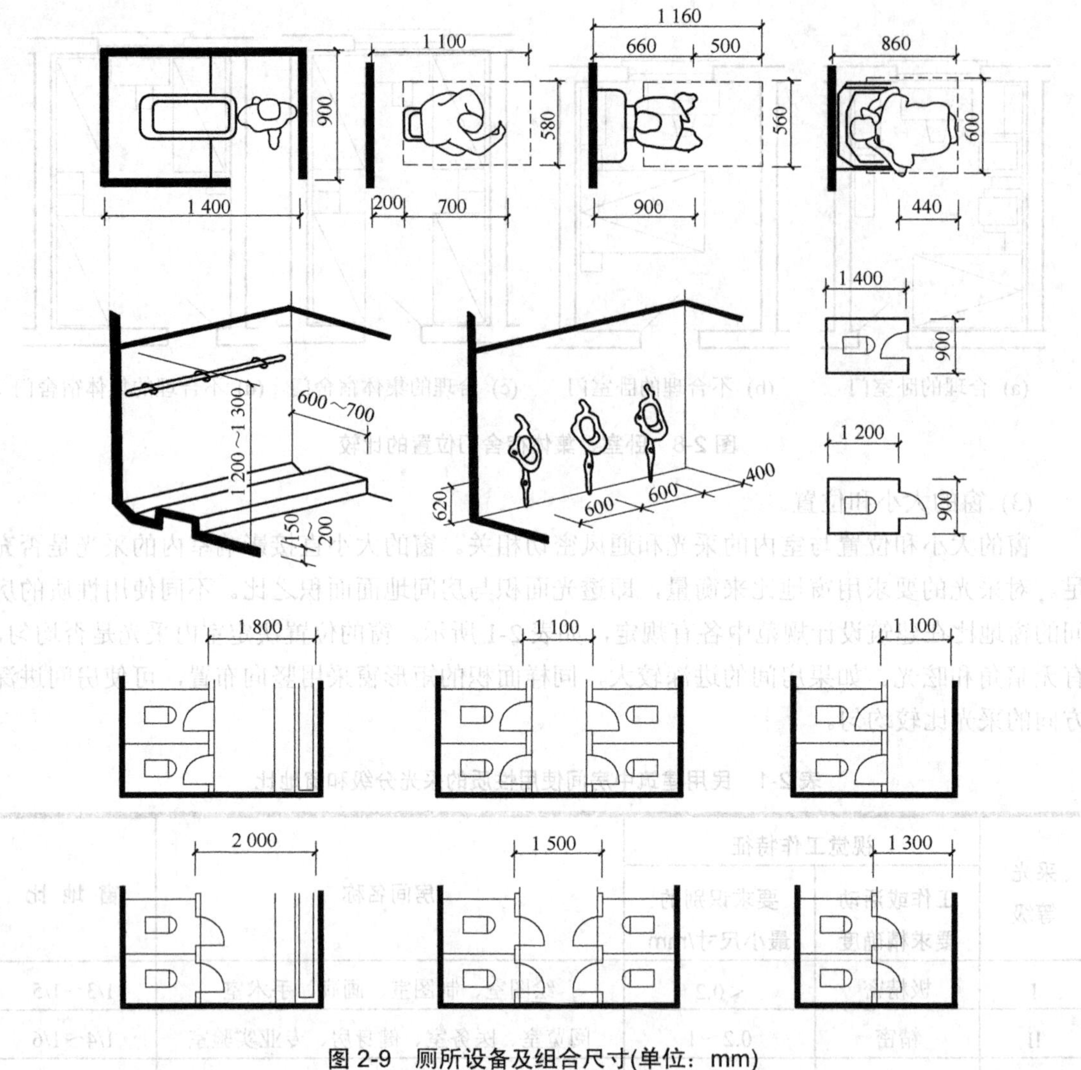

图 2-9　厕所设备及组合尺寸(单位：mm)

2) 厨房

这里所说的厨房指住宅、公寓等建筑中每户的专用厨房。厨房的主要功能是炊事，有的厨房兼有进餐或洗涤功能。厨房的设备主要有灶台、洗涤池、操作台、橱柜、排烟设备等。厨房设备的布置与设计要符合操作流程和人的使用特点，其平面布置形式常采用单排、双排、L 形、U 形、岛形几种，如图 2-10 所示，设计时应结合厨房平面形状及大小考虑合适的布置方式。

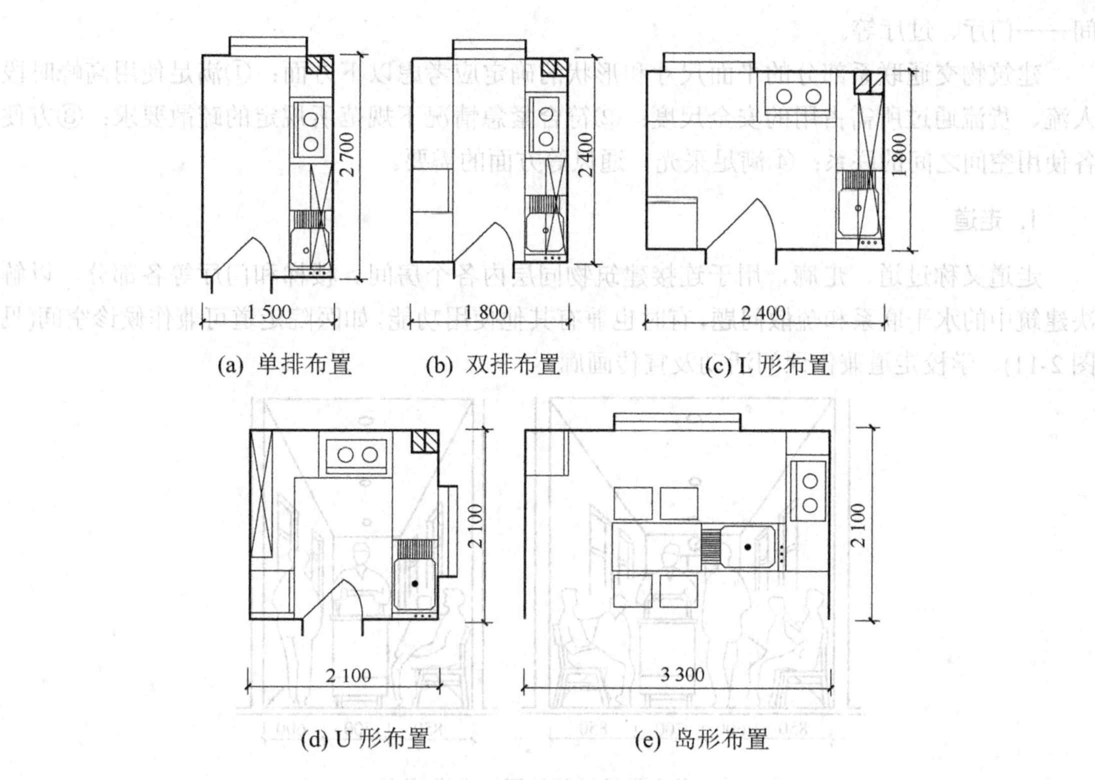

图 2-10　厨房布置示意

(1) 单排布置。

动作成直线进行，动线距离最长，对小空间厨房使用比较方便，也适合于餐、厨合一的开放式厨房。

(2) 双排布置。

动线距离变短，且直线行动减少，但操作者经常要转身 180°。由于设备增多，储藏量明显增大。

(3) L 形布置。

动线距离较短，从冰箱、洗槽到调料台、炉台的操作顺序不重复，但转角部分的储藏空间使用率较低。

(4) U 形布置。

动线距离最短，但转角部分较多，所占空间较大。

(5) 岛形布置。

厨具系列中的炉灶部分独立出来，也常和餐桌连为一体，成为餐、厨合一的布置。

2.2.2　交通联系部分的平面设计

一幢建筑物不仅包括满足使用功能的各种房间，还包含把各个房间以及室内外之间联系起来的交通联系部分。建筑物内部的交通联系部分包括走道、楼梯、电梯和交通枢纽空间——门厅、过厅等。

建筑物交通联系部分的平面尺寸和形状的确定应考虑以下方面：①满足使用高峰时段人流、货流通过所需占用的安全尺度；②符合紧急情况下规范所规定的疏散要求；③方便各使用空间之间的联系；④满足采光、通风等方面的需要。

1. 走道

走道又称过道、走廊，用于连接建筑物同层内各个房间、楼梯和门厅等各部分，以解决建筑中的水平联系和疏散问题，有时也兼有其他使用功能，如医院走道可兼作候诊空间(见图 2-11)、学校走道兼作课间活动及宣传画廊。

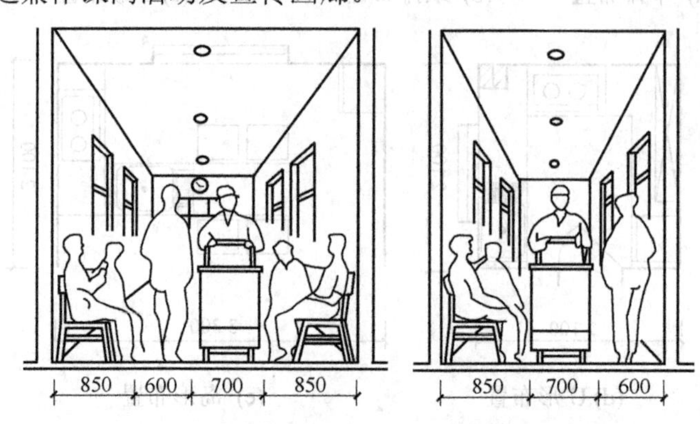

图 2-11 兼有候诊功能的医院走道(单位：mm)

走道的宽度应符合人流、货流通畅和消防安全的要求。走道宽度一般情况下根据人体尺度及人体活动所需空间尺度确定。在通行人数少的住宅建筑中，考虑两人并列行走或迎面交叉，包括消防楼梯的最小净宽度不得小于 1 100mm。走道两侧布置房间时，学校建筑中的走道宽度为 2 100～3 000mm，旅馆、办公楼建筑中的走道宽度为 1 500～2 100mm，医院建筑中的走道宽度为 2 400～3 000mm。走道一侧布置房间时，其走道宽度应相应减小。

2. 楼梯

楼梯是建筑物各层间的竖直交通联系部分，是楼层人流疏散的必经之路。楼梯设计主要根据使用要求和人流通行情况确定梯段和休息平台的宽度，选择适当的楼梯形式，考虑整幢建筑的楼梯数量，以及楼梯间的平面位置和空间组合。楼梯的宽度是根据通行人数的多少和建筑防火要求确定的，通常应大于 1 100mm。对于一些辅助楼梯，从节省建筑面积出发，可把梯段的宽度设计得小一些。考虑到同时有人上下时有侧身避让的余地，梯段的宽度也应该大于 800mm。楼梯梯段和平台的通行宽度如图 2-12 所示。

3. 门厅

门厅是建筑物的主要出入口。作为内外过渡、人流集散的交通枢纽，门厅的主要作用是接纳、分配人流，室内外空间过渡及各方面交通(走道、楼梯等)的衔接，除此之外，根据不同建筑类型的特点，门厅还兼有服务、等候、展览等功能。如图 2-13 所示，某宾馆大厅兼有小卖部、休息、服务等功能。

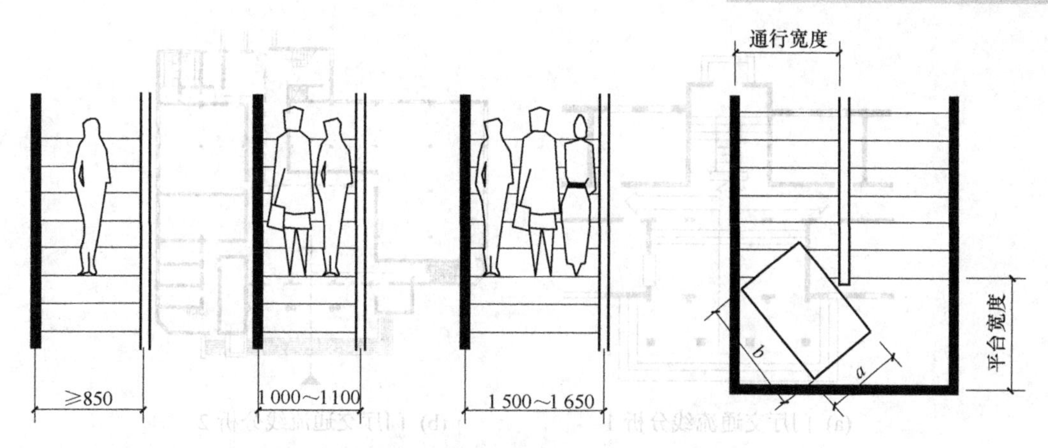

图 2-12　楼梯梯段和平台的通行宽度(单位：mm)

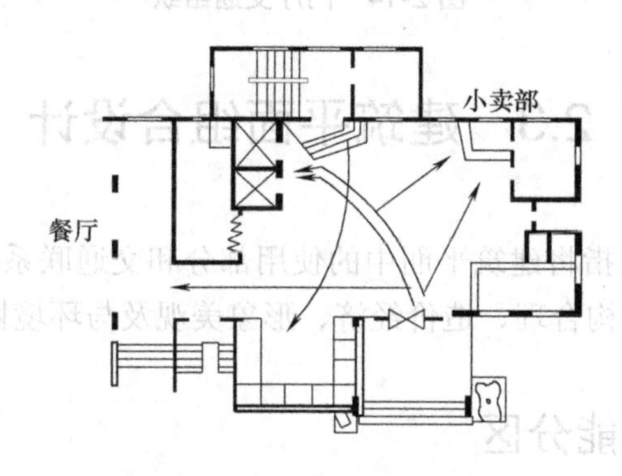

图 2-13　某宾馆大厅平面

门厅的面积大小，主要根据建筑物的使用性质、规模及质量标准等因素来确定，设计时可参考有关面积定额，如表 2-2 所示。一些兼有其他功能的门厅面积，还应根据实际使用要求相应地增加。

表 2-2　部分建筑门厅面积设计参考指标

建筑名称	面积定额	备　注
中小学校	0.06～0.08m^2/生	
食堂	0.08～0.18m^2/座	包括洗手台
城市综合医院	11m^2/日百人次	包括衣帽间和问讯处
旅馆	0.2～0.5m^2/床	
电影院	0.13m^2/个观众	

门厅的设计应做到导向明确，避免人流的交叉和干扰，如图 2-14 所示。对一些兼有其他使用要求的门厅，需要分析门厅中人们的活动特点，尽量避免各使用部分被穿越并减少使用部分和厅内的交通路线之间的互相干扰。

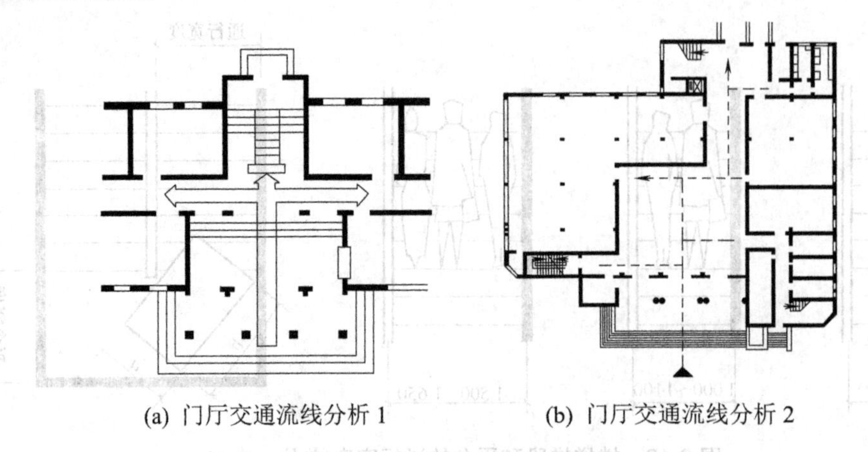

(a) 门厅交通流线分析 1　　(b) 门厅交通流线分析 2

图 2-14　门厅交通组织

2.3　建筑平面组合设计

建筑平面组合设计是指将建筑平面中的使用部分和交通联系部分有机地联系起来，使之成为一个使用方便、结构合理、造价经济、形象美观及与环境协调的建筑物。

2.3.1　建筑平面功能分区

若建筑物中房间较多，使用功能又比较复杂，则在进行平面组合设计时，首先要对其进行功能分区。合理的功能分区是将建筑物各部分按不同的功能要求进行分类，并根据它们之间的密切程度加以组合、划分，使之分区明确、联系方便。建筑功能分区通常借助功能分区图来进行，功能分区图是用来表示建筑物各个使用部分以及相互之间联系的简单分区图，如图 2-15 所示为某教学楼的功能分区图。

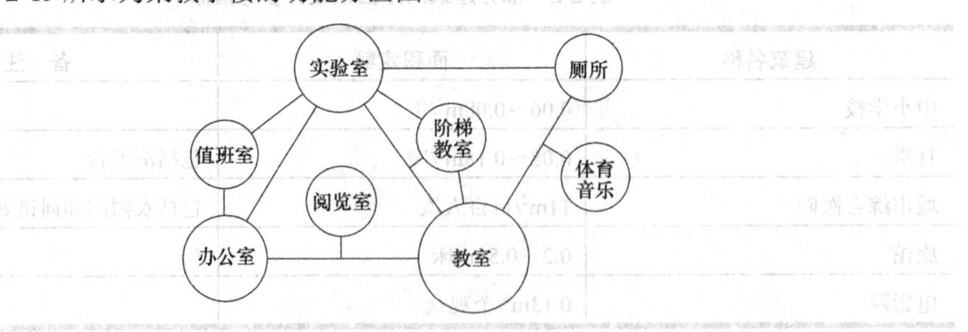

图 2-15　教学楼功能分区图

建筑平面的组合设计还应根据具体设计要求，从以下 4 个方面进行考虑。

1. 房间的主次关系

组成建筑物的各房间，按使用性质及重要性，均有主次房间之分，在平面组合时应分清主次，合理安排。在平面组合中，一般将主要房间放在比较好的朝向位置上，或安排在靠近主入口，并要求有良好的采光、通风条件。如在住宅设计中，起居室、卧室是主要房间，尽量放在南向并要求采光、通风良好，厨房、卫生间、储藏室是次要房间，放在北向位置，如图 2-16 所示；在食堂建筑中，餐厅是主要的使用房间，放在人流和交通的主要位置上，将厨房、仓库、备餐区放在次要位置上，使其主次关系分明，使用方便，如图 2-17 所示。

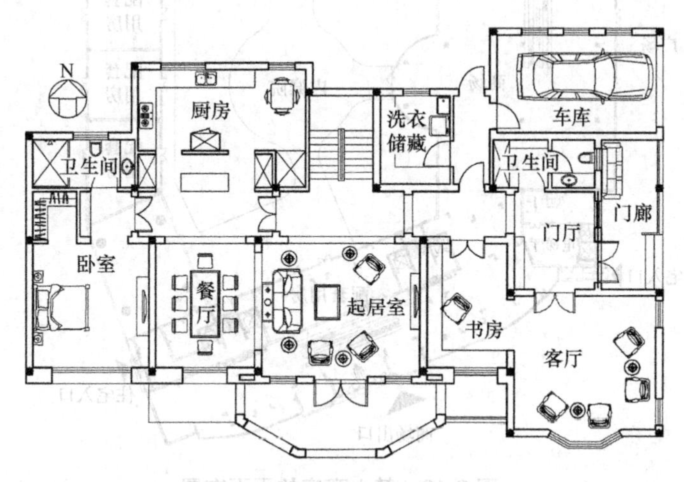

图 2-16　某住宅的平面布置

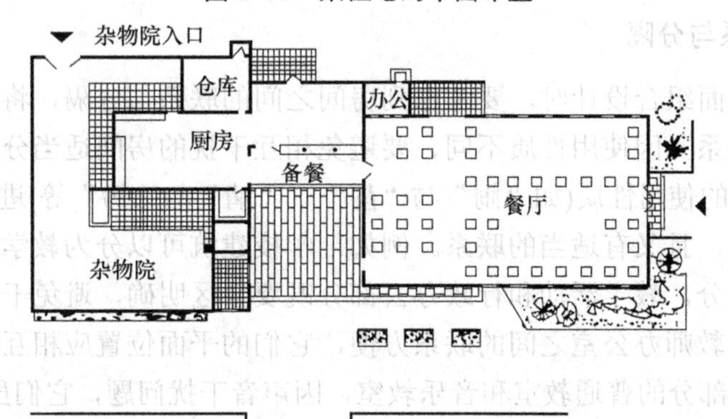

图 2-17　某食堂的平面布置

2. 房间的内外关系

建筑物中的各类房间或各个使用部分，有的对外性强，直接为公众使用；有的对内性强，主要供内部工作人员使用。按照人流活动的特点，一般将对外性较强的部分布置在交通枢纽附近；将对内性较强的部分布置在较隐藏的部位，并使其靠近内部交通区域。如商店建筑中，营业厅是供外部人员使用的，应位于主要沿街位置上，满足商业建筑需醒目的特点和人流动的需要；库房、办公用房等配套用房是供内部人员使用的，位置可隐蔽一些，如图 2-18 所示。

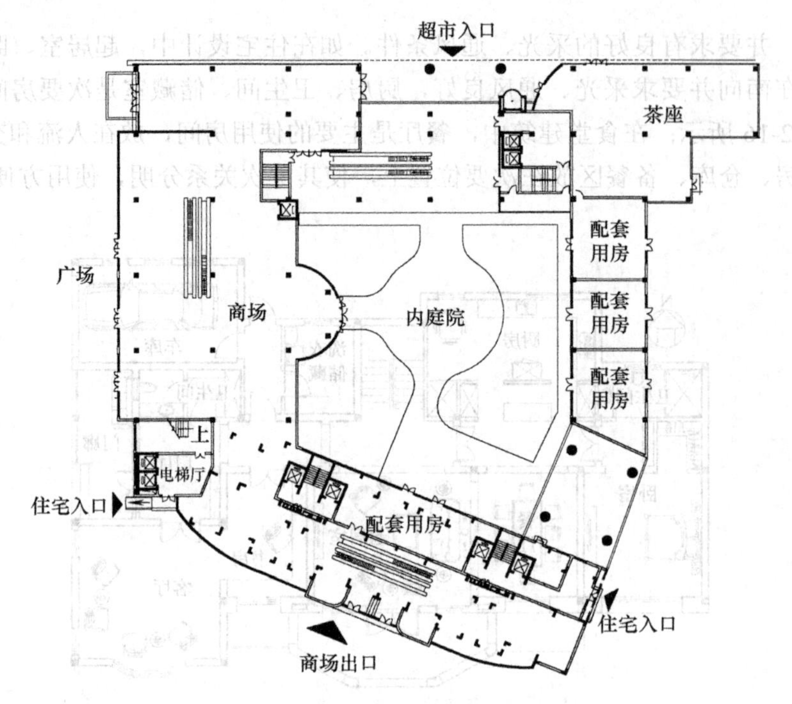

图 2-18　某小商店的平面布置

3. 房间的联系与分隔

在进行建筑平面组合设计时，要考虑到房间之间的联系与分隔，将联系密切的房间相对集中，把既有联系又因使用性质不同、要避免相互干扰的房间适当分隔。在分析功能关系时，应根据房间的使用性质(如“闹”与“静”、“清”与“污”等)进行功能分区，使其既分隔而互不干扰，且又有适当的联系。例如，学校建筑可以分为教学活动、行政办公及生活后勤等几个部分，教学活动和行政办公部分既要分区明确，避免干扰，又要考虑分属两个部分的教室和教师办公室之间的联系方便，它们的平面位置应相互靠近；对于使用性质同属于教学活动部分的普通教室和音乐教室，因声音干扰问题，它们虽在同一功能区中，但平面组合应有一定的分隔，如图 2-19 所示。

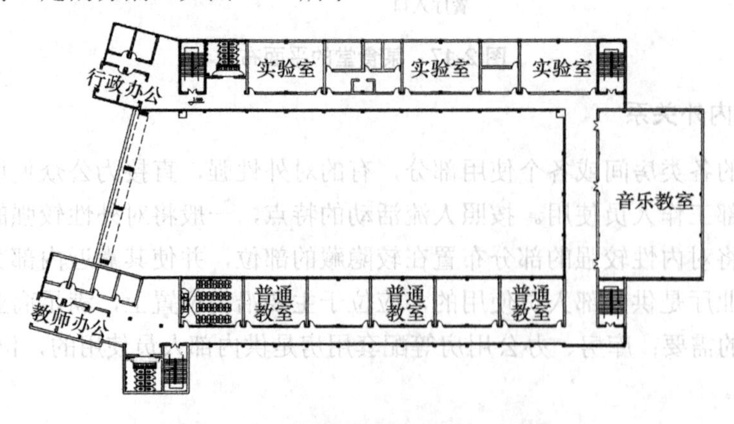

图 2-19　教学楼中的联系与分隔

4. 房间的交通流线分析

流线在民用建筑设计中是指人或物在房间之间、房间内外之间的流动路线，即人流和货流。在建筑平面组合中，要充分考虑人流或货流功能路线的前后顺序，应以公共人流交通路线为主导线，不同性质的交通流线应明确分开，避免相互交叉、干扰。例如火车站建筑中有人流、货流之分，人流又有问讯、售票、候车、检票、进入站台上车的上车流线以及由站台经过检票出站的下车流线等，各种流线组织关系如图 2-20 所示。

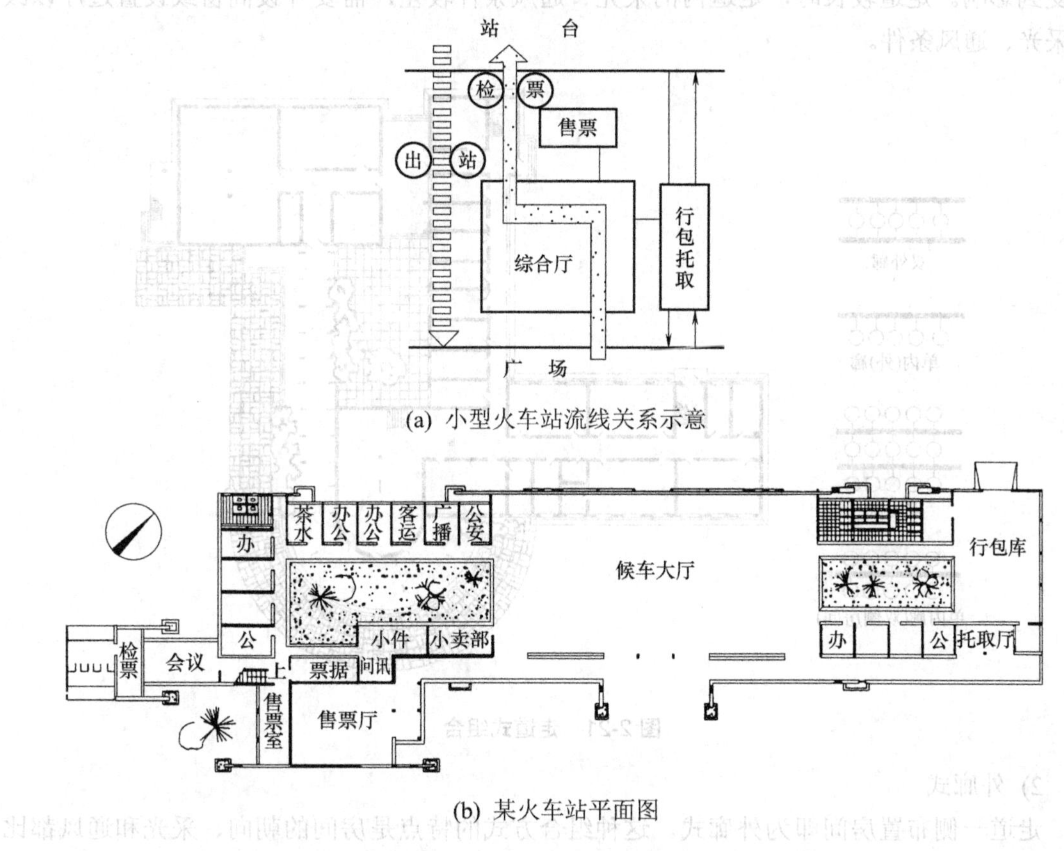

(a) 小型火车站流线关系示意

(b) 某火车站平面图

图 2-20　小型火车站的交通流线关系

2.3.2　建筑平面组合形式

建筑物的平面组合，是综合考虑房屋设计中内外多方面因素，反复推敲所得的结果。建筑功能分区和交通路线的组织，是形成各种平面组合方式内在的主要依据。通过功能分区初步形成的平面组合形式，大致可以归纳为以下几种。

1. 走道式组合

走道式组合是利用走道将房间联系起来，各房间沿走道一侧或两侧并列布置。其特点是使用房间和交通联系部分明确分开，各使用房间互不干扰，适用于单个房间建筑面积不大、同类房间多次重复的平面组合，如学校、医院、办公楼、集体宿舍等建筑物，如图2-21所示。

根据走道与房间的位置不同，走道式组合可分为内廊式与外廊式两种。

1) 内廊式

走道两侧布置房间即为内廊式。这种组合方式的特点是平面紧凑，走道所占面积较小，房屋进深较大，节省用地。但有一侧的房间朝向差，走道两侧房间有一定的干扰，房间通风受到影响。走道较长时，走道内的采光、通风条件较差，需要开设高窗或设置过厅以改善采光、通风条件。

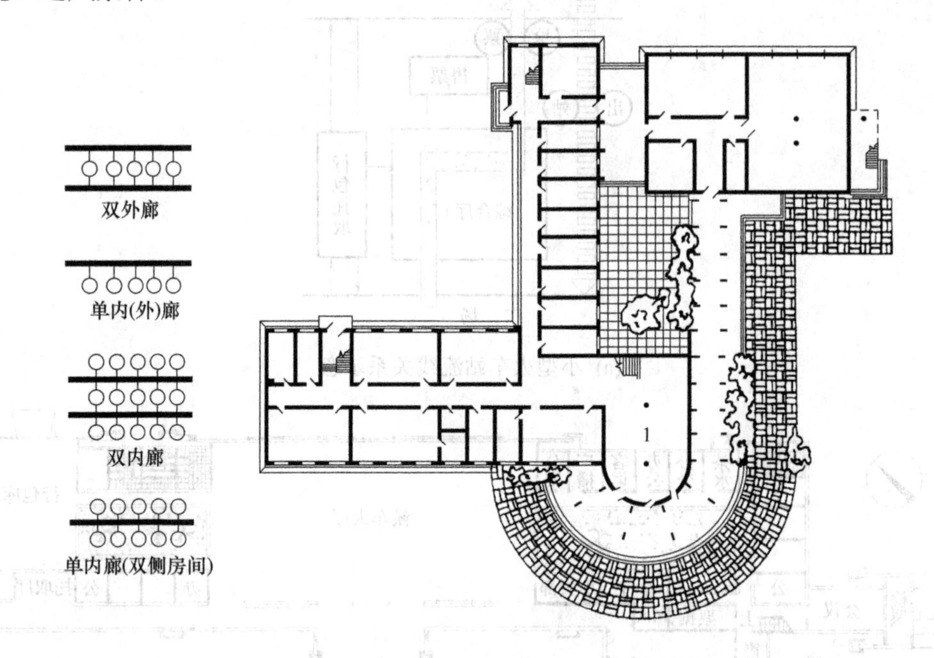

图2-21 走道式组合

2) 外廊式

走道一侧布置房间即为外廊式。这种组合方式的特点是房间的朝向、采光和通风都比内廊式好，但房间进深较小，辅助交通面积增大，故占地较多，相应造价增加。

2. 套间式组合

将各使用房间相互串联贯通，以保证建筑中各使用部分的连续性的组合方式即为套间式组合。这种组合方式的特点是使用面积和交通面积合为一体，房屋之间的联系紧凑，面积利用率高，适用于火车站、展览馆等建筑，如图2-22所示。

3. 大厅式组合

以公共活动大厅为主穿插布置辅助房间即为大厅式组合。这种组合方式的特点是主体结构的大厅空间较大，使用人数较多，是建筑物的主体和中心，辅助房间与大厅相比，尺寸大小悬殊，常布置在大厅周围，与主体房间保持一定的联系，适用于体育馆、电影院等，如图2-23所示。

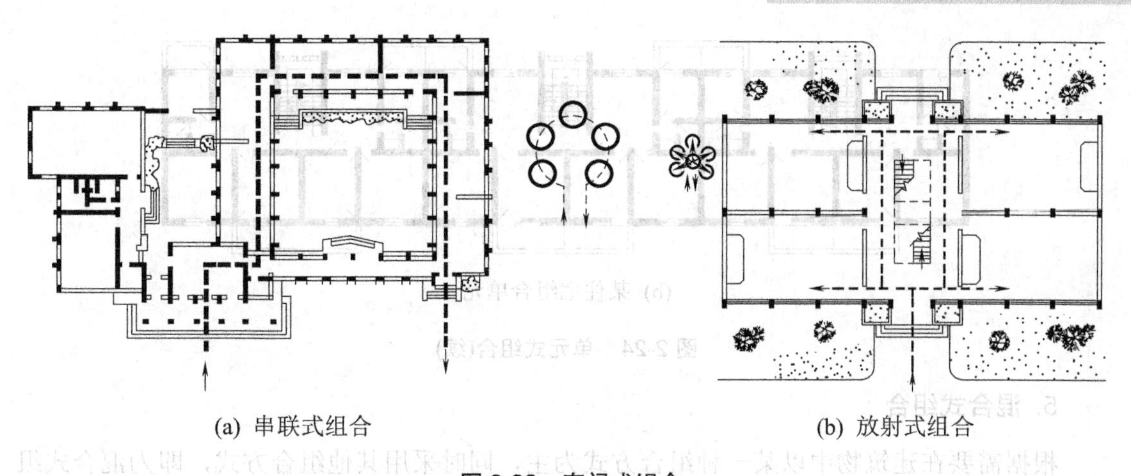

(a) 串联式组合　　(b) 放射式组合

图 2-22　套间式组合

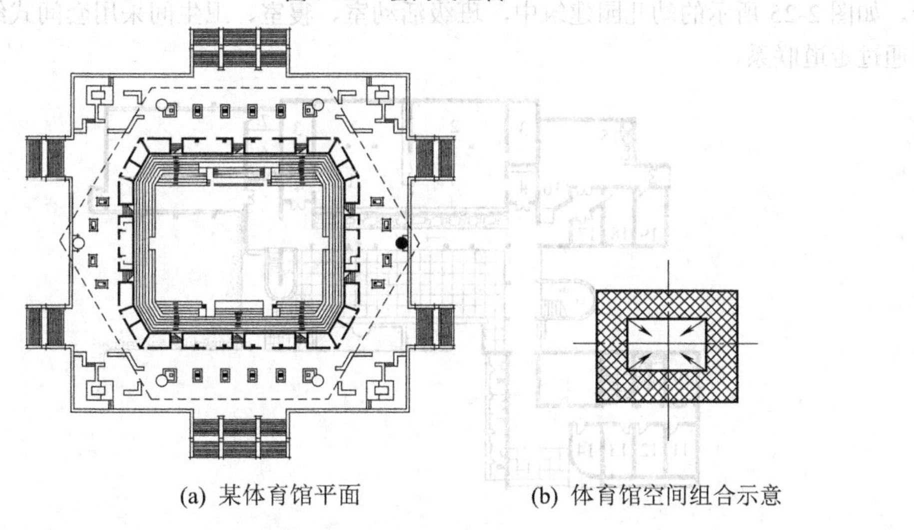

(a) 某体育馆平面　　(b) 体育馆空间组合示意

图 2-23　大厅式组合

4. 单元式组合

将关系密切的房间组合在一起，成为一个相对独立的整体，各个独立的整体按使用性质在水平或垂直方向再重复组合起来成为一幢建筑，即为单元式组合。这种组合方式的特点是功能分区明确，单元之间相对独立，组合布局灵活，适应不同的地形，形成不同的组合方式，适用于住宅、幼儿园、学校等建筑，如图 2-24 所示。

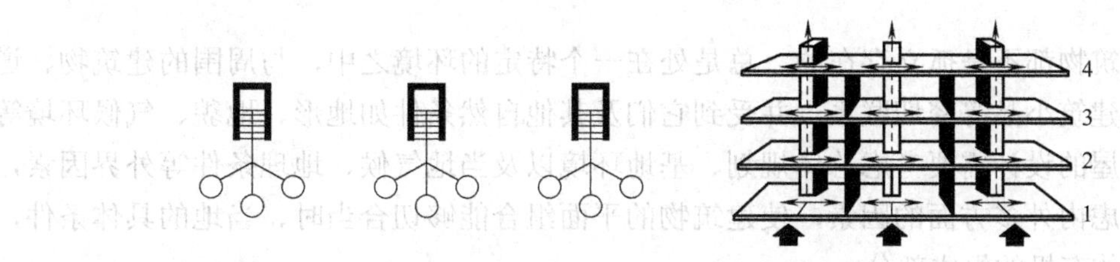

(a) 某住宅单元式组合及交通组织示意

图 2-24　单元式组合

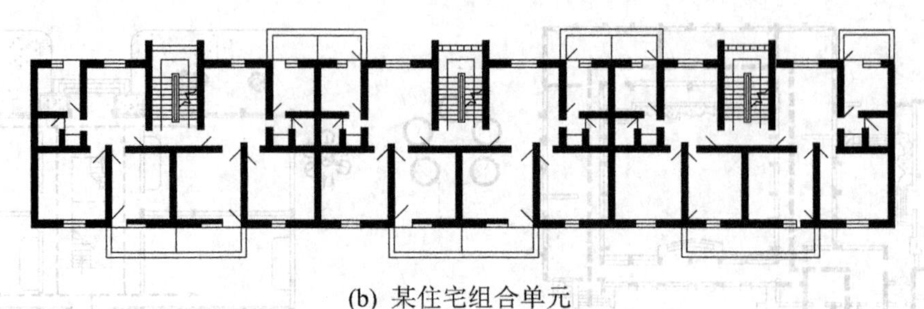

(b) 某住宅组合单元

图 2-24　单元式组合(续)

5. 混合式组合

根据需要在建筑物中以某一种组合方式为主，同时采用其他组合方式，即为混合式组合。如图 2-25 所示的幼儿园建筑中，班级活动室、寝室、卫生间采用套间式组合，各组合间通过走道联系。

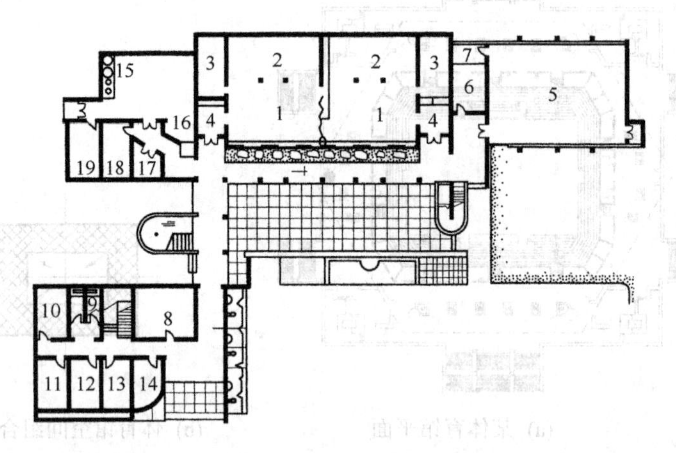

图 2-25　幼儿园建筑平面

1—活动室；2—寝室；3—卫生间；4—衣帽间；5—音体室；6—教具储藏；7—储藏；8—晨检兼接待；9—教工厕所；10—行政储藏；11—值班；12—保育员休息；13—保健；14—传达室；15—厨房；16—备餐；17—开水间；18—炊事员休息室；19—库房

2.3.3　基地环境对平面组合的影响

任何建筑物都不是孤立存在的，总是处在一个特定的环境之中，与周围的建筑物、道路、绿化、建筑小品等密切联系，并受到它们及其他自然条件如地形、地貌、气候环境等的影响。房屋的设计需要考虑总体规划、基地环境以及当地气候、地理条件等外界因素，通过综合考虑内外多方面的因素，使建筑物的平面组合能够切合当时、当地的具体条件，成为建筑群体有机的组成部分。

总体规划和基地环境涉及的面很广，下面着重从基地的大小、形状和道路走向，建筑物的朝向和间距，以及基地的地形条件等方面扼要分析它们对建筑物平面组合的影响。

1. 基地的大小、形状和道路走向

建筑的平面组合布局、外轮廓形状和尺寸与基地的大小和形状有着密切的关系。同时，基地内的道路布置及人流、车流方向是确定出入口和门厅平面位置的主要因素。因此，在建筑平面组合中，应根据基地的大小、形状和道路走向等外在条件，使建筑的平面布局形式、外轮廓形状、尺寸及出入口位置等符合城市总体规划的要求。图 2-26 所示为不同基地条件的中学教学楼平面组合。

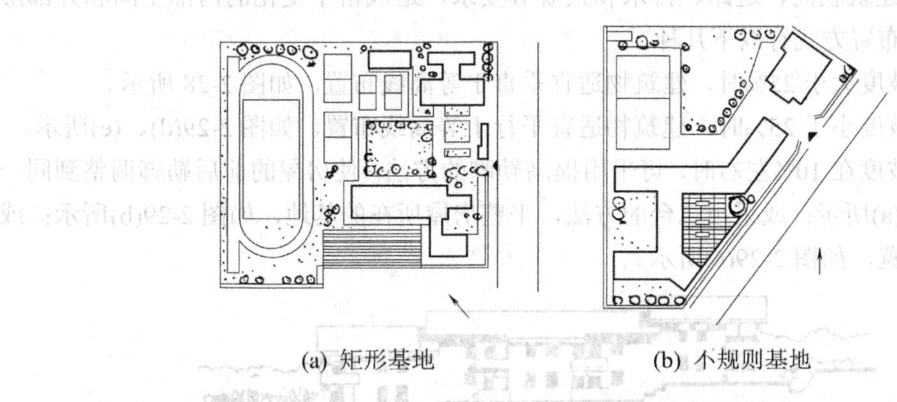

(a) 矩形基地　　(b) 不规则基地

图 2-26　不同基地条件的中学教学楼平面组合

2. 建筑物的朝向与间距

正确的朝向可改变室内气候条件，创造舒适的室内环境，因此，在考虑日照对建筑平面组合的影响时，还要考虑当地夏季和冬季主导风向对建筑物的影响，以确定良好的朝向。

建筑物的间距是指相邻两幢建筑物之间外墙面相距的距离。影响建筑物间距的因素有很多，如日照间距、防火间距、隔声间距等。对于大多数民用建筑而言，日照是确定房屋间距的主要依据，因为在一般情况下，只要满足了日照间距，其他间距要求基本能满足。日照间距是指前后两排房屋之间，按照日照时间要求所确定的距离。日照间距的计算一般以冬至日或大寒日正午 12 时太阳光线能直接照到底层窗台为设计依据(见图 2-27)，其计算式为

$$L=H/\tan\alpha$$

式中：L——建筑日照间距；

H——前排建筑檐口至后排建筑底层窗台的高差；

α——冬至日正午 12 时的太阳高度角，$1/\tan\alpha$为日照间距系数。

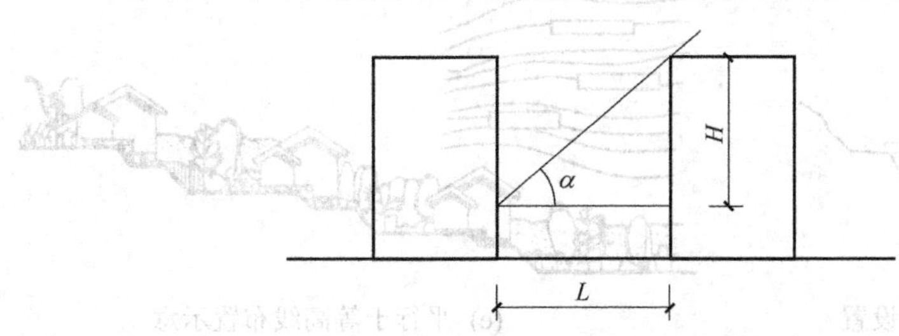

图 2-27　建筑物日照间距

实际工程中，通常是结合日照间距、卫生要求和地区用地情况，做出对建筑日照间距 L 和前排建筑高度 H 比值的规定，如 L/H 等于 0.8、1.2、1.5 等，L/H 称为间距系数。

3. 基地的地形条件

当建筑物处于平坦地形时，平面组合的灵活性较大，可以有多种布局方式。但如果基地地形为坡地时，则应将建筑平面组合与地面高差结合起来，充分利用地势的变化，减少土方量，处理好建筑朝向、道路、排水和景观等要求，造成富于变化的内部空间和外部形式。坡地建筑的布置方式有以下几种。

(1) 当地面坡度大于 25%时，建筑物适宜垂直于等高线布置，如图 2-28 所示。

(2) 当地面坡度小于 25%时，建筑物适宜平行于等高线布置，如图 2-29(d)、(e)所示。

(3) 当地面坡度在 10%左右时，可采用提高勒脚的方法，使房屋的前后勒脚调整到同一标高，如图 2-29(a)所示；或采用筑台的方法，平整房屋所在的基地，如图 2-29(b)所示；或采用横向错层布置，如图 2-29(c)所示。

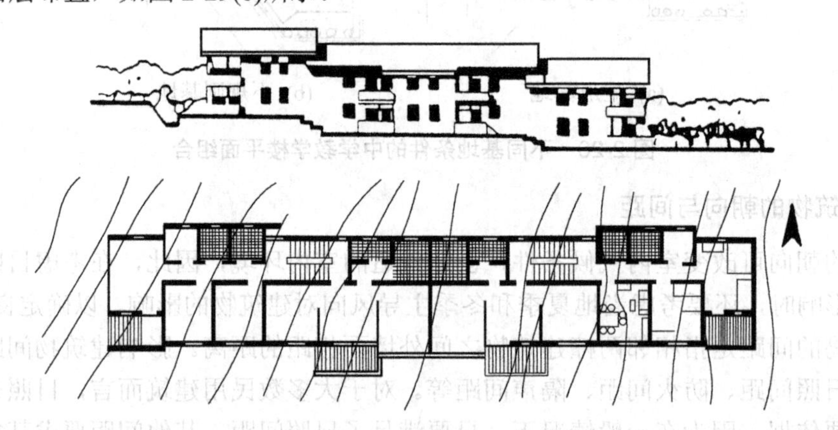

图 2-28　建筑物垂直于等高线的布置

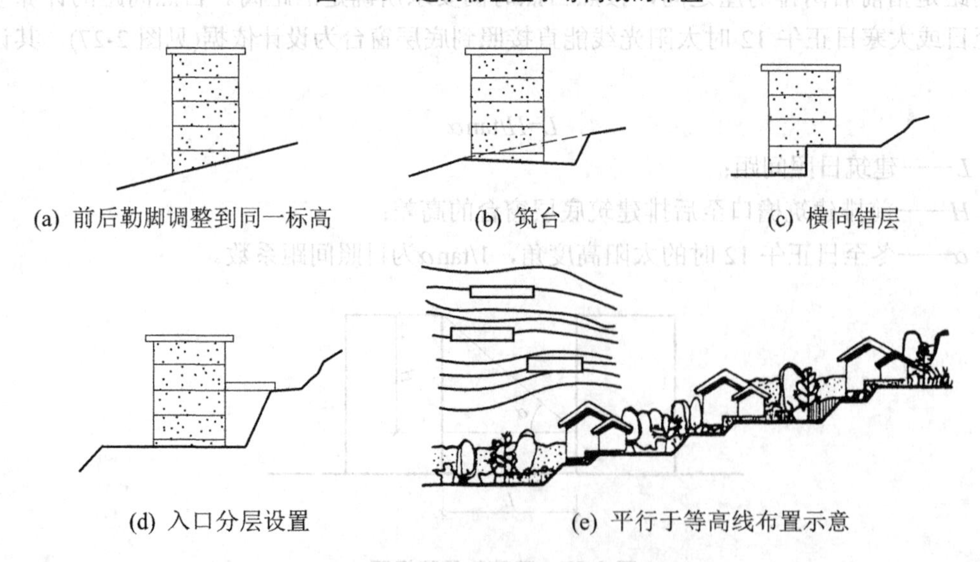

(a) 前后勒脚调整到同一标高　(b) 筑台　(c) 横向错层

(d) 入口分层设置　(e) 平行于等高线布置示意

图 2-29　建筑物平行于等高线的布置

思　考　题

1. 建筑物主要使用房间的形状、尺寸是如何确定的？
2. 建筑物交通联系部分的形状、尺寸是如何确定的？
3. 走道的宽度是如何确定的？
4. 建筑平面的组合设计应考虑哪些因素？
5. 建筑平面组合形式有哪几种？
6. 基地环境对平面组合的影响有哪些？
7. 影响建筑物间距的因素有哪些？
8. 坡地建筑的布置方式有哪几种？

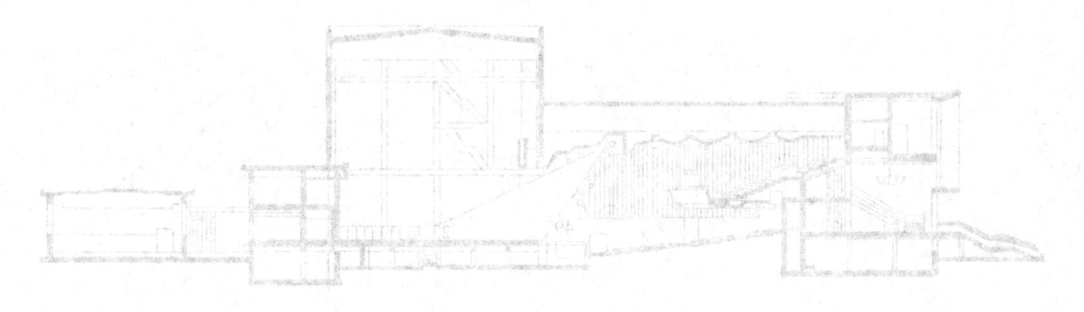

第 3 章　建筑剖面设计

建筑剖面设计以建筑在垂直方向上各部分的组合关系为研究对象，包括建筑竖向形状及比例、建筑层数、建筑空间的组合与利用、建筑采光和通风方式选择等内容，如图 3-1 所示。剖面分析是利用建筑剖面图，采用一个或多个垂直于外墙轴线的铅垂平面，在建筑主要部位或构造较为典型的部位对建筑进行剖切，以清晰表达建筑内部的结构构造，垂直方向的分层情况，各层楼地面、屋顶的构造及相关的尺寸、标高等。图 3-2 所示为某剧院剖面图。

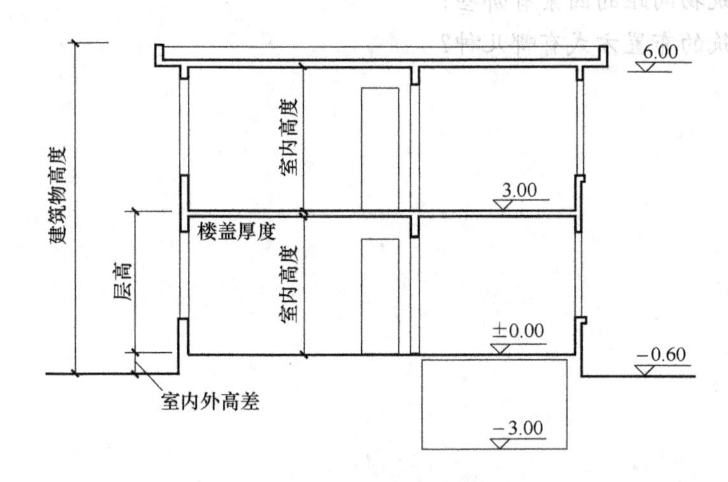

图 3-1　建筑剖面图

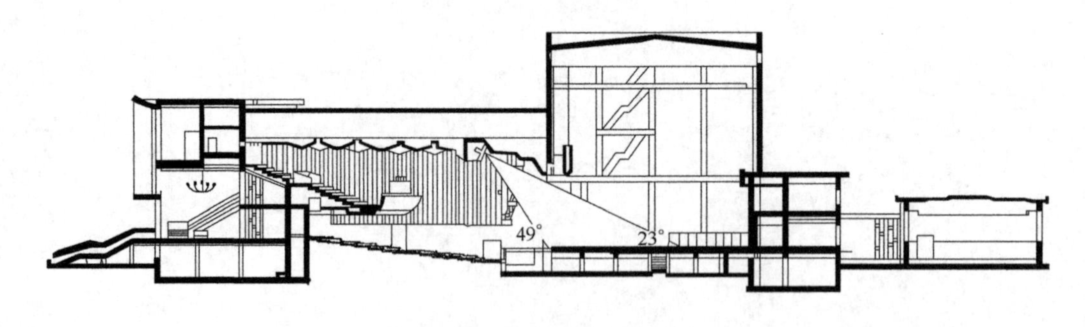

图 3-2　某剧院剖面图

剖面设计以平面设计为基础，不同的剖面形式又会对平面布局产生影响。与确定建筑平面的面积和形状相类似，建筑剖面设计也涉及建筑的使用功能、造价和节约用地等经济技术条件以及建筑周围环境，反映建筑标准的一个方面。因此剖面设计需要与建筑平面设计、立面设计结合在一起研究，三个方面相互制约、相互影响，每种设计又各有侧重点。例如在考虑建筑平面设计时，不仅要解决建筑在水平方向各部分的组合关系，还必须考虑单个房间和平面组合后每个空间的竖向形状、组合后竖向各部分空间的特点，以及由此生成的建筑外部立面形象等。图 3-3 所示为有视线要求的房间剖面形状，如电影院的观众厅、体育馆的比赛大厅等一般会设计成地面坡度升起，以使后排视线无遮挡。图 3-4 所示为某体育馆剖面图。

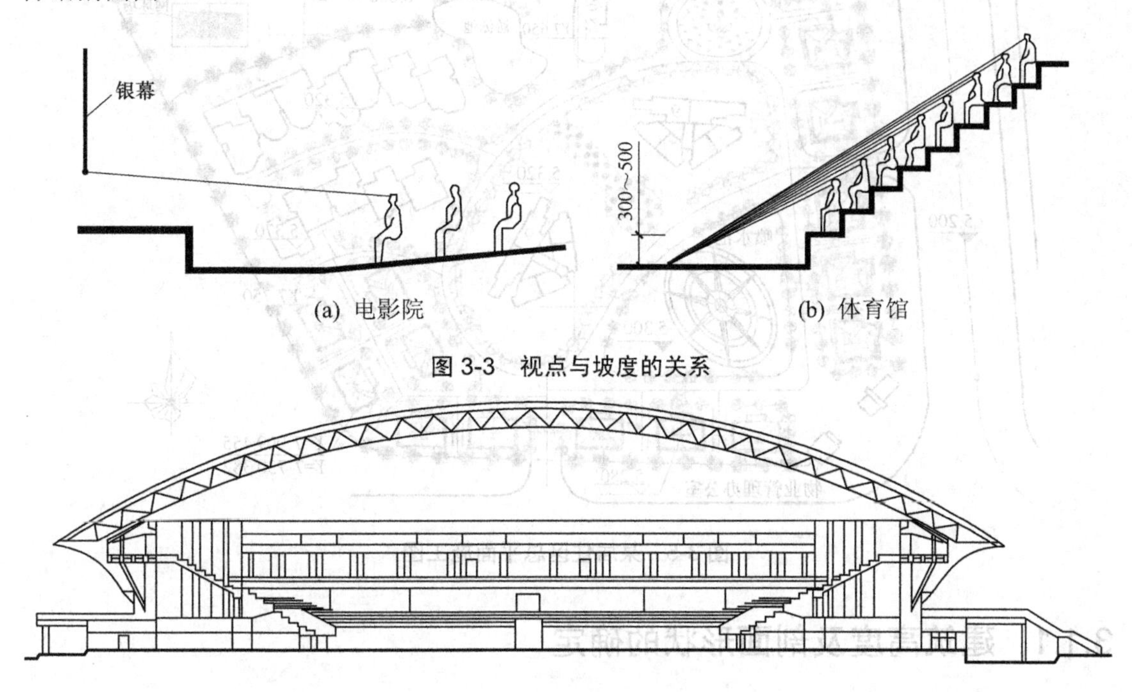

(a) 电影院　　(b) 体育馆

图 3-3　视点与坡度的关系

图 3-4　某体育馆剖面图

3.1　剖面形状及各部分高度确定

在建筑设计中，建筑物各部分在垂直方向的位置及高度是用一个相对标高系统来表示的。通常将建筑物首层室内地面的高度定义为相对标高的基准点，即±0.000，单位为米(m)，高于该标高为正值，低于该标高为负值。需要注意的是，建筑设计人员从职能部门获得的基地红线图及水文地质等资料的图纸所标注的标高均为绝对标高，设计时需要进行相应的换算，以免混淆。图 3-5 所示为某居住区总平面施工图，图中点的坐标 *X*：7 909.455、*Y*：7 730.387 为建筑控制点的绝对坐标值，新建建筑绝对标高为 5.320m、室外地面绝对标高为 5.300m 等。

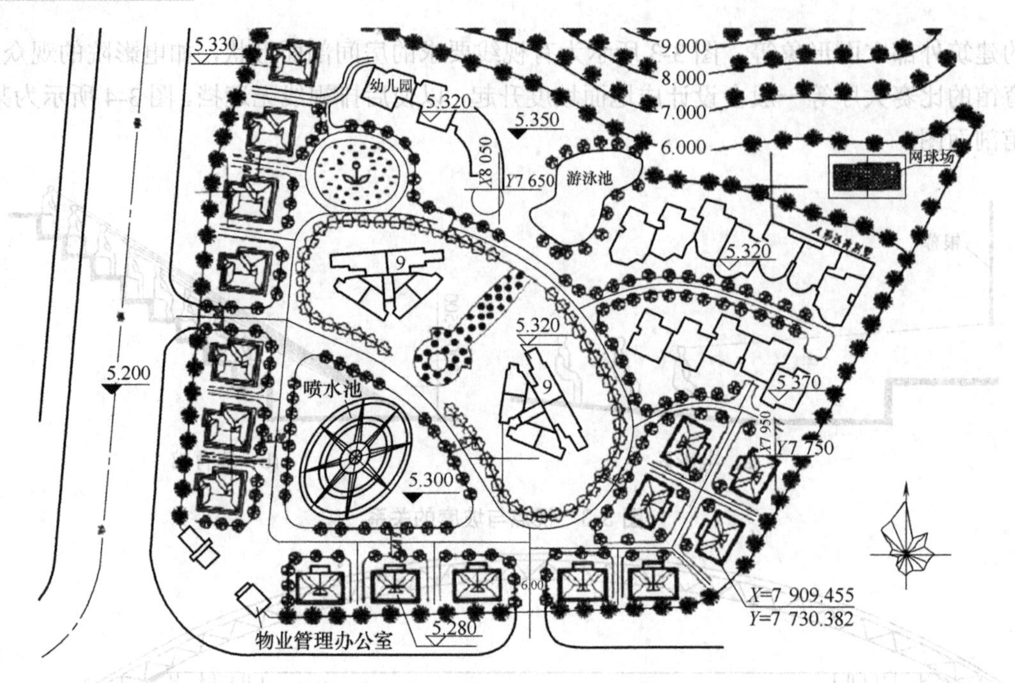

图 3-5　某居住区总平面施工图

3.1.1　建筑高度及剖面形状的确定

建筑剖面设计首先要根据建筑的使用功能要求确定建筑层高和净高等。建筑物每一部分的高度指该部分的使用高度、结构高度和有关的设备所占用高度的总和。如图 3-6 所示，净高(H_1)指从楼面(地面)至吊顶顶棚或其上部构件底面的垂直距离，即建筑的使用高度；层高(H_2)指从楼面(地面)至楼面的垂直距离，等于楼板和结构梁的高度加上梁底到吊顶面之间的垂直距离，再加上该房间的使用高度。

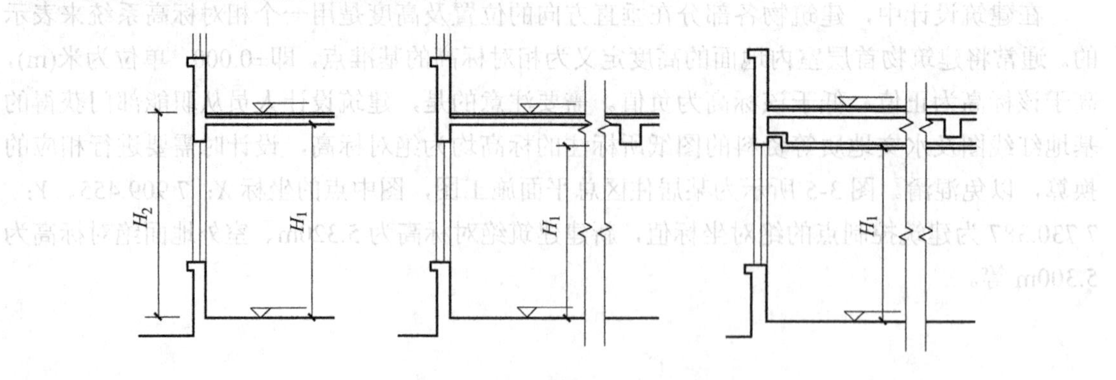

图 3-6　房间层高和净高示意图

建筑剖面的形状应根据建筑使用功能确定，同时也要考虑物质技术、经济条件和空间的艺术效果等多方面因素。决定建筑物某些部分高度和剖面形状的因素主要有以下几方面。

1. 使用要求

民用建筑对剖面的使用要求，有些是一般要求，如学校、住宅、医院、办公楼等，其剖面形状多采用矩形，其房间净高与使用人数的多少有关。室内最小净高应使人举手触摸不到顶棚为宜，即满足人体尺度和人体活动所需的最基本的空间尺度的要求，一般不小于2.2m。住宅建筑中的起居室和卧室，由于使用人数较少，房间面积较小，净高可以相对较低，一般为 2.8m 左右(见图 3-7(a))；集体宿舍一般考虑双层床铺可能性较大，使用人数相对较多，室内净高一般比住宅稍高，为 3.2m 左右(见图 3-7(b))；医院的手术室由于设备仪器的需要，其净高一般为 3.0m；学校由于使用人数较多，房间面积较大，净高一般为 3.6m 左右(见图 3-7(c))；一些大型商场、餐厅、图书馆阅览室等，使用面积更大、人数更多，室内净高宜取更高，一般为 4.2m 左右。

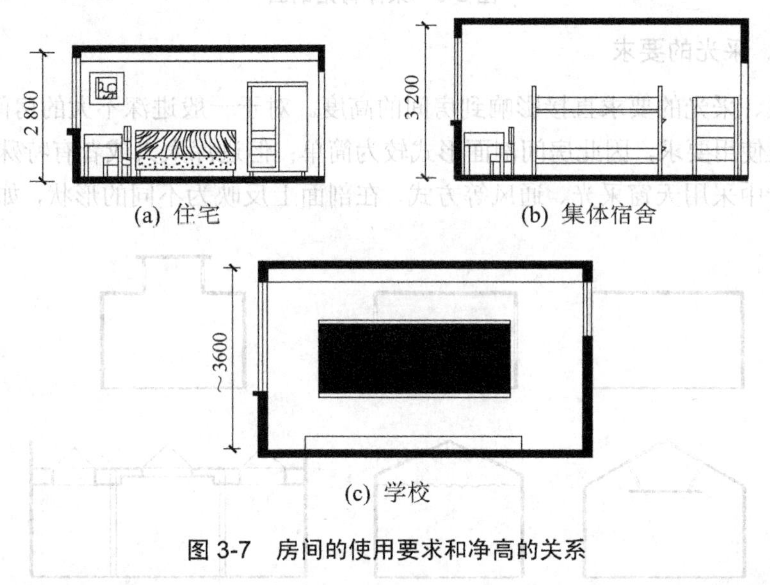

图 3-7 房间的使用要求和净高的关系

影剧院、阶梯报告厅、体育馆比赛大厅等观演建筑，对剖面形状有特殊要求，设计剖面不仅应在平面形状、大小上满足视距、视角的要求，而且地面也应做一定的坡度，以保证获得舒适、无遮挡的视觉效果，顶棚做成直达声反射的折面，以获得满意的声音效果，如图 3-8 所示。

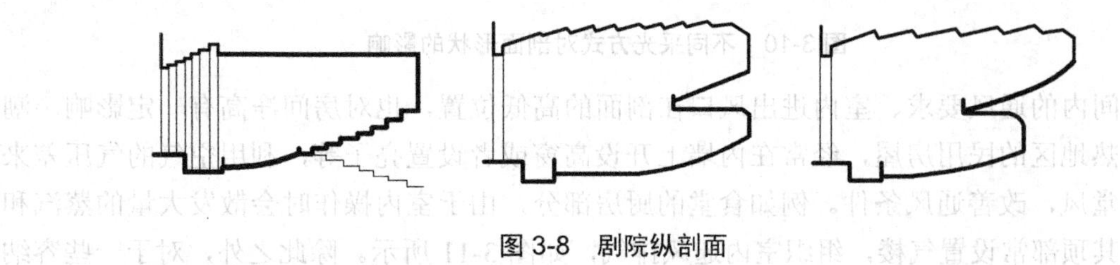

图 3-8 剧院纵剖面

2. 结构、材料和施工的要求

不同的结构类型对建筑房间的剖面形状有一定影响，一般分为矩形和非矩形两种。矩形剖面具有形状规则、简单、有利于梁板布置等特点，施工较为方便，采用较多。有些大跨度建筑房间的剖面由于结构形式的不同，其剖面形状为非矩形。图 3-9 所示为体育馆比赛大厅剖面，其形状综合反映了各种球类活动和观众看台所需要的不同高度要求，形成了其特有的剖面形状。

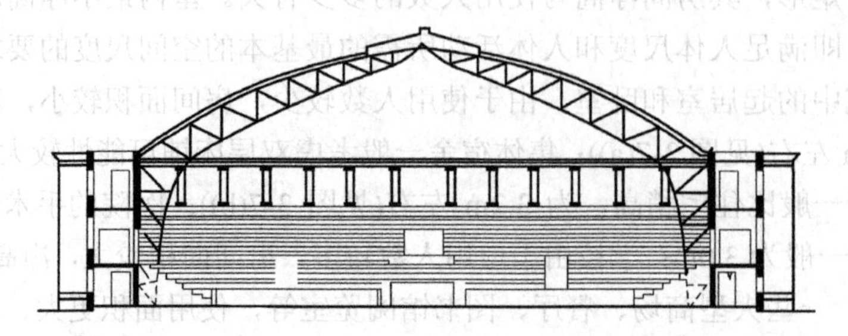

图 3-9　某体育馆剖面

3．通风、采光的要求

建筑通风、采光的要求直接影响到房间的高度。对于一般进深不大的房间，侧窗通风、采光即可满足使用要求，因此房间剖面形式较为简单；但进深太大或者有特殊要求时，则需要在剖面设计中采用天窗采光、通风等方式，在剖面上反映为不同的形状，如图 3-10 所示。

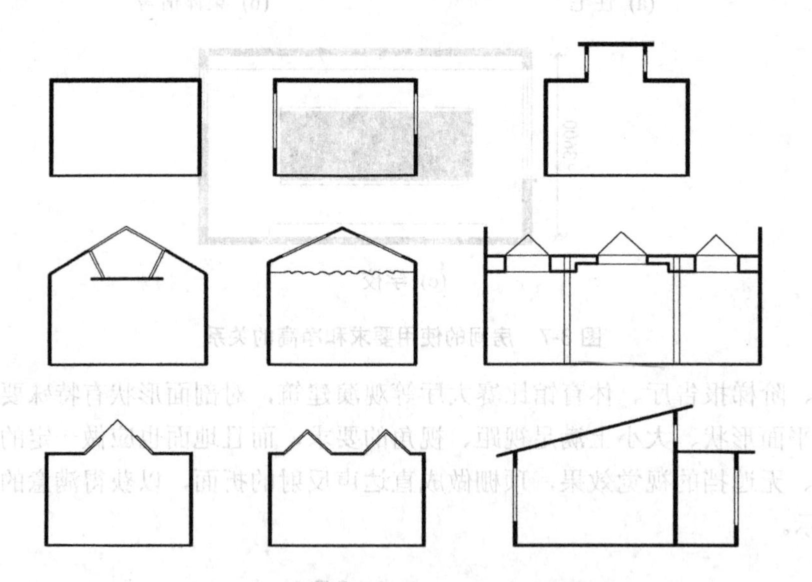

图 3-10　不同采光方式对剖面形状的影响

房间内的通风要求、室内进出风口在剖面的高低位置，也对房间净高有一定影响。潮湿和炎热地区的民用房屋，经常在内墙上开设高窗或者设置亮子等，利用空气的气压差来组织穿堂风，改善通风条件。例如食堂的厨房部分，由于室内操作时会散发大量的蒸汽和热量，其顶部常设置气楼，组织室内通风排气，如图 3-11 所示。除此之外，对于一些容纳人数较多的公共建筑，应考虑房间正常的气容量，为保证必要的卫生条件，房间的净高也应该适当高一些。

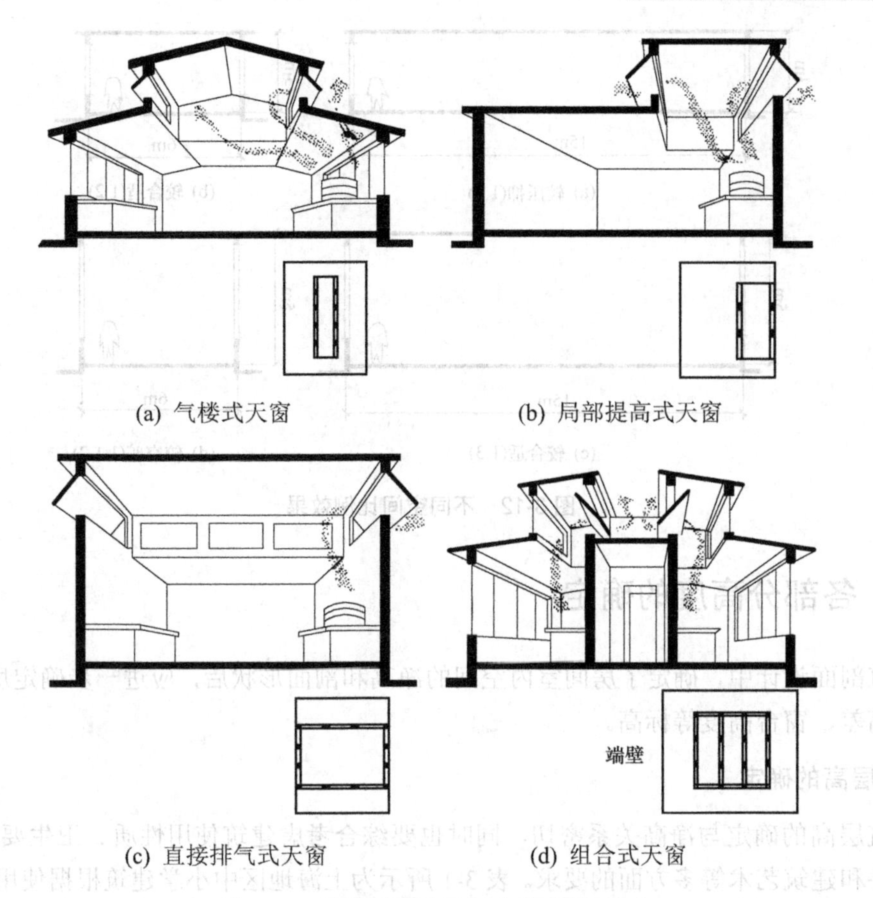

(a) 气楼式天窗　(b) 局部提高式天窗

(c) 直接排气式天窗　(d) 组合式天窗

图 3-11　厨房不同通风方式对剖面的影响

室内光线照度的强弱、是否均匀，除了与平面窗户的位置、宽度有关系外，还和窗户在立面上的大小、形状、高低等有关。房间内光线的照射深度，主要靠侧窗的高度解决，一般进深越大，要求侧窗上沿的位置越高，即相应房间的净高也要设计得高一些。

4．建筑经济效益及节能要求

在满足建筑使用功能的前提下，降低层高可以减少墙体、管线等材料的用料，同时也可以减轻建筑自重，改善结构受力，缩小建筑间距，从而节约用地。对于严寒地区和使用空调的建筑物，降低层高不仅能够降低造价，同时还可以通过减少维护结构的面积降低能耗。实践证明，普通砖混结构的建筑物，层高每降低 100mm，可以节约投资 1%，节约用地 2%。

5．室内空间比例的要求

室内空间长、宽、高的比例，会给人们精神上带来不同的感受，因此在确定房间净高时，应运用建筑空间概念，分析人们对建筑空间在视觉与精神上的要求，如图 3-12 所示。宽而低的房间给人压抑的感觉，狭而高的房间会使人感到拘谨，都是不恰当的空间比例。根据实际经验，面积较大的房间净高应该高一些，面积较小的房间则应该适当降低净高。一般民用建筑的高宽比为 1∶1.5～1∶3 较为合适。

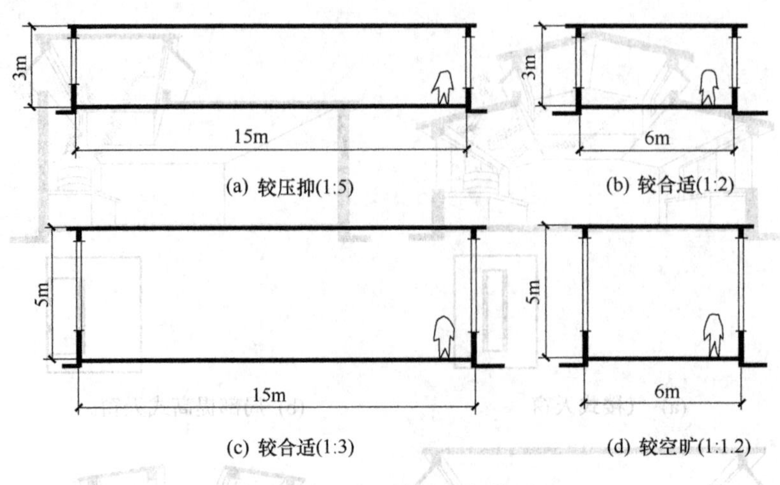

图 3-12　不同空间比例效果

3.1.2　各部分高度的确定

建筑剖面设计中，确定了房间室内空间的净高和剖面形状后，应进一步确定房间层高、室内外高差、窗台高度等标高。

1. 层高的确定

建筑层高的确定与净高关系密切，同时也要综合考虑建筑使用性质、卫生要求、技术经济条件和建筑艺术等多方面的要求。表 3-1 所示为上海地区中小学建筑根据使用性质、卫生要求和技术经济条件制定的教室、实验室等房间层高试行指标。

表 3-1　中小学建筑房间的层高　　单位：m

房间名称	教室、实验室	独立的露天活动室	办公及辅助用房	独立传达室
中学	3.4～3.5	3.4～4.0	3.2	3.1
小学	3.4	3.4～4.0	3.2	3.1

2. 室内外高差的确定

为了防止室外雨水流入室内，并防止墙身、底层地面受潮，同时满足建筑使用及增强建筑美观的要求，一般民用建筑通常把建筑室内地坪适当提高，以使建筑室内外地面形成一定高差。室内外高差不宜过大，否则不利于组织室内外进出联系，同时增加建筑造价，常取 300～450mm，至少不低于 150mm。

位于山地、坡地以及一些有特殊要求的建筑物，室内外高差应根据使用要求、建筑性质等方面确定。综合考虑地形的起伏变化和室内外道路布置等因素，确定室内首层地面标高，使其既方便建筑内外联系，又利于室内外排水和减少土石方工程量，降低造价。图 3-13 所示为位于坡地的某中学教学楼的平面图和剖面图，建筑垂直于等高线布置，依势而建，不仅减少了土石方工程量，而且取得了良好的建筑景观效果。

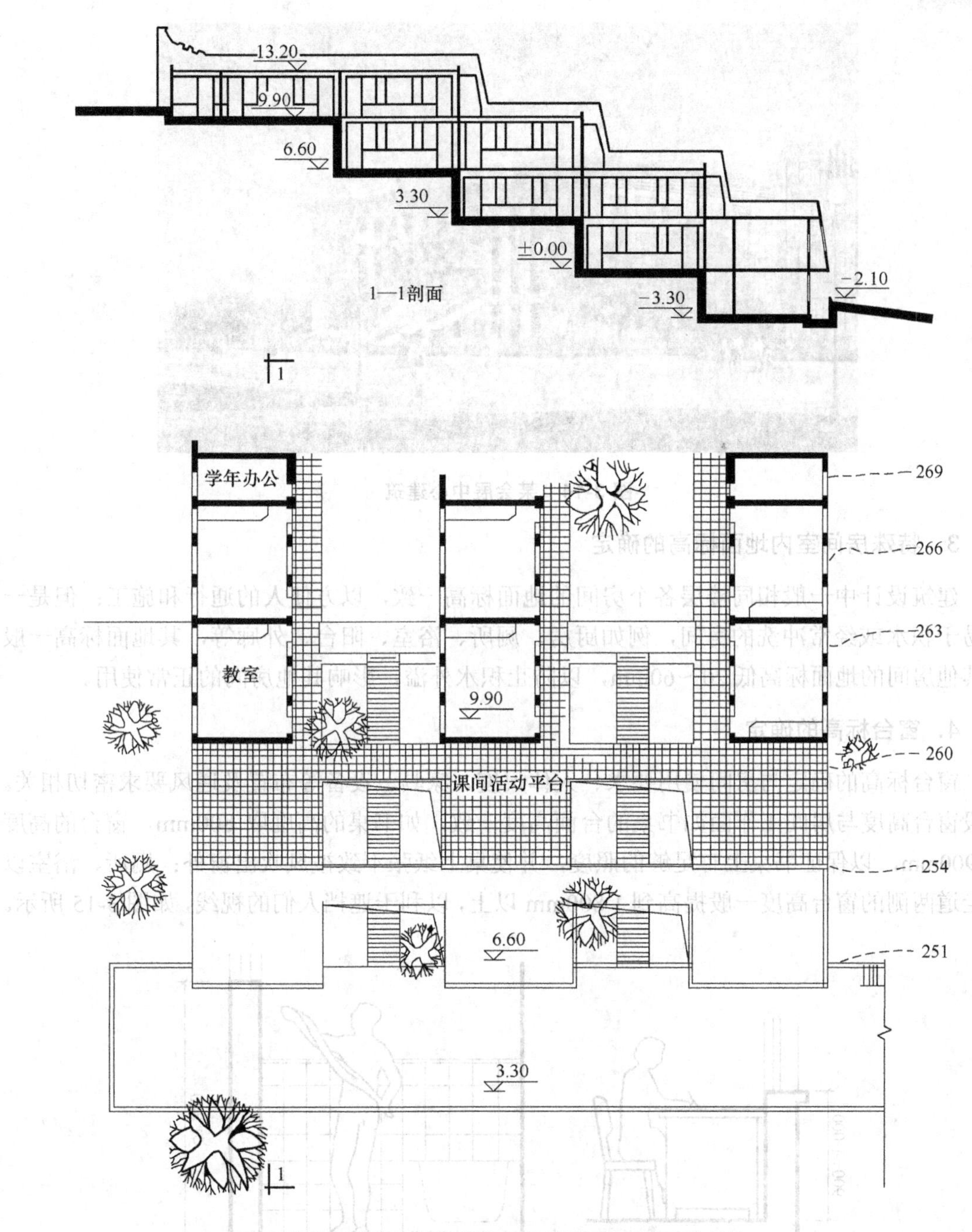

图 3-13　位于坡地的某中学教学楼平面、剖面图(单位：m)

对于防潮要求较高的建筑物，应参考当地有关洪水水位的资料来确定室内地坪标高；工业建筑的仓库等，一般要求室内外联系方便，因此在常有车辆出入的大门处应适当降低室内外高差，只设坡道，不设台阶，为不使坡道过长而影响室外道路布置，室内外地面高差一般以不超过 300mm 为宜；一些大型会场或纪念性建筑等，常借助于增加室内外高差值，如采用较高的台基和较多的踏步处理，来增强严肃、雄伟和庄重的气氛，如图 3-14 所示。

图 3-14　某会展中心建筑

3．特殊房间室内地面标高的确定

建筑设计中一般相同楼层各个房间的地面标高一致，以方便人的通行和施工；但是一些易于积水或经常冲洗的房间，例如厨房、厕所、浴室、阳台、外廊等，其地面标高一般比其他房间的地面标高低 20～60mm，以防止积水外溢，影响其他房间的正常使用。

4．窗台标高的确定

窗台标高的确定与房间使用要求、人体尺度、家具、设备等布置及通风要求密切相关。一般窗台高度与房间工作面如书桌的台面高度一致，如书桌的高度取 800mm，窗台的高度取 900mm，以保证书桌上有足够的照度，并使桌上纸张不致被风吹出窗外；厕所、浴室以及走道两侧的窗台高度一般提高到 1 800mm 以上，以利于遮挡人们的视线，如图 3-15 所示。

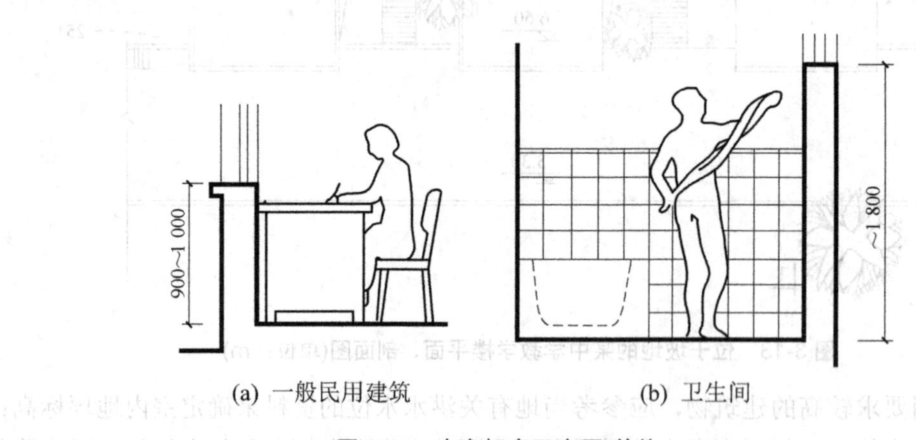

图 3-15　窗台标高示意图(单位：mm)

对于幼儿园、托儿所建筑，考虑到儿童身高和低矮的家具尺度，其活动室、卧室等窗台高度一般降低至 700mm 左右；展览类建筑通常会利用室内墙面布置展品，因此要防止窗口射入的光线对人眼产生眩光，窗台高度一般提升到 2 500mm 以上，如图 3-16 所示。

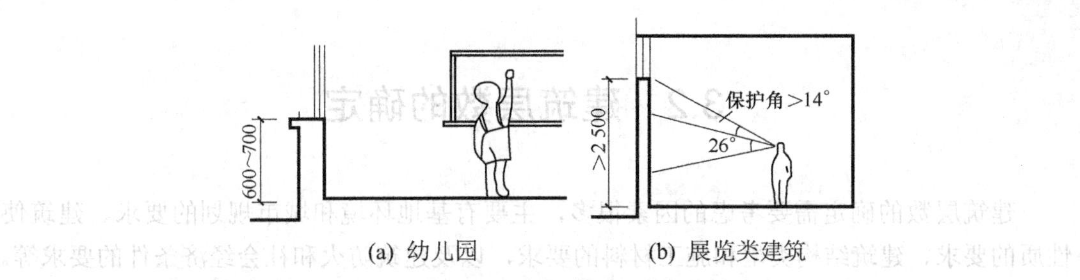

(a) 幼儿园　　(b) 展览类建筑

图 3-16　窗台标高示意图(单位：mm)

公共建筑的房间如餐厅、大堂，居住建筑中的客厅以及疗养院、风景区内的建筑等，一般多考虑室内外空间的相互渗透，并要求室内阳光照射充足，常采取降低窗台或落地窗的设计手法。图 3-17 所示为某旅馆大堂的落地窗，图 3-18 所示为某餐厅的落地窗。

图 3-17　某住宅落地窗

图 3-18　某餐厅落地窗

5. 雨篷高度的确定

建筑出入口处雨篷的高度，应该充分考虑与门的关系。雨篷位置过高，大门易受到雨水冲刷，挡雨效果不好；位置过低，则容易产生压抑感，且不利于安装门灯。因此雨篷高度一般以高于门洞口标高 200mm 左右为宜，如图 3-19 所示。

图 3-19　某建筑入口雨篷

3.2 建筑层数的确定

建筑层数的确定需要考虑的因素很多，主要有基地环境和城市规划的要求、建筑使用性质的要求、建筑结构类型和施工材料的要求，以及建筑防火和社会经济条件的要求等。

1. 基地环境和城市规划的要求

确定建筑的层数不能脱离一定的环境条件限制，出于对城市总体面貌的考虑，城市规划对局部的每个建筑群体都有高度方面的设定和要求。例如，位于城市主要街道两侧、广场周围、风景区的建筑，特别是历史文化保护区内及附近的建筑，必须重视与环境的关系，做到与周围建筑物、环境、绿化等协调一致。城市规划部门根据城市总体规划，对这类地区提出指导性条款和强制性条款，对建筑高度、造型、色彩、容积率、绿地率、基地出入口等提出明确要求，设计者应严格执行。再如临近飞机场的一些建筑，为了保证飞机的正常起降，也有限高的要求。

2. 建筑使用性质的要求

建筑物的使用性质对建筑层数的确定也有影响 。例如，托儿所、幼儿园建筑，为了安全和便于儿童户外活动，其层数不宜超过 3 层；医院、中小学校建筑使用人数较多，为了方便使用也宜建三四层；体育馆、车站、影剧院等大型公共建筑，具有较大的面积和较高的空间，人流集中，为便于安全、迅速疏散，也应以低层、单层为主；住宅、办公楼、旅馆等建筑，使用人数不多，室内层高较低，使用较为分散，因此这一类建筑常采用多层或高层，利用楼梯或电梯作为交通联系设施。

3. 建筑结构类型和施工材料的要求

建筑结构类型和选用建筑材料的适用性不同，对建筑层数和总高度会产生影响。一般砖混结构的建筑，多以墙承重，结构类型自身重量大、整体性差，随着层数增加，下部墙体自重增大，既浪费材料又减少有效使用空间，常用于六七层以下的大量性民用建筑，如中小学校、多层住宅、中小型医院、办公楼等；钢筋混凝土框架结构、剪力墙结构、框架-剪力墙结构及筒体结构等，其结构自重较轻，结构占用空间较少，常用于多层或高层建筑，如高层宾馆、高层办公楼或高层住宅等。各种结构体系的适用层数如表 3-2 所示。

表 3-2　各种结构体系的适用层数

体系名称	框架	框架剪力墙	剪力墙	框筒	筒体	筒中筒	束筒	带刚臂框筒	巨型支撑
适用功能	商业娱乐	酒店办公	住宅公寓	办公、酒店、公寓	办公、酒店、公寓	办公、酒店、公寓	办公、酒店、公寓	办公、酒店、公寓	办公、酒店、公寓
适用高度	12 层 50m	24 层 80m	40 层 120m	30 层 100m	100 层 400m	110 层 450m	110 层 450m	120 层 500m	150 层 800m

其他多种材料构成的空间结构体系，如折板、薄壳、网架、悬索等，则适用于低层、单层大跨类建筑，例如剧院、体育馆、食堂、仓库等。此外，建筑施工条件、起重设备、吊装能力及施工方法对建筑层数的确定也有一定的影响。

4. 建筑防火的要求

建筑防火对建筑层数也有一定的限制，按照《建筑设计防火规范》(GB 50016—2014)的规定，建筑层数应根据建筑性质和耐火等级确定，如表 3-3 所示。

表 3-3　不同耐火等级建筑的允许建筑高度或层数、防火分区最大允许建筑面积

名　称	耐火等级	允许建筑高度或层数	防火分区最大允许建筑面积/m²	备　注
高层民用建筑	一、二级	参照防火规范第 5.1.1 条确定	1 500	对于剧院、体育馆的观众厅，防火分区的最大允许面积可适当增加
单、多层民用建筑	一、二级	参照防火规范第 5.1.1 条确定	2 500	
	三级	5 层	1 200	—
	四级	2 层	600	—
地下或半地下建筑	一级	—	500	设备用房的防火分区最大允许面积不应大于 1 000 m²

注：设有自动灭火系统的防火分区，其允许最大建筑面积可按照本表增加 1.0 倍；当局部设置自动灭火系统时，增加面积可按照局部面积的 1.0 倍计算。

5. 社会经济条件的要求

社会经济条件要求主要体现在建筑造价对层数的影响。大量性民用建筑如住宅，在一定范围内适当增加层数，可以降低造价。因为在墙身截面尺寸不变的情况下，随着层数的增加占地面积越小，地面、基础、屋盖等的费用相对减少；但是超过一定层数后，由于受力、结构、材料甚至设备等发生变化，层数增加使得建筑单方造价明显上升，从图 3-20 可以看出，混合结构的建筑五六层较为经济。建筑所处地区不同，材料、施工机具等技术经济条件不同，建筑层数和造价之间的比值也会有所改变。

建筑群体组合中，单体建筑层数越多，用地越经济。例如把一幢 5 层的建筑与 5 幢单层平房比较，在满足日照间距的前提下，后者用地面积是前者的 2 倍，如图 3-21 所示。

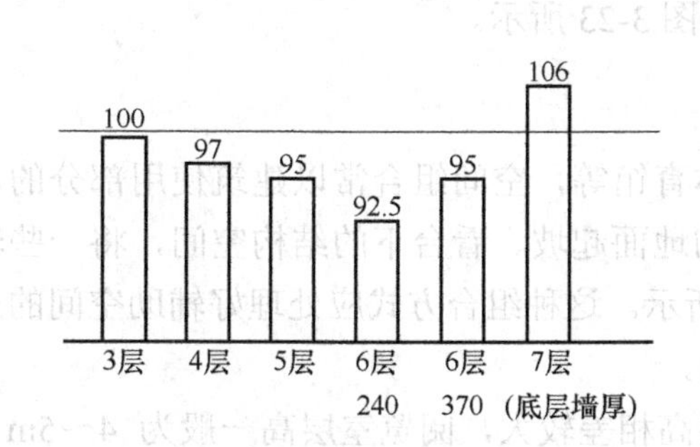

图 3-20　住宅造价与层数关系比较

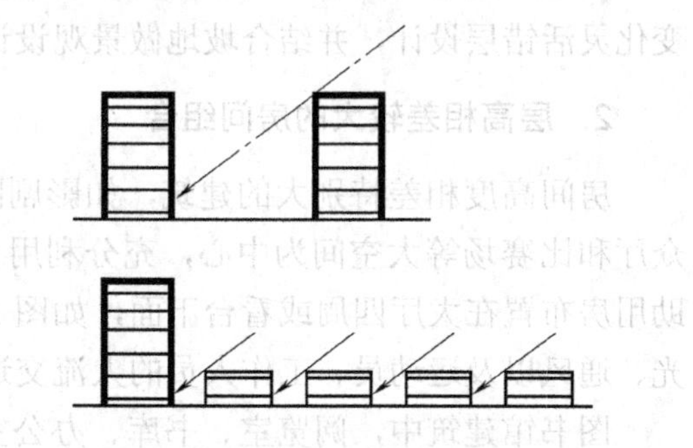

图 3-21　单层住宅与多层住宅的用地分析

综上所述，在确定建筑层数时，须综合考虑各方面影响因素，确定最佳方案。

3.3 剖面组合及空间的利用

3.3.1 建筑剖面的组合方式

一幢建筑包括许多大小不同的空间，它们的用途、面积和高度要求也各不相同。如果简单地把各种不同形状、大小、高低的房间单纯按照使用要求组合起来，将会造成屋面和楼面高低错落、使用不便、结构布置不合理、建筑体型零乱复杂的结果。因此建筑剖面的组合应该根据使用要求，结合基地环境，考虑建筑中各类房间的高度和剖面形状、房屋的使用要求和结构布置特点等因素，将高度相同、使用性质接近的房间组合起来，做到分区明确、使用方便、流线清晰、设备集中。一般情况下，可以将使用性质接近、高度相同的部分放在同一层布置；开敞的大空间尽量设在建筑顶层，避免放在底层形成“下柔上刚”的结构，也应该避免放在中间层造成建筑结构刚度的突变。

1. 层高相同或相近的房间组合

教学楼中的普通教室、住宅中的起居室和卧室、办公楼中的各类办公室等属于建筑中层高相同、使用性质接近的房间，这些房间数量较多，功能要求相对独立，常采用走道式和单元式平面组合布置在同一层上，再以楼梯、电梯将各层竖向排列的空间联系起来，形成一个整体。这种组合有利于统一各层楼面标高，结构布置合理，并便于施工。

有的建筑中各类房间使用要求不同，出现了房间大小、高低的不同。考虑到结构布置、构造简单和施工方便等因素，组合时可将这些房间层高进行调整。图3-22所示为某中学教学楼平面、剖面设计，教室、实验室与厕所、储藏室等被调整为同一高度；办公室由于开间、进深小，层高较低，组合在一起；大阶梯教室由于容纳人数多、空间大，因此层高较高，它和普通教室、办公室高度相差较大，应采用单层附建于教学主楼旁，各部分之间的高差，利用走道中的踏步连接。这种空间组合方式在使用上能满足各种房间的要求，结构布置合理，同时比较经济。

坡地上建造的房屋，可以利用室外台阶解决错层高差。错层布置方式一般采用随地形变化灵活错层设计，并结合坡地做景观设计，如图3-23所示。

2. 层高相差较大的房间组合

房间高度相差特别大的建筑，如影剧院、体育馆等，空间组合常以建筑使用部分的观众厅和比赛场等大空间为中心，充分利用大厅的地面起坡、看台下的结构空间，将一些辅助用房布置在大厅四周或看台下面，如图3-24所示。这种组合方式应处理好辅助空间的采光、通风以及运动员、工作人员的人流交通问题。

图书馆建筑中，阅览室、书库、办公室等层高相差较大，阅览室层高一般为 4～5m，书库层高一般为2.2～2.5m，因此常将阅览室与书库组合在一起，二者高度比为1∶2，书库采用夹层布置方式，有利于结构的简化，如图 3-25、图 3-26 所示。

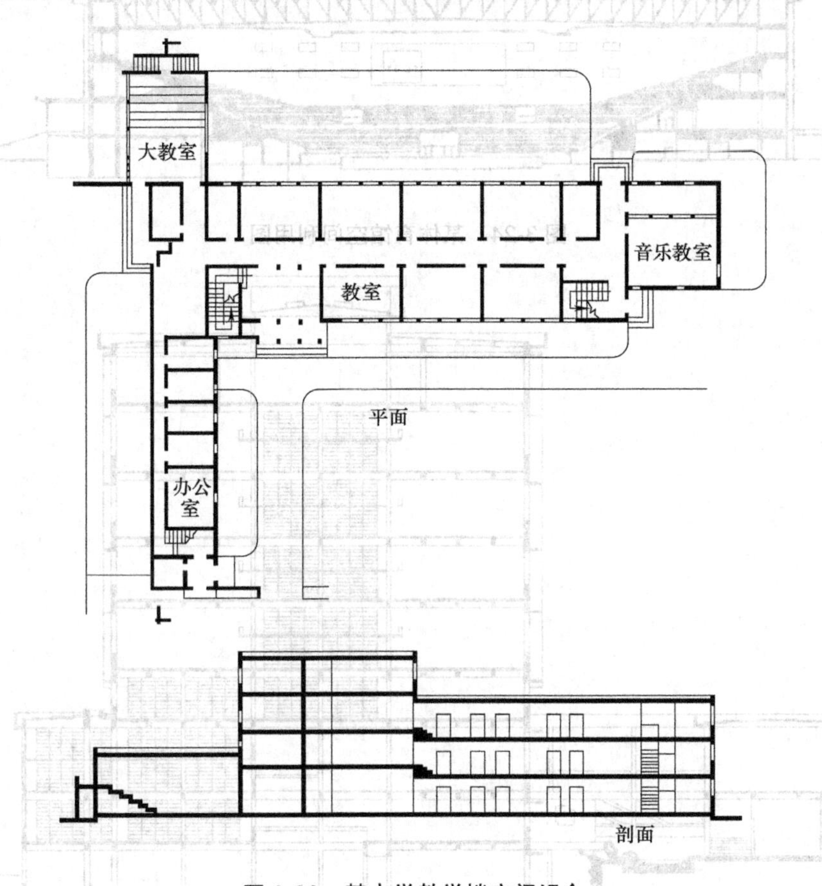

图 3-22　某中学教学楼空间组合

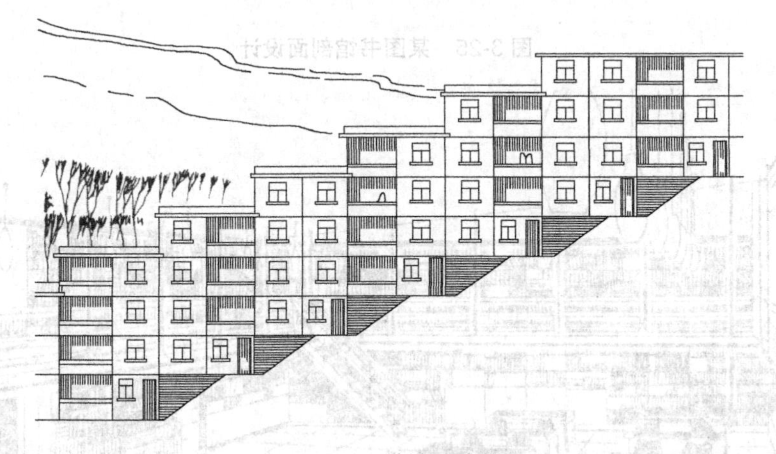

图 3-23　某坡地建筑

多层或高层建筑中，如办公楼、旅馆、综合会议中心等，高差相差较大的房间组合时，常以数量较多的小空间为主体，将少量面积较大、层高较高的大空间设置在底层、顶层或作为单独部分附设于主体建筑旁，从而不受层高与结构的限制，可以将门厅、餐厅等层高较大的房间放在一层或以裙房形式依附于主体建筑旁布置，如图 3-27、图 3-28 所示。

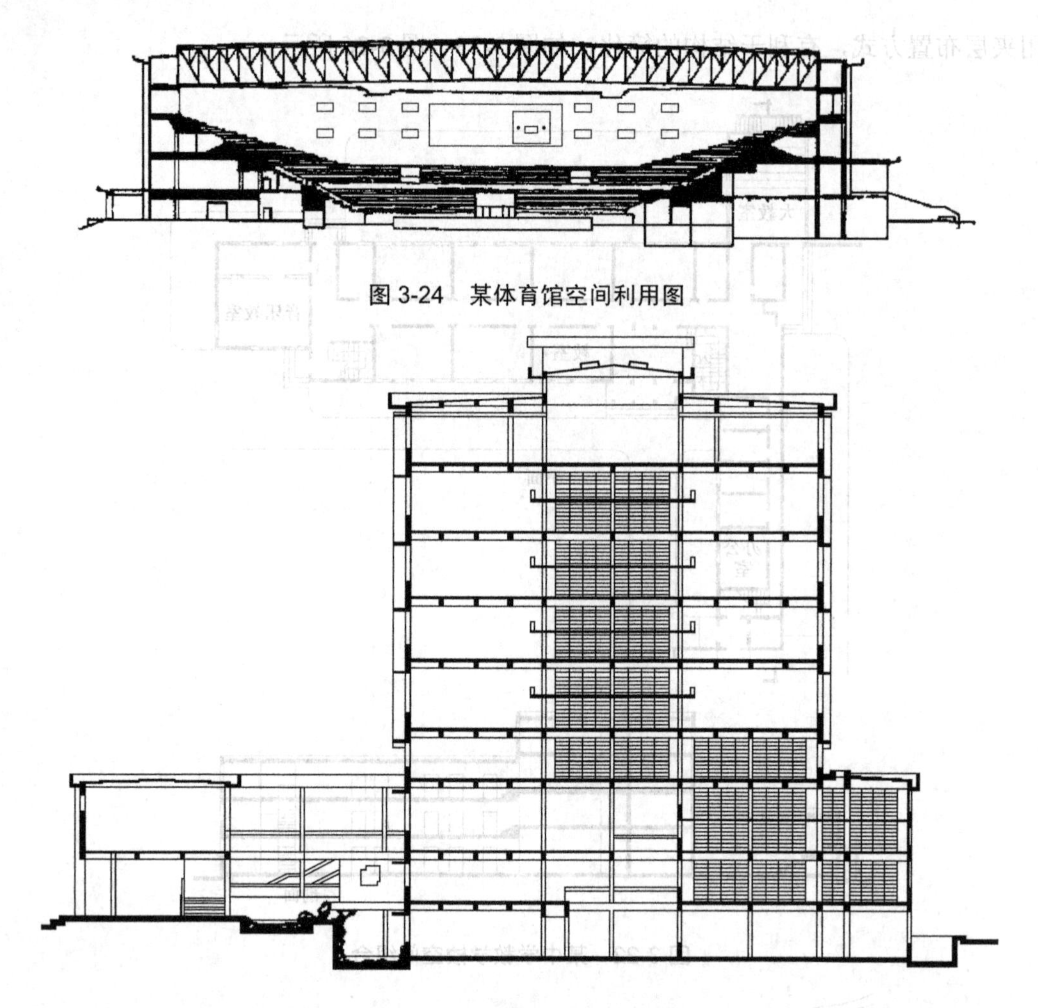

图 3-24　某体育馆空间利用图

图 3-25　某图书馆剖面设计

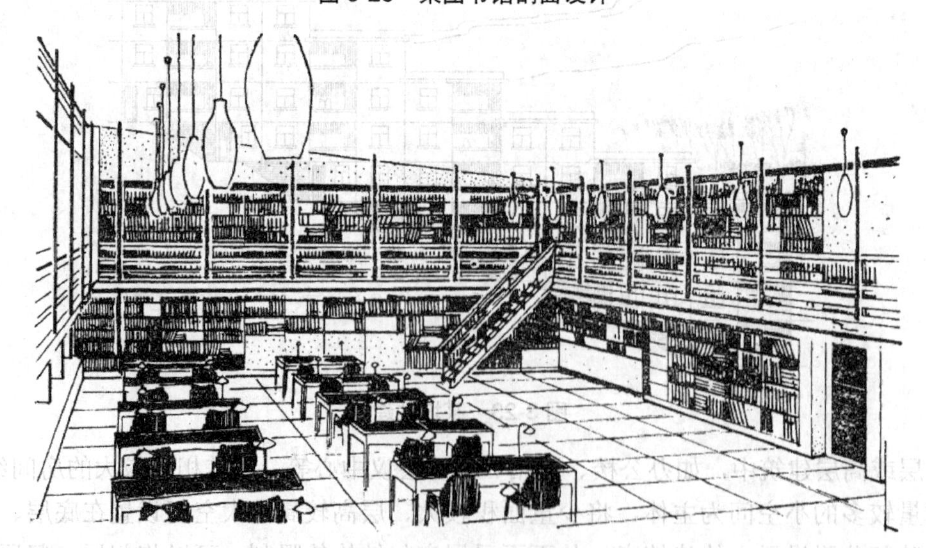

图 3-26　某图书馆室内空间

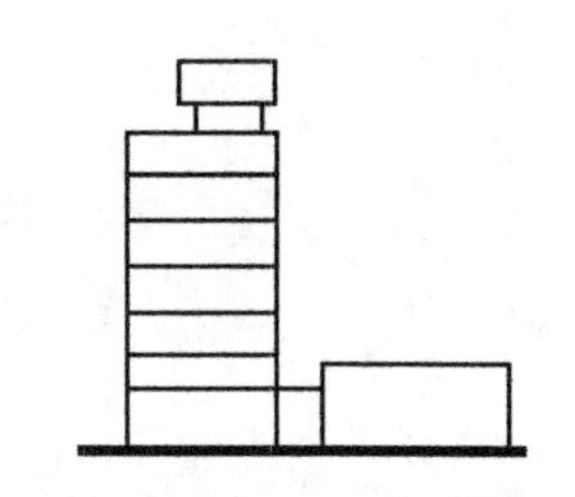

(a) 餐厅单独设于主体建筑旁

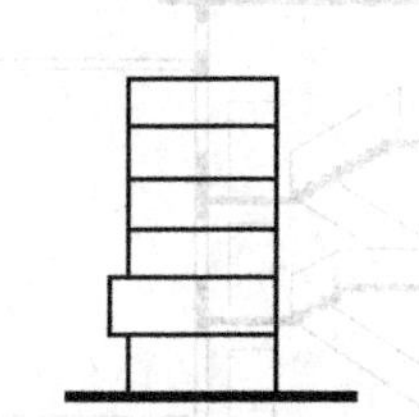

(b) 门厅大空间设在底层

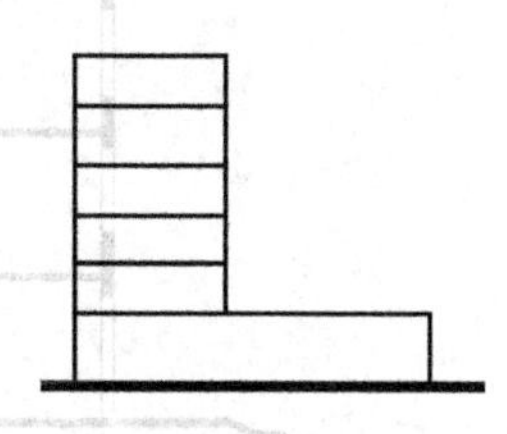

(c) 门厅、餐厅采用裙房形式

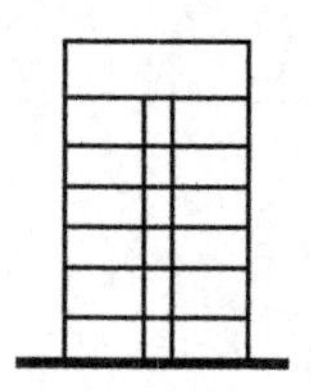

(d) 餐厅设置在顶层

图 3-27 大小、高低不同的空间组合图

图 3-28 某大型商业建筑空间组合图

3. 错层和跃层

错层剖面是指在建筑物纵向或横向剖面中，为了解决同一楼层中不同标高楼面之间的交通联系，将建筑几个部分之间的楼地面高低错开，此法适用于坡地地形建造住宅、宿舍以及其他类型的建筑。错层设计可以获得较为活泼的建筑体型，但要注意错层组合的交通组织不应过于复杂，在抗震设防地区必须采取相应的抗震措施，以解决错层对结构刚度可能造成的影响。错层设计通常有以下几种方法。

(1) 利用室外台阶解决错层高差。如图 3-23 所示，某住宅垂直于等高线布置室外台阶，解决建筑高差的问题。

(2) 利用楼梯间解决错层高差。如图 3-29 所示，教学楼剖面设计中采用不同的楼梯梯段数量，调整梯段的踏步数，使楼梯平台的标高和错层楼地面的标高平齐。

跃层剖面组合方式主要用于住宅建筑中，建筑的公共走道每隔 1～2 层设置一条，每户均有前后相通的一层或上下层房间，各住户以内部小楼梯组织上下交通。图 3-30 所示为外廊式跃层住宅的平面图和剖面图，图 3-31 所示为内廊式跃层住宅的平面图和剖面图。跃层剖面的特点是节约公共交通面积，各住户之间的干扰较少，每户均有两个朝向，通风条件好；但跃层剖面的结构布置和施工较为复杂，每户建筑面积较大，居住标准高。

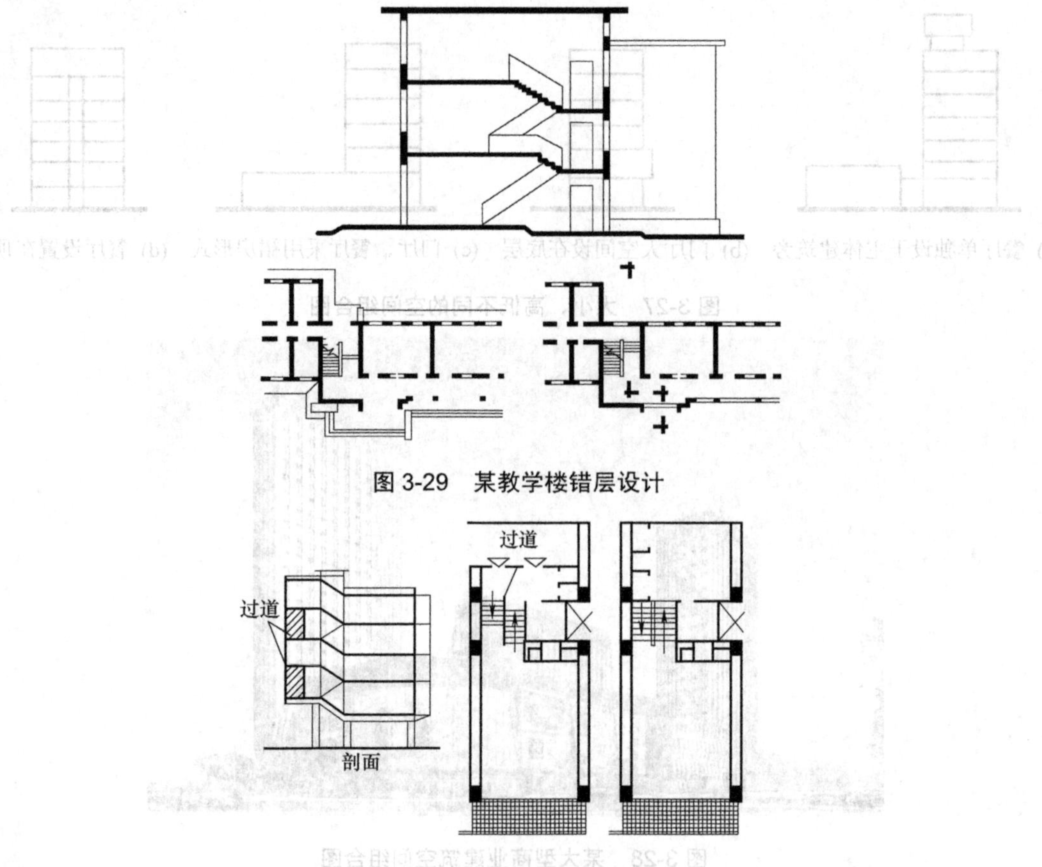

图 3-29 某教学楼错层设计

图 3-30 外廊式跃层住宅

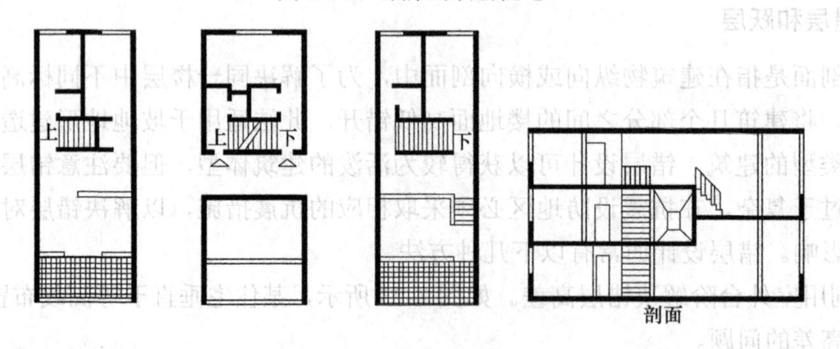

图 3-31 内廊式跃层住宅

4．楼梯位置的确定

楼梯在剖面中位置的确定，与楼梯在平面中的位置以及建筑平面组合关系密切相关。楼梯间通常沿建筑外墙设置，以获得良好的通风和采光效果；但对于一些进深较大的外廊式建筑，楼梯间可以布置在中部，剖面设计时要注意梯段坡度和建筑层高进深的相互联系，必须组织好底层楼梯出入口或错层搭接时平台的标高。

楼梯设在建筑剖面中部时，必须采取一定的措施解决楼梯的采光、通风问题。在大进深的多层住宅中，当楼梯间设置在建筑中部时，通常采用在楼梯边设置小天井的方法，有

效解决楼梯和中部房间的采光、通风问题；如果建筑层数较低，也可以在楼梯上部的屋顶设置天窗，通过梯段之间留出的楼梯井采光，如图 3-32 所示；公共建筑大厅中的楼梯或住宅内部的楼梯则通常采用开敞式的楼梯，通过旁边侧墙上的窗户间接采光，如图 3-33 所示。

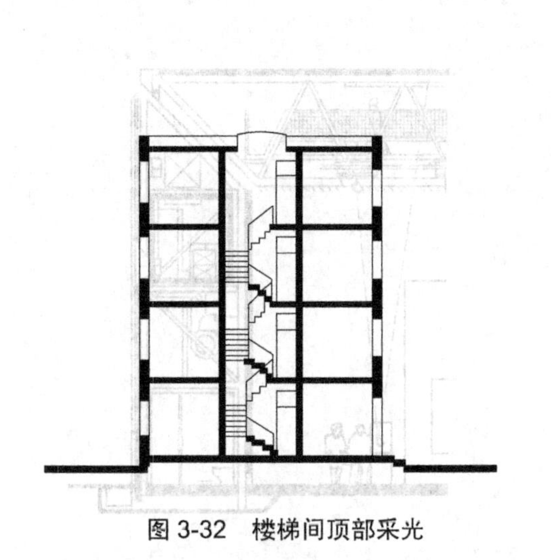

图 3-32　楼梯间顶部采光

图 3-33　开敞楼梯间

3.3.2　建筑空间的有效利用

充分利用建筑物的内部空间，实际上是指在建筑占地面积和平面布置基本不变的情况下，起到扩大建筑使用面积、充分发挥建筑投资经济效益的作用，同时，如果处理得当，还可以起到丰富室内空间、增强其艺术感染力的作用。

1. 房间内部的空间利用

房间内部空间中，除了人们室内活动或家具布置等必须占有的空间外，剖面设计应充分利用其余部分空间。如居室中通过设置吊柜、壁橱、隔板等，充分利用室内空间，扩大储藏面积，如图 3-34 所示。

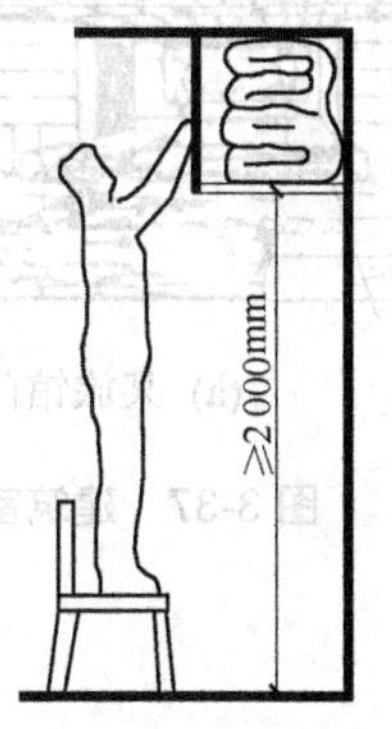

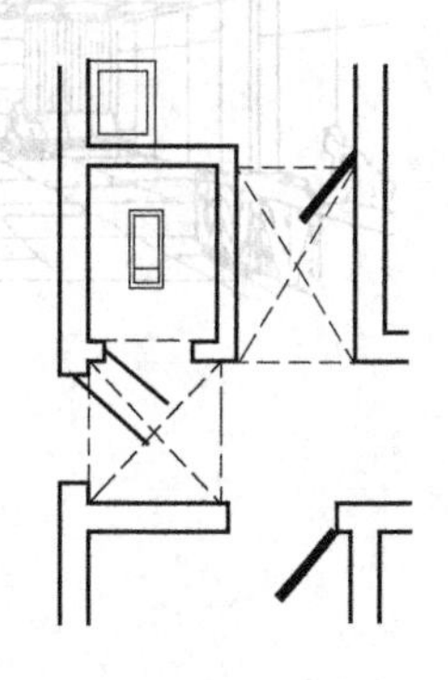

图 3-34　设置吊柜

一些坡屋顶建筑，常利用屋顶内山尖部分的空间，设置阁楼或沿街房间局部出挑，用于卧室或储藏室，如图 3-35 所示。

大跨建筑中，可以利用结构空间，作为通道或者休息厅等辅助空间。如图 3-36 所示是某厂房内结构空间的充分利用。

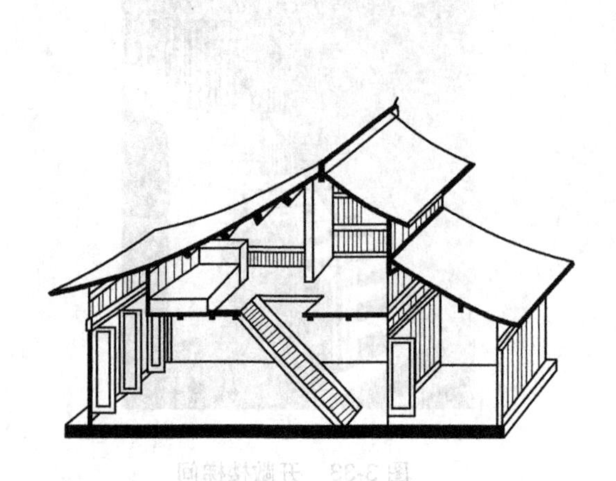

图 3-35　坡屋顶建筑空间利用

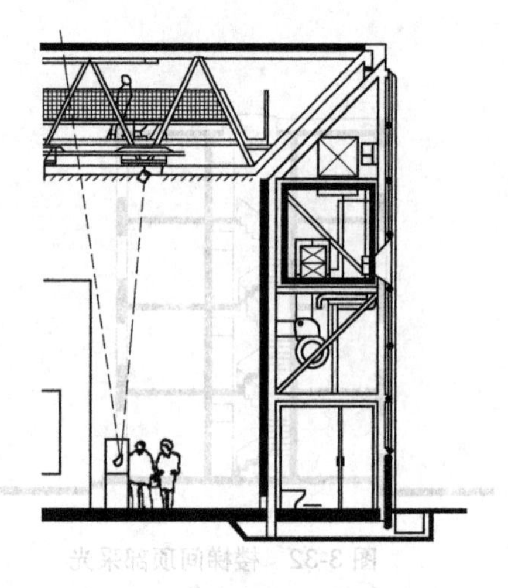

图 3-36　结构空间的利用

2．夹层的空间利用

一些公共建筑，由于功能要求其主体空间与辅助空间的面积大小和层高不一致，如商场营业厅、体育馆比赛大厅、影剧院观众厅、候机楼的候机厅等。这些建筑可采取在主体空间中局部设夹层的办法来组织辅助空间，以达到利用空间和丰富室内空间效果的目的，如图 3-37 所示。虽然夹层空间净高小，但与大厅空间相互渗透，没有强烈的压抑感。

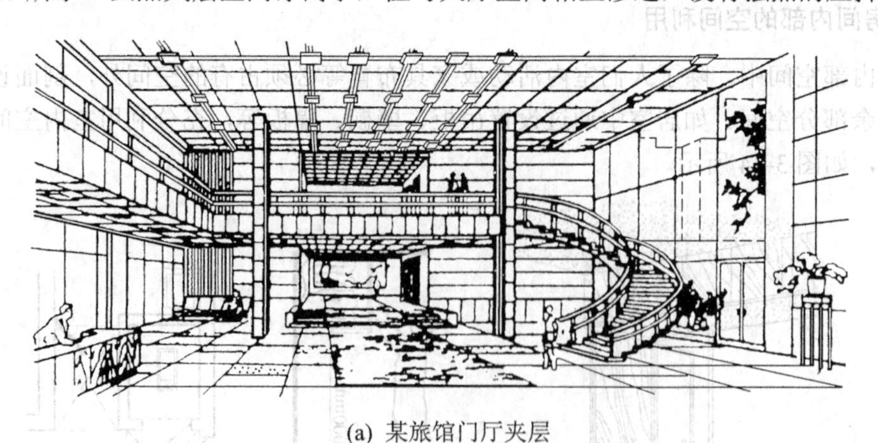

(a) 某旅馆门厅夹层

图 3-37　建筑室内大厅夹层设计

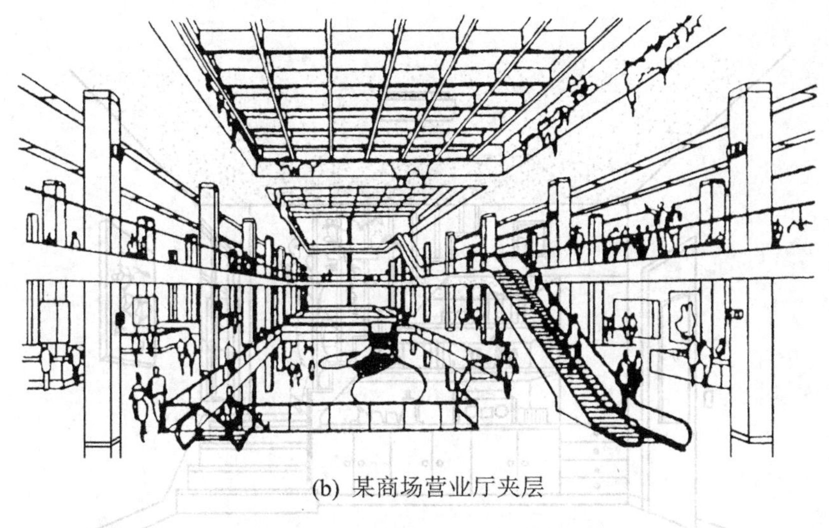

(b) 某商场营业厅夹层

图 3-37　建筑室内大厅夹层设计(续)

3．走道和楼梯间的空间利用

多、高层建筑的走道一般较窄，净高比其他房间低一些，但是考虑到建筑整体结构布置简化的需要，走道通常与层高较高的房间采取相同层高设计。这样可以充分利用走道上部的空间，设置通风、照明等线路和各种管道，如图 3-38 所示。

楼梯间底层的休息平台下通常有半层可以利用的空间，可作为储藏或厕所等辅助房间；楼梯间顶层平台以上空间高度较大时，也可作为储藏室等辅助房间，但需增设一个梯段，通往楼梯间顶部的小房间，如图 3-39 所示。利用顶层上部空间时，应注意梯段与储藏室间净空尺寸应大于 2200mm，通常采用适当抬高平台高度或降低平台下部地下标高的做法，以保证人们通过楼梯间时不会发生碰撞。

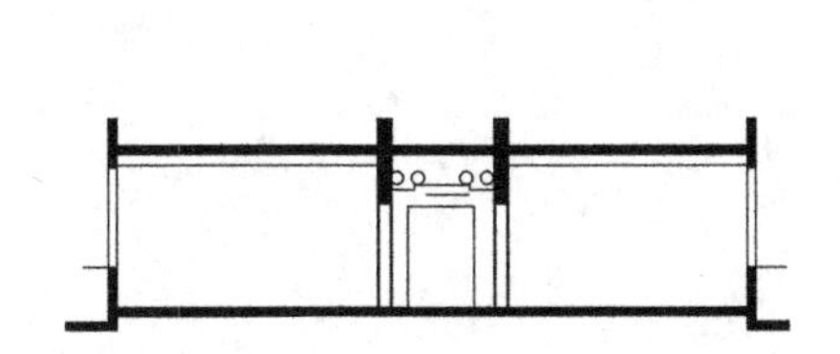

图 3-38　走道上空的设备空间

图 3-39　楼梯间平台上、下空间利用

有些建筑房间内部设有开放式楼梯，也可利用其梯段下部空间布置家具等，如图 3-40 所示。

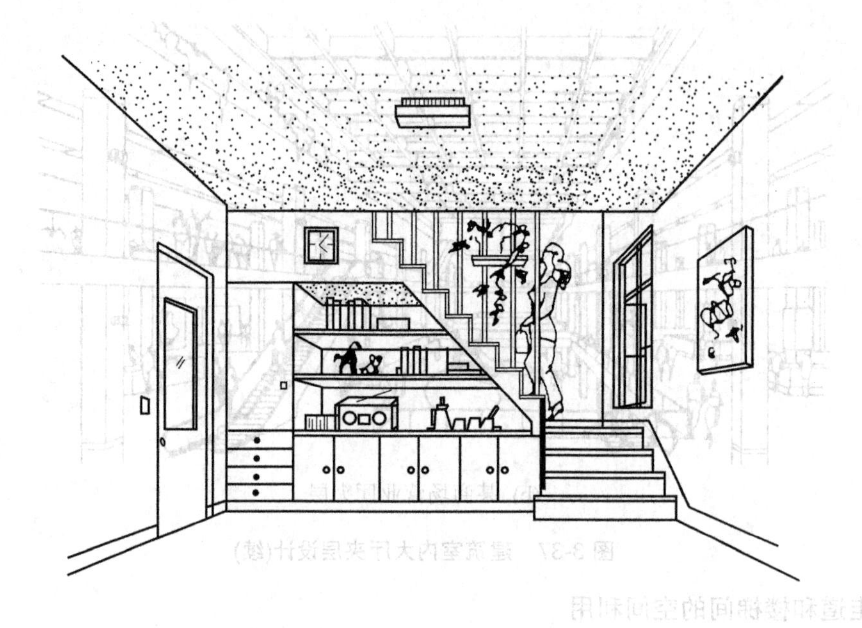

图 3-40　开放式楼梯下部空间利用

思 考 题

1. 影响建筑物剖面形状的主要因素有哪些?
2. 什么是层高、净高?举例并图示说明层高和净高的关系。
3. 建筑室内外高差如何确定?
4. 窗台高度如何确定?常用尺寸有哪些?
5. 建筑层数的确定应考虑哪些因素?
6. 绘图说明有哪些建筑剖面组合方式。
7. 什么叫错层?绘图说明常用的两种处理方法。
8. 绘图说明建筑空间利用的常用处理方法。

第 4 章　建筑体型和立面设计

建筑既要满足人们的生活、工作、生产等物质需求，也要满足精神、文化等方面的需要，即建筑美观的问题，因此建筑是技术与艺术的有机结合体，具有物质和精神、实用与美观的双重性。建筑的美观主要是通过建筑的外部形象、内外空间的组合及建筑群体间的布局等来体现，其外部形象对于人们来说则显得更加直观。

建筑的外部形象包括体型和立面两个方面。建筑体型是指建筑物的外部轮廓形状，反映出建筑物总的体量大小、组合方式以及比例尺度等；而建筑立面是指建筑物的门窗组织、比例与尺度、入口及细部处理、装饰与色彩等。体型组合对建筑形象的总体效果具有重要影响，是建筑的雏形，而立面设计则是建筑物体型的进一步深化，因此在设计中只有将二者作为一个有机的统一体来考虑，并按照一定的美学规律加以处理，才能获得完美的建筑形象。

4.1　建筑体型和立面设计的要求

对建筑物进行体型和立面设计，应满足以下几方面的要求。

1. 反映建筑使用功能要求和建筑体型特征

建筑物是为了满足人们生产、工作和生活需要而创造出的物质空间环境。各类建筑由于使用功能不同，室内空间形态各异，在很大程度上决定了建筑不同的外部体型和立面特征；也可以说建筑的外部体型是内部空间合乎逻辑的反映，有什么样的内部空间，就有什么样的外部体型。图 4-1(a)所示为机场建筑，单一的大跨度悬索结构的候机大厅和高耸的塔楼构成了机场建筑典型的外部特征；图 4-1(b)所示为城市住宅建筑，重复排列的阳台、凹廊、尺寸不大的窗户形成了生活气息浓郁的居住建筑特征。建筑体型是内部空间的反映，而内部空间又必须符合使用功能，因此建筑体型间接反映了建筑的功能特点。设计者充分利用这一特点，即可使不同类型的建筑具备各自独特的个性特点，这就是为什么即使建筑物上没有贴上标签标明“这是一幢幼儿园”或“这是一个商场”，而我们却能区分其类型的原因，如商场、教学楼、住宅楼等的内部功能要求不同，体型也完全不同。

2. 反映物质技术条件的特点

建筑不同于一般的艺术品，心须运用大量的建筑材料，通过一定的结构施工技术手段，才能体现它的内部空间组合和外部体型构成，因此建筑物的体型和立面设计与所用材料、结构形式以及采用的施工技术、构造措施关系极为密切。例如钢筋混凝土框架结构，由于墙体只起到维护作用，不起承重作用，因此其立面开窗的灵活性增加了，可开大面积独立窗，或通长条形窗，显示出框架结构的轻巧与灵活。如图 4-2 所示，建筑采用框架结构，围护墙在框架柱的外侧，不起承重作用。

(a) 机场建筑

(b) 住宅建筑

图 4-1　建筑物外部体型反映内部空间

图 4-2　建筑结构体系对建筑造型的影响

3. 符合国家标准和相应的经济指标

各种不同类型的建筑物，根据其使用性质和规模，必须严格遵守国家规定的建筑标准和相应的经济指标，在建筑标准、所用材料、造型要求和外观装饰等方面要区别对待，防止片面强调建筑的艺术性而忽略建筑设计的经济性。建筑外形的艺术美并不以投资的多少为决定因素，只要充分发挥设计者的主观能动性，在一定的经济条件下，巧妙地运用物质技术手段和构图法则，努力创新，完全可以设计出适用、经济、美观的建筑物。

4. 适应基地环境和城市规划的要求

任何一幢建筑物都处于一定的外部环境之中，本身就是构成该处景观的重要因素，因此，建筑的外形不可避免地受到外部空间的制约。建筑体型和立面设计要与所在基地的地形、地质、气候、方位、朝向、形状、大小、道路、绿化以及原有建筑群的关系等相协调，同时也要满足城市总体规划的要求。例如风景区的建筑，在体型设计上，要结合地形的地势变化，高低错落，层次分明，与环境融为一体。美国建筑师赖特设计的流水别墅，就是建于幽雅的山泉峡谷之中，建筑凌跃于奔泻而下的瀑布上，错落有致的体型与山石、流水、树木有机地融为一体，如图 4-3 所示。

图 4-3　流水别墅

5. 符合建筑美学原则

建筑，从广义的角度来理解，可以把它看成是一种人造的空间环境，人们要创造出美的空间环境，就必须遵循美的法则来构思设想，如统一、均衡、稳定、对比、韵律、比例和尺度等。不同时代、不同地区、不同民族，尽管建筑形式差别较大，人们的审美观念各不相同，但是建筑美的基本原则是一致的，是人们普遍认同的客观规律，是具有普遍性、必然性和永恒性的法则。

1) 以简单的几何形状求统一

一些美学家认为简单、肯定的几何形状可以引起人的美感，他们推崇圆、球等几何形状，认为完整的象征——具有抽象的一致性。圆、球、正方形、正方体以及正三角形等，这些基本几何形状本身简单、明确、肯定，各要素之间具有严格的制约关系，具有一种必然的统一，如图 4-4 所示。

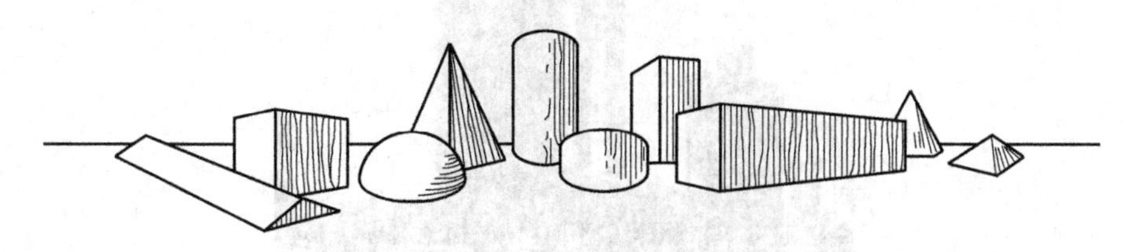

图 4-4　基本的建筑形式

以上美学观点可以从古今中外的许多建筑实例中得到证实，如埃及的金字塔、我国的天坛等。在法国的卢浮宫扩建项目中，建筑大师贝聿铭采用简单、肯定的几何形状构图，使新建筑与原有建筑达到高度的完整和统一，如图 4-5 所示。

图 4-5　法图卢浮宫

2) 主从与重点

在由若干要素组成的整体中，每个要素在整体中所占的比重和所处的地位都会影响到整体的统一性。倘若所有要素都要竞相突出自己，或者都处于同等重要的地位，不分主次，就会削弱建筑整体的完整统一性。

就建筑而言，复杂体型的建筑物根据功能的要求，一般包括主要部分和从属部分、主要体量和次要体量。如果不加以区别对待，则建筑必然显得平淡、松散，缺乏统一性。在外形设计中，要恰当地处理好主与次、重点与一般、核心与外围组织的关系，使建筑主次分明，以次衬主，以增强建筑的表现力，取得有机统一的效果。图 4-6 所示为某质检局办公楼，其以低群体衬托高塔楼，使建筑的主从关系一目了然。

图 4-6　某质检局办公楼

3) 均衡与稳定

存在决定意识，也决定着人们的审美观念。在古代，人们崇拜重力，并从与重力做斗争的实践中逐渐地形成了一整套与重力有联系的审美观念，这就是均衡与稳定。

均衡包括两种形式：一种是静态均衡，另一种是动态均衡。

就静态均衡来讲，又有两种基本形式，即对称的形式和非对称的形式。

对称的形式天然就是均衡的，加之它本身又体现出一种严格的制约关系，因此具有一种完整统一性。如图 4-7 所示，南京总统府采用中轴对称的形式，给人以端庄、雄伟、严肃的感觉。

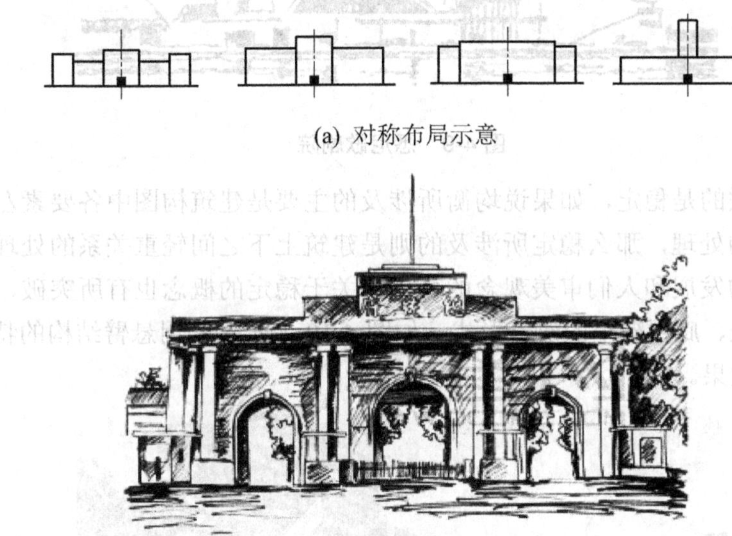

(a) 对称布局示意

(b) 南京总统府

图 4-7　对称式布局的建筑体型

非对称形式的均衡虽然相互之间的制约关系不像对称形式那么明显、严格，但是要保持均衡的本身也是一种制约关系。而且与对称形式的均衡相比，非对称形式的均衡显得更加轻巧、活泼。如图 4-8 所示，北京同仁医院采用非对称的建筑形式，将视觉中心偏于建筑的一侧，利用不同的体量、虚实变化等的平衡达到非对称均衡的目的，形式轻巧、活泼。

(a) 非对称布局示意　　(b) 北京同仁医院

图 4-8　非对称均衡布局的建筑体型

除静态均衡外，有很多现象是依靠运动来求得平衡的，这种形式的均衡称为动态均衡。图 4-9 所示为使用动态均衡布局的建筑体型，悉尼歌剧院运用帆船似的形体，使建筑的稳定感与动态感高度统一。

图 4-9　悉尼歌剧院

与均衡相关联的是稳定，如果说均衡所涉及的主要是建筑构图中各要素左与右、前与后相对轻重关系的处理，那么稳定所涉及的则是建筑上下之间轻重关系的处理。随着现代新结构、新材料的发展和人们审美观念的变化，关于稳定的概念也有所突破，创造出了上大下小、上重下轻、底层架空的建筑形式。如图 4-10 所示，利用悬臂结构的特性，建筑同样达到了稳定的效果。

图 4-10　上大下小的稳定构图

4) 对比与微差

建筑立面作为一个有机统一的整体，各种造型要素除按照一定秩序结合在一起外，必然还有各种差异，对比与微差所指的就是这种差异性。对比指的是要素之间显著的差异，微差指的是不显著的差异。就建筑形式美而言，这二者都是不可缺少的：对比可以借彼此之间的烘托、陪衬来突出各自的特点以求得变化；微差则可以借相互之间的共同性以求得和谐。没有对比会使人感到单调，过分强调对比以致失去了相互之间的协调统一性，又可能造成混乱，只有把二者巧妙地结合在一起，才能达到既有变化又有和谐一致，既多样又统一的效果。

对比和微差只限于同一性质的差别之间，具体到建筑设计领域，主要表现在以下几个方面：大与小的对比、形状的对比、方向的对比、直与曲的对比、虚与实的对比以及色彩、质感等的对比。对比强烈则变化大，能突出重点；对比小，则变化小，易于取得相互呼应、协调的效果。

在立面设计中，虚实对比具有很强的艺术表现力。如巴黎圣母院的立面设计中，门窗在形状上的对比和微差，使得整个立面处理既和谐统一又富有变化，如图 4-11 所示。

图 4-11　巴黎圣母院

5) 韵律与节奏

建筑的形体处理，还存在着韵律和节奏的问题。韵律是使同一要素或不同要素有规律地重复出现的手法。这种有规律的变化和有秩序的重复所形成的节奏，能给人以美的感受。节奏是韵律形式的纯化，韵律是节奏形式的深化，节奏富于理性，而韵律富于感性。

韵律美按其形式特点可以分为以下几种不同类型。

(1) 连续的韵律：以一种或几种要素连续、重复地排列而成，各要素之间保持着恒定的距离和关系，可以无止境地连绵延长。如图 4-12 所示，利用折板型建筑屋顶结构的连续排列形成连续的韵律。

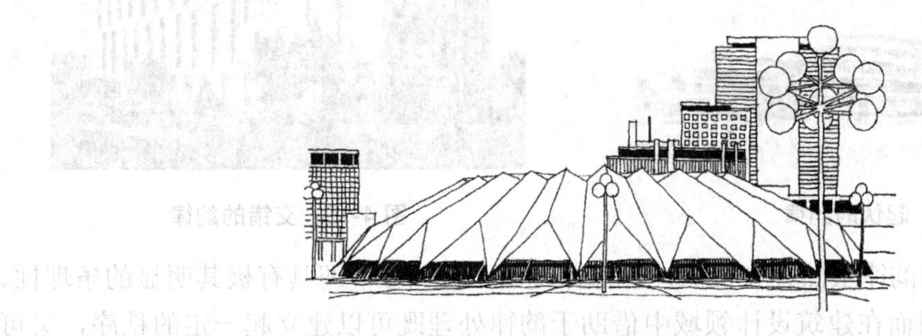

图 4-12　连续的韵律

(2) 渐变的韵律：连续的要素如果在某一方面按照一定的秩序而变化，如逐渐加长或缩短、变宽或变窄、变密或变稀等，由于这种变化取渐变的形式，故称渐变的韵律。如图 4-13 所示，其建筑体型由下向上逐渐缩小，取得渐变的韵律。

图 4-13　渐变的韵律

(3) 起伏的韵律：渐变韵律如果按照一定的规律时而增加、时而减小，有如波浪之起伏，或具不规律的节奏感，即为起伏的韵律。这种韵律较活泼而富有运动感，如图 4-14 所示。

(4) 交错的韵律：各组成部分按一定规律交织、穿插而形成，各要素互相制约，一隐一显，便显出一种有组织的变化。如图 4-15 所示，利用相邻两层建筑立面的凹进与凸出的交错进行，形成交错的韵律。

图 4-14　起伏的韵律

图 4-15　交错的韵律

以上 4 种形式的韵律虽然各有特点，但都体现出一种共性，即具有极其明显的条理性、重复性和连续性，因而在建筑设计领域中借助于韵律处理既可以建立起一定的秩序，又可以获得各种各样的变化，获得有机统一性。

6) 比例和尺度

建筑形体处理中的“比例”，包括两方面的内容：一方面是指建筑物的整体或局部某个构件本身长、宽、高之间的大小关系；另一方面是指建筑物整体与局部或局部与局部之间的大小关系。任何物体，不论何种形状，都必然存在着 3 个方向——长、宽、高的度量，

比例所研究的就是这 3 个方向度量之间的关系问题。推敲比例，则是指通过反复比较而寻求出三者之间最理想的关系。

在建筑的外立面上，矩形最为常见，建筑的门、窗、墙等要素绝大多数为矩形，而这些不同矩形的对角线若重合、平行或垂直，即意味着立面上各要素具有相同的比率，即各要素均呈相似形，将有助于形成和谐的比例关系，如图 4-16 所示。

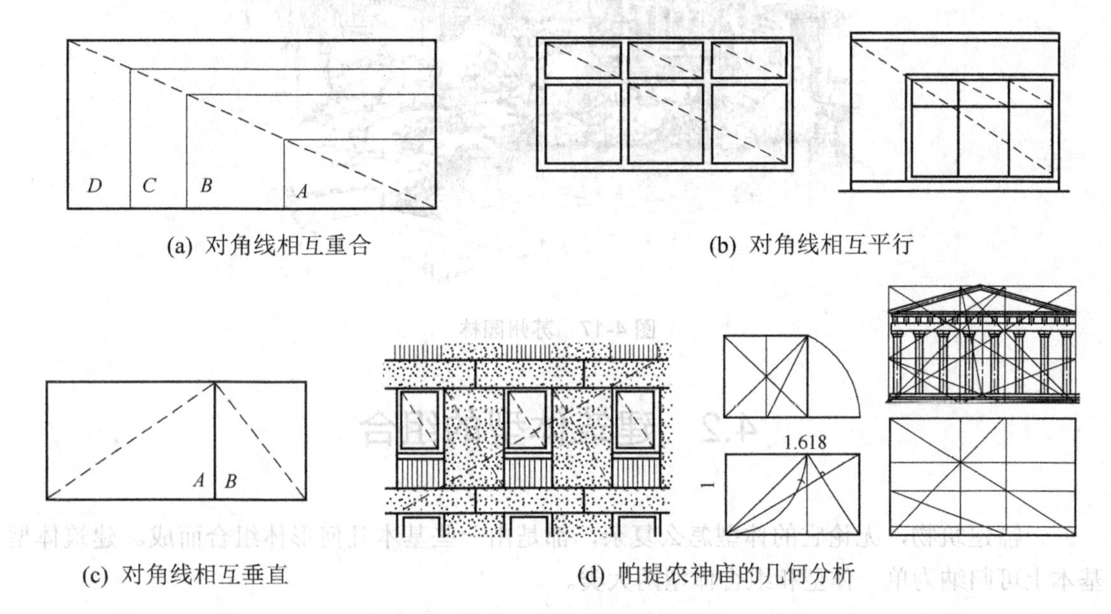

(a) 对角线相互重合　(b) 对角线相互平行

(c) 对角线相互垂直　(d) 帕提农神庙的几何分析

图 4-16　以相似比例求得和谐统一

与比例相联系的另一范畴是尺度。尺度所研究的是建筑物的整体或局部给人感觉上的大小印象和其真实大小之间的关系。比例主要表现为各部分的数量关系之比，是相对的，可不涉及具体尺寸；尺度则不然，它涉及真实大小和尺寸，但却不是指要素真实尺寸的大小，而是指要素给人感觉上的大小印象和其真实大小之间的关系。具体在建筑设计中，常以人或与人体活动有关的一些不变因素，如台阶、栏杆等作为比较标准，因为它们的绝对尺度与人体相适应，一般比较固定，如栏杆高 1 000mm 左右、台阶高 150mm 左右。通过将这些不变因素与建筑物整体比较后，再进行建筑设计，将有助于获得正确的尺度感。

对于大多数建筑，在设计中应使其具有自然真实的尺度，即以人体大小来度量建筑物的实际大小，从而给人的印象与建筑物真实大小一致，如住宅、办公楼、学校等建筑。但是对于一些纪念性建筑或大型公共建筑，为了表现其庄严、雄伟的气氛，常使用夸张的尺度，即运用夸张的手法给人以超过真实大小的尺度感。例如金字塔就是以超过人体的夸张尺度来创造出庄严、肃穆的氛围；相反对于庭院之类的建筑，为了创造小巧、亲切、舒适的气氛，通常使用亲切的尺度，即以较小的尺度获得小于真实的感觉，以形成亲切宜人的尺度感。如图 4-17 所示，苏州的园林建筑即是以较小的尺度，营建亲切、舒适的氛围。

图 4-17　苏州园林

4.2　建筑体型的组合

一幢建筑物，无论它的体型怎么复杂，都是由一些基本几何形体组合而成。建筑体型基本上可归纳为单一体型和组合体型两大类。

1. 单一体型

单一体型是将复杂的内部空间组合到一个完整的、简单的几何形体中去。这种建筑体型的特点是平面和体型都较为完整单一，造型统一、简洁，轮廓分明，给人以深刻印象。单一体型的平面形式多为正方形、矩形、圆形、多边形、Y 形等单一几何形状。如图 4-18 所示即是分别采用矩形、Y 形的单一体型平面形式的建筑。

某商业大厦

图 4-18　单一体型

2. 组合体型

组合体型是指由若干简单体型组合在一起的体型，其体型变化丰富，适用于功能关系比较复杂的建筑物。在组合体型中，各体量之间存在着相互协调统一的问题，设计中应根据建筑内部功能要求、体量大小和形状，遵循统一变化、均衡稳定、比例尺度等构图规律进行体量组合设计。

建筑体型的组合方式有很多，主要可以归纳为以下 3 种。

1) 对称式布局

对称式布局具有明显的中轴线，主体部分位于中轴线上。这种组合方式常给人以比较庄重、严谨、匀称和稳定的感觉。一些纪念性建筑、行政办公建筑或要求庄重一些的建筑常采用这种组合方式，如图 4-7(b)所示。

2) 不对称布局

在水平方向通过拉伸、错位、转折等手法，可形成不对称布局。根据功能要求及地形条件等情况，通过直接连接、互相咬合或用连接体连接等方式，将几个大小、高低、形状不同的体量较为自由灵活地组合在一起，即可形成不对称体型，如图 4-19 所示。不对称体型组合没有显著的轴线关系，布置比较灵活自由，但在设计中还需要注意讲究各形状、体量之间的对比或重复以及连接处的处理，同时应注意构图均衡、主从分明，形成视觉中心。这种布局方式容易适应不同的基地地形，还可以适应多方位的视角。

图 4-19　某建筑群在中心部分用连接体连接各个体快

3) 在垂直方向对体型进行切割、加减处理

在垂直方向通过切割、加减等方法可使建筑物获得类似“雕塑”的效果。这种布局需要按层分段进行平面调整，常用于高层和超高层的建筑以及一些需要在地面上利用室外空间或者需要采光的建筑，如图 4-20 所示。

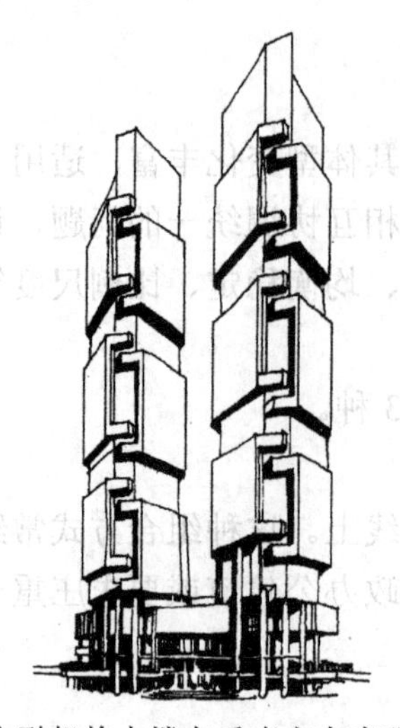

(a) 某金融机构大楼在垂直方向有强烈的雕塑感

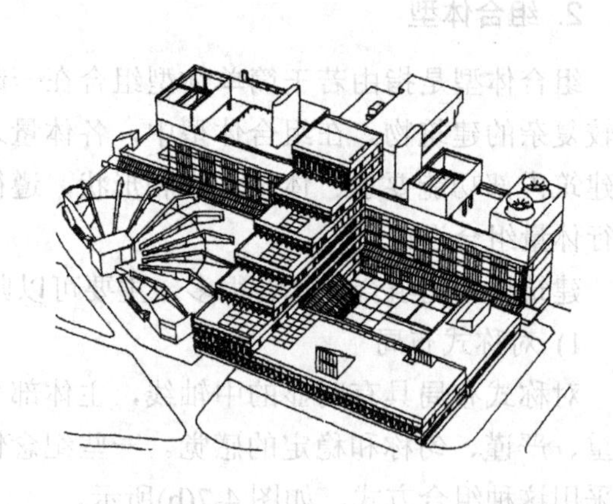

(b) 某学校教学楼在中间段进行退台处理

图 4-20 建筑物在垂直方向对体型进行切割、加减处理

4.3 建筑立面设计

建筑体型设计主要是针对建筑物各部分的形状、体量及其组合所做的研究，建筑立面设计则主要是对建筑物的各个立面及其立面上的组成部件，如门窗、墙柱、阳台、遮阳板、雨篷、檐口、勒脚、花饰等的形式、尺寸大小、比例关系以及材料色彩等进行仔细的推敲，并运用节奏、韵律、虚实对比等构图规律设计出体型完整、形式与内容统一的建筑立面。

在进行建筑立面设计时，首先应根据建筑功能要求、空间组合、结构要求确定房间的大小和层高、结构构件的构成关系和断面尺寸、适合开窗的位置等，绘制出建筑立面的基本轮廓，作为下一步调整的基础；其次进一步推敲各个立面的总体尺度比例，综合考虑几个面的相互协调和相邻面的衔接以取得统一的效果，并对立面上的各个细部，特别是门窗的大小、比例、位置以及各种突出物的形状等进行必要的调整；最后对建筑的空间造型进一步深化，立足于运用建筑物构件的直接效果，对特殊部位如出入口等做出重点处理，并确定立面的色彩和装饰用料。对于中小型建筑，应力求简洁、明朗、朴素、大方，避免烦琐装饰。下面介绍几种常用的立面处理手法。

1. 立面的比例与尺度

比例适当、尺度正确，是使立面完整统一的重要方面。立面的比例、尺度的处理与建筑功能、材料性能和结构类型是分不开的。立面各部分之间的比例以及墙面的划分都必须根据内部功能的特点，并考虑到结构因素，仔细推敲与建筑风格相适应的建筑立面效果。建筑立面常借助于门窗、细部等处理反映建筑的真实大小，否则会出现失真现象。如图 4-21(a)所示，建筑立面各组成部分与门窗等比例不当，从图中可以看出：入口较小，不能适应大量人流的要求；台阶的踏步太高，不适应人体尺度，行走不便；楼层栏杆过高，影响室内采光；栏杆的柱子太细，不符合钢筋混凝土柱的结构比例；顶部造型与整体建筑相比过于庞大等。这样的立面设计显然是不适用的，也是不美观的。图 4-21(b)所示为经过修改和调整的建筑应面，其各部分的尺寸大小和相互比例关系比较协调。

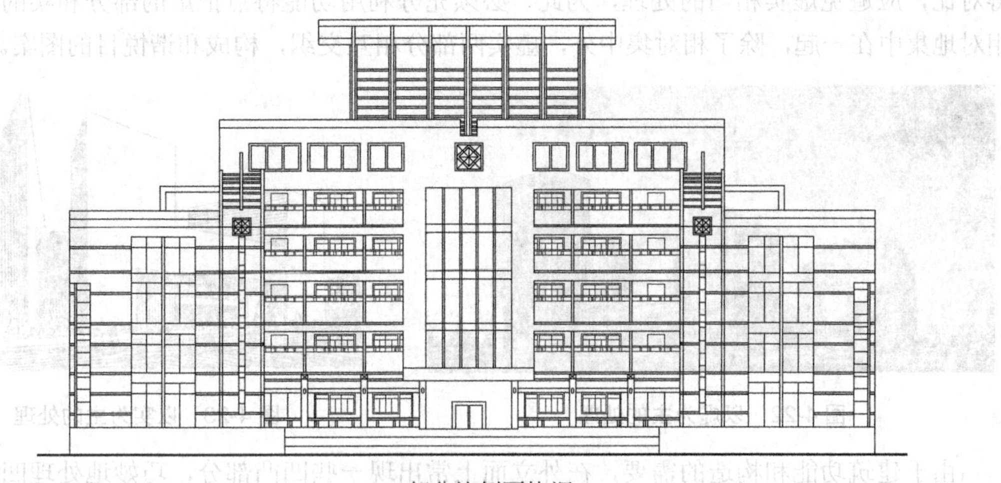

(a) 部分比例不协调

(b) 调整后比例较协调

图 4-21　建筑立面中各部分的比例关系

2. 立面的虚实与凹凸处理

虚与实、凹与凸在构成建筑体型时，既是相互对立的，又是相辅相成的。虚的部分如窗、空廊等，由于视线可以透过它而到达建筑的内部，因而常使人感到轻巧、玲珑、通透；实的部分如墙、垛、柱等，不仅是结构支撑所不可缺少的构件，而且从视觉上讲也是“力”的象征。在建筑立面处理中，虚与实相辅相成，其虚实关系主要由功能和结构要求所决定，只有充分利用虚与实这两方面的特点巧妙地处理虚实关系，才能使建筑物获得轻巧生动、坚实有力的外观形象。

虚与实虽然缺一不可，但在不同的建筑物中各自所占的比重却不尽相同。以虚为主、虚多实少的处理手法能获得轻巧、开朗的效果，常用于高层建筑、餐厅、商场、车站等大量人流聚集的建筑，如图 4-22 所示；以实为主、实多虚少的处理手法能产生稳定、庄严、雄伟的效果，常用于纪念性建筑及重要的公共建筑，如图 4-23 所示。在立面处理中，为求得对比，应避免虚实相当的处理，为此，必须充分利用功能特点把虚的部分和实的部分都相对地集中在一起，除了相对集中外，虚实两部分相互交织，构成和谐悦目的图案。

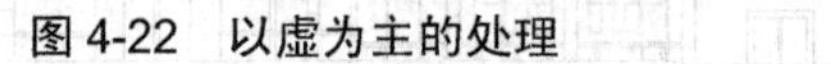

图 4-22　以虚为主的处理

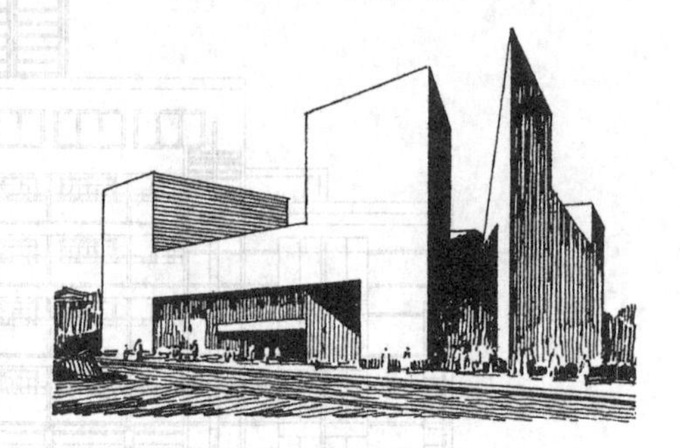

图 4-23　以实为主的处理

由于建筑功能和构造的需要，在外立面上常出现一些凹凸部分，巧妙地处理凹凸关系将有助于加强建筑物的体积感，加强光影变化，丰富立面效果。如图 4-24 所示，利用门窗洞口的深度凹入，可增加建筑的体积感，同时也使光影变化更加突出。

图 4-24　建筑立面凹凸的处理

3. 立面的线条处理

建筑立面上由于体量的交接、立面的凹凸起伏以及色彩和材料的变化，还因结构与构造的需要，常形成若干方向不同、大小不等的线条，如垂直线、水平线等。任何线条本身都具有一种特殊的表现力和多种造型的功能。从方向变化来看，垂直线条处理立面形成挺拔、高耸、向上的效果(见图 4-25(a))；水平线条处理立面使人感到舒展与连续、宁静与亲切(见图 4-25(b))；斜线处理具有动态的感觉。从线条的粗细、曲折变化来看，粗线条厚重有力，细线条精致柔和，直线条刚强坚定，曲线条优雅轻盈(见图 4-25(c))。恰当运用这些不同类型的线条，并加以适当的艺术处理，将对建筑立面韵律的组织、比例尺度的权衡带来不同的效果。

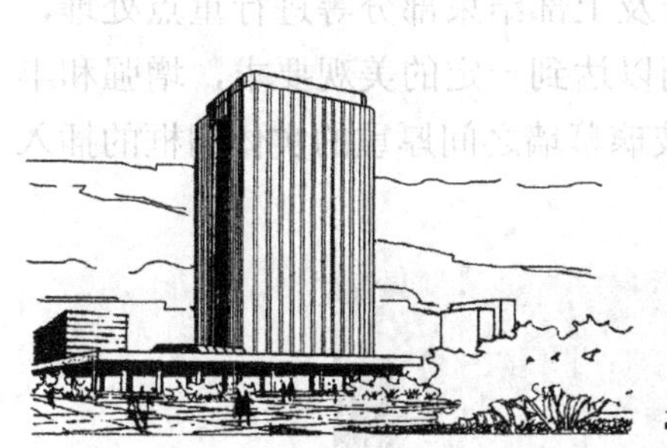

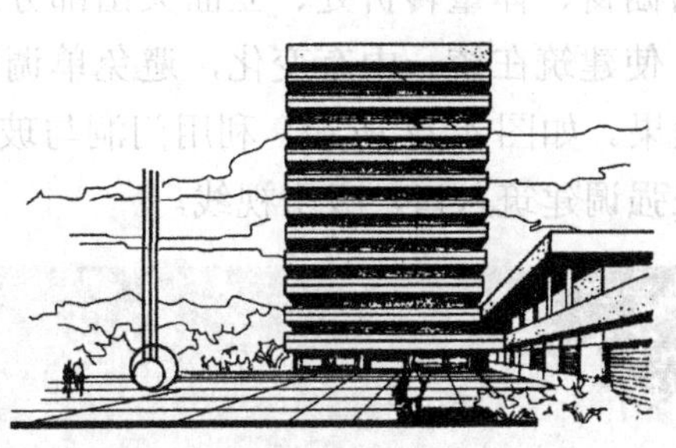

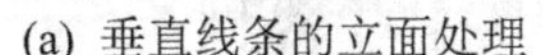

(a) 垂直线条的立面处理　　(b) 水平线条的立面处理　　(c) 曲线条的立面处理

图 4-25　立面的线条处理

4. 立面的色彩与质感

建筑立面设计中，色彩的运用、质感的处理都是极其重要的。色彩和质感是材料表面的某种属性。色彩的对比和变化主要体现在色相之间、明度之间以及纯度之间的差异性，而质感的对比和变化则主要体现在粗细之间、坚柔之间以及纹理之间的差异性。

不同的色彩具有不同的表现力，给人以不同的感受。一般来说，浅色给人以明快清新的感觉，深色则显得比较稳重；暖色使人感到热烈、兴奋，冷色则显得比较清晰、宁静。

建筑材料表面质感的不同，也会给人以不同的心理感受。如天然石材和砖的质地粗糙，显得厚重、坚实；光滑平整的面砖、金属及玻璃材料，使人感到轻巧、细腻；天然竹、木手感较好，令人易于亲近；石粒、石屑等装修的表面，则使人保持距离，等等。立面设计中常利用质感的处理来增强建筑物的表现力。如图 4-26 所示，在建筑中使用天然石材，强调其实部，可增加建筑的体积感，显得比较粗糙、坚实；使用玻璃幕墙，强调其虚部，可减轻建筑体量，产生细腻光洁感。利用建筑材料，两者形成了鲜明的对比。

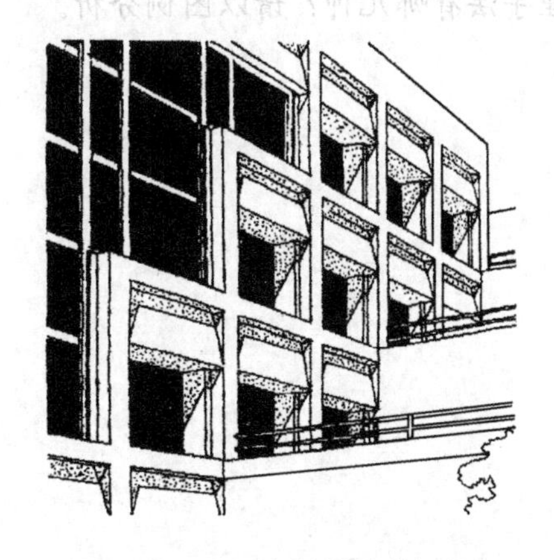

图 4-26　立面中材料质感的处理

5. 立面的重点与细部处理

在建筑立面设计中，根据功能和造型需要，可对需要引起人们注意的一些部位，如建筑物的出入口、商店橱窗、体量转折处、立面突出部分及上部结束部分等进行重点处理，以吸引人们的视线，使建筑在统一中有变化，避免单调以达到一定的美观要求，增强和丰富建筑立面的艺术效果。如图 4-27 所示，利用门洞与玻璃幕墙之间厚重的实体门框的插入以及大尺度的台阶来强调建筑入口，吸引视线。

图 4-27　入口处理

思 考 题

1. 对建筑物进行体型和立面设计时，应满足哪些要求？
2. 建筑美学的原则包括哪些？请列举出建筑实例。
3. 建筑的体型组合有哪几种类型？请以图例分析。
4. 建筑立面设计的处理手法有哪几种？请以图例分析。

第5章　常用建筑结构

5.1　建筑结构分类

工程上将支撑建筑的骨架称为建筑结构。各种类型的建筑，无论是居住建筑、公共建筑、工业厂房，还是各种类型的构筑物，功能简单或是复杂，其结构都是由基本构件组成的。结构的基本构件包括建筑房屋的梁构件、柱构件、板构件、墙构件、桁架或网架杆件、索、膜等，如图5-1所示。

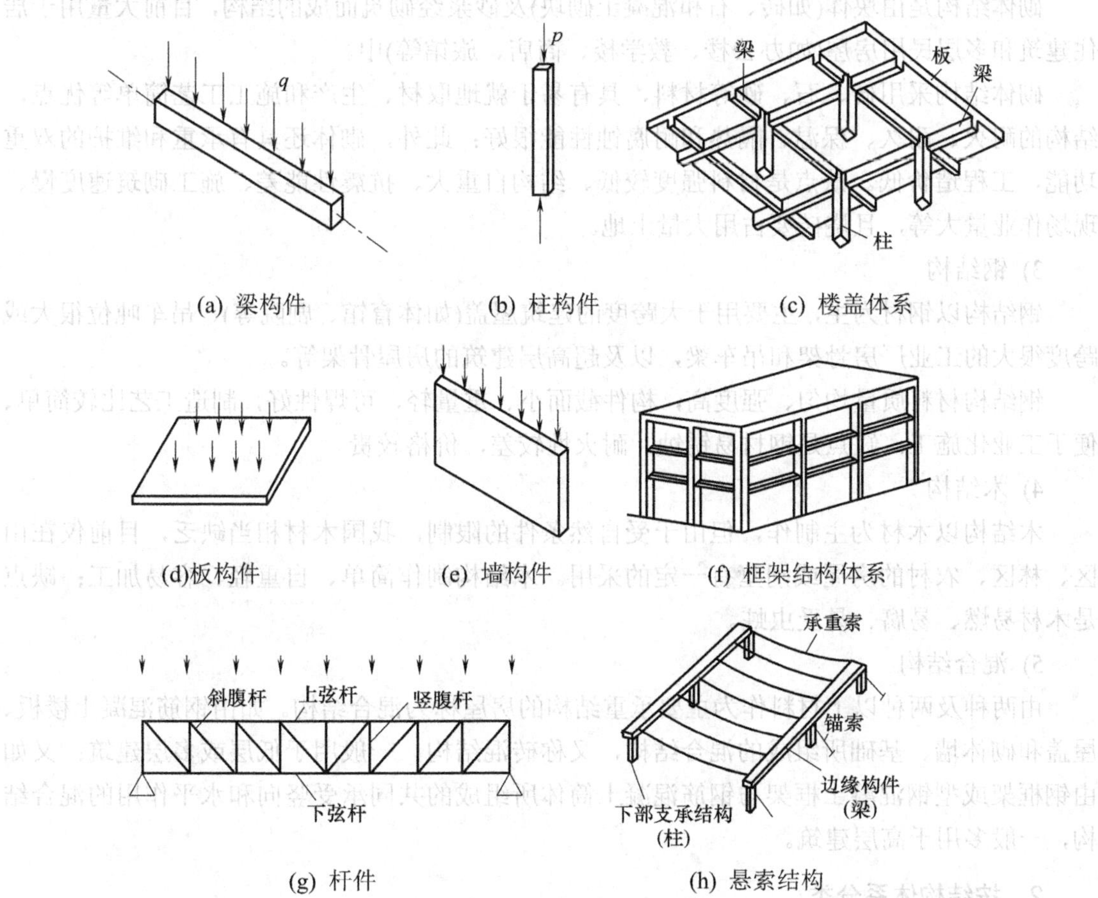

图5-1　基本构件与结构体系

建筑结构构件以不同形式构成了各种承重骨架，形成建筑结构整体，即各种不同的结构体系，抵抗(或承受)着直接作用(各种荷载)或间接作用(如温度变化、地基不均匀沉降、地震作用等)，支承着整个建筑。建筑结构分类如下。

1. 按承重材料分类

1) 混凝土结构

混凝土结构包括素混凝土结构、钢筋混凝土结构、预应力混凝土结构、钢管混凝土结构、钢骨混凝土结构以及纤维混凝土结构等。

钢筋混凝土和预应力混凝土结构，由混凝土和钢筋两种材料组成。钢筋混凝土结构是应用最广泛的结构，除应用于一般工业与民用建筑外，许多特种结构(如水塔、水池、高烟囱等)也用钢筋混凝土建造。

混凝土结构具有节省钢材、就地取材(指占比例很大的砂、石料)、耐火耐久、可模性好(可按需要浇捣成任何形状)、整体性好等优点；缺点是自重较大、抗裂性较差等。

2) 砌体结构

砌体结构是由块体(如砖、石和混凝土砌块)及砂浆经砌筑而成的结构，目前大量用于居住建筑和多层民用房屋(如办公楼、教学楼、商店、旅馆等)中。

砌体结构采用砖、石、砂等材料，具有易于就地取材、生产和施工工艺简单等优点，结构的耐火、耐久、保温、隔热和耐腐蚀性能很好；此外，砌体还具有承重和维护的双重功能，工程造价低。缺点是材料强度较低、结构自重大、抗震性能差、施工砌筑速度慢、现场作业量大等，且烧砖要占用大量土地。

3) 钢结构

钢结构以钢材为主，主要用于大跨度的建筑屋盖(如体育馆、剧院等)、吊车吨位很大或跨度很大的工业厂房骨架和吊车梁，以及超高层建筑的房屋骨架等。

钢结构材料质量均匀、强度高，构件截面小、重量轻，可焊性好，制造工艺比较简单、便于工业化施工；缺点是钢材易锈蚀，耐火性较差，价格较贵。

4) 木结构

木结构以木材为主制作，但由于受自然条件的限制，我国木材相当缺乏，目前仅在山区、林区、农村的房屋或别墅有一定的采用。木结构制作简单、自重轻、容易加工；缺点是木材易燃、易腐、易受虫蛀。

5) 混合结构

由两种及两种以上材料作为主要承重结构的房屋称为混合结构。如由钢筋混凝土楼板、屋盖和砌体墙、基础所组成的混合结构，又称砖混结构，一般用于低层或多层建筑；又如由钢框架或型钢混凝土框架与钢筋混凝土筒体所组成的共同承受竖向和水平作用的混合结构，一般多用于高层建筑。

2. 按结构体系分类

根据建筑承重骨架所形成的空间体系即结构体系的特点，建筑结构可分为墙体承重结构、骨架承重结构、大跨度结构、筒体结构等一些常见结构体系，每种结构体系所包括的承重结构类型如表 5-1 所示。

表 5-1 各种结构体系包含的承重结构类型

<table>
<tr><th>结构体系</th><th colspan="2">承重结构类型</th></tr>
<tr><td>墙体承重结构</td><td colspan="2">夯土墙结构、砌体墙结构、钢筋混凝土剪力墙结构</td></tr>
<tr><td>骨架承重结构</td><td colspan="2">木构架结构、框架结构、框架-剪力墙结构、板柱结构、钢框架结构</td></tr>
<tr><td rowspan="2">大跨度结构</td><td>拱结构、刚架结构、桁架结构、排架结构</td><td>平面结构体系(骨架结构)</td></tr>
<tr><td>网架结构、薄壳结构、折板结构、悬索结构、帐篷薄膜结构、充气薄膜结构</td><td>空间结构体系</td></tr>
<tr><td>筒体结构</td><td colspan="2">筒中筒结构、成束筒结构、框筒结构</td></tr>
</table>

不同类型的结构体系，由于其所用材料、构件构成关系以及力学特征等方面的差异，其适用的建筑类型也不尽相同，设计时应通过比较和优化，尽量使结构方案能够与建筑设计相互协调、相互融合，以便更好地满足建筑物在空间功能以及美学、风格等方面的要求。

5.2 墙体承重结构体系

墙体承重结构体系是以部分或全部建筑外墙以及若干固定不变的建筑内墙作为垂直支承系统的一种结构体系。

按施工方法和材料的不同，墙体承重结构可分为夯土墙、土坯墙、石砌墙、砖砌体墙、混凝土砌块墙、现浇钢筋混凝土墙等。根据承重墙体材料及其高度、承受荷载情况等的不同，墙体承重结构体系主要分为砌体墙承重的混合结构体系和钢筋混凝土墙承重的结构体系。

5.2.1 砌体墙承重的混合结构体系

1．结构特征与适用范围

砌体墙承重结构是用砖、石或砌块等块材与砂浆砌筑而成的砌体墙作为竖向承重结构(墙)，用其他材料(一般为钢筋混凝土或木结构)作为水平向承重结构(楼盖)所组成的房屋结构，也称为砌体墙承重的混合结构。由于砌体墙自重大，强度低，抗拉、弯、剪及抗震性能结构，房间尺寸受钢筋混凝土梁板经济跨度的限制，空间的大小和形状受到限制，房间的组合不够灵活，开窗也受到限制，因此仅适用于房间不大、层数不多的中小型民用建筑中，如学校建筑、办公楼、医院、旅馆和住宅建筑等。

2．结构布置方案

砌体墙承重的混合结构体系根据承重墙布置方式的不同，可分为纵墙承重体系、横墙承重体系、纵横墙承重体系及部分框架承重体系(底层或内部部分为框架)。

在考虑承重墙体布置方案时，除了考虑建筑空间分隔的需要以及结构受力的合理性外，还应兼顾采光、通风、设备布置和走向等方面的需求。

采用横墙承重的方式，在纵方向可以获得较大的开窗面积，容易得到较好的采光条件；反之，采用纵墙承重的方式，可以减少横墙的数量，有利于开放室内空间，但其整体刚度不如横墙承重方案，纵向开窗面积受到限制，在高烈度地震区应慎重对待。

5.2.2 钢筋混凝土墙承重结构体系

钢筋混凝土墙承重结构体系包括现浇钢筋混凝土剪力墙承重结构体系和预制装配式钢筋混凝土墙承重结构体系两大类。

1. 现浇钢筋混凝土剪力墙承重结构体系

剪力墙是指固结于基础上的钢筋混凝土墙片，具有很高的抗侧移能力(沿墙体平面)。因其既承担竖向荷载，又承担水平荷载(风荷载及地震作用)引起的剪力，防止结构剪切破坏，故名剪力墙，又称抗风墙或抗震墙、结构墙。剪力墙的高度往往从基础到屋顶，宽度可以是房屋的全宽。剪力墙与钢筋混凝土楼、屋盖整体连接，形成剪力墙结构。剪力墙的受力状态如图5-2所示。

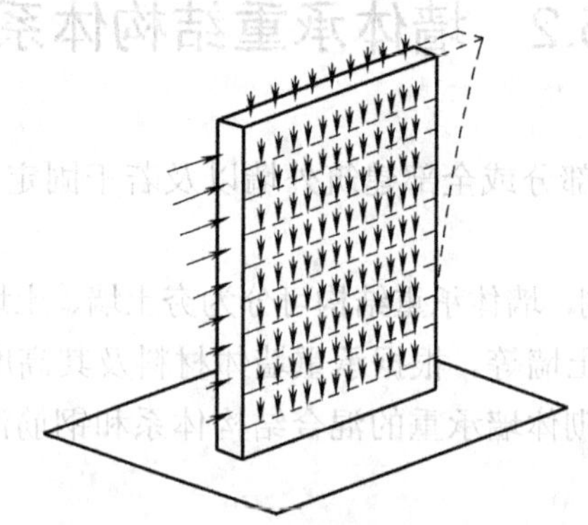

图5-2 剪力墙的受力状态

1) 优点

(1) 集承重、抗风、抗震、围护与分隔于一体，经济合理地利用了结构材料。

(2) 结构整体性强，抗侧刚度大，侧向变形小，在承载力方面的要求易于得到满足，适于建造较高的建筑。

(3) 抗震性能好，具有承受强烈地震裂而不倒的良好性能。

2) 缺点

(1) 剪力墙的间距通常为3～8m，间距不能太大，墙体较密，使建筑平面布置和空间利用受到限制，很难满足大空间建筑功能的要求。

(2) 结构自重较大，往往导致基础工程造价的增加。

3) 适用范围

现浇钢筋混凝土剪力墙结构往往大量应用于高层建筑，特别是隔墙较多的高层办公楼、旅馆、住宅、公寓等建筑中，如图5-3所示。建筑高度范围可达30～40层。

高层住宅楼　　　　　　高层办公楼

图 5-3　剪力墙结构的高层建筑

4) 承重方案

剪力墙结构体系的结构布置主要是剪力墙的布置，当剪力墙的间距为 2.7～3.9m 时，该剪力墙结构属小间距剪力墙承重方案；而间距为 6～8m 时，属大间距剪力墙承重方案。

北京西苑饭店的结构平面图如图 5-4 所示，地上 29 层，总高 93m，采用小间距剪力墙承重方案，间距为 4.0m，最大剪力墙厚度为 400mm，最小为 180mm。

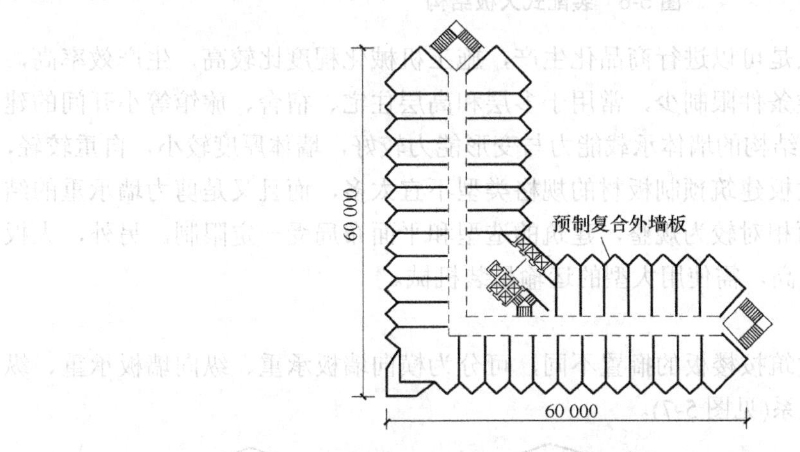

图 5-4　北京西苑饭店：小间距剪力墙承重方案(单位：mm)

广州白云宾馆的结构平面图如图 5-5 所示，地上 33 层，总高 108m，是我国首幢达百米高层建筑，采用大间距剪力墙承重方案，最大间距为 8.0m。

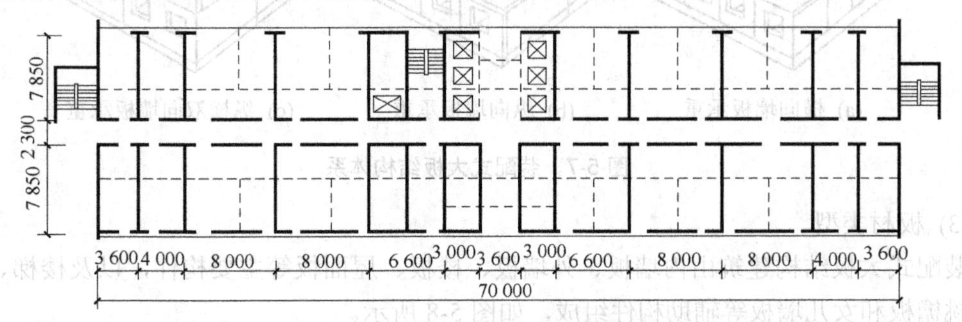

图 5-5　广州白云宾馆：大间距剪力墙承重方案(单位：mm)

2. 预制装配式钢筋混凝土墙承重结构体系

预制装配式钢筋混凝土墙承重结构体系主要包括装配式大板结构与预制盒子结构。

1) 装配式大板结构

(1) 特点与适用范围。

装配式大板结构是用预制混凝土墙板、楼板和屋面板拼装成的房屋结构，工业化程度较高，如图 5-6 所示。

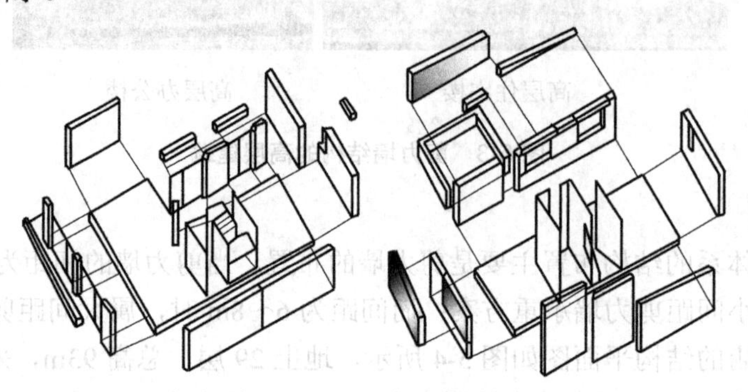

图 5-6 装配式大板结构

这种结构的主要优点是可以进行商品化生产，施工机械化程度比较高，生产效率高，劳动强度低，施工受气候条件限制少，常用于多层和高层住宅、宿舍、旅馆等小开间的建筑。相比混合结构，大板结构的墙体承载能力与变形能力较好，墙体厚度较小，自重较轻，抗震能力较高；但由于大板建筑预制板材的规格类型不宜太多，而且又是剪力墙承重的结构体系，因此，建筑平面相对较为规整，建筑的造型和平面布局受一定限制。另外，大板结构用钢量较多，造价较高，需使用大型的运输吊装机械。

(2) 结构布置方案。

装配式大板结构的建筑按楼板的搁置不同，可分为横向墙板承重、纵向墙板承重、纵横双向墙板承重等结构体系(见图 5-7)。

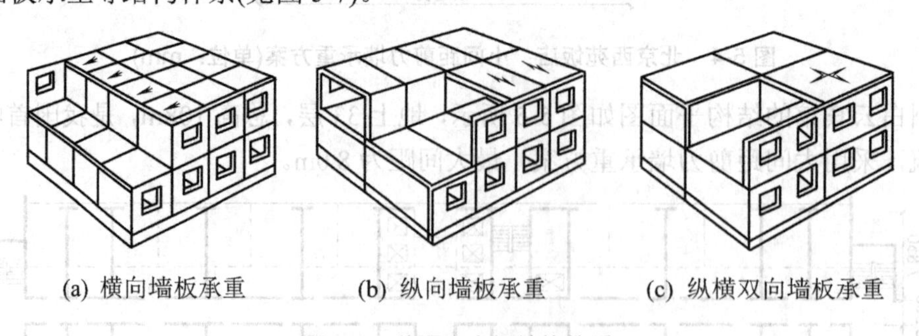

图 5-7 装配式大板结构体系

(3) 板材类型。

装配式大板结构建筑由内墙板、外墙板、楼板、屋面板等主要构件，以及楼梯、阳台板、挑檐板和女儿墙板等辅助构件组成，如图 5-8 所示。

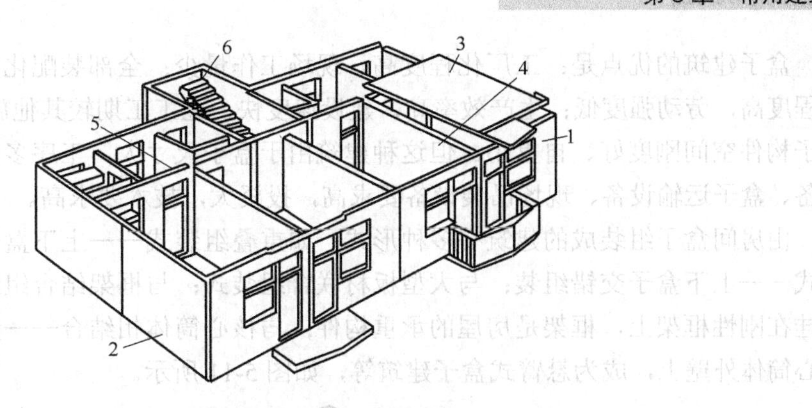

图 5-8　装配式大板结构建筑组成

1—预制外纵墙板；2—预制外横墙(山墙)板；3—预制楼板；
4—预制内横墙板；5—预制内纵墙扳；6—预制楼梯

2) 预制盒子结构

预制盒子结构建筑是指在工厂预制成整间的空间盒子结构，运到工地进行组装的建筑(见图 5-9)。在工厂完成盒子的结构部分、围护部分和内部的装修，有些甚至连家具、地毯、窗帘等都已布置好，只要安装完成，接通管线，即可交付使用。

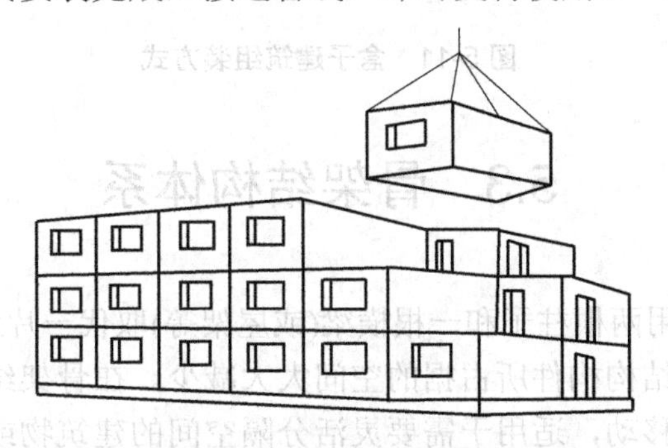

图 5-9　预制盒子结构建筑

20 世纪 50 年代，在瑞士形成盒子结构体系。1967 年在加拿大的蒙特利尔建成了由 354 个盒子构件组成 158 个单元，包括商店、道路等的综合居住体，如图 5-10 所示。

图 5-10　1967 年蒙特利尔世界博览会展出的预制装配式盒子住宅

盒子建筑的优点是：工厂化程度高，现场工作量少；全部装配化，湿作业极少，机械化程度高，劳动强度低；生产效率高，建设速度快，施工工期较其他施工方法缩短约 1/2；盒子构件空间刚度好、自重小。但这种建筑由于盒子尺寸大，工序多而杂，对工厂的生产设备、盒子运输设备、现场吊装设备要求高，投资大，技术要求高。

由房间盒子组装成的建筑有多种形式，如重叠组装式——上下盒子重叠组装；交错组装式——上下盒子交错组装；与大型板材联合组装式；与框架结合组装式——盒子支承和悬挂在刚性框架上，框架是房屋的承重构件；与核心筒体相结合——盒子悬挑在建筑物的核心筒体外壁上，成为悬臂式盒子建筑等，如图 5-11 所示。

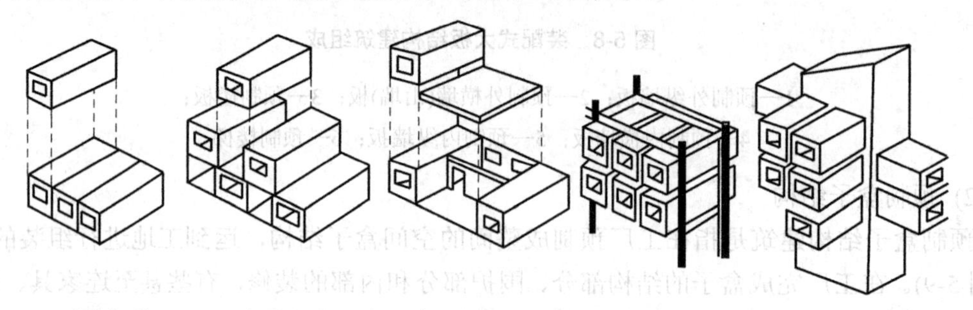

(a) 重叠组装　(b) 交错组装　(c) 盒子板材组装　(d) 盒子框架组装　(e) 盒子筒体组装

图 5-11　盒子建筑组装方式

5.3　骨架结构体系

骨架结构体系是指用两根柱子和一根横梁(或屋架等)取代一片承重墙，被承重墙体占据的空间释放出来，建筑结构构件所占据的空间大大减少。在骨架结构体系中，内、外墙均不承重，可灵活布置和移动，适用于需要灵活分隔空间的建筑物或是内部空旷的建筑物，建筑立面处理也较为灵活。

骨架结构体系可分为框架结构体系、框-剪结构体系(含框-筒结构体系)、板柱结构体系、单层刚架结构体系、拱结构体系、排架结构体系等。

5.3.1　框架结构体系

采用梁、柱组成的结构体系作为竖向承重结构，并同时承受水平荷载，称为框架结构体系。框架结构是由竖向柱子与水平横梁刚性连接形成的空间杆系结构，独立承担竖向、横向的荷载和作用，墙体仅起分隔室内外空间和围护的作用。

1. 优点

框架结构体系的最大特点是承重构件与围护构件有明确分工，建筑的内外墙处理十分灵活，可获得大空间(如商场、会议室、餐厅等)，加隔墙后也可做成小房间。门窗大小和形状可自由多变，建筑立面容易处理。结构自重轻，在一定高度范围内造价比较低。

2．缺点

框架结构体系属于柔性结构体系，抗侧移刚度较小，在风荷载作用下会产生较大的水平位移，在地震荷载作用下，结构整体位移和层间位移均较大，易产生震害，非结构性的破坏也比较严重(如装饰、填充墙、设备管等)。

3．适用范围

框架结构体系既适用于小空间的住宅、公寓、旅馆，也适用于大空间的商场、办公楼、医院、教学楼及多层工业厂房等。

钢筋混凝土框架结构体系适用于多层和层数不太多、高度不大的高层建筑，楼层数一般不超过10层。钢框架的抗震性能优于钢筋混凝土框架，适用于30层以下的房屋。

5.3.2 框-剪结构体系与框-筒结构体系

在框架结构中设置部分剪力墙，使框架和剪力墙二者结合起来，共同抵抗水平和竖向荷载，就组成了框架-剪力墙结构体系，简称框-剪结构体系，如图5-12所示。

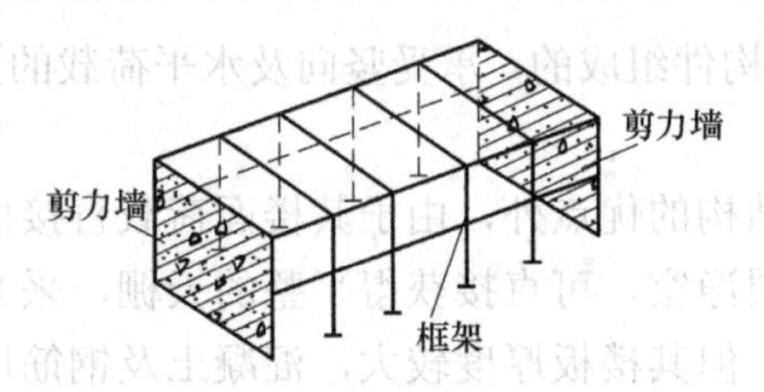

图5-12 框-剪结构体系

1．类型

框-剪结构体系中的剪力墙，可以是成榀状的墙体，也可以利用电梯井、楼梯间、管道井等组成实腹筒体。当剪力墙为筒体时，结构体系成为框-筒结构体系。当框架布置于结构的周边、筒体布置于结构的中部时，将形成一种特别的框-筒结构体系——框架-核心筒结构体系。

2．特点及适用范围

框-剪结构(含框-筒结构)体系既克服了框架结构抗侧移刚度小的缺点，又弥补了剪力墙结构开间过小的缺点，既可以使建筑平面灵活布置，又能提高抗侧移刚度，因而在实际工程中被广泛应用于高层的写字楼、教学楼、医院和宾馆等建筑中。

3．布置原则

1) 框架结构的布置

框-剪结构体系中框架结构的柱网和其他布置要求，与前述的框架结构体系基本相同。

2) 剪力墙的布置

剪力墙的布置应结合建筑物的建筑使用要求，在建筑做初步平面设计时考虑剪力墙的位置，力求“均匀、分散、对称、周边”布置。

图 5-13 所示是北京饭店东楼平面布置(19 层)，为框-剪结构；图 5-14 所示是上海雁荡大厦平面布置(28 层)，为框-筒结构。

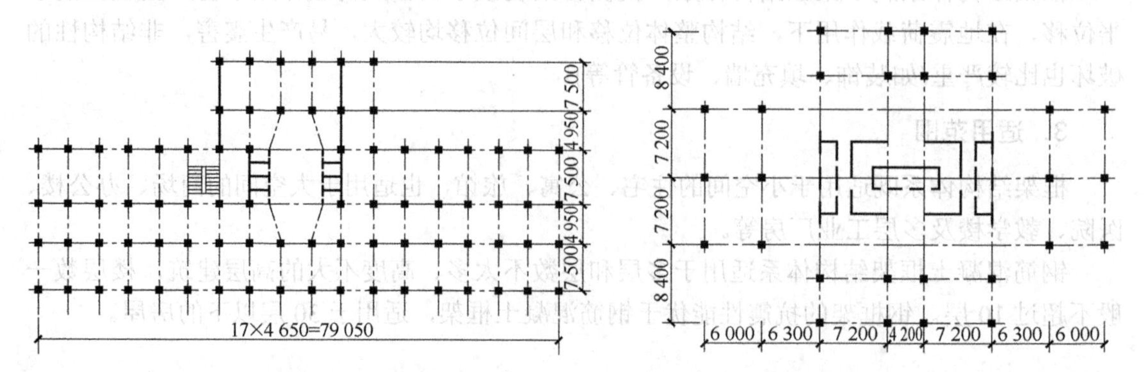

图 5-13　北京饭店东楼平面布置(19 层)(单位：mm)　图 5-14　上海雁荡大厦平面布置(28 层)(单位：mm)

5.3.3　板柱结构体系

由楼板(屋面板)、柱等构件组成的，承受竖向及水平荷载的空间结构体系，称为板柱结构体系，如图 5-15 所示。

板柱结构除具有框架结构的优点外，由于其楼面荷载直接由板传给柱及柱下基础，缩短了传力路径，增大了楼层净空，可直接获得平整的天棚，采光、通风及卫生条件较好，能节省施工时的模板用量；但其楼板厚度较大，混凝土及钢筋用量较多。为了改善板的受力功能，一般设柱帽。图 5-16 所示为某设置柱帽的多层板柱结构剖面。

板柱结构按建造方法不同可分为现浇法建造的板柱结构、升板法建造的板柱结构、预应力拼装法建造的板柱结构和预制装配法建造的板柱结构 4 类。

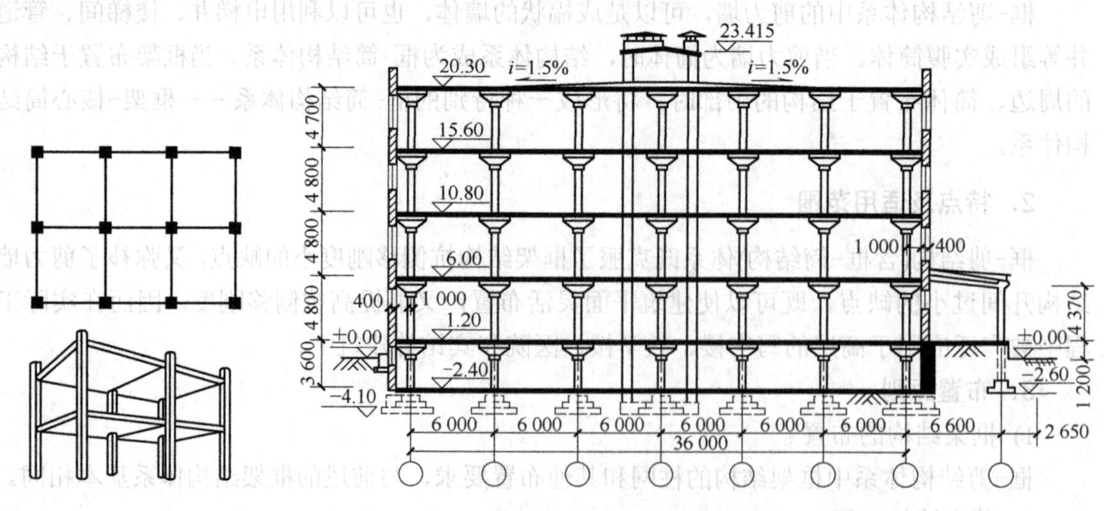

图 5-15　板柱结构体系　图 5-16　设置柱帽的多层板柱结构剖面

5.3.4　单层刚架、拱及排架结构体系

1. 单层刚架结构

刚架结构是指梁、柱之间为刚性连接的结构。若梁与柱之间为铰接的单层结构，一般称为排架，多层多跨的刚架结构则称为框架。单层刚架也称为门式刚架。

刚架结构受力合理，轻巧美观，能跨越较大的跨度，制作又很方便，因而应用非常广泛，一般用于体育馆、礼堂、食堂、菜场等大空间的民用建筑，也可用于工业建筑；但刚架的刚度较差，用于工业建筑中，当吊车其重量超过 100kN 时不宜采用。图 5-17 所示为刚架结构的应用图例。

(a) 某刚架结构车站

(b) 钢制刚架结构的飞机库

图 5-17　刚架结构的应用图例

2. 拱结构

拱结构是一种主要承受轴向压力并由两端推力维持平衡的曲线或折线形构件。拱是一种十分古老而现代仍在大量应用的结构形式。由于拱呈曲面形状，能充分利用材料的强度，比同样跨度的梁结构断面小，比刚架合理，能跨越较大的空间，因此可以通过改变排列方式或平面尺寸适应较活泼的建筑平面和体型，还可以结合空间结构屋盖系统覆盖大空间。

人类在建筑活动的早期就学会了用拱来实现对跨度的要求。我国古代拱式结构的杰出例子是河北省赵县的赵州桥(见图 5-18)，跨度为 37m，建于 1 300 多年前，为石拱桥结构。赵州桥经受了历次地震考验，至今保存完好。

由于拱结构受力性能较好，能够充分地利用材料强度，因此不仅可以用混凝土、钢筋混凝土、木和钢等材料建造，而且能够获得较好的经济和建筑效果。拱结构形式多种多样，适用范围广泛，与其他结构形式结合，更可创造出新型的组合结构形式，为现代建筑提供了广阔的创新空间，常用于建造商场、展览馆、散装仓库等建筑。图 5-19 所示为北京崇文门菜市场的结构剖面示意图。

图 5-18　河北省赵县的赵州桥

图 5-20 所示为美国蒙哥马利体育馆，该体育馆平面为椭圆形，各榀拱架结构的尺寸一致。一部分拱脚包在建筑物内，另一部分拱脚暴露

在建筑物外部，且各榀拱脚伸出建筑物的长度不断变化，给人以明朗、轻巧的感受。

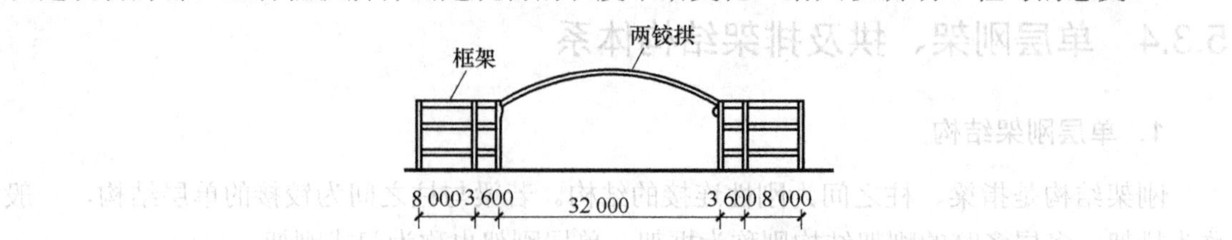

图 5-19 北京崇文门菜市场结构剖面示意图

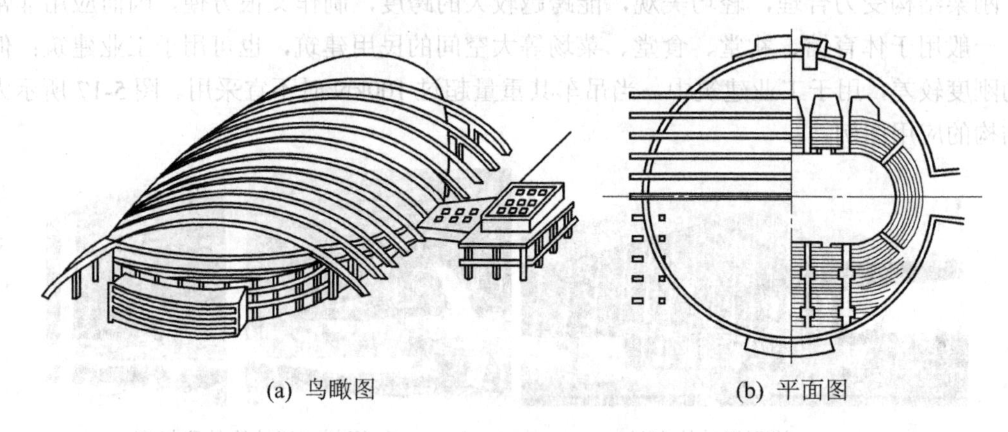

(a) 鸟瞰图 (b) 平面图

图 5-20 美国蒙哥马利体育馆

3. 排架结构

排架结构是钢筋混凝土单层厂房的常用结构形式，如图 5-21 所示。排架结构由屋架(或屋面梁)、柱、基础等组成，其屋架(或屋面梁)与柱顶铰接，柱下端则嵌固于基础顶面。柱顶与屋架铰接，这是排架结构与刚架结构的主要区别。

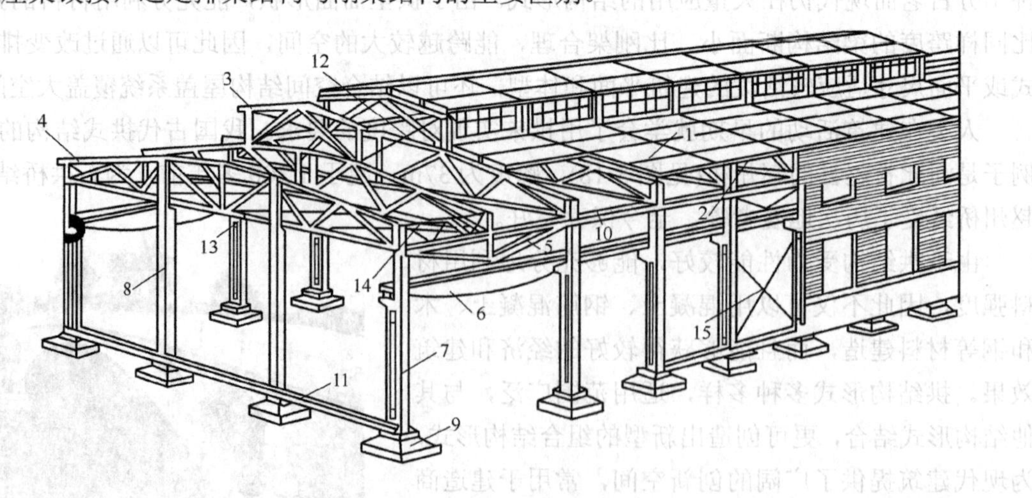

图 5-21 钢筋混凝土排架结构厂房

1—屋面板；2—天沟板；3—天窗架；4—屋架；5—托架；6—吊车梁；7—排架柱；
8—抗风柱；9—基础；10—连系梁；11—基础梁；12—天窗架垂直支撑；
13—屋架下弦横向水平支撑；14—屋架端部垂直支撑；15—柱间支撑

5.4　空间结构体系

空间结构体系指结构的形体呈三维形状，在荷载作用下具有三维受力特性并呈立体工作状态的结构体系。空间结构的卓越工作性能不仅仅表现在三维受力，而且还由于它们通过合理的曲线形体来有效抵抗外荷载的作用，当跨度增大时，空间结构就越能显示出它们优异的技术经济性能。事实上，当建筑结构跨度达到一定程度后，一般平面结构往往难以成为合理的选择。从国内外工程实践来看，大跨度建筑多数采用各种形式的空间结构体系。

近 20 余年来，空间结构发展迅速，各种新型的空间结构不断涌现，常用的空间结构体系包括薄壳结构、折板结构、空间网格结构、悬索结构、膜结构等，以及它们的混合形式。

5.4.1　薄壳结构

壳体结构一般是由上下两个几何曲面构成的空间薄壁结构。这两个曲面之间的距离称为壳体的厚度(t)。当 t 远小于壳体的最小曲率半径 $R(t \ll R)$时，称为薄壳；反之称为厚壳或中厚度壳。一般在建筑工程中所遇到的壳体，常属于薄壳结构的范畴。

薄壳结构形式很多，常用的有筒壳、圆顶壳、双曲扁壳、鞍形壳 4 种。筒壳由壳面、边梁和横隔构件 3 部分组成。单曲面薄壳形状较简单，便于施工，是最常用的薄壳形式，如图 5-22(a)所示。圆顶壳(见图 5-22(b))由壳面和支承环两部分组成，具有很好的空间工作性能，很薄的圆顶可以覆盖很大的空间，可用于大型公共建筑，如天文馆、展览馆、体育馆、会堂等。双曲扁壳(见图 5-22(c))由双向弯曲的壳面和四边的横隔构件组成，它受力合理，厚度薄，可覆盖较大的空间，较经济，适用于工业和民用建筑的各种大厅或车间。双曲抛物面壳(见图 5-22(d))由壳面和边缘构件组成，外形特征犹如一组抛物线倒悬在两根拱起的抛物线间，形如马鞍，故又称鞍形壳。倒悬方向的曲面如同受拉的索网，向上拱起的曲面如同拱结构，拉压相互作用，提高了壳体的稳定性和刚度，使壳面可以做到很薄。如果从双曲抛物面壳上切取一部分，可以做成各种形状的扭壳，如图 5-22(e)、图 5-22(f)所示。

北京火车站中央大厅的顶盖为 35m×35m 的双曲扁壳，矢高 7m，壳体厚度 80mm，如图 5-23 所示。

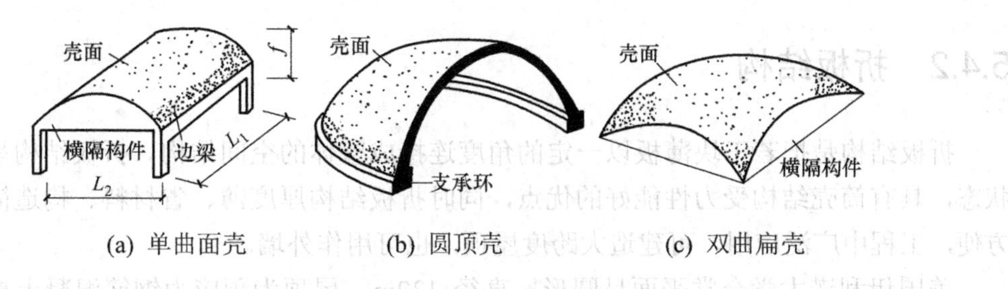

图 5-22　薄壳结构形式

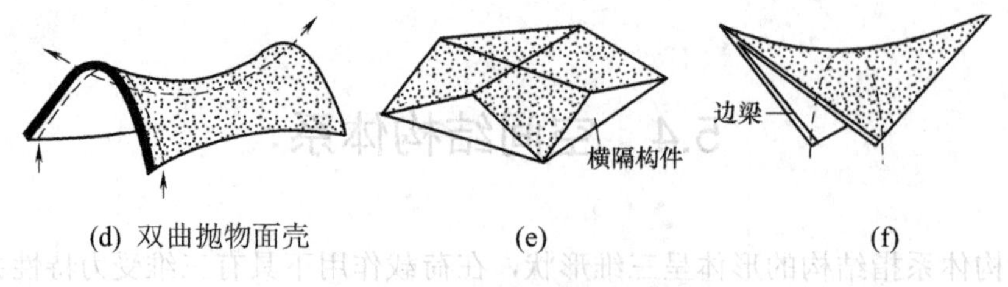

(d) 双曲抛物面壳 (e) (f)

图 5-22 薄壳结构形式(续)

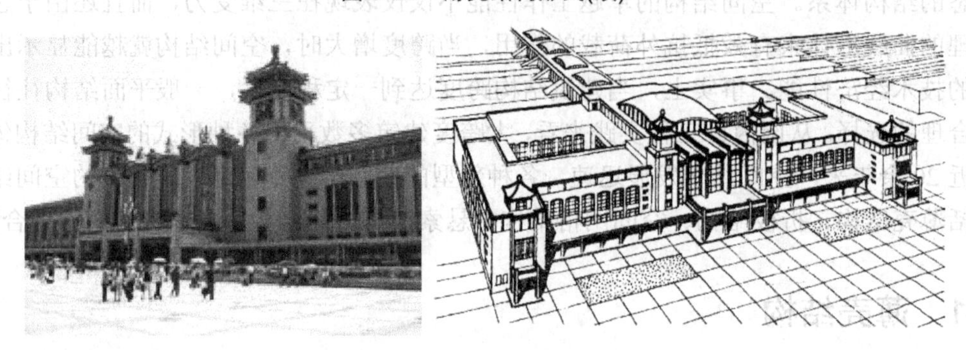

图 5-23 北京火车站

悉尼歌剧院是世界著名的建筑之一，1973 年建成。歌剧院整体分为 3 部分：歌剧厅、音乐厅和贝尼朗餐厅。歌剧厅、音乐厅及休息厅并排而立，建在巨型花岗岩石基座上，各由 4 块巍峨的大壳顶组成。贝壳形尖屋顶，是由 2 194 块每块重 15.3t 的弯曲形混凝土预制件用钢缆拉紧拼成的，远观过去既像竖立着的贝壳，又像两艘整装待发的巨型白色帆船，如图 5-24 所示。

(a) 侧面透视图 (b) 顶视图 (c) 正向透视图

图 5-24 悉尼歌剧院

5.4.2 折板结构

折板结构是把若干块薄板以一定的角度连接成整体的空间结构。折板结构呈空间受力状态，具有筒壳结构受力性能好的优点，同时折板结构厚度薄、省材料、构造简单、施工方便，工程中广泛应用，可建造大跨度屋顶，也可用作外墙。

美国伊利诺大学会堂平面呈圆形，直径 132m，屋顶为预应力钢筋混凝土折板组成的圆顶，由 48 块同样形状的膨胀页岩轻混凝土折板拼装而成，形成 24 对折板拱，如图 5-25

所示。

(a) 会堂效果图

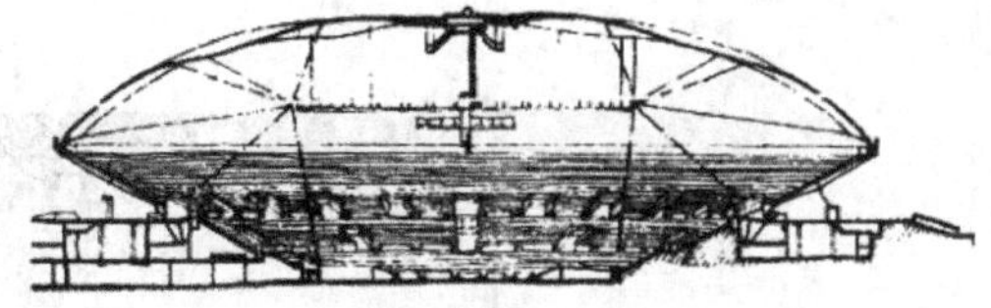

(b) 会堂剖面图

图 5-25 美国伊利诺大学会堂

5.4.3 空间网格结构

空间网格结构是由多根杆件按照某种有规律的几何图形通过节点连接起来的空间结构，适用于覆盖大跨度建筑。

空间网格结构通常可分为双层的(也可为多层的)平板形网格结构(又称平板网架结构或网架结构)、单层和双层的曲面形网格结构(又称曲面网架结构或网壳结构)，如图 5-26 所示。网格结构是网架结构与网壳结构的总称。

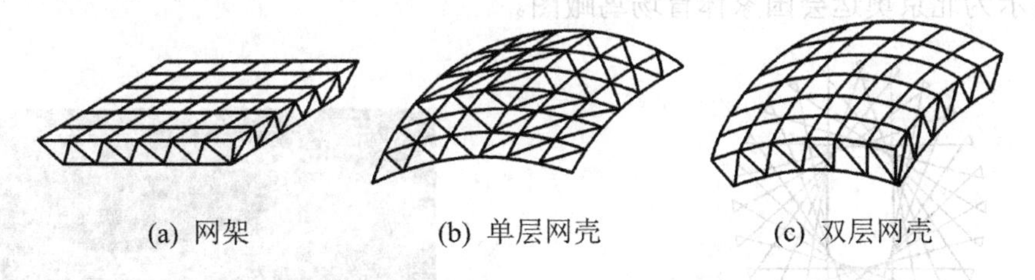

(a) 网架 (b) 单层网壳 (c) 双层网壳

图 5-26 网格结构——网架与网壳

1. 网架结构(平板网架)

网架结构是由平面桁架发展起来的一种空间受力结构。网架结构的整体性能好，能有效地承受非对称荷载、集中荷载和各种动力荷载。由于在工厂成批生产，网架制作完成后运到现场拼装，因此网架施工进度快、精度高，便于保证质量。网架结构主要用来建造大跨度公共建筑的屋顶，广泛用于体育建筑、俱乐部、食堂、影剧院、候车厅、飞机库、工业车间和仓库等建筑中。

自第一个平板网架(上海师范学院球类房，31.5m×40.5m)于 1964 年建成以来，网架结构一直保持着较好的发展势头。1967 年建成的首都体育馆采用斜放正交网架，其矩形平面尺寸为 99m×112m，厚 6m，挑檐 7.5m，如图 5-27 所示。1975 年建成的上海万人体育馆采用圆形平面的三向网架，净架 110m，厚 6m，采用圆钢管构件和焊接空心球节点，如图 5-28 所示。当时平板网架在国内还是全新的结构形式，这两个网架的规模都比较大，即使从今天看仍然具有代表性，对工程界产生了很大影响。

图 5-27　首都体育馆

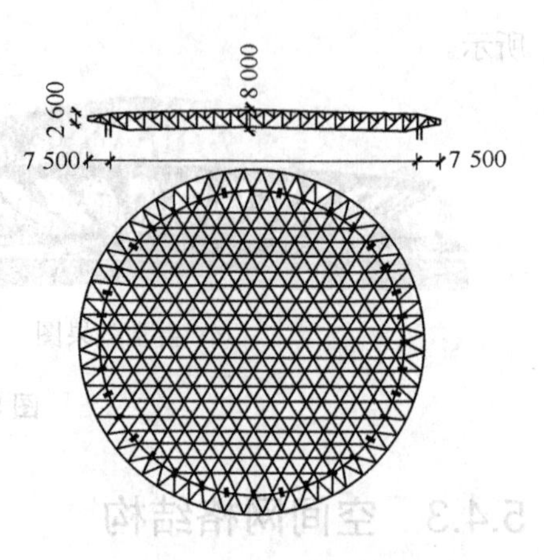

图 5-28　上海体育馆

图 5-29 所示为北京奥运会国家体育场鸟巢形网架平面示意图。其屋盖主体结构是两向不规则斜交的平面桁架系组成的约为 333m×298m 的椭圆形平面网架结构。网架外形呈微弯形双曲抛物面，周边支承在不等高的 24 根立体桁架柱上，每榀桁架与约为 140m×70m 的长椭圆内环相切或接近相切，可称其为鸟巢形网架，是当前世界上跨度最大的网架结构。图 5-30 所示为北京奥运会国家体育场鸟瞰图。

图 5-29　国家体育场鸟巢形网架平面示意图

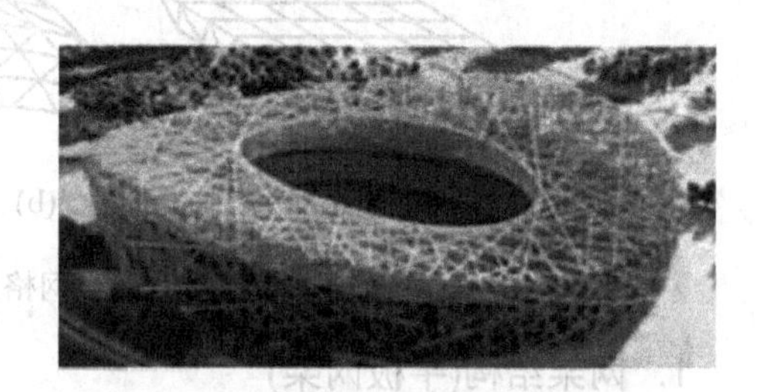

图 5-30　北京奥运会国家体育场鸟瞰图

2．网壳结构(曲面网架)

网壳结构是一种与平板网架类似的空间结构，既具有网架结构的一系列优点，又能提供各种优美的造型，近年来几乎取代了钢筋混凝土薄壳结构。从构造上来看，网壳分为单层与双层两大类。

1) 球网壳

球网壳是由环向和径向(或斜向)交叉曲线杆系(或桁架)组成的单层(或双层)球形网壳。球网壳目前常用的网格布置形式有肋环型、肋环斜杆型(施威德勒网壳)、三向网格、扇形三向网格(凯威特网壳)、葵花形三向网格、短程线型等，如图 5-31 所示。

2) 筒网壳(柱面网壳)

筒网壳是外形呈圆柱形曲面、由沿着单曲柱面布置的杆件组成的网状结构。筒网壳兼有杆系和壳体结构的受力特点，只在单方向上有曲率，常覆盖矩形平面的建筑，如图 5-32 所示。

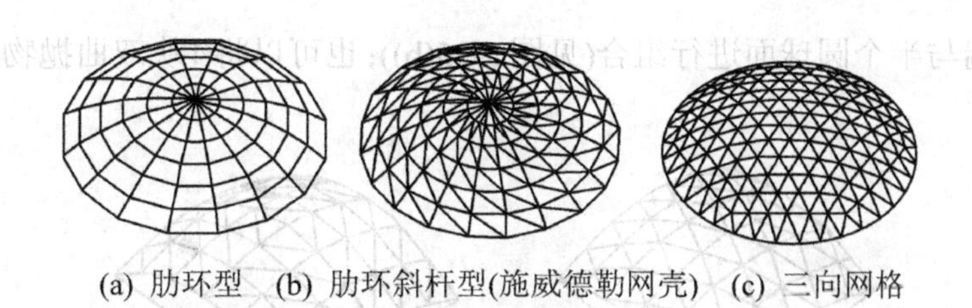

(a) 肋环型 (b) 肋环斜杆型(施威德勒网壳) (c) 三向网格

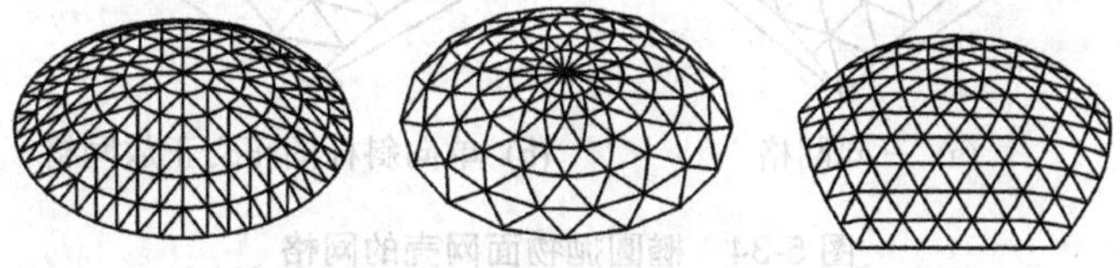

(d) 扇形三向网格(凯威特网壳) (e) 葵花形三向网格 (f) 短程线型

图 5-31 球面网壳的网格

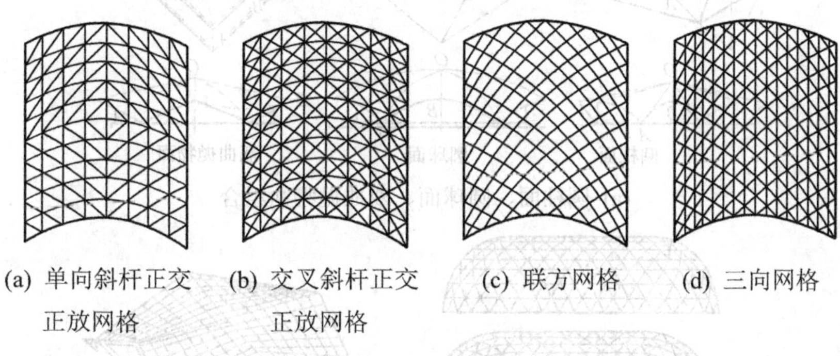

(a) 单向斜杆正交正放网格 (b) 交叉斜杆正交正放网格 (c) 联方网格 (d) 三向网格

图 5-32 拱式筒网壳

3) 扭网壳(双曲抛物面网壳)

如果将一竖向下凹的抛物线沿着上凸的抛物线平行移动，就可得到双曲抛物面，如图 5-33 所示。由于其构成的双曲面为马鞍形，因此也叫鞍形壳。这种曲面与竖直面相交截出抛物线，与水平面相交截出双曲线，所以称为双曲抛物面。

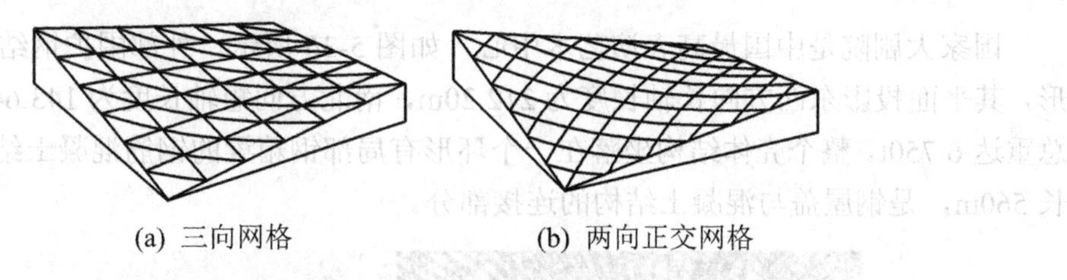

(a) 三向网格 (b) 两向正交网格

图 5-33 双曲抛物面网壳的网格

4) 双曲扁壳(椭圆抛物面网壳)

椭圆抛物面是一种平移曲面，其高斯曲率为正，是以一竖向抛物线作为母线，沿着另一相同的上凸抛物线平行移动而形成的，如图 5-34 所示。这种曲面与水平面相交截出椭圆曲线，所以称为椭圆抛物面。一般这种曲面都做得比较扁，矢高与底面最小边长之比不大于 1/5，故通常又称为双曲扁壳。

5) 网壳结构的组合形式

网壳结构一般可将圆柱面、圆球面和双曲抛物面截出一部分进行组合(见图 5-35(a))；或一段圆柱面两端与半个圆球面进行组合(见图 5-35(b));也可以将 4 块双曲抛物面进行组合(见图 5-35(c))。

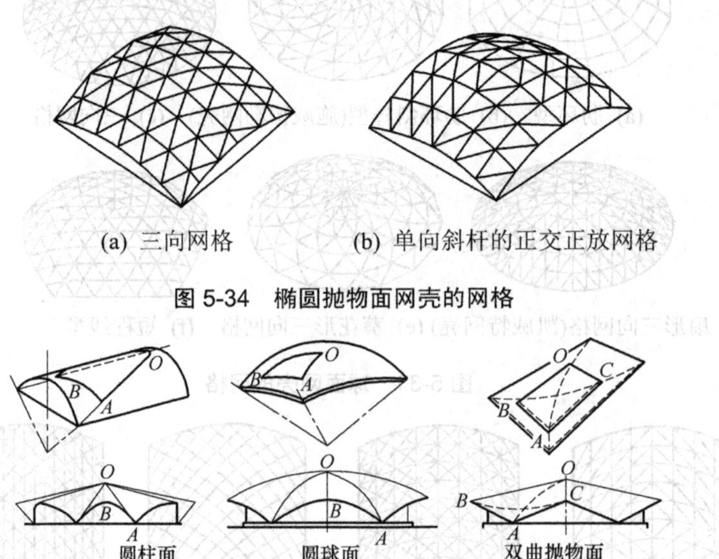

(a) 三向网格　　(b) 单向斜杆的正交正放网格

图 5-34　椭圆抛物面网壳的网格

(a) 圆柱面、圆球面、双曲抛物面组合

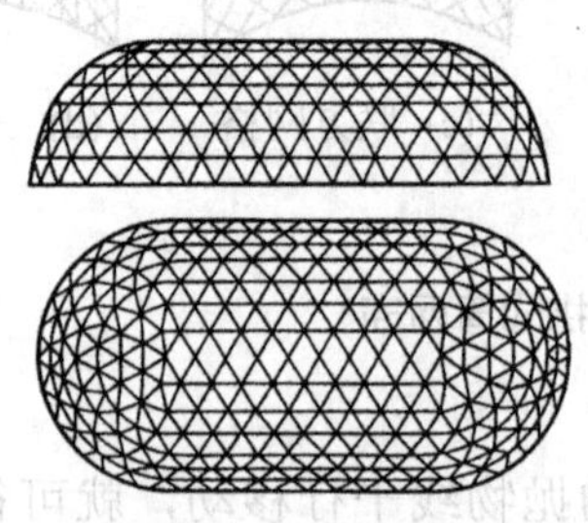

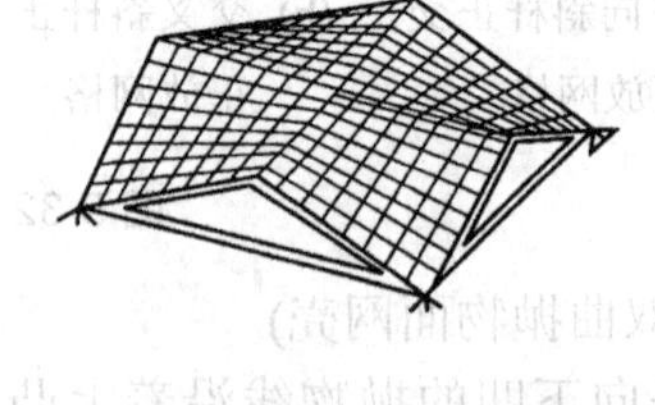

(b) 圆柱面与半球面组合　　(c) 四块双曲抛物面组合

图 5-35　网壳的组合方式

国家大剧院是中国最高表演艺术中心，如图 5-36 所示。外部围护钢结构壳体呈半椭球形，其平面投影东西方向长轴长度为 212.20m，南北方向短轴长度为 143.64m，壳体钢骨架总重达 6 750t。整个壳体结构坐落在一个环形有局部钢箱梁的钢筋混凝土结构上，中心线周长 560m，是钢屋盖与混凝土结构的连接部分。

(a) 大剧院壳体内景　　(b) 大剧院壳体外景

图 5-36　国家大剧院

5.4.4　悬索结构

悬索结构最早可以追溯到在桥梁结构中的应用，世界上现存最早的竹索桥是我国四川省灌县岷江上的安澜桥，桥长超过 330m。20 世纪 50 年代以后，由于高强钢丝的出现，国外开始用悬索结构来建造大跨度建筑的屋顶。

悬索结构是以受拉钢索为主要承重构件的结构体系，其组成包括悬索、侧边构件及下部支承结构，其分类如图 5-37 所示。

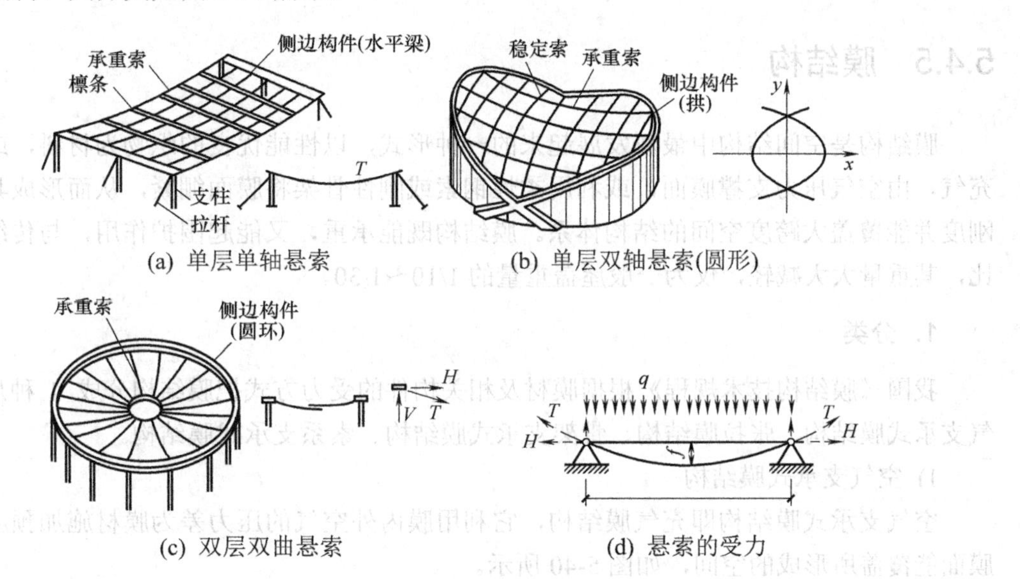

图 5-37　悬索屋盖的组成及悬索的受力

世界上第一个现代悬索屋盖是美国于 1952 年建成的 Raleigh 竞技馆(见图 5-38)，其平面为 91.5m×91.5m 的近似圆形，采用以两个斜放的抛物线拱为边缘构件的鞍形正交索网结构。

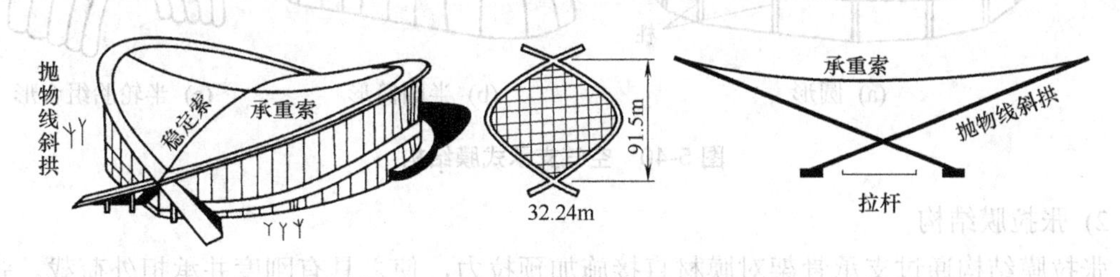

图 5-38　美国 Raleigh 竞技馆

中国现代悬索结构的发展始于 20 世纪 50 年代后期和 60 年代。北京工人体育馆是我国悬索结构大跨度建筑的经典之作，如图 5-39 所示，建筑平面为圆形，跨度达 94m，地下 1 层，地上 4 层。屋盖采用轮辐式双层悬索结构，犹如巨大的自行车车轮，由截面为 2m×2m 的钢筋混凝土圈梁、中央钢环，以及辐射布置的两端分别锚定于圈梁和中央钢环的上索和下索组成，共有 144 根悬索。中央钢环直径 16m，高 11m，由钢板和型钢焊成，承受由于索力作用而产生的环向拉力，并在上、下索之间起撑杆的作用。

(a) 体育馆外观

(b) 体育馆鸟瞰

(c) 体育馆内景

图 5-39 北京工人体育馆

5.4.5 膜结构

膜结构是空间结构中最新发展起来的一种形式，以性能优良的织物为材料，或向膜内充气，由空气压力支撑膜面，或利用柔性钢索或刚性骨架将膜面绷紧，从而形成具有一定刚度并能覆盖大跨度空间的结构体系。膜结构既能承重，又能起围护作用，与传统结构相比，其重量大大减轻，仅为一般屋盖重量的 1/10～1/30。

1. 分类

我国《膜结构技术规程》根据膜材及相关构件的受力方式把膜结构分成 4 种形式：空气支承式膜结构、张拉膜结构、骨架支承式膜结构、索系支承式膜结构。

1) 空气支承式膜结构

空气支承式膜结构即充气膜结构，它利用膜内外空气的压力差为膜材施加预应力，使膜面能覆盖所形成的空间，如图 5-40 所示。

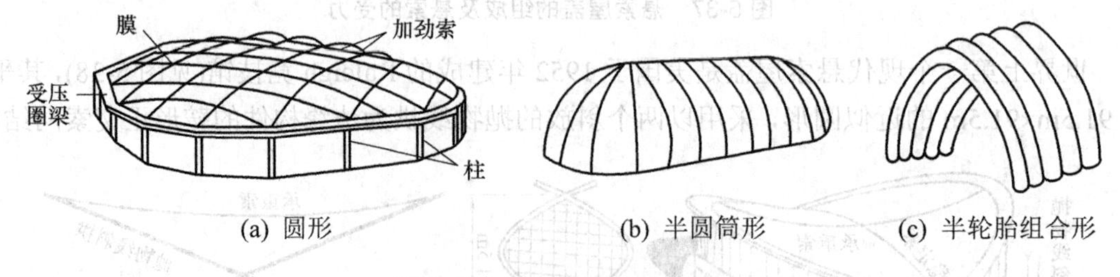

(a) 圆形　(b) 半圆筒形　(c) 半轮胎组合形

图 5-40 空气支承式膜结构

2) 张拉膜结构

张拉膜结构通过支承骨架对膜材直接施加预拉力，使之具有刚度并承担外荷载。张拉膜结构一般采用独立的桅杆或拱作为支承结构将钢索与膜材悬挂起来，然后利用钢索向膜面施加张力将其绷紧，这样就形成了具有一定刚度的屋盖，如图 5-41 所示。

3) 骨架支承式膜结构

骨架支承式膜结构是以钢骨架代替空气支承式膜结构中的空气作为膜的支承结构。骨架可按建筑要求选用拱、网壳之类的结构，骨架上敷设膜材并按设计要求绷紧，适用于平面为方形、圆形或矩形的建筑物，如图 5-42 所示。

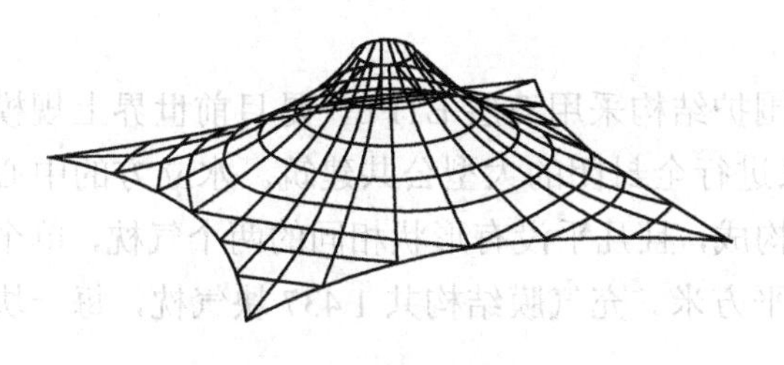

图 5-41　张拉膜结构

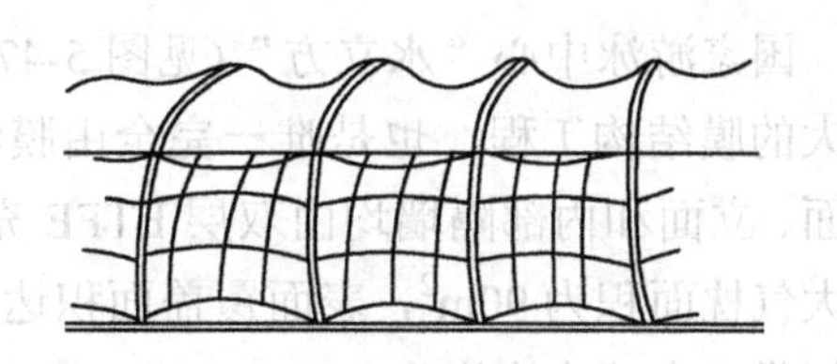

图 5-42　骨架支承式膜结构

4) 索系支承式膜结构

索系支承式膜结构又称复合膜结构，是膜结构中最新发展起来的一种结构体系，由钢索、膜材及少量的受压杆件组成。扇形的膜面从中心环向外环方向展开，通过对钢索施加拉力而绷紧，固定在压杆与接合处的节点上，如图 5-43 所示。索系支承式膜结构适用于大跨度的圆形或椭圆形建筑，目前其最大跨度已达 210m。

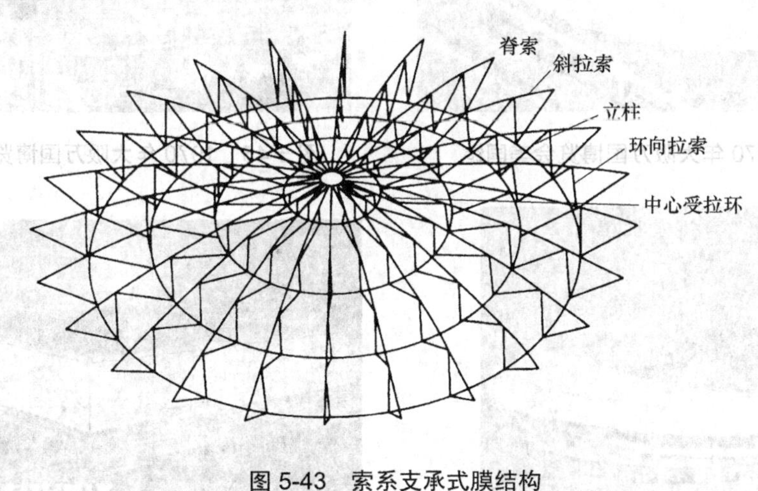

图 5-43　索系支承式膜结构

2．特点及应用

膜结构的突出特点之一是形状的多样性，曲面存在着无限的可能性。空气支承式膜结构充气之后的曲面主要是圆球面或圆柱面；以索或骨架支承的膜结构，其曲面可以随着建筑师的想象力而任意变化。另外，膜结构还具有轻质、柔软、不透气、不透水、耐火性好等特点，并具有一定的透光率和足够的受拉承载力。新研制的膜材料在耐久性方面又有了明显的提高，但多数大跨度膜结构被证明难以有效抵抗恶劣气候条件。

1970 年日本大阪万国博览会的美国馆(见图 5-44)和富士馆(见图 5-45)这两个膜结构建筑在建筑行业引起轰动，标志着膜结构时代的开始。美国馆采用圆形空气支承式膜结构，其平面为 140m×83.5m 的拟椭圆形；富士馆采用半轮胎组合型空气支承式膜结构，依靠空气的超压(一般 0.1 个超压，由空调的通风机提供)升起作为屋盖的支撑，跨度达到 50m。

1997 年建成的上海八万人体育场(见图 5-46)，整个空间结构东低西高，南北对称，高低起伏，屋盖呈马鞍状曲面，屋盖面层选用 SHEERFILL 建筑膜，32 榀桁架将结构分成 57 个伞状索膜单元(锥形单元)。这是中国首次将膜结构应用到大面积和永久性建筑上，影响至

为深远。

国家游泳中心“水立方”(见图 5-47)建筑围护结构采用双层 ETFE，是目前世界上规模最大的膜结构工程，也是唯一完全由膜结构来进行全封闭的大型公共建筑。水立方的中心屋面、立面和内部隔墙均由双层 ETFE 充气枕构成，且几乎没有形状相同的两个气枕，单个最大气枕面积为 90m^2，表面覆盖面积达 10 万平方米。充气膜结构共 1 437 块气枕，每一块都好像一个“水泡泡”。

图 5-44　1970 年大阪万国博览会美国馆

图 5-45　1970 年大阪万国博览会富士馆

图 5-46　上海八万人体育场

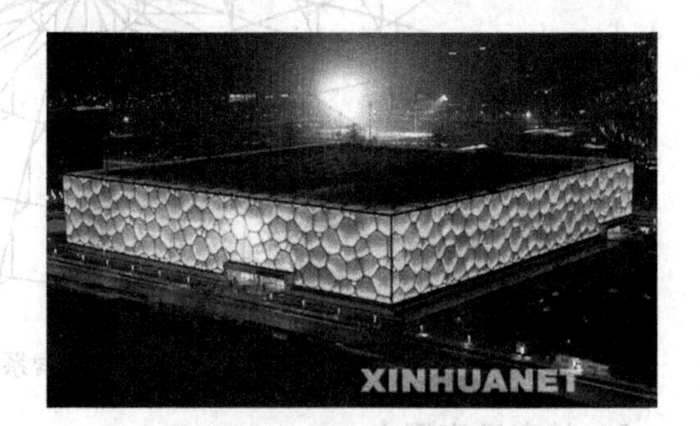

图 5-47　国家游泳中心“水立方”

5.5　筒体结构体系

筒体结构体系是指由一个或几个筒体作为竖向结构，并以各层楼板将井筒四壁相互连接起来，形成一个空间构架的高层房屋结构体系。

随着建筑层数和高度的增加(如高度超过 100～140m，层数超过 30～40 层)，可将房屋的剪力墙集中到房屋的外部或内部组成一个竖向、悬臂的封闭箱体，构成空间薄壁筒体(见图 5-48(a))；或由框架通过加密柱子形成密排柱，加大框架梁的截面高度以加大刚度，形成空间整体受力的非实腹筒体——框筒(见图 5-48(b))；或由 4 个平面桁架组成的空间桁架形成非实腹筒体——桁架筒(见图 5-48(c))。

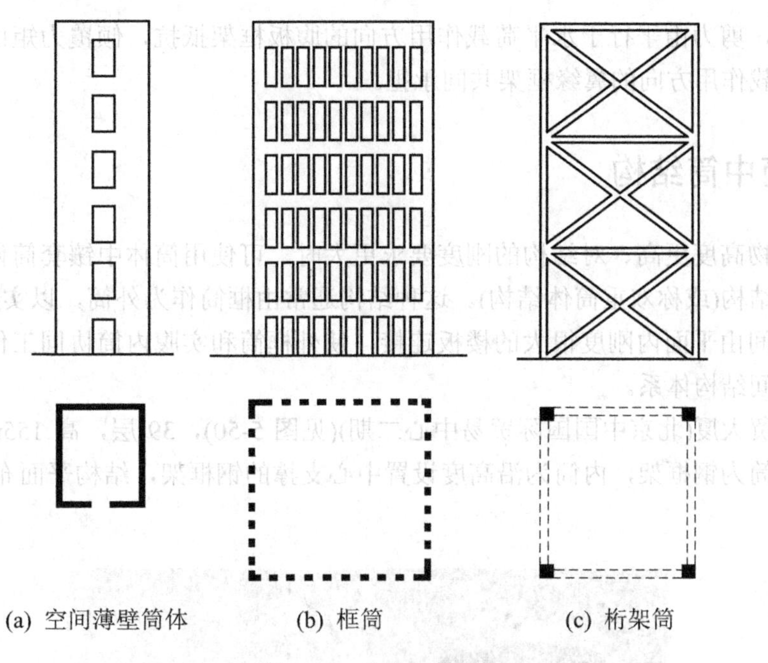

(a) 空间薄壁筒体　　(b) 框筒　　(c) 桁架筒

图 5-48　筒体的类型

筒体结构体系可布置成筒中筒结构、框架-核心筒结构、框筒结构、多重筒结构和成束筒结构等，如图 5-49 所示。

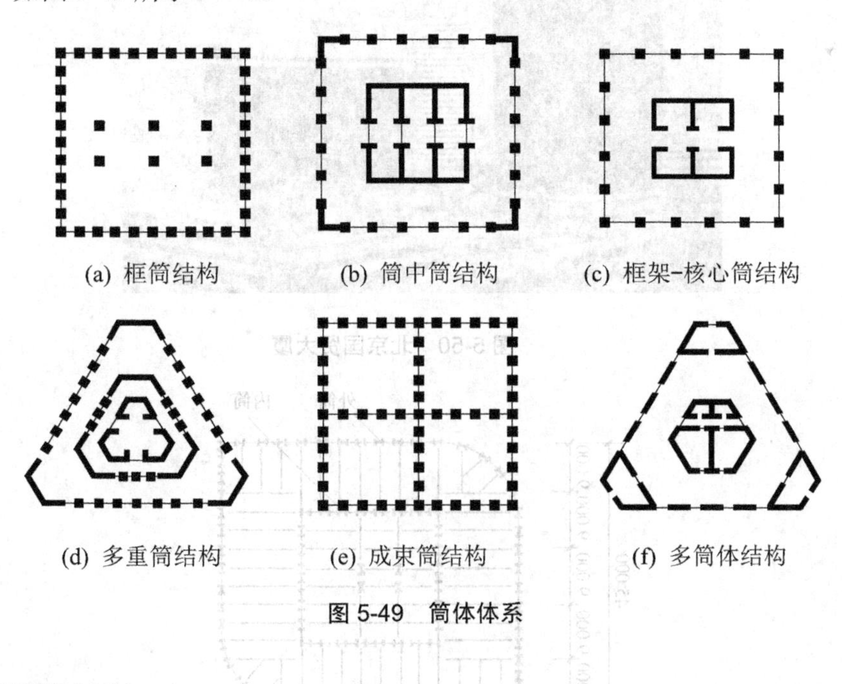

(a) 框筒结构　　(b) 筒中筒结构　　(c) 框架-核心筒结构

(d) 多重筒结构　　(e) 成束筒结构　　(f) 多筒体结构

图 5-49　筒体体系

5.5.1　框筒结构

框筒结构是由深梁、密柱框架组成的空间结构。承受水平荷载时，整体工作性态与空间结构的实腹筒体相似，可视为箱形截面的竖向悬臂构件，即沿四周布置的框架都参与抵抗水平荷载，剪力由平行于水平荷载作用方向的腹板框架抵抗，倾覆力矩由腹板框架和垂直于水平荷载作用方向的翼缘框架共同承担。

5.5.2 筒中筒结构

当建筑物高度更高、对结构的刚度要求更大时，可使用筒体中镶套筒体的结构形式，称为筒中筒结构(或称双重筒体结构)。这种结构通常由框筒作为外筒，以实腹筒作为内筒，内、外筒之间由平面内刚度很大的楼板连接，使外框筒和实腹内筒协同工作，形成一个刚度很大的空间结构体系。

北京国贸大厦(北京中国国际贸易中心二期)(见图 5-50)，39 层，高 155m，采用钢筒中筒结构，外筒为钢框架，内筒为沿高度设置中心支撑的钢框架，结构平面布置图如图 5-51 所示。

图 5-50　北京国贸大厦

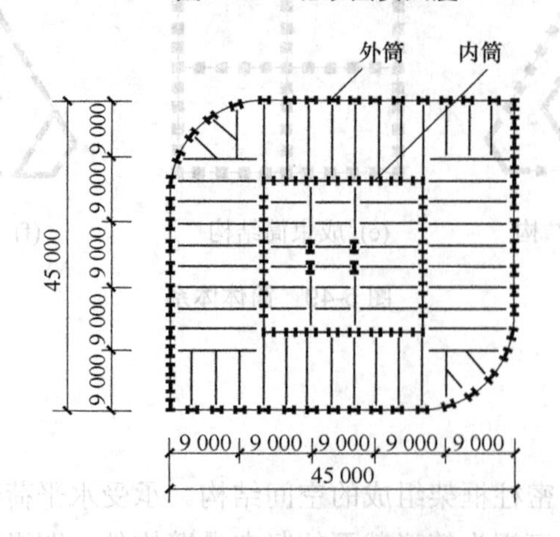

图 5-51　北京国贸大厦结构平面布置图(单位：mm)

5.5.3　筒束结构

筒束结构是把两个以上的筒体组合成束，形成结构刚度更大的结构形式。通常是用两个或两个以上的框筒组成筒束结构体系。框筒可以是钢框筒，也可以是钢筋混凝土框筒。该结构体系空间刚度极大，能适应很高的高层建筑的受力要求，建筑物内部空间也很大，平面可以灵活划分，可应用于多功能、多用途的超高层建筑中。

著名的筒束结构是芝加哥西尔斯大厦(见图 5-52)，110 层，总高度 443.2m(不包括天线塔杆)，采用筒束钢结构，其主体结构平面布置为 9 个尺寸相同的边长为 22.86m 的正方形钢框筒成束地组合在一起，各个筒的高度不同。

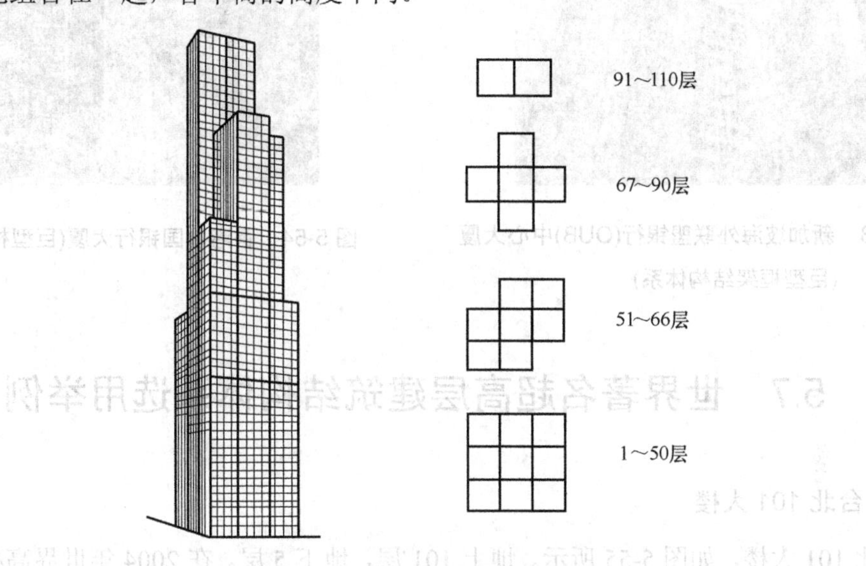

图 5-52　西尔斯大厦束筒结构布置及体型变化

5.6　巨型结构体系

随着高层建筑功能和造型要求的不断提高，20 世纪 60 年代结构工程师提出了新颖的巨型结构体系。该结构体系的主要特点是布置有若干个“巨大”的竖向支承结构(组合柱、角筒体、边筒体等)，与梁式或桁架式转换楼层结合，形成一种巨型框架或巨型桁架的结构体系，又称超级结构体系。大型结构单元通常是由不同于普通梁、柱概念的大型构件——巨型柱和巨型梁组成的简单而巨型的桁架或框架等结构，巨型梁、柱都是空心的、格构的立体杆件，截面尺寸通常很大，其中巨型柱截面尺寸常超过一个普通框架的柱距。

图 5-53 所示为采用巨型框架结构体系的新加坡海外联盟银行(OUB)中心大厦，巨型框架梁和巨型框架柱组成了 4 层主结构。巨型结构体系的空间协调性非常好，具有良好的抗风、抗震性能和更大的稳定性。

香港中国银行大厦为巨型桁架结构，如图 5-54 所示。其结构由 8 片钢平面框架组成，其中4片位于建筑物四周，相互正交，另外4片斜交，每一对角上有2片，8片框架的端部由5根巨大的混凝土组合柱，即巨型结构柱连接，组成了巨型结构体系。

图 5-53　新加坡海外联盟银行(OUB)中心大厦(巨型框架结构体系)

图 5-54　香港中国银行大厦(巨型桁架结构)

5.7　世界著名超高层建筑结构体系选用举例

1. 台北101大楼

台北101大楼，如图5-55所示。地上101层，地下5层。在2004年世界高楼协会颁发的证书里，台北101大楼拿下了“世界高楼”4项指标中的3项世界之最，即“最高建筑物”(508m)、“最高使用楼层”(438m)和“最高屋顶高度”(448m)。101大楼采用 “巨型结构”，在大楼的4个外侧分别各有两支巨柱，共8支巨柱，每支截面长3m、宽2.4m，自地下5楼贯通至地上90楼，柱内灌入高密度混凝土，外以钢板包覆。

2. 上海环球金融中心

上海环球金融中心，如图5-56所示。地上101层，地下3层，建筑主体高度达492m，在CTBUH(国际高层建筑与城市住宅协会)所公布的高层建筑排行榜(2008年)的“最高使用楼层高度”和“最高楼顶高度”两项中位居全球第一。上海环球金融中心采用了外围巨型桁架筒、内部钢筋混凝土筒的筒中筒结构。

3. 吉隆坡双塔大楼

吉隆坡双塔大楼，又名双子塔、佩雷斯大楼，如图5-57所示。共88层，高1 483英尺(452m)，是两个独立的塔楼并由裙房相连，在两座主楼的41楼和42楼有一座长58.4m、距地面170m高的空中天桥。双塔的外沿为152英尺(46.36m)直径的混凝土外筒，中心部位是 74.8 英尺×75.4 英尺的高强钢筋混凝土内筒，18 英寸高轧制钢梁支托的金属板与混凝土复合楼板将内外筒联系在一起。4 架钢筋混凝土空腹格梁在第 38 层内筒四角处与外筒结合。

图 5-55　台北 101 大楼

图 5-56　上海环球金融中心

4．上海金茂大厦

上海金茂大厦，如图 5-58 所示，是地下 3 层、地上 88 层、建筑总高 421m 的多功能超高层建筑，至今在世界上已建高层中高度排名第四，建筑平面为八边形。上海金茂大厦的建筑结构为钢-混凝土结构，采用带伸臂桁架的巨柱框架-混凝土内筒体系。外框架由 8 根巨型钢骨混凝土柱及 8 根钢柱和钢框架梁构成，内筒为 9 格形钢筋混凝土方形内筒。该结构标准层平面布置图如图 5-59 所示。

5．中央电视台新台址 CCTV 主楼

中央电视台新台址工程位于北京市中央商务区(CBD)。CCTV 主楼，如图 5-60 所示，含两栋分别为 52 层高、234m 和 44 层高、194m 的塔楼，并由 14 层 56m 高、39.1m 宽、重 1.8 万 t 的悬臂钢结构连接，总建筑面积 47.3 万平方米。两栋塔楼分别以大跨度外伸部分在 162m 以上高空悬挑 75.165m 和 67.165m，然后折形相交对接，在大楼顶部形成折形门式结构体系。

6．哈利法塔(Burj Dubai Tower)

哈利法塔(见图 5-61)原名迪拜塔，是世界第一高楼。楼层总数 162 层，高 828m，是一座集住宅、旅馆、办公、商业、娱乐、购物、休闲于一体的综合大厦。

哈利法塔采用扶壁式筒体及成束筒结构体系，并沿高度每 7 层进行一次内收且减少筒数；在平面上，该结构的核心筒和 3 个翼筒组合成 Y 形，不但最大化地为使用者提供了自然光线和观光视野，减少了风荷载作用，而且也形成了刚度很大、质量分布合理的超高层结构。该结构的平面图如图 5-62 所示。

图 5-57　吉隆坡双塔大楼

图 5-58　金茂大厦

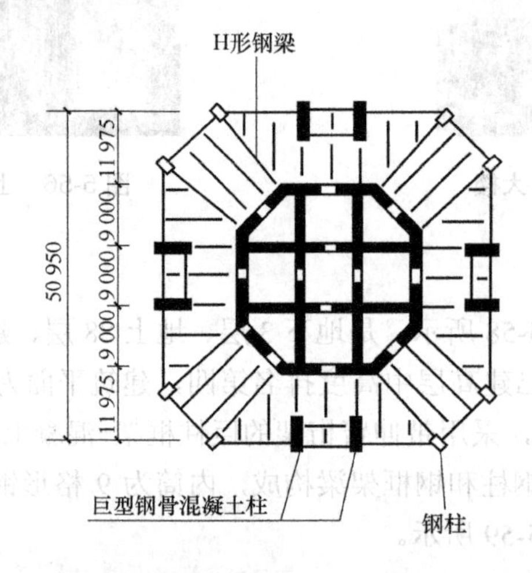

图 5-59　上海金茂大厦结构标准层平面布置图(单位：mm)

(a) 主楼外观

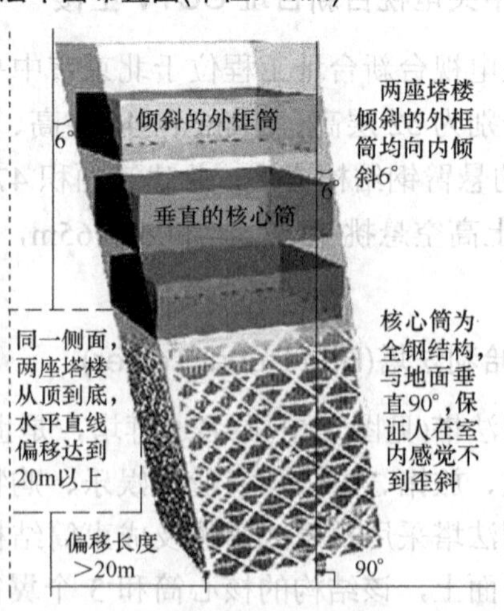

(b) 主楼结构分析图

图 5-60　中央电视台新台址 CCTV 主楼

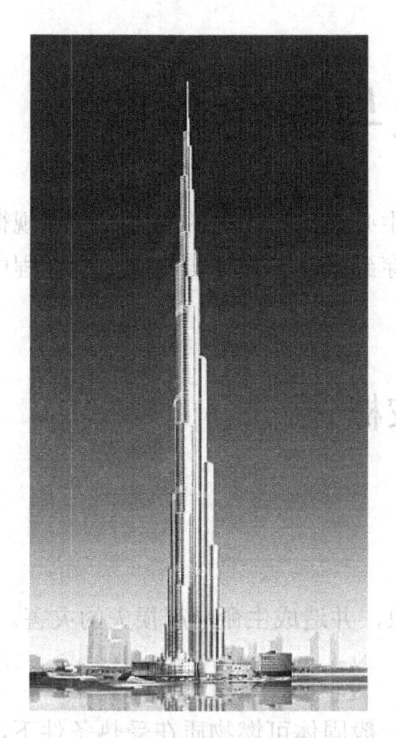

图 5-61　哈利法塔

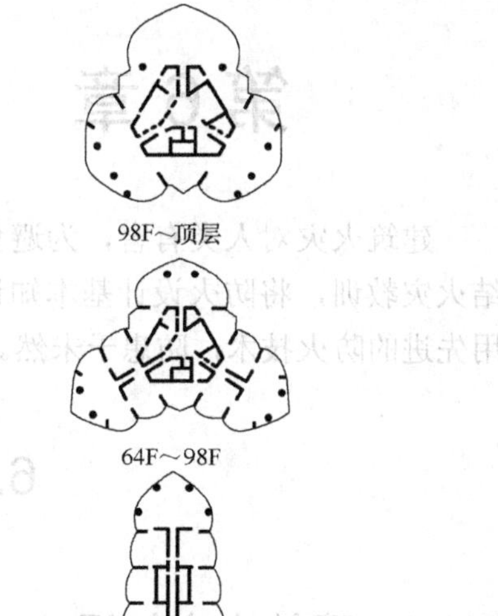

图 5-62　哈利法塔部分层结构平面图

思　考　题

1. 名词解释：墙体承重结构，剪力墙结构，骨架结构体系，框-剪结构，框-筒结构，板柱结构体系，刚架结构，拱结构，排架结构，空间结构体系，筒体结构，巨型结构体系。
2. 建筑结构如何分类？
3. 骨架结构体系包括哪些结构类型？分别适用于何种建筑？
4. 空间结构体系包括哪些结构类型？分别适用于何种建筑？
5. 常用高层建筑结构有哪些？
6. 空间结构体系应用情况调研。
7. 高层建筑结构应用情况调研。

第 6 章　建筑防火与安全疏散

建筑火灾对人类有害，为避免、减少火灾的发生必须研究火灾的发生、发展规律，总结火灾教训，将防火设计基本知识、防火的思路贯穿到规划、设计与施工的全过程中，采用先进的防火技术，防患于未然。

6.1　建筑火灾概述

6.1.1　建筑火灾知识

建筑火灾指烧损建筑物及其收容物品的燃烧现象，并造成生命财产损失的灾害。

1．可燃物及其燃烧

不同形态的物质在发生火灾时机理并不一致，一般固体可燃物质在受热条件下，内部可分解出不同的可燃气体，这些气体在空气中与氧气产生化合反应，如果遇明火就会发生起火，发生起火燃烧时的最低温度，称为该物质的燃点。

2．火灾的发展过程

建筑内刚起火时，火源范围很小，火灾的燃烧情况与在开敞空间一样。随着火源范围的扩大，火焰在最初着火的材料上燃烧，或进一步蔓延到附近的可燃物。直到建筑的墙壁、屋顶等部件都开始影响燃烧的发展时，就完成了一个火灾的发展阶段，其发展过程一般分为火灾的初期、旺盛期、衰减期 3 个阶段，如图 6-1 所示。

1) 火灾初期

当火灾分区的局部燃烧形成之后，由于受可燃物的燃烧性能、分布状况、通风状况、起火点位置、散热条件等影响，燃烧发展一般比较缓慢。这一阶段燃烧面积小而室内的平均温度不高，烟少流动速度也很慢，火势不稳定。

初期火灾的持续时间，即火灾轰燃之前的时间内，对建筑内人员的疏散、重要物资的抢救以及火灾的扑救具有重要意义。从防火角度看，建筑物的耐火性能好、建筑密闭性好、可燃物少，则火灾初期燃烧缓慢，有时会出现室息灭火的情况。从灭火的角度看，则火灾初期燃烧面积少，只用少量水或灭火器就可将火扑灭，是扑救火灾的最好时机。目前利用安装自动火灾报警和自动灭火的设备，对该阶段火灾的扑救有十分重要的作用。

2) 轰燃

轰燃是建筑火灾发展过程中的特有现象，是指房间内局部燃烧向全室性火灾过渡的现象。轰燃经历的时间短暂，它的出现，标志着火灾由初期火灾进入旺盛期，此期间，燃烧面积扩大较快，室内温度不断升高，热对流和热辐射显著增强。室内所有的可燃物质全部进入燃烧，火焰可能充满整个空间。如果可燃物质分解、释放出的可燃气体与空气混合后达到爆炸浓度时，门窗玻璃破碎，进入室内的新鲜空气对火的继续燃烧提供了可能性，火势即将进入最盛时期而形成炽烈的大火。

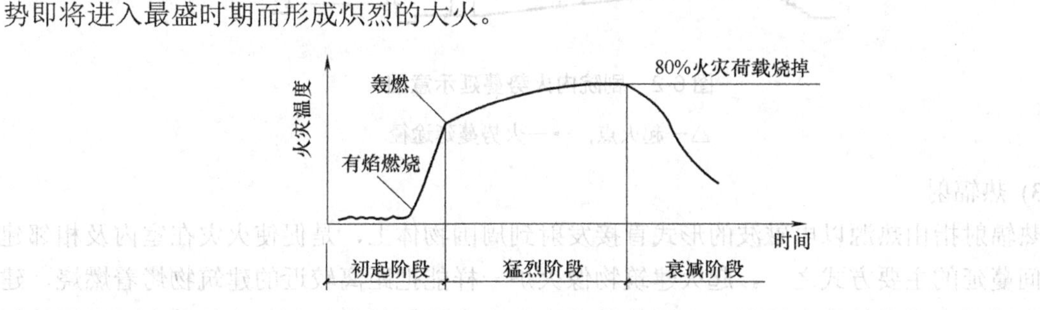

图 6-1　火灾发展示意图

3) 火灾旺盛期

室内火灾经过轰燃之后，整个房间立刻被火燃包围，室内可燃物的外露表面全部燃烧起来。这个时期室内处于全面而猛烈的燃烧，破坏力极强，室内温度达到 1 100℃，热辐射和热对流也剧烈增强，大火难以扑灭。火灾旺盛期随着可燃物质的消耗，大约 80%的可燃物被烧掉之后，火势逐渐衰减，室内靠近顶棚处能见度逐渐提高，但地板上仍堆有残留的可燃物。

4) 火灾衰减期

经过火灾旺盛期之后，室内可燃物质大都被烧尽，火灾温度逐渐降低，燃烧向着自行熄灭的方向发展。此阶段虽然部分燃烧停止，但在较长的时间内火场内余热还会维持一段时间的高温，在 200～300℃之间。衰减期温度下降速度比较慢，当可燃物基本烧光之后，火势即趋于熄灭。

综上所述，根据火灾发展过程，为了限制火势发展，应该在可能起火的部位尽量少用或不用可燃材料，在易起火并有大量易燃物品的上空设置排烟窗，一旦起火炽热的火焰或烟气可由上部排除，燃烧面积就不会扩大，将火灾发展蔓延的危险性尽可能降低。

3. 建筑火灾的蔓延方式

火灾蔓延实质是热传播的结果。热传播的产生有多种，有时单独出现，有时几种形式同时出现。而且在室内和室外不一样，在起火房间内和起火房间外也不一样。

1) 热传导

火灾分区燃烧产生的热量，经导热性能较好的建筑构件或建筑设备传导，能够使火灾蔓延到邻近或上下层房间。该种方式有两个明显的特点：一是必须有导热性良好的媒介；二是蔓延的距离较近，一般只能是邻近的建筑空间。

2) 热对流

热对流指炽热的燃烧产物(烟气)与冷空气之间相互流动的现象，是建筑物内火灾蔓延的主要方式。燃烧时，烟气热而轻，容易上窜升腾，冷空气从下部补充，形成对流。图 6-2 所示为剧院建筑热对流造成火势蔓延的示意。

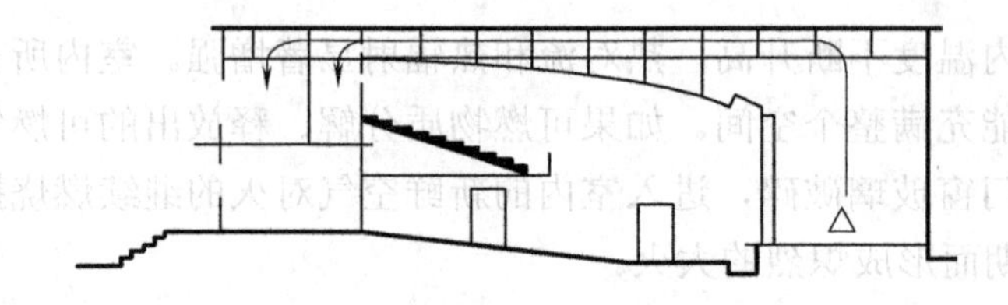

图 6-2 剧院内火势蔓延示意图

△—起火点；→—火势蔓延途径

3) 热辐射

热辐射指由热源以电磁波的形式直接发射到周围物体上，是促使火灾在室内及相邻建筑之间蔓延的主要方式之一。起火建筑物像火炉一样能把距离较近的建筑物烤着燃烧，建筑防火规范中要求的防火间距，主要就是考虑防止火焰辐射引起相邻建筑着火而设置的间隔距离。

4．建筑火灾的蔓延途径

建筑内某一房间发生火灾，当发展到轰燃之后，火势猛烈，就会突破该房间的限制，向其他空间蔓延。研究火灾蔓延途径，是设置防火分隔的依据。结合火灾实际情况，火从起火房间向外蔓延的途径主要有以下几种。

1) 火势的横向蔓延

火势横向蔓延的主要原因之一是建筑物内未设水平防火分区，没有防火墙及相应的防火门等形成控制火灾的区域空间。对设置防火分区的耐火建筑来说，火势横向蔓延的主要原因之一是洞口处的分隔处理不完善。例如户门为可燃的木质门，火灾时能被火烧穿；金属防火卷帘没有设水幕保护或水幕未洒水，导致卷帘被火熔化；管道穿孔处未用非燃烧材料密封等导致火势蔓延；钢质防火门在正常使用时开启，一旦发生火灾不能及时关闭等，均能使火灾从一侧向另一侧蔓延。

2) 火势的竖向蔓延

现代建筑中有大量的电梯、楼梯、设备管道井等竖井，这些竖井往往贯穿整个建筑，如果没有做周密的防火设计，一旦发生火灾，火势便会通过竖井蔓延至建筑的任意层次。

3) 火势通过空调系统管道蔓延

现代高层建筑中，一般均采用中央空调系统，如果未按规定设防火阀，而采用不燃烧的风管、不燃及难燃材料做保温层，发生火灾时极易造成严重后果。通风管道使火灾蔓延一般有两种方式：第一种方式为通风管道本身起火并向连通的水平和竖向空间(房间、吊顶内部、机房等)蔓延；第二种方式为通风管道吸进火灾房间的烟气，并在远离火场的其他空间再喷冒出来，后一种方式更加危险。因此，在通风管道穿越防火分区之处，一定要设置具有自动关闭功能的防火阀门。

4) 火灾由窗口向上层蔓延

现代建筑中，火往往通过建筑外墙窗口喷出烟气和火焰，顺着窗间墙及上层窗口窜到上层室内，这样逐层向上蔓延而导致整个建筑起火。实验研究证明，火焰有被吸附在建筑物表面的特性，导致火灾从下层经窗口蔓延到上层，甚至越层蔓延。如果建筑采用带形窗更易吸附喷出向上的火焰，蔓延更快。图 6-3 所示为火由外墙窗口向上蔓延示意。

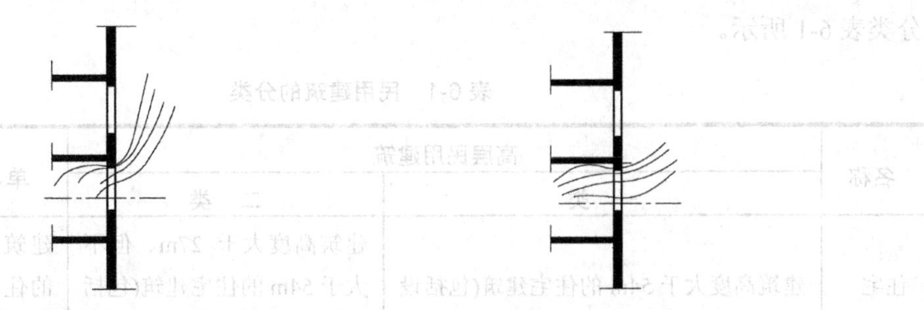

(a) 窗口上缘较低，距上层窗口远　　(b) 窗口上缘挑出雨篷，使气流偏离上层窗口远

图 6-3　火由外墙窗口向上蔓延示意图

6.1.2　建筑防火基本概念

我们必须对火灾给予重视，提高对防火问题的科学认识，根据烟火的运行规律采取相应的对策，认真贯彻“预防为主、防消结合”的方针，做好平时的防火培训，加强火灾初期的自救，并保证消防设施的完好。以下是常用的消防术语。

1．耐火极限

耐火极限是指在标准耐火实验条件下，建筑构件、配件或者结构从受到火的作用时起，至失去承载能力、完整性或隔热性时止所用时间，用小时(h)表示。

2．安全出口

安全出口是供人员安全疏散用的楼梯间和室外楼梯的出入口或直通室内外安全区域的出口。

3．防火墙

防火墙是指防止火灾蔓延至相邻建筑或相邻水平防火分区且耐火极限不低于 3.00h 的不燃性墙体。

4．建筑高度

建筑屋面为坡屋面时，建筑高度指建筑室外设计地面至其檐口与屋脊的平均高度；建筑屋面为平屋面(包括有女儿墙的平屋面)时，建筑高度指建筑室外设计地面至其屋面面层的高度。注：其他特殊情况按照最新《建筑设计防火规范》执行。

6.2　建筑总平面防火设计

6.2.1　建筑分类

民用建筑根据其建筑高度和层数不同可分为单(多)层民用建筑和高层民用建筑，高层民用建筑根据其建筑高度、使用功能和楼层的建筑面积不同可分为一类和二类。民用建筑的分类表6-1所示。

表6-1　民用建筑的分类

名称	高层民用建筑		单、多层民用建筑
	一　类	二　类	
住宅建筑	建筑高度大于54m的住宅建筑(包括设置商业服务网点的住宅建筑)	建筑高度大于27m、但不大于54m的住宅建筑(包括设置商业服务网点的住宅建筑)	建筑高度不大于27m的住宅建筑(包括设置商业服务网点的住宅建筑)
公共建筑	建筑高度大于50m的公共建筑； 任一楼层建筑面积大于1 000m^{2}的商店、展览、电信、邮政、财贸金融建筑和其他多种功能组合的建筑； 医疗建筑、重要公共建筑； 省级及以上的广播电视和防灾指挥调度建筑、网局级和省级电力调度建筑 藏书超过100万册的图书馆、书库	除一类高层公共建筑外的其他高层公共建筑	建筑高度大于24m的单层公共建筑； 建筑高度不大于24m的其他公共建筑

注：1. 本表引自《建筑设计防火规范》(GB 50016—2014)；
2. 表中未列入的建筑，其类别应根据本表类比确定；
3. 除本规范另有规定外，宿舍、公寓等非住宅类居住建筑的防火要求，应符合本规范有关公共建筑的规定；裙房的防火要求应符合本规范有关高层民用建筑的规定。

6.2.2　防火间距及消防车道

在进行建筑总平面设计时，应根据城市规划要求，并遵循国家《建筑设计防火规范》的规定，在设计中根据建筑物的使用性质，选定建筑物的耐火等级，合理确定建筑的位置、防火间距、消防车道和消防水源等，以保证人员及财产的安全，防止或减少火灾的发生。

1. 防火间距

防火间距是指防止着火建筑在一定时间内引燃相邻建筑的间隔距离。影响防火间距的因素很多，有热辐射、热对流、建筑物外墙门窗洞口的面积、建筑物的可燃物种类和数量、风速、相邻建筑的高度、建筑物内的消防设施水平和灭火时间等，在实际工程中均应该详细考虑，确保满足防火间距。

根据最新《建筑设计防火规范》(GB 50016—2014)的规定，民用建筑之间的防火间距不应小于表6-2的要求。

表 6-2 民用建筑之间的防火间距 单位：mm

建筑类别		高层建筑	裙房和其他民用建筑		
		一、二级	一、二级	三 级	四 级
高层民用建筑	一、二级	13	9	11	14
裙房和其他民用建筑	一、二级	9	6	7	9
	三级	11	7	8	10
	四级	14	9	10	12

注：具体设计查阅规范详解。

2. 消防车道

街区内的道路应考虑消防车的通行，道路中心线间的距离不宜大于 160m。当建筑物沿街道部分的长度大于 150m 或总长度大于 220m 时，应设置穿过建筑物的消防车道；确有困难时，应设置环形消防车道。

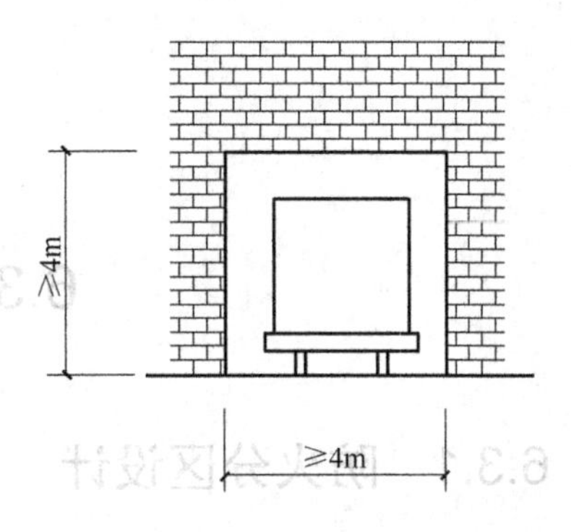

图 6-4 消防车道净高与净宽

高层建筑的平面布置、空间造型和使用功能一般比较复杂，当发生火灾时，为了使消防车辆能够迅速靠近高层建筑，展开有效的救助活动，应在高层建筑的周围设置环形消防车道；若设置较为困难，可沿高层建筑的两个长边设置消防车道，如图 6-4 所示。穿过建筑物的消防车道的净高与净宽均不应小于 4m，转弯半径满足消防车转弯的要求，消防车道的坡度不宜大于 8%。环形消防车道至少应有两处与其他车道连通。尽端式消防车道的宽度应设有回车道或回车场，回车场不宜小于 12m×12m，对于高层建筑，不宜小于 15m×15m；供重型消防车的回车场不宜小于 18m×18m，如图 6-5 所示。

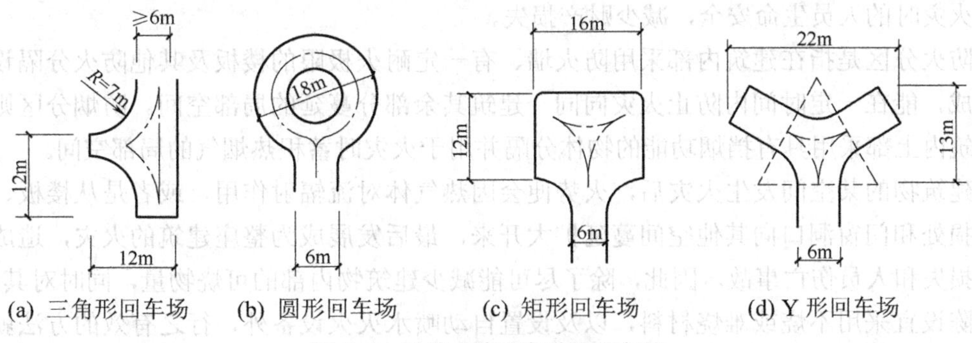

(a) 三角形回车场 (b) 圆形回车场 (c) 矩形回车场 (d) Y 形回车场

图 6-5 尽端式消防车道的回车场

6.2.3 建筑总平面防火设计实例

建筑总平面设计时，要弄清楚建设用地和周围环境情况，根据规划要求合理确定建筑红线，并依据建筑性质、层数，合理确定建筑体量、位置与其他建筑的关系等。布置单体建筑时，要注意相互之间的防火间距和日照间距；布置道路时，要注意消防车道的要求及转弯半径、道路宽度、回车场地等；如遇坡地，还要注意道路坡度是否合适。建筑总平面防火设计实例如图6-6所示。

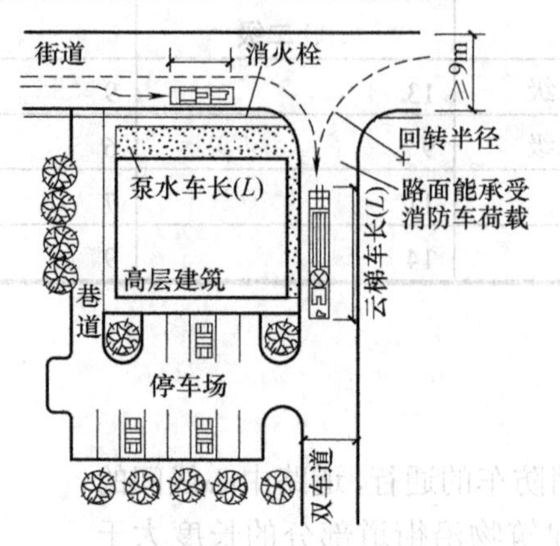

图6-6　总平面防火设计实例

6.3　建筑平面防火设计

6.3.1　防火分区设计

随着我国建设事业的发展，现代建筑规模趋向大型化、多功能化，例如上海金茂大厦共88层，建筑面积187 000m^2；深圳帝王大厦高326m，建筑面积266 784 m^{2}等。在这样大的范围内如果不进行适当的分隔，一旦某处起火成灾，造成的危害难以想象。

因此，建筑平面应按照相应规范要求进行合理分隔，防止火灾在建筑内部蔓延扩大，确保火灾时的人员生命安全，减少财产损失。

防火分区是指在建筑内部采用防火墙、有一定耐火极限的楼板及其他防火分隔设施分隔而成，能在一定时间内防止火灾向同一建筑其余部分蔓延的局部空间。防烟分区则是指在建筑内上部采用具有挡烟功能的物体分隔并用于火灾时蓄积热烟气的局部空间。

建筑物的某空间发生火灾后，火势便会因热气体对流辐射作用，或者是从楼板、墙壁的烧损处和门窗洞口向其他空间蔓延扩大开来，最后发展成为整座建筑的火灾，造成重大经济损失和人员伤亡事故。因此，除了尽可能减少建筑物内部的可烧物量，同时对其装修、某些陈设宜采用不烧或难烧材料，以及设置自动喷水灭火设备外，行之有效的方法就是划分防火分区。

1. 商业、展览建筑的布置

商店、展览建筑采用三级耐火等级建筑时，不应超过2层；采用四级耐火等级建筑时，应为单层。营业厅、展览厅设置在三级耐火等级的建筑内时，应布置在首层或2层；设置在四级耐火等级的建筑内时，应布置在首层。

2. 人员密集场所的布置

高层建筑内的观众厅、会议厅、多功能厅等人员密集场所，应设在首层或 2、3 层；当必须设在其他楼层时，应符合下面的要求。

(1) 一个厅、室的疏散门不应少于 2 个，建筑面积不宜超过 $400m^2$。

(2) 应设置火灾自动报警系统和自动喷淋灭火系统。

(3) 幕布的燃烧性能不应低于 B1 级。

3. 婴幼儿、老人生活用房的布置

婴幼儿、老年人缺乏必要的自理能力，行动缓慢，易造成严重伤害。因此托儿所、幼儿园的儿童用房，老年人活动场所宜设置在独立的建筑内，且不应设置在地下或半地下；当采用一、二级耐火等级的建筑时，不应超过 3 层；当设在三级耐火等级的建筑内，不应设在 2 层及以上；当设在四级耐火等级的建筑内，应设首层。疗养院及医院病房等用房也应该参照遵循以上要求。

4. 设备用房或特殊用房布置

近年来随着建筑规模的扩大和集中供热的需要，建筑所需的锅炉等设备用房的蒸发量越来越大；但锅炉等设备用房在运行过程中存在较大的火灾危险，容易发生燃烧爆炸事故，应严格控制。建筑设计中应符合相关防火设计规范要求。

防火分区按照其作用不同，又可分为水平防火分区和竖向防火分区，下面分别简单介绍一下。

6.3.2 水平防火分区及其分隔设施

水平防火分区是指采用具有一定耐火能力的墙体、门、窗和楼板等防火分隔物，按规定的建筑面积标准，将建筑物各层在水平方向上分隔为若干个防火区域，又称为面积防火分区，以防止火灾在水平方向蔓延扩大。例如饭店建筑的厨房部分和顾客使用部分，由于使用功能不同，而且厨房部分有明火作业，应该划分不同的防火分区，并采用耐火极限不低于 3h 的墙体做防火分隔。防火分隔设施主要包括以下几种。

1. 防火墙

防火墙是指具有 4h(高层建筑为 3h)以上耐火极限的非燃烧材料砌筑在独立的基础(或框架结构的梁)上，用以形成防火分区，控制火灾范围的部件。防火墙可以独立设置，也可以把其他隔墙、围护按照防火墙的构造要求砌筑而成。建筑设计中，如果靠近防火墙的两侧开窗(见图 6-7)，发生火灾时，从一侧窗口窜出的火焰很容易烧坏另一侧窗户，导致火灾蔓延到相邻防火分区。因此，防火墙两侧的窗口最近距离不应小于 2m，且为不燃性墙体。

防火墙上不应设门、窗、洞口，如必须设时，应设置能自行关闭的甲级防火门、窗。防火墙应直接砌筑在基础上或钢筋混凝土框架梁上，且保证防火墙的强度和稳定性，如图 6-8 所示。

防火墙高出不燃体屋面应不小于 400mm，高出难燃体或燃烧体屋面应不小于 500mm，屋顶承重构件为耐火极限不低于 0.5h 的不燃烧体时，防火墙可砌至屋面基层的底部，不必高出屋面，如图 6-9 所示。

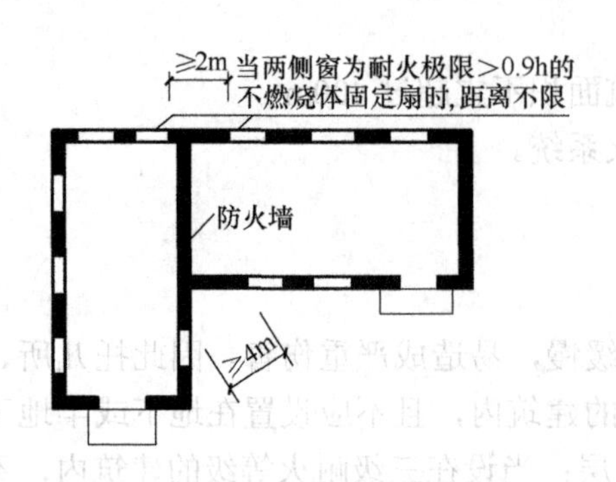

图 6-7　防火墙平面布置

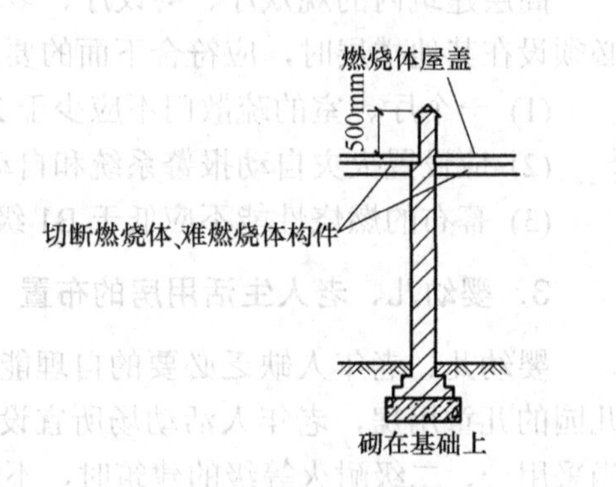

图 6-8　防火墙构造

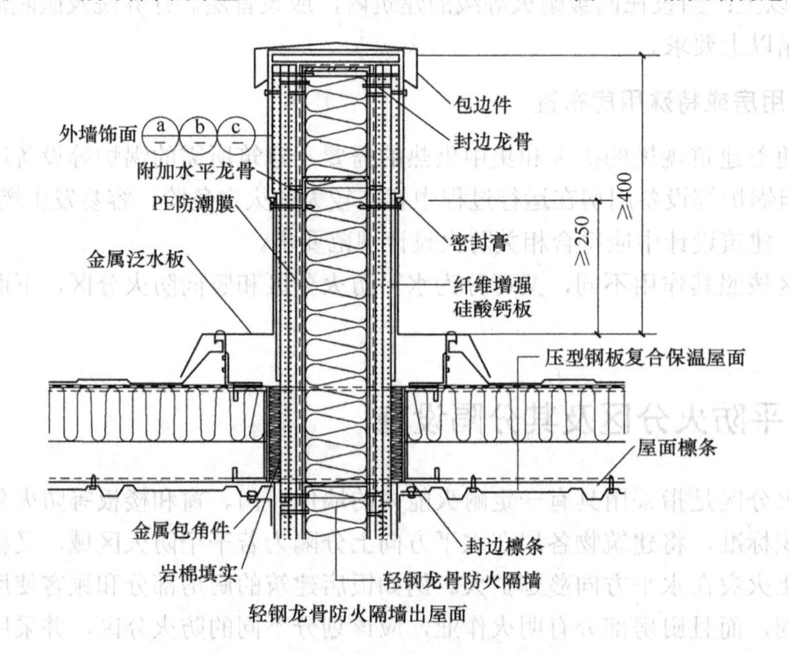

图 6-9　防火墙出屋面构造(单位：mm)

2．防火门、窗

防火门、窗是指具有一定的耐火能力，能形成防火分区，控制火灾蔓延，同时具有交通、通风、采光功能的围护设施。

防火门应为向疏散方向开启的平开门，并在关闭后应能从任何一侧手动开启。常开的防火门，当火灾发生时，应具有自动关闭和信号反馈的功能。设在变形缝处附近的防火门，应设在楼层数较多的一侧，且门开启后不应跨越变形缝。用于疏散走道、楼梯间和前室的防火门，应具有自动关闭的功能。双扇和多扇防火门，还要具有按顺序关闭的功能。

图 6-10 所示为防烟楼梯和消防电梯合用的前室的防火门。防火门嵌入墙体内，平时开启，火灾时自动关闭，使走道的一部分形成前室。防火门上设有通行小门和水带孔，便于消防员展开救火。

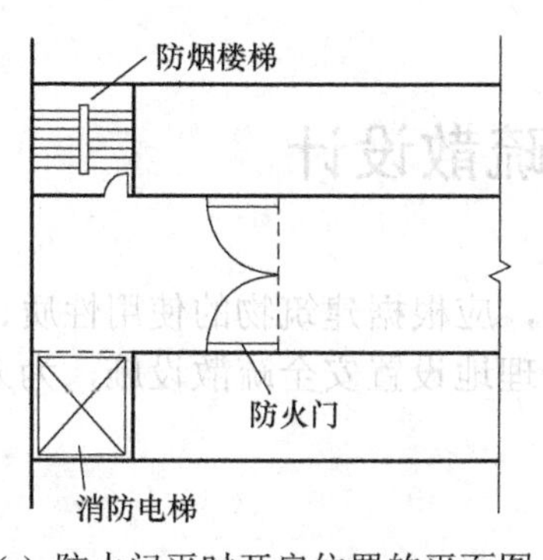

(a) 防火门平时开启位置的平面图

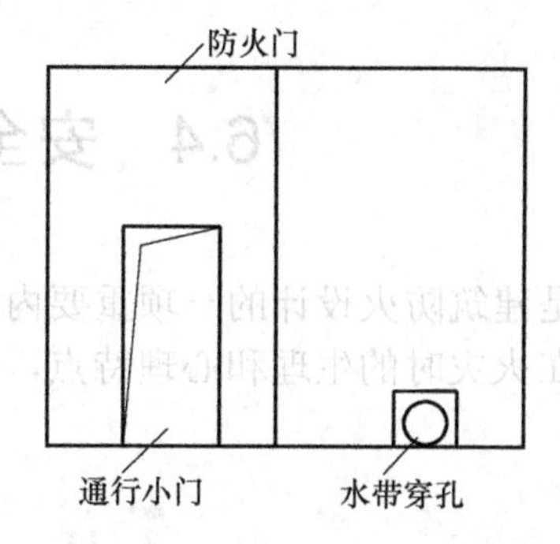

(b) 防火门上的通行小门及水带孔

图 6-10　防火门示意

3．防火卷帘

设置防火墙确有困难的场所，可采用防火卷帘作防火分区分隔。防火卷帘一般由钢板或铝合金板材制成，在建筑中使用比较广泛，如开敞的电梯厅、商场的营业厅、自动扶梯的封隔、高层建筑外墙的门窗洞口(防火间距不满足要求时)等。

6.3.3　竖向防火分区及其分隔设施

为了把火灾控制在一定的楼层范围内，防止从起火层向其他楼层垂直方向蔓延，必须沿建筑物高度方向划分防火分区，即竖向防火分区，也称为层间防火分区。竖向防火分区主要由具有一定耐火能力的钢筋混凝土楼楼板做分隔构件。

1．防止火灾从窗口向上蔓延

火焰从外墙窗口向上层蔓延，是现代高层建筑火灾蔓延的一个重要途径。为了防止火灾从外墙窗口向上蔓延，要求上、下层窗口之间的墙尽可能高一些，一般不应小于 1.5～1.7m。另外，防止火灾从窗口向上层蔓延，可以采取减小窗口面积，或增加窗间墙的高度，或设置阳台、挑檐等措施。

2．竖井防火分隔措施

楼梯间、电梯间、采光天井、通风管道井、电缆井、垃圾井等竖井串通各层的楼板，形成竖向连通孔洞，一般需将各个竖井与其他空间分隔开来，称为竖井分区。竖井通常采用具有 1h 以上(电梯竖井 2h)耐火极限的不燃烧体做井壁，必要的开口部位设防火门或防火卷帘加水幕保护。

3．自动扶梯的防火设计

自动扶梯的设置使得数层空间连通，一旦某层失火，烟火会很快通过自动扶梯空间上下蔓延，必须采取一些防火安全措施。例如在自动扶梯上方四周加装喷水头，间距 2m，发生火灾时既可以喷水保护，也可起到防火分隔的作用；也可以在自动扶梯四周安装防火卷帘，采用不燃材料做装饰材料，避免使用木质胶合板做自动扶梯的装饰挡板等。

6.4 安全疏散设计

安全疏散是建筑防火设计的一项重要内容，应根据建筑物的使用性质、容纳人数、面积大小及人们在火灾时的生理和心理特点，合理地设置安全疏散设施，为人们的安全疏散提供有利条件。

6.4.1 安全分区与疏散路线

1. 安全分区

一方面，当建筑物内某一房间发生火灾，并达到轰燃程度时，沿走道的门窗被破坏，导致浓烟、火焰涌向走道，若走道的吊项上或墙壁上未设有有效的阻烟、排烟设施，烟气就会继续向前室蔓延，进而流向楼梯间。另一方面，发生火灾时，人员的疏散行动路线，也基本上和烟气的流动路线相同，即，房间→前室→楼梯间。因此，烟气的蔓延扩散，将对火灾层人员的安全疏散形成很大的威胁。为了保障人员疏散安全，最好能够使疏散路线上各个空间的防烟、防火性能逐步提高，而楼梯间的安全性达到最高。为了阐明疏散路线的安全可靠，需要把疏散路线上的各个空间划分为不同的区间，称为疏散安全分区，简称安全分区，并依次称之为第一安全分区，第二安全分区等。离开火灾房间后先要进入走道，走道的安全性就高于火灾房间，故称走道为第一安全区；以此类推，前室为第二安全分区，楼梯间为第三安全分区。一般来说，当进入第三安全分区，即疏散楼梯间，即可认为达到了相当安全的空间。安全分区的划分如图 6-11 所示。

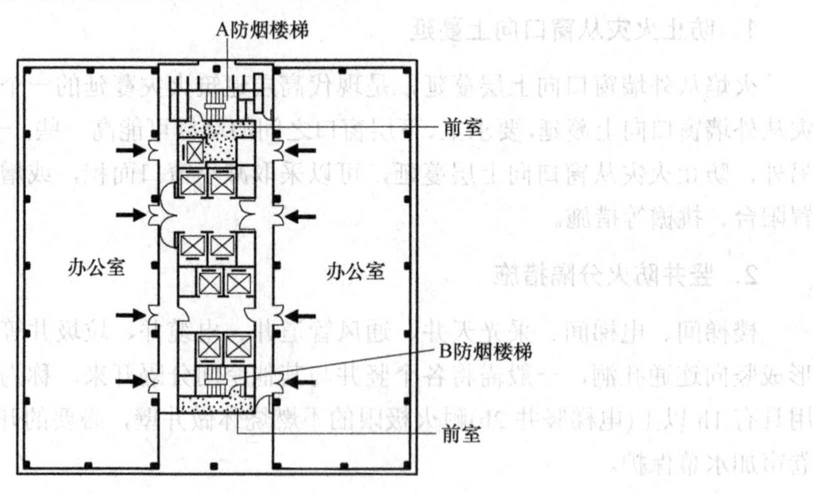

图 6-11 安全分区示意

2．疏散路线

根据火灾事故中疏散人员的心理与行为特征，在进行建筑平面设计，尤其是布置疏散楼梯间时，应使疏散路线简捷，并能与人们日常生活路线结合，同时应尽可能使建筑物内的每一个房间都能朝向两个方向疏散，避免出现袋形走道。

6.4.2　安全疏散时间与距离

1．允许疏散时间

建筑物发生火灾时，人员能够疏散到安全场所的时间称为允许疏散时间。对于普通建筑物(包括大型公共民用建筑)来说，允许疏散时间是指人员离开建筑物、到达室外安全场地的时间；而对于高层建筑来说，是指到达封闭楼梯间、防烟楼梯间、避难层的时间。影响允许疏散时间的因素很多，主要考虑两方面：一是火灾产生的烟气对人的威胁；二是建筑物的耐火性能和疏散设计情况、疏散设施的安全正常运行情况。

2．安全疏散距离

安全疏散距离有两方面含义：一要考虑房间内最远点到房间门的疏散距离；二要考虑房间门到疏散楼梯间或外部出口的距离。

高层建筑中从房间最远点到房间门或户门的距离不宜大于 15m，如超出此距离，则应增设房间或户门。对于百货大楼营业厅以及附设在高层建筑内的影剧院、礼堂、体育馆等这类面积较大、人员集中的大房间，室内最远点到疏散门口的距离通过限制走道之间的座位数和排数控制。一般横走道之间的座位排数不超过 20 排，纵走道之间的座位数，影剧院、礼堂等每排不超过 22 个，体育馆每排不超过 26 个。

公共建筑的安全疏散距离应符合表 6-3 的规定。

表 6-3　直通疏散走道的房间疏散门至最近安全出口的直线距离

名　称			位与两个安全出口之间的疏散门			位与袋形走道两侧或尽端的疏散门		
			一、二级	三　级	四　级	一、二级	三　级	四　级
托儿所、幼儿园、老年人建筑			25	20	15	20	15	10
歌舞、娱乐、放映、游艺场所			25	20	15	9	—	—
医疗建筑	单、多层		35	30	25	20	15	10
	高层	病房部分	24	—	—	12	—	—
		其他部分	30	—	—	15	—	—
教学建筑	单、多层		35	30	25	22	20	10
	高层		30	—	—	15	—	—
高层旅馆、公寓、展览建筑			30	—	—	15	—	—
其他建筑	单、多层		40	35	25	22	20	15
	高层		40	—	—	20	—	—

注：本表引自《建筑设计防火规范》(GB 50016—2014)。

高层民用建筑内走道的净宽，应按照通过人数每100人不小于1.00m计算；高层民用建筑首层疏散外门的总宽度，应按照人数最多的一层每100人不小于1.00m计算。表6-3中袋形走道是指如图6-12所示的走道，其安全距离计算公式如下：

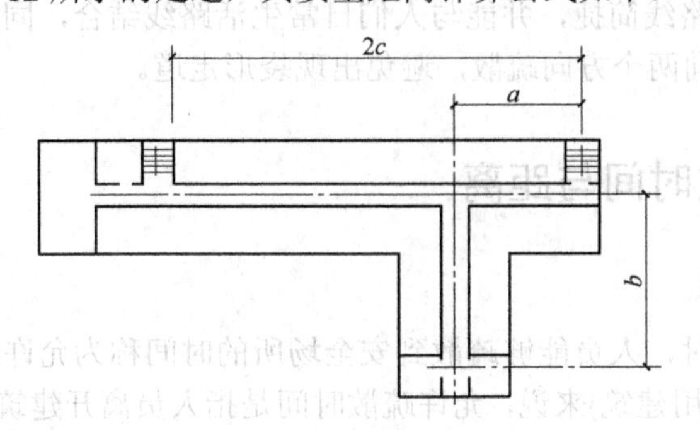

图6-12　袋形走廊示意图

$$a+2b\leqslant c$$

式中：a——一般走道与位于两座楼梯之间的袋形走道中心线交叉点至较近楼梯间或门的距离；

b——两座楼梯之间的袋形走道端部的房间门至普通走道中心线交叉点的距离；

c——两座楼梯或两个外部出口之间最大允许距离的一半。

6.4.3　安全出口与疏散楼梯间

1. 安全出口

1) 安全出口的宽度

安全出口是为了满足安全疏散的要求，其出口的宽度有明确的规定。高层公共建筑内楼梯间的首层疏散门、首层疏散外门、疏散走道和疏散楼梯的最小净宽应符合表6-4的规定。

表6-4　高层公共建筑内楼梯间的首层疏散门、首层疏散外门、疏散走道和疏散楼梯的最小净宽中

单位：m

建筑类别	楼梯间的首层疏散门、首层疏散外门	走道		疏散楼梯
		单面布房	双面布房	
高层医疗建筑	1.30	1.40	1.50	1.30
其他高层公共建筑	1.20	1.30	1.40	1.20

注：本表引自《建筑设计防火规范》(GB 50016—2014)。

2) 安全出口的数量

为了确保公共场所的安全，建筑中应设有足够数量的安全出口。在建筑设计中，应根据使用要求，结合防火安全的需要布置门、走道和楼梯。一般要求建筑都有两个或两个以上的安全出口，保证起火时的安全疏散。根据火灾事故统计，通过一个出口的人员过多，常常会发生意外，影响安全疏散，因此对于人员密集的大型公共建筑，例如影剧院、礼堂、体育馆等，为了保证安全疏散，应该控制每个安全出口的人数，一般每个出口不超过

250 人。

但如果建筑符合下述各情况，可以设一个安全出口。

(1) 单层公共建筑(托儿所、幼儿园除外)，如面积不超过 200m^2 且人数不超过 50 人，可设一个直通室外的安全出口，或多层公共建筑的首层。

(2) 除医疗建筑、老年建筑及托儿所、幼儿园的儿童用房、儿童游乐厅等儿童活动场所和歌舞、娱乐、放映、游艺场所等外，符合表 6-5 的条件，可以设一个安全出口。

表 6-5　公共建筑可设置一个安全出口的条件

耐火等级	最多层数	每层最大建筑面积/m^2	人　数
一、二级	3 层	200	第二层和第三层人数之和不应超过 50 人
三级	3 层	200	第二层和第三层人数之和不应超过 25 人
四级	2 层	200	第二层人数不应超过 15 人

注：本表引自《建筑设计防火规范》(GB 50016—2014)。

2．疏散楼梯间

楼梯间是建筑物的主要交通空间，既是平时人员竖向疏散的通道，又是火灾发生时建筑物内人员的避难路线、救护路线，也是消防队员灭火进攻路线。楼梯间防火性能的好坏、疏散能力的大小，直接影响人员的生命安全和消防队的扑救工作。每一幢公共建筑均应设两个楼梯，民用建筑楼梯间按照其使用特点及防火要求常采用开敞式楼梯间、封闭式楼梯间、防烟楼梯间、剪刀楼梯间和室外疏散楼梯几种。

1) 开敞式楼梯间

开敞式楼梯间是指由建筑物室内墙体等维护构件组成的无封闭，无防烟能力，且与其他使用空间直接连通的楼梯间，开敞式楼梯间在一些标准不高、层数不多或公共建筑门厅中广泛采用，楼梯间通常采用走道或大厅都开敞的形式，其典型特征是楼梯间不设门，有时为了管理设普通的木门、弹簧门或玻璃门等。楼梯间宽度一般不应<1.1m；楼梯首层应设置直接对外的出口，如果建筑层数不超过 4 层时，可将对外出口设在距离楼梯间不超过 15m 处；楼梯间最好靠近外墙，并设通风采光窗，如图 6-13 所示。

2) 封闭式楼梯间

封闭式楼梯间是指建筑构配件分隔、能防止烟和热气进入的楼梯间，建筑构配件是指双向弹簧门、需具有一定耐火极限的建筑墙体、乙级防火门。按照防火规范要求，建筑高度≤32m 的二类公共建筑，12～18 层的单元式住宅，超过 5 层的公共建筑和超过 6 层的塔式住宅，应设封闭式楼梯间，如图 6-13 所示。

3) 防烟楼梯间

防烟楼梯间是指在楼梯间入口处设有防烟前室，或设有专供排烟用的阳台、凹廊等，且通向前室和楼梯间的门均为乙级防火门的楼梯间。

高层建筑为了满足抗风、抗震的需求，筒体结构应用广泛，这种结构由于采用核心式布置，楼梯位于建筑物的内核，因而一般采用机械加压防烟楼梯间，如图 6-14 所示。

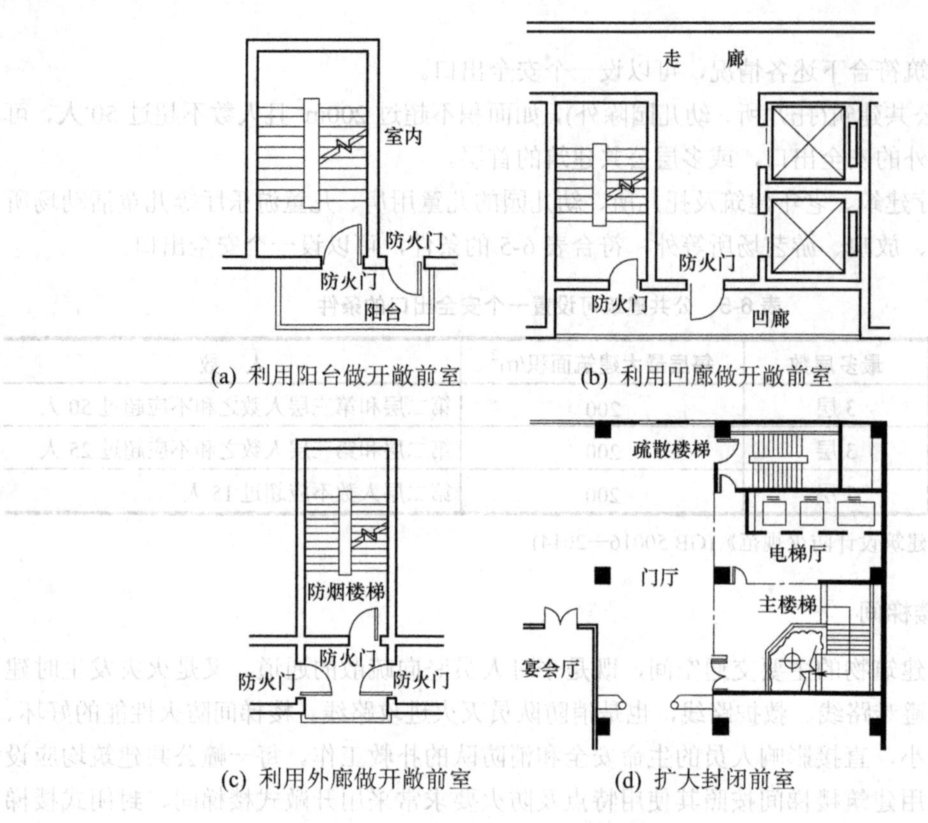

图 6-13 防烟楼梯间(续)

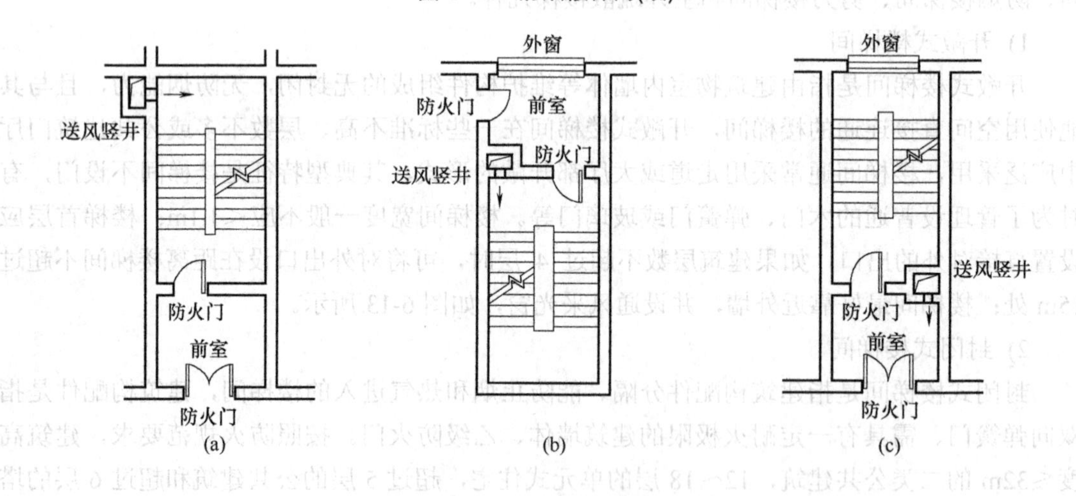

图 6-14 机械防烟楼梯间

4) 室外疏散楼梯

建筑端部的外墙上常采用设置简易的、全部开敞的室外楼梯的形式。该类楼梯不受烟火威胁，可供人员疏散使用，也能供消防人员使用。其防烟效果和经济性都较好，如果造型处理得当，还为建筑立面增添风采，如图 6-15 所示。

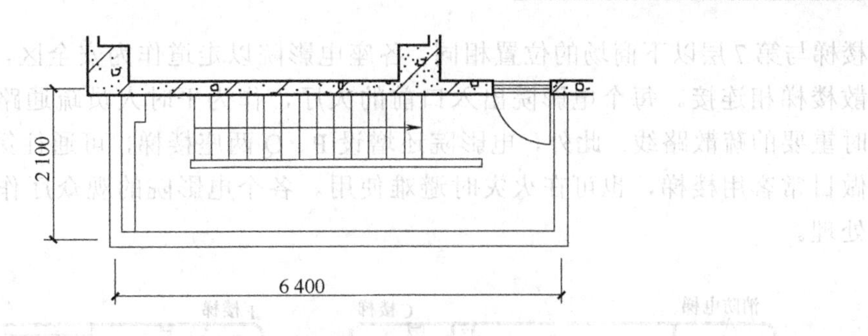

图 6-15　室外疏散楼梯(单位：mm)

6.4.4　其他安全疏散设施

1. 避难层

高度超过 100m 的超高层公共建筑，一旦发生火灾，人员安全疏散到地面是非常困难的。据统计，国内外建筑中，超高层建筑人员疏散所需时间，都超过安全允许时间。因此，如果建筑高度超过 100m 的公共建筑，设置避难层(间)非常必要。第一个避难层(间)的楼地面至灭火救援场地地面的高度不应大于 50m，两个避难层之间的高度不宜大于 50m。

2. 屋顶直升机停机坪

对于建筑高度超过 100m 且标准层面积超过 2 000m^2 的公共建筑，宜在屋顶设置直升停机坪或供直升机救助的设施。

3. 阳台应急疏散梯

高层建筑的各层应设置专用的疏散阳台，阳台地面上开设洞口，用附有栏杆的钢梯连接各层阳台，如图 6-16 所示。该阳台一般设置在袋形走道尽端，也可设于某些疏散条件困难之处，作为辅助性的垂直疏散设施。

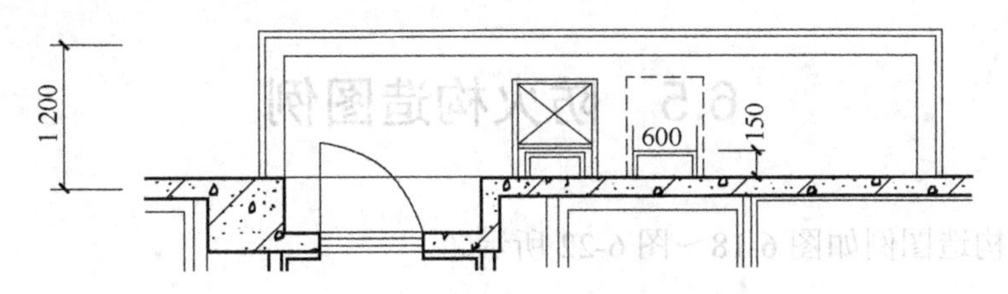

图 6-16　阳台应急疏散楼梯

另外，避难桥、避难扶梯、避难袋、缓降器等，都是高层建筑中一些常用的、有效的安全疏散设施。

6.4.5　安全疏散设计实例

图 6-17 所示为日本东京有乐町中心大厦电影院平面，位于该大厦第 9、10 层，其疏散

楼梯与第7层以下商场的位置相同，各座电影院以走道作为安全区，并与平面四角的疏散楼梯相连接。每个电影院出入口前的大厅，作为平时人员疏通路线，同时作为火灾时重要的疏散路线。此外，电影院还增设P、Q两座楼梯，可通往第8层避难层，既可做日常客用楼梯，也可在火灾时避难使用。各个电影院的观众厅作为单独的防火分区处理。

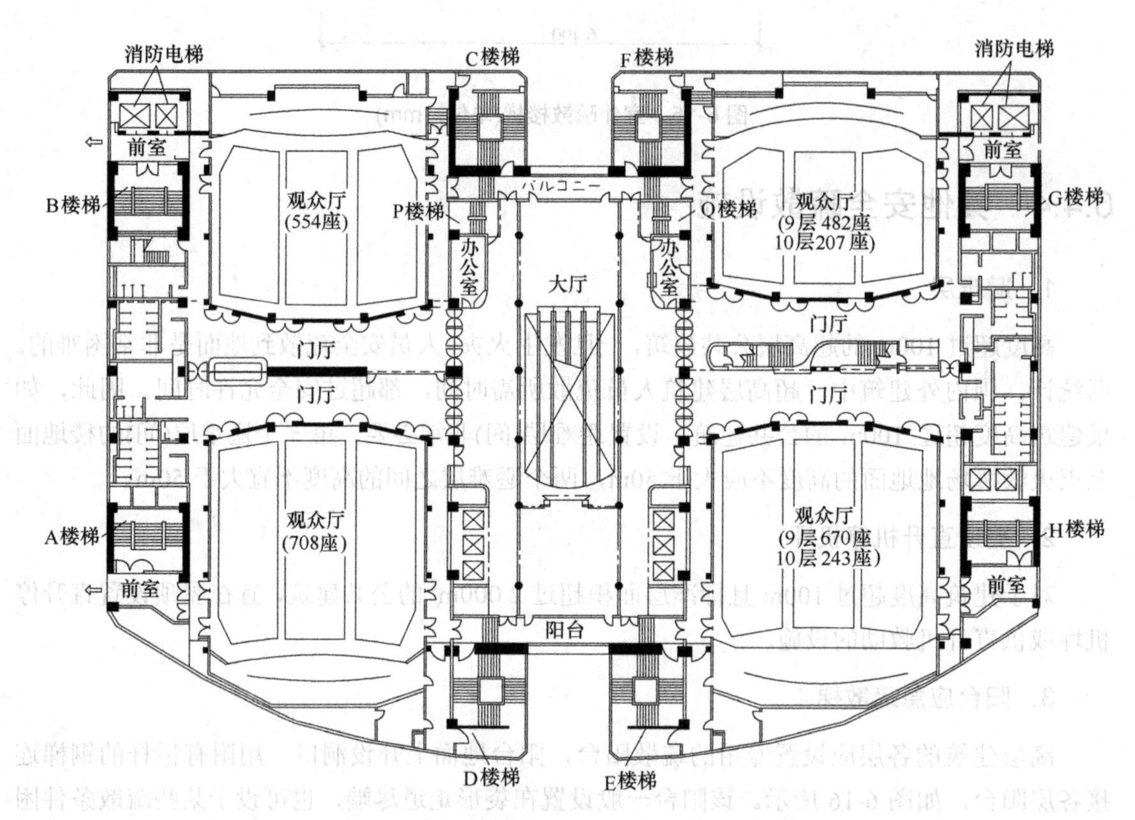

图6-17　日本东京有乐町中心大厦电影院层平面(单位：mm)

6.5　防火构造图例

各种防火构造图例如图6-18～图6-22所示。

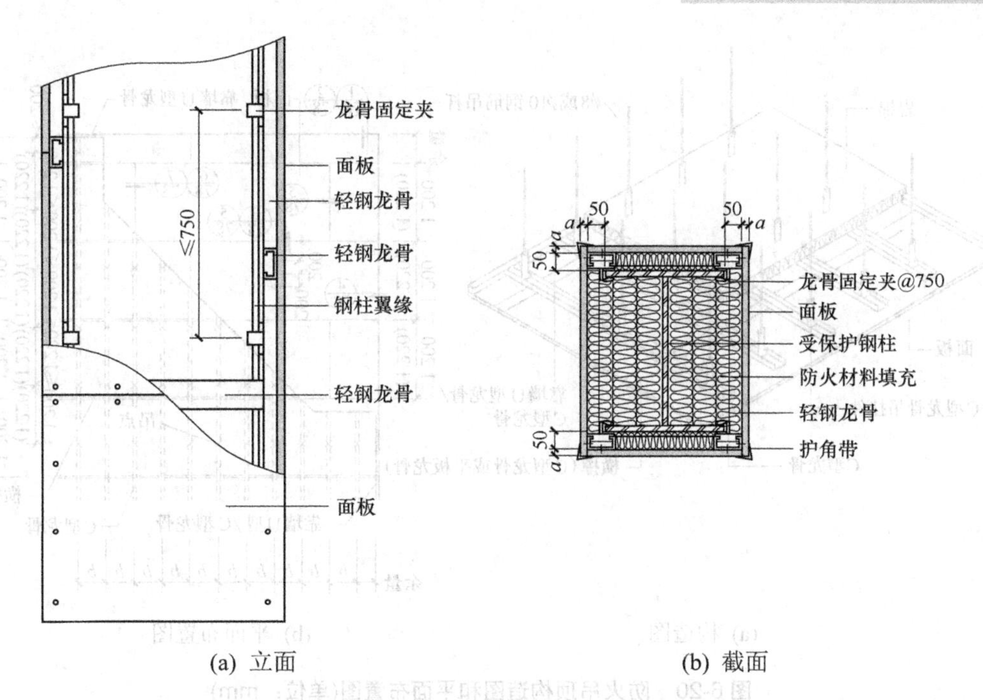

(a) 立面　　(b) 截面

图 6-18　轻钢龙骨板材包覆钢柱构造示意图

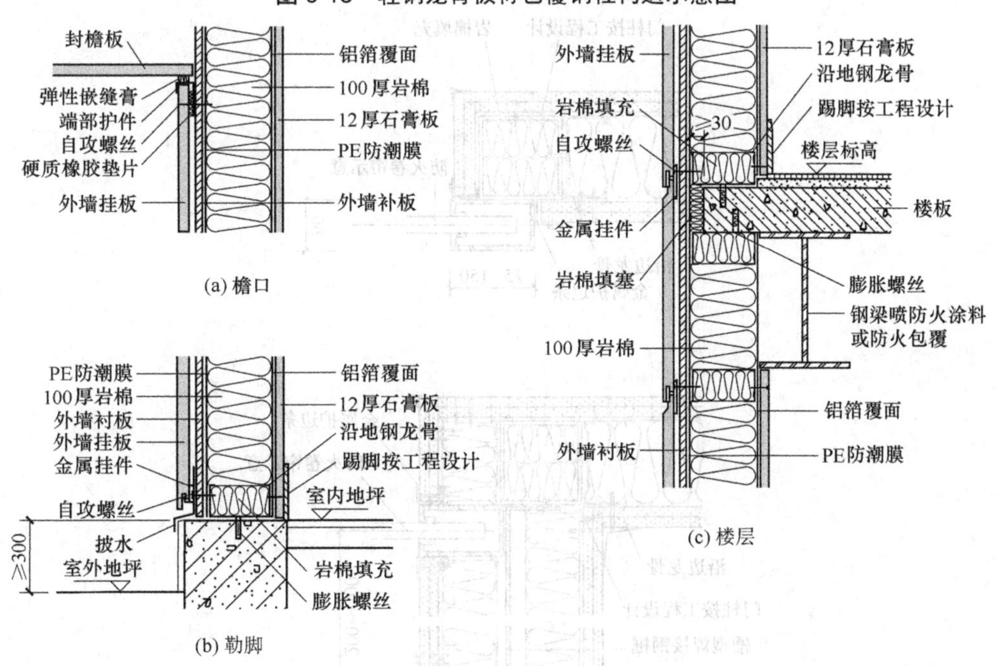

图 6-19　纤维水泥外墙挂板复合外墙板构造图

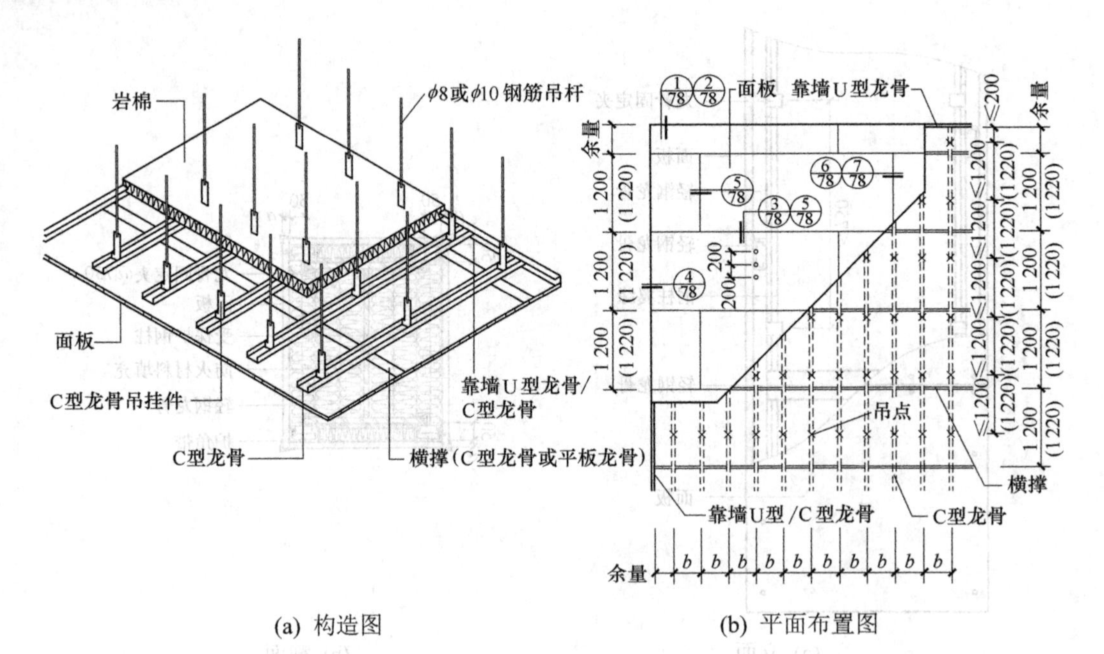

(a) 构造图 (b) 平面布置图

图 6-20 防火吊顶构造图和平面布置图(单位：mm)

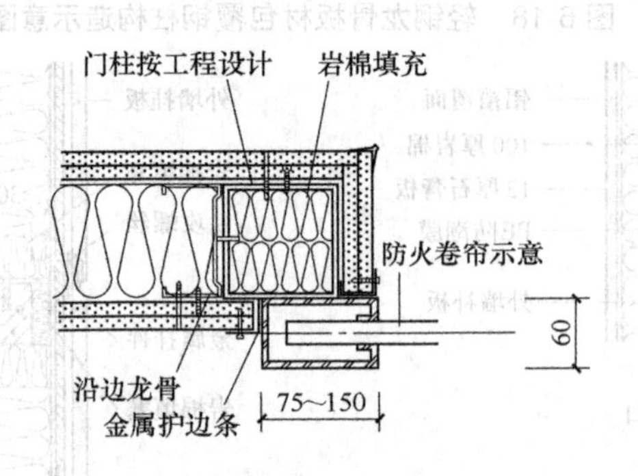

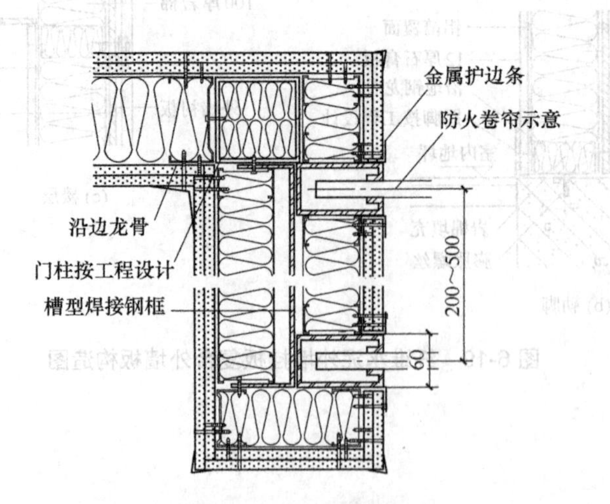

图 6-21 钢制防火卷帘构造图(单位：mm)

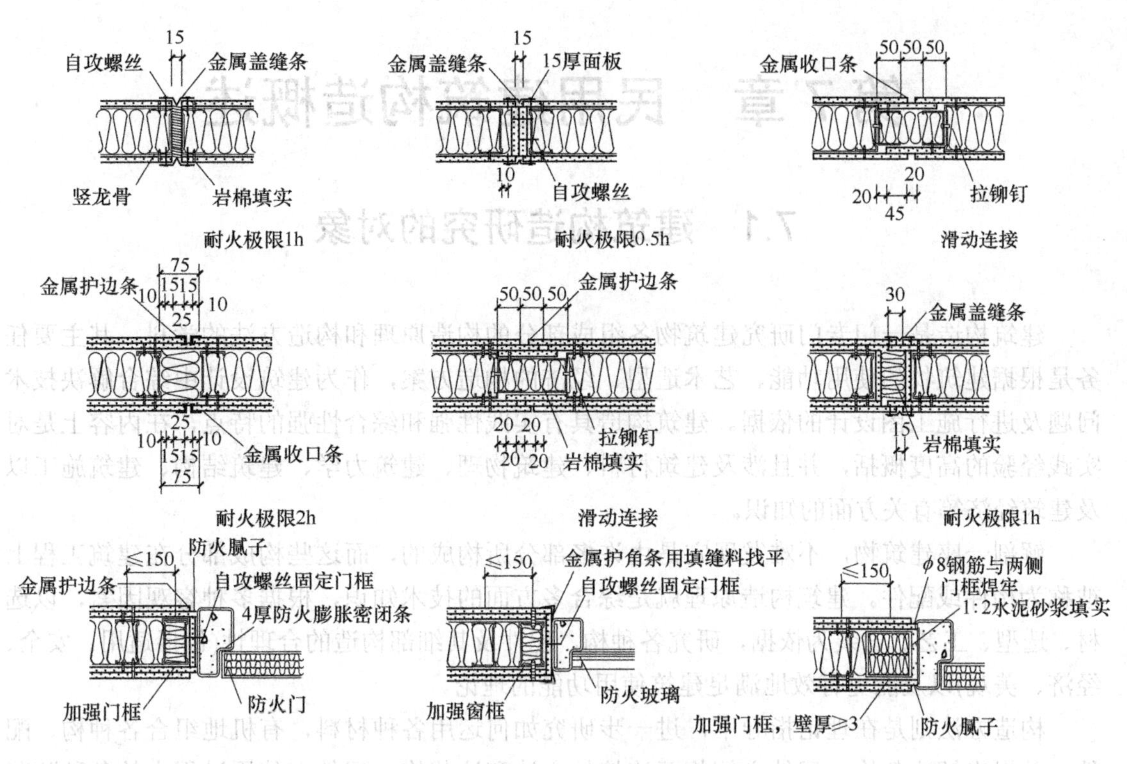

图 6-22 多种防火门窗构造示意图

思 考 题

1. 什么是建筑火灾？分为哪三个阶段？各有何特点？
2. 建筑火灾的蔓延方式有几种？
3. 什么是防火墙？什么是防火间距？
4. 为什么要进行防火分区？什么是防火分区？
5. 什么是防火墙？其构造设计要点是什么？并图示其构造。
6. 什么是安全疏散设计？
7. 图示说明袋形走道的设计要求？

第7章　民用建筑构造概述

7.1　建筑构造研究的对象

建筑构造是一门专门研究建筑物各组成部分的构造原理和构造方法的学科。其主要任务是根据建筑物的使用功能、艺术造型、经济的构造方案，作为建筑设计中综合解决技术问题及进行施工图设计的依据。建筑构造具有实践性强和综合性强的特点，在内容上是对实践经验的高度概括，并且涉及建筑材料、建筑物理、建筑力学、建筑结构、建筑施工以及建筑经济等有关方面的知识。

解剖一座建筑物，不难发现它是由许多部分所构成的，而这些构成部分在建筑工程上被称为构件或配件。建筑构造原理就是综合多方面的技术知识，根据多种客观因素，以选材、选型、工艺、安装为依据，研究各种构、配件及其细部构造的合理性(包括适用、安全、经济、美观)以及能更有效地满足建筑使用功能的理论。

构造方法则是在理论指导下，进一步研究如何运用各种材料，有机地组合各种构、配件，并提出解决各构、配件之间相互连接的方法和这些构、配件在使用过程中的各种防范措施。

7.2　建筑构件的组成及作用

一幢建筑，一般是由基础、墙或柱、楼地层、楼梯、屋顶和门窗等六大部分所组成的，如图7-1所示。

1．基础

基础是位于建筑物最下部的承重构件，其作用是承受建筑物的全部荷载，并将这些荷载传递到地基上。因此，基础必须具有足够的强度和刚度，并能抵御地下各种有害因素的侵蚀。基础按结构形式不同可分为无筋扩展基础、扩展基础、柱下条形基础、高层建筑筏形基础和桩基础等。

2．墙体、柱

墙体是建筑物的重要组成部分，其作用是承重、围护和分隔空间。按墙体受力作用和材料不同，墙体可分为承重墙体和非承重墙体。承重墙体承受着自重及建筑物由屋顶或楼板传来的荷载，并将这些荷载传给基础。外墙同时具备围护作用，内墙同时具备分隔空间的作用。非承重墙体只能承受其自重，主要起围护和分隔空间的作用，外墙要能够抵御自然界各种因素对室内的侵袭，内墙主要起分隔空间及保证舒适环境的作用。因此，墙体需要具有足够的强度、稳定性、保温、隔热、防水、防火、耐久及经济等性能。

柱是建筑结构的主要承重构件，承受屋顶和楼板层传来的荷载，因此必须具有足够的强度和刚度。

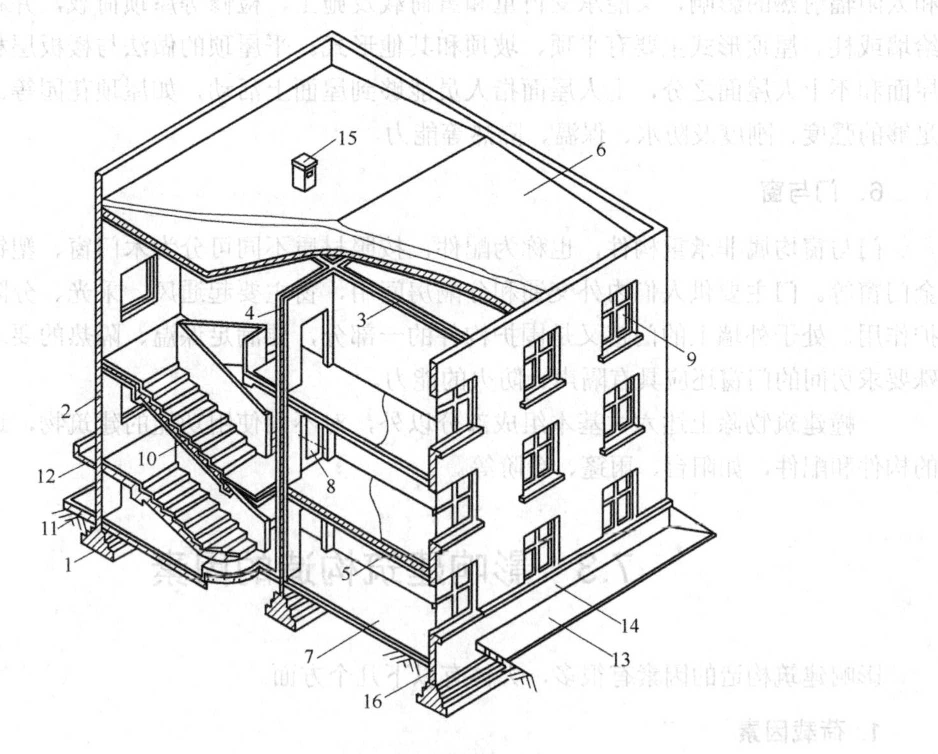

图 7-1　建筑物的基本组成

1—基础；2—外墙；3—内横墙；4—内纵墙；5—楼板；6—屋顶；7—地坪；8—门；9—窗；10—楼梯；11—台阶；12—雨篷；13—散水；14—勒脚；15—通风道；16—防潮层

3．楼地层

楼地层包括楼板层和地坪层。楼板是建筑水平方向的承重构件，按房间层高将整幢建筑物沿水平方向分为若干层；楼板承受家具、设备和人体荷载以及本身的自重，并将这些荷载传给墙或柱，同时对墙体起着水平支撑的作用。楼板应具有足够的抗弯强度、刚度和隔声能力，厕浴间等有水侵蚀的房间楼板层要具备防水、防潮能力。

地坪是底层房间与地基土层相接的构件，起承受底层房间荷载的作用。地坪要具备耐磨、防潮、防水和保温的性能。

4．楼梯

楼梯是楼房建筑的垂直交通设施，供人们上下楼层和紧急疏散之用，因此楼梯应具有足够的通行能力，并且要防滑、防水。现在很多建筑物因为交通或舒适的需要安装了电梯，但同时也必须有楼梯用作交通和防火疏散。

5. 屋顶

屋顶是建筑物顶部的围护构件和承重构件，既能抵御风、霜、雨、雪、冰雹等的侵袭和太阳辐射热的影响，又能承受自重和雪荷载及施工、检修等屋顶荷载，并将这些荷载传给墙或柱。屋顶形式主要有平顶、坡顶和其他形式。平屋顶的做法与楼板层相似，有上人屋面和不上人屋面之分，上人屋面指人员能够到屋面上活动，如屋顶花园等。屋顶应具有足够的强度、刚度及防水、保温、隔热等能力。

6. 门与窗

门与窗均属非承重构件，也称为配件，按照材质不同可分为木门窗、塑钢门窗、铝合金门窗等。门主要供人们内外交通和分隔房间用，窗主要起通风、采光、分隔、眺望等围护作用。处于外墙上的门窗又是围护构件的一部分，要满足保温、隔热的要求；某些有特殊要求房间的门窗还应具有隔声、防火的能力。

一幢建筑物除上述六大基本组成部分以外，对不同使用功能的建筑物，还有许多特有的构件和配件，如阳台、雨篷、台阶等。

7.3 影响建筑构造的因素

影响建筑构造的因素有很多，大体有以下几个方面。

1. 荷载因素

作用在建筑物上的荷载有恒荷载(如结构自重等)、活荷载(如风荷载、雪荷载等)、偶然荷载(如爆炸力、撞击力等)3类，在确定建筑物构造方案时，必须考虑荷载因素的影响。

2. 环境因素

环境因素包括自然因素和人为因素。自然因素的影响是指风吹、日晒、雨淋、积雪、冰冻、地下水、地震等因素给建筑物带来的影响。为了防止自然因素对建筑物的破坏，在构造设计时，必须采用相应的防潮、防水、保温、隔热、防温度变形、防震等构造措施。人为因素的影响是指火灾、噪声、化学腐蚀、机械摩擦与振动等因素对建筑物的影响。在构造设计时，必须采用相应的防护措施。

3. 技术因素

技术因素的影响是指建筑材料、建筑结构、建筑施工方法等技术条件对于建筑物设计与建造的影响。随着这些技术条件的发展与变化，建筑构造的做法也在改变。例如，随着建材工业的不断发展，已经有越来越多的新型材料出现，而且带来新的构造做法和相应的施工方法。作为脆性材料的玻璃，经过加工工艺的改良以及采用新型高分子材料作为胶合剂做成夹层玻璃，其安全性能和力学、机械性能等都得到大幅度提高，不但使得可使用的单块块材面积有了较大增长，而且使得连接工艺也大大简化。如用玻璃来做楼梯栏板，过去一定要先安装金属立杆再通过这些杆件来固定玻璃，现在可以先安装玻璃栏

板，再用玻璃栏板来固定金属扶手。同样，结构体系的发展对建筑构造的影响更大。因此，建筑构造不能脱离一定的建筑技术条件而存在，它们之间的关系是互相促进、共同发展的。

4. 建筑标准

建筑标准一般包括造价标准、装修标准、设备标准等方面。标准高的建筑耐久等级高、装修质量好、设备齐全、档次较高，但是造价也相对较高；反之则低。建筑构造方案的选择与建筑标准密切相关。一般情况下，民用建筑多属于一般标准的建筑，构造做法也多为常规做法；而大型公共建筑，标准要求较高，构造做法复杂，对美观方面的考虑也比较多。

7.4 建筑构造设计的基本原则

建筑构造设计的基本原则，一般包括以下几个方面。

1. 满足建筑使用功能的要求

建筑物的使用性质、所处环境不同，对建筑构造设计的要求也不同。如北方的建筑在冬季需要保温，南方的建筑要求能够通风、隔热，影剧院等建筑需要考虑吸声、隔声等。建筑构造设计时必须考虑并满足建筑物使用功能的要求。

2. 有利于结构安全

除按荷载大小及结构要求确定构件的基本断面尺寸外，对阳台、楼梯栏杆、顶棚、门窗与墙体的连接等构造设计，都必须保证建筑物在使用时的安全。

3. 应用技术先进

在进行建筑构造设计时，应大力改进传统的建筑方式，从材料、结构、施工等方面引入先进技术，并注意因地制宜、就地取材、结合实际。

4. 合理降低造价

各种构造设计，均要注重整体建筑物的经济、社会和环境效益，即综合效益。在经济上注意节约建筑造价，降低材料的能源消耗，尤其是要注意节约钢材、水泥、木材三大材料，在保证质量的前提下尽可能降低造价。但要杜绝因单纯追求效益而偷工减料，降低质量标准，应做到合理降低造价。

5. 注意美观大方

建筑物的形象除了取决于建筑设计中的体型组合和立面处理外，一些建筑细部的构造设计对整体美观也有很大影响。例如栏杆的形式、阳台的凹凸、室内外的细部装修，各种转角、收头、交接处的接头设计，都应合理处理，并相互协调，注意美观大方。

7.5 建筑构造图的表达

建筑构造设计用建筑构造详图表达。详图又称大样图或节点大样图，是建筑平、立、剖面图的一部分，根据具体情况可选用 1∶20、1∶10、1∶5 甚至 1∶1 的比例。详图要表明建筑材料、作用、厚度、做法等，如图 7-2、图 7-3 所示。

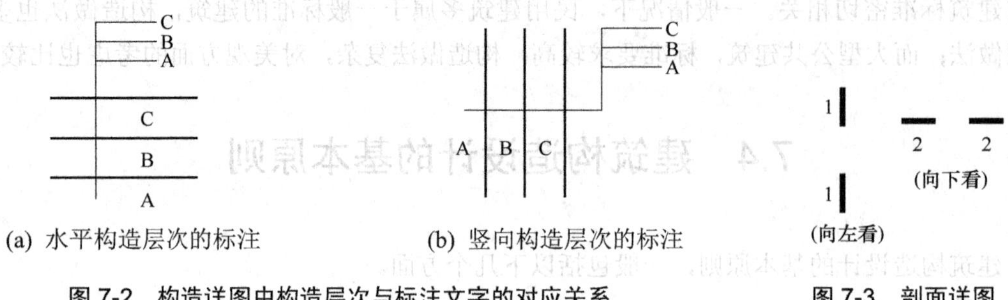

图 7-2 构造详图中构造层次与标注文字的对应关系　　图 7-3 剖面详图

7.5.1 详图的索引方法

详图要有明确的索引方法，图样中的某一局部或构件如需另见详图应以索引符号索引，索引符号是由直径为 10mm 的圆和水平直径组成，圆及水平直径均应以细实线绘制，如图 7-4(a)所示，索引符号应按下列规定编写。

(1) 索引出的详图如与被索引的详图同在一张图纸内，应在索引符号的上半圆中用阿拉伯数字注明该详图的编号，并在下半圆中间画一段水平细实线，如图 7-4(b)所示。

(2) 索引出的详图如与被索引的详图不在同一张图纸内，应在索引符号的上半圆中用阿拉伯数字注明该详图的编号，并在索引符号的下半圆中用阿拉伯数字注明该详图所在图纸的编号，数字较多时可加文字标注，如图 7-4(c)所示。

(3) 索引出的详图如采用标准图，应在索引符号水平直径的延长线上加注该标准图册的编号，如图 7-4(d)所示。

(a) 索引符号　(b) 同一张图纸内的索引符号　(c) 不在同一张图纸内的索引符号　(d) 采用标准图的索引符号

图 7-4 索引符号

7.5.2 剖视详图

索引符号如用于索引剖视详图，应在被剖切的部位绘制剖切位置线，并以引出线引出索引符号，引出线所在的一侧应为投射方向。用于索引剖面详图的索引符号如图 7-5(a)～(d)

所示。

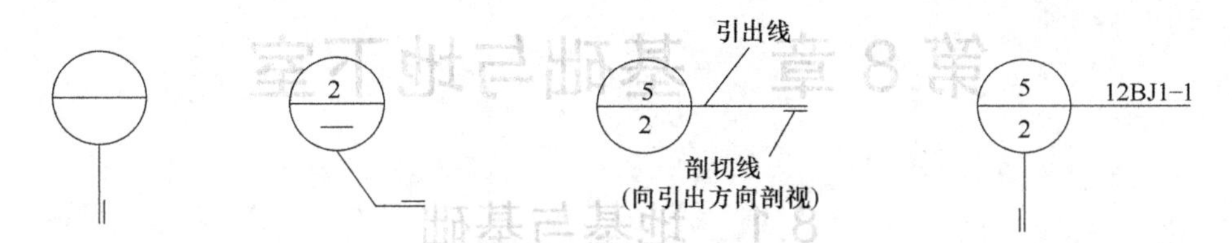

(a) 剖切索引符号　(b) 同一张图纸的剖切索引符号　(c) 不在同一张图纸内的剖切索引符号　(d) 采用标准图的剖切索引符号

图 7-5　用于索引剖面详图的索引符号

7.5.3　详图符号表示

详图的位置和编号应以详图符号表示，详图符号的圆应以直径为 14mm 的粗实线绘制，详图应按下列规定编号。

(1) 详图与被索引的图样同在一张图纸内时，应在详图符号内用阿拉伯数字注明详图的编号，如图 7-6 所示。

(2) 详图与被索引的图样不在同一张图纸内时，应用细实线在详图符号内画一水平直径，在上半圆中注明详图编号，在下半圆中注明被索引的图纸的编号，如图 7-7 所示。

图 7-6　与被索引图样同在一张图纸内的详图符号　　图 7-7　与被索引图样不在同一张图纸内的详图符号

思　考　题

1. 建筑物一般由哪几部分构成？各自有什么作用？
2. 建筑构造设计的基本原则是什么？
3. 建筑构造设计详图如何表达？

第 8 章　基础与地下室

8.1　地基与基础

8.1.1　地基与基础的概念

基础是将建筑结构所承受的各种作用传递到地基上的结构组成部分，与建筑物和岩土层直接接触，是建筑地面以下的承重构件、建筑的下部结构，承受建筑物上部结构传下来的全部荷载，并将这些荷载连同自重一并传给地基。

地基是建筑物下面支承基础的土体或岩体，不是建筑物的组成部分。地基承受建筑物荷载而产生的应力和应变随着土层深度的增加而减小，在达到一定深度后可忽略不计。直接承受建筑物荷载的土层称为持力层，持力层以下的土层称为下卧层，如图 8-1 所示。

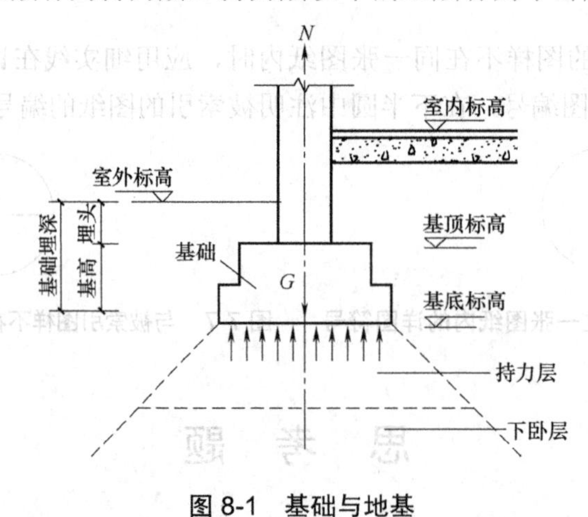

图 8-1　基础与地基

8.1.2　基础应满足的要求

基础作为建筑物的重要组成部分，是建筑物地面以下的主要承重构件，属于隐蔽工程。基础质量的好坏，直接关系着建筑物的安全问题，设计时应满足以下几个方面的基本要求。

1．强度

基础应具有足够的强度，能承受建筑物的全部荷载。

2．刚度

基础应具有足够的刚度，才能稳定地把荷载传给地基，防止建筑物产生过大的变形而影响其正常使用。

3．耐久

基础所用材料和构造的选择应与上部建筑物等级相适应，并符合耐久性要求，具有较高的防潮、防水和耐腐蚀能力。如果基础先于上部结构破坏，检查和加固都十分困难，将严重影响建筑物寿命。

4．经济

基础工程的工程量、造价和工期在整个建筑物中占有相当的比例，其造价按结构类型不同一般占房屋总造价的 10%～40%，甚至更高。因此应选择恰当的基础形式及构造方案、质优价廉的地方材料，减少基础工程的投资，以降低建筑物的总造价。

8.1.3　地基应满足的要求

1．强度

地基要有足够的承载能力，建筑物作用在基础底部的压力应小于地基的承载力，这一要求是选择基础类型的依据。当建筑荷载与地基承强力已经确定时，可通过调整基础底面积来满足这一要求。

2．变形

地基要有均匀的压缩量，保证建筑物在许可的范围内可均匀下沉，避免不均匀沉降导致建筑物产生开裂变形。

3．稳定

地基应具有防止产生滑坡、倾斜的能力，必要时(特别是地基高差较大时)应加设挡土墙，以防止滑坡变形的出现。这一点对那些经常受水平荷载或位于斜坡上的建筑尤为重要。

4．经济

应尽量选择土质优良的地基场地，降低土方开挖与地基处理的费用。

8.1.4　地基的类型

《建筑地基基础设计规范》(GB 5007—2011)中规定，作为建筑地基的岩土可分为岩石、碎石土、砂土、粉土、黏性土和人工填土。

根据岩土层的结构组成和承载能力不同，地基可分为人工地基和天然地基。凡自身具有足够的强度并能直接承受建筑物整体荷载的岩土层称为天然地基，天然地基的岩土层分布及承载力大小由勘测部门实测提供；凡土层自身承载能力弱，或建筑物整体荷载较大，需对该土层进行人工加工或加固后才能承受建筑物整体荷载的地基称为人工地基。

常用的人工地基加固方法有以下几种。

1) 机械压实法

机械压实法是指用打夯机、重锤、碾压机等对土层进行夯打碾压或采用振动方法将土层压(夯)实，如图 8-2 所示。机械压实法可用于处理由建筑垃圾或工业废料组成的杂填土地基，此法简单易行，对于提高地基承载能力效果较好。

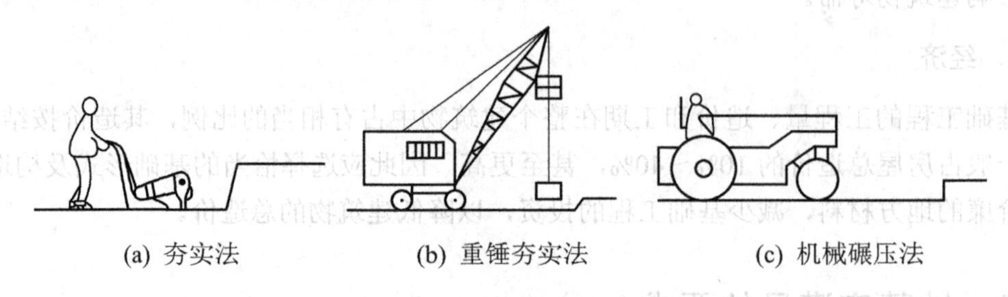

(a) 夯实法　(b) 重锤夯实法　(c) 机械碾压法

图 8-2　机械压实法加固地基

2) 排水固结法

排水固结法又称预压法，是处理软黏土地基的有效方法之一。对于天然地基，该法或是先在地基中设置砂井或塑料排水袋等竖向排水体，然后利用建筑物本身重量分级逐渐加载；或是在建筑物建造前在场地上先行加载预压，使土体中的孔隙水排出，逐渐固结，地基发生沉降，同时强度逐步提高的方法。按照采用的各种排水技术措施的不同，排水固结法可分为堆载预压法、真空预压法、降水预压法、电渗排法，其中堆载预压法和真空预压法较为常用，如图 8-3 所示。该法适用于处理淤泥质土、淤泥、泥炭土和冲填土等饱和黏性土地基。

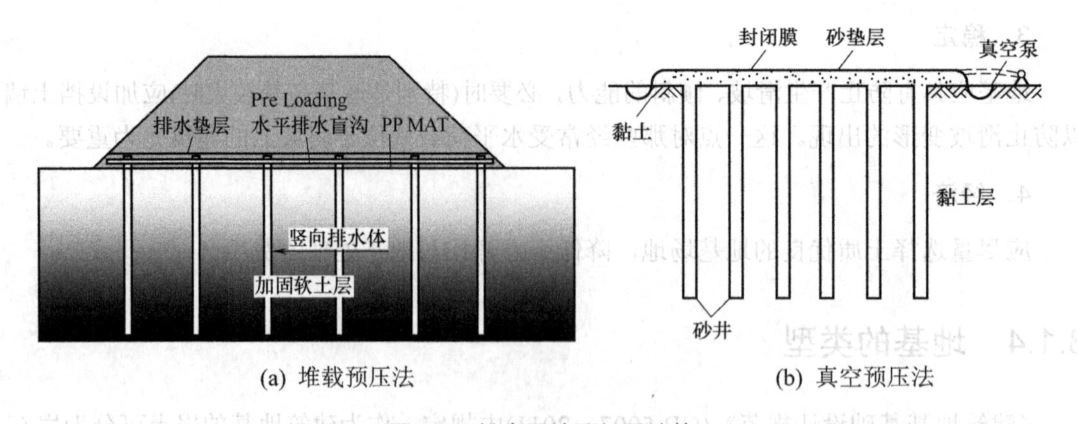

(a) 堆载预压法　(b) 真空预压法

图 8-3　排水固结法加固地基

3) 换填垫层法

换填垫层法是挖去地表浅层软弱土层或不均匀土层，回填坚硬、较粗粒径的材料，并夯压密实、形成垫层的地基处理方法，适用于浅层软弱地基及不均匀地基的处理，包括淤泥、淤泥质土、松散素填土、杂填土、已完成自重固结的冲填土等地基处理以及暗塘、暗浜、暗沟等浅层处理和低洼区域的填筑。换填材料可选用砂石、粉质黏土、灰土、粉煤灰、矿渣、其他工业废渣、土工合成材料等性能稳定、无侵蚀性的材料，如图 8-4 所示。

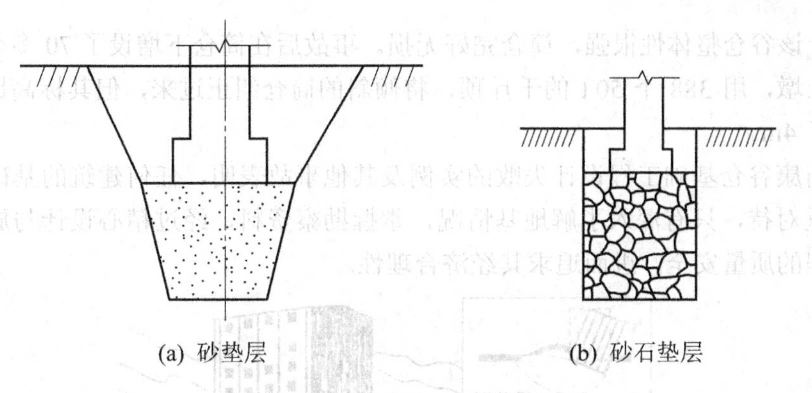

(a) 砂垫层　　　(b) 砂石垫层

图 8-4　换填垫层法加固地基

4) 复合地基法

复合地基法是指增强或置换部分土体，形成由地基土和增强体共同承担荷载的人工地基的处理方法。复合地基的分类方法有多种，根据地基中增强体的方向不同，复合地基可分为水平向增强体复合地基(由各种土工合成材料如土工聚合物、土工格栅等形成的加筋土复合地基)、竖向增强体复合地基(桩体复合地基)，如图 8-5 所示。

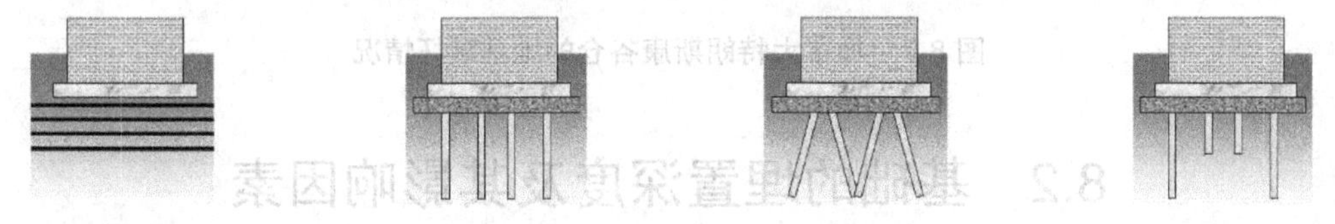

(a) 水平向增强复合地基　(b) 竖直向增强复合地基　(c) 斜向增强复合地基　(d) 长短桩复合地基

图 8-5　复合地基常用形式

桩体复合地基是指由地基土和竖向增强体(桩)组成、共同承担荷载的人工地基，有别于桩基础，如图 8-6 所示。桩体复合地基按增强体材料可分为刚性桩(如 CFG 桩)复合地基、散体材料桩(如碎石桩、砂桩、矿渣桩)复合地基、黏结材料桩(土桩、灰土桩、石灰桩、水泥土搅拌桩、粉体喷射搅拌桩、旋喷桩)复合地基等。

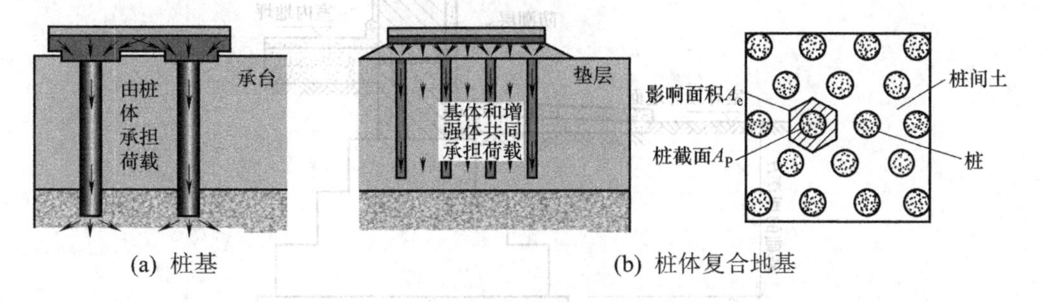

(a) 桩基　　　(b) 桩体复合地基

图 8-6　桩基与桩体复合地基的区别

8.1.5　案例

加拿大特朗斯康谷仓是地基发生整体滑动、建筑物丧失稳定性的典型范例，如图 8-7

所示。由于该谷仓整体性很强，筒仓完好无损。事故后在筒仓下增设了70多个支承于基岩上的混凝土墩，用388个50 t的千斤顶，将倾斜的筒仓纠正过来，但其标高比原来的设计标高降低了4m。

特朗斯康谷仓基础工程设计失败的实例及其他事故表明，任何建筑的基础工程的安全性必须慎重对待，只有深入了解地基情况，掌握勘察资料，经过精心设计与施工，才能保证基础工程的质量安全，进而追求其经济合理性。

图8-7 加拿大特朗斯康谷仓的地基破坏情况

8.2 基础的埋置深度及其影响因素

8.2.1 基础埋置深度的概念

基础的埋置深度是指室外设计标高至基础底面的垂直高度，简称为基础埋深，如图8-8所示。

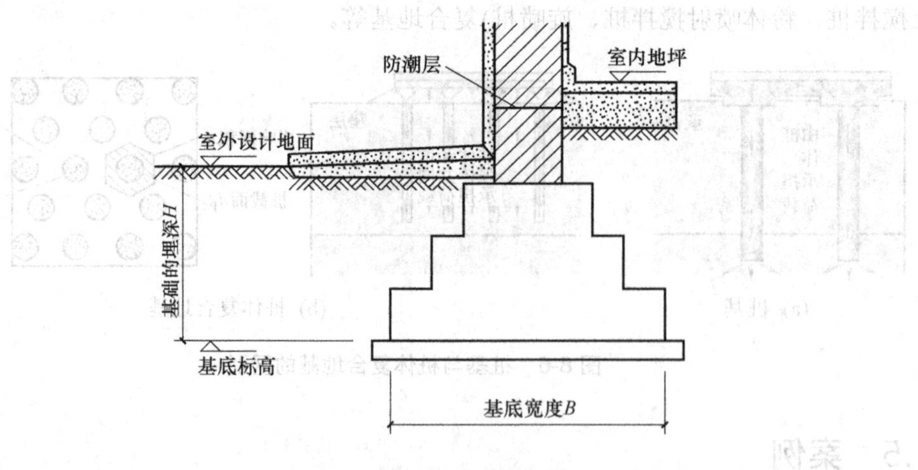

图8-8 基础埋深示意图

根据基础埋置深度的不同，基础可分为浅基础和深基础。一般情况下，基础埋深小于或等于 5m 时为浅基础，大于 5m 时为深基础。浅基础的开挖、排水采用普通方法，施工技术简单，造价较低，对于大量的中小型建筑一般都采用浅基础。但是基础埋置过浅，没有足够的土层包围，基础底面持力层受到的压力会把基础四周的土挤出，致使基础产生滑移而失去稳定；同时基础过浅，易受外界的影响而损坏。考虑到基础的稳定性、基础的大放脚要求、动植物活动的影响、风雨侵蚀等自然因素以及习惯做法等影响，除岩石地基外，基础的埋置深度不宜小于 0.5m。

8.2.2　基础埋深影响因素

基础埋深的大小关系到地基是否可靠、施工的难易及造价的高低。影响基础埋深的因素很多，其主要影响因素如下。

1．建筑物特点和使用要求

高层建筑的基础埋深一般为建筑物地上总高度的 1/10 左右；建筑物设置地下室、地下设施或有特殊设备基础时，应根据不同的要求确定基础埋深，例如基础附近有设备基础时，为避免设备基础对建筑物基础产生影响，可将建筑物基础深埋。

2．地基土质条件

地基土质的好坏直接影响基础的埋深。土质好、承载力高的土层，基础可以浅埋，相反则应深埋。当土层为两种土质结构时，如上层土质好且有足够厚度，基础埋在上层土范围内为宜；反之，则应埋置下层好土范围内为宜。

3．地下水位的高低

地下水对某些土层的承载能力有很大影响，如黏性土在地下水上升时，通常会因含水量增加而膨胀，使得土层的强度降低；当地下水下降时，基础将产生下沉。因此基础一般应争取埋在最高水位以上(一般 200mm)；当地下水位较高，应将基础底面埋置在最低地下水线以下 200mm，基础应采用耐水材料，如混凝土、钢筋混凝土等，如图 8-9 所示。

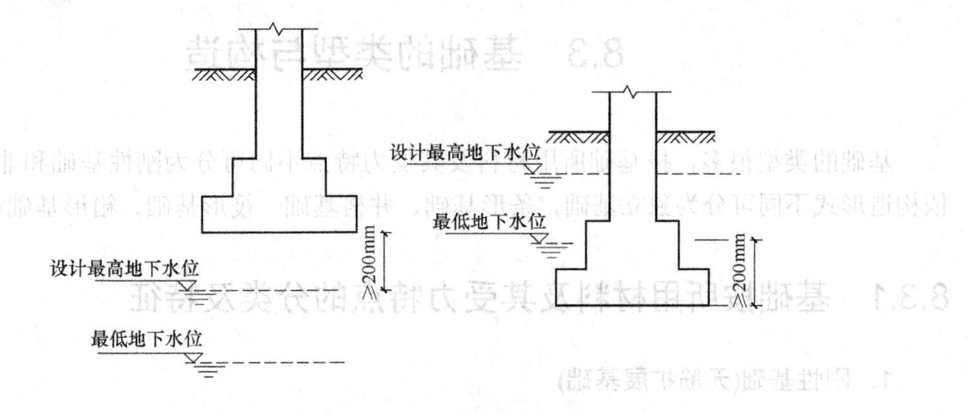

图 8-9　地下水位与基础埋深的关系

4. 冻结深度

冻结土与非冻结土的分界线称为冰冻线，冰冻线的深度为冻结深度。各地区气候不同，低温持续时间不同，冻结深度也不相同。如北京地区为 0.8～1.0m，哈尔滨为 2m；有的地区不冻结，如武汉地区；有的地区冻结深度很小，如上海、南京一带仅为0.12～0.2m。

地基土冻结后产生冻胀，向上拱起(冻胀向上的力会超过地基承载力)，土层解冻后又会使房屋下沉，这种冻融交替使房屋处于不稳定状态，易产生变形、造成墙身开裂，甚至使建筑物结构遭到破坏。因此，一般要求基础底面应埋置在冻土线以下 200mm，如图 8-10 所示。

5. 相邻建筑的基础埋深

当新建建筑与原有建筑基础相邻时，如基础埋深小于或等于原有建筑基础埋深，可不考虑相互影响；当基础埋深大于原有建筑基础埋深时，必须考虑相互影响，两基础间应保持一定的水平净距 L，其数值应根据原有建筑物荷载大小、基础形式和土质情况确定，一般应满足下列条件：$H/L \leqslant 0.5 \sim 1$ 或 $L=(1.0 \sim 2.0)H$，如图 8-11 所示。当不能满足上述要求时，应采取临时加固支承、打板桩、地下连续墙或加固原有建筑物地基等措施，以保证原有建筑物的安全和正常使用。

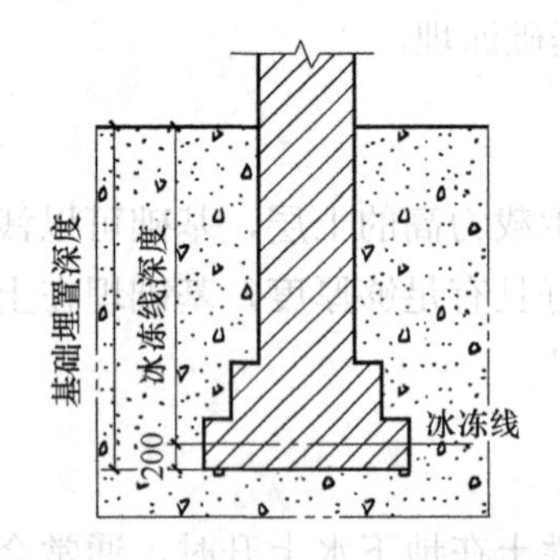

图 8-10　基础埋深和冰冻线的关系

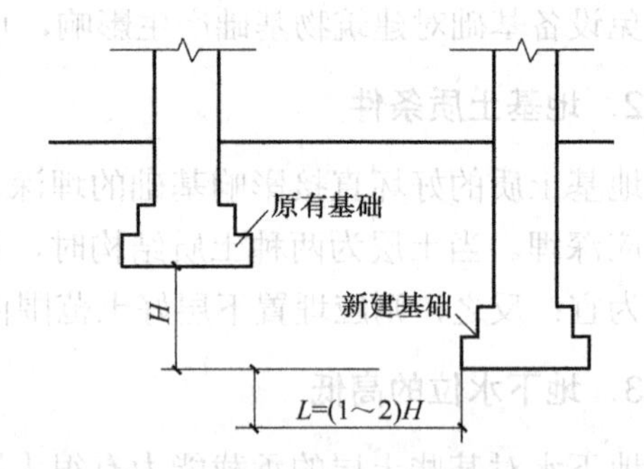

图 8-11　基础埋深和相邻基础的关系

H—相邻基础埋深的差；L—相邻基础的水平距离

8.3　基础的类型与构造

基础的类型很多，按基础所用材料及其受力特点不同可分为刚性基础和非刚性基础，依构造形式不同可分为独立基础、条形基础、井格基础、筏形基础、箱形基础和桩基础等。

8.3.1　基础按所用材料及其受力特点的分类及特征

1. 刚性基础(无筋扩展基础)

1) 概念

由砖、毛石、混凝土或毛石混凝土、灰土和三合土等刚性材料制作，且不需配置钢筋的墙下条形基础或柱下独立基础称为刚性基础。刚性材料一般是指抗压强度高，而抗拉、抗剪强度较低的材料。由于刚性材料的特点，这类基础只适合受压而不适合受弯、拉、剪力，因此刚性基础常用于地基承载力较好、压缩性较小的中小型建筑物，例如一般砌体结构房屋的基础常采用刚性基础。

2) 刚性角限制与大放脚

由于地基承载力的限制，当基础承受墙或者柱传来的荷载较大时，为使其单位面积所传递的力与地基的允许承载力相适应，可采用台阶的形式逐渐扩大其传力面积，然后将荷载传给地基，这种逐渐扩展的台阶称为大放脚。

建筑上部结构的压力在基础中的传递是沿一定角度分布的，这个传力角度称为压力分布角或刚性角，是基础放宽的引线与墙体垂直线之间的夹角，用α表示，如图 8-12(a)所示。基础底面的宽度 B_0 要大于墙或柱的宽度 B，类似于悬臂梁结构。由于刚性材料本身具有抗压强度高、抗拉强度低的特点，因此压力分布角度必须控制在材料的抗压范围内。基础底面宽度的增大要受到刚性角的限制，若基础放大尺寸超过刚性角的控制范围，即由 B_0 增大至 B_1，在基底反力的作用下，基底将产生拉应力而破坏，如图 8-12(b)所示。

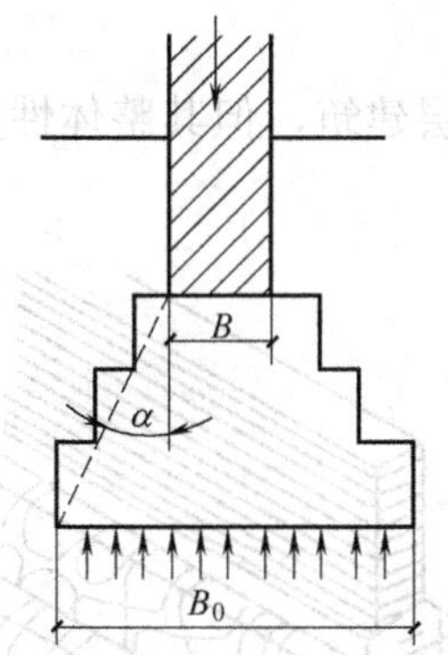

(a) 基础传力在刚性角范围内　　(b) 基础底面宽度超过刚性角范围而破坏

图 8-12　刚性基础的受力、传力特点

3) 构造做法

(1) 灰土基础。

灰土基础用经过消解的生石灰和黏土按照一定比例拌和夯实后而成，常用的灰土比例为 3∶7 或 2∶8。灰土基础一般适合于地下水位较低的低层砌体结构建筑物，其厚度与建筑物层数有关。灰土基础应分层施工，每层虚铺厚度一般为 220mm，夯压密实后厚度为 150mm，如图 8-13 所示。

灰土基础施工简单，造价低廉，便于就地取材，可以节省水泥、砖石等，但其抗冻、耐水性能较差，在地下水位线以下或者很潮湿的地基上不宜采用。

(2) 三合土基础。

三合土基础是由石灰、砂、骨料(碎砖、碎石、矿渣等)按照 1∶3∶6 或 1∶2∶4 的体积比拌和、分层铺设、夯压密实而成，如图 8-14 所示。

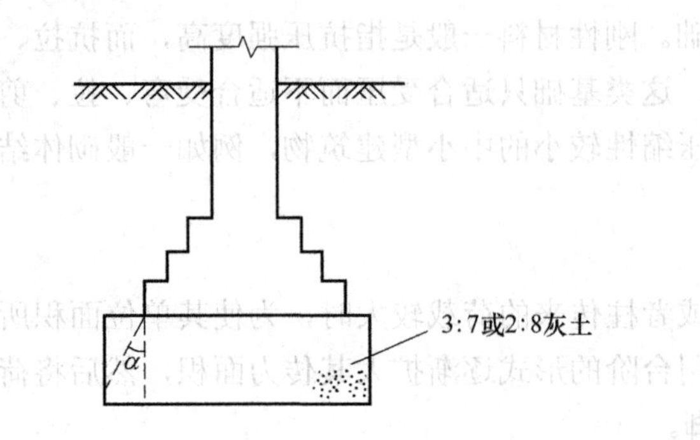

图 8-13 灰土基础

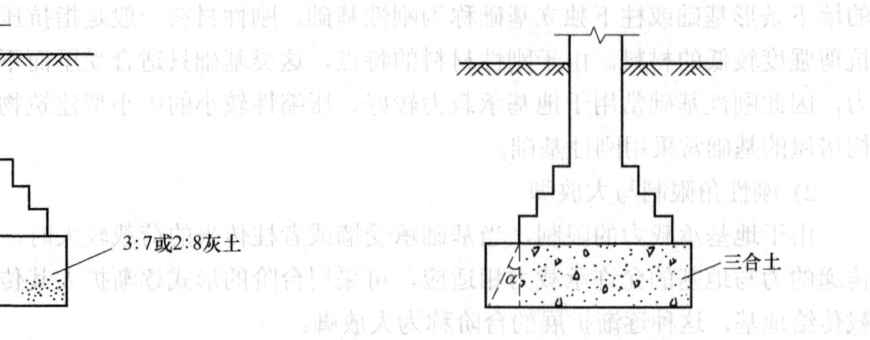

图 8-14 三合土基础

三合土基础造价低廉，施工简单，但强度较低。

(3) 毛石基础。

毛石基础由未加工成形的石块和砂浆砌筑而成，其截面形式有阶梯形、锥形和矩形等。阶梯形毛石基础的顶面比墙或柱每边宽出 100mm，每个台阶挑出的宽度不应大于 200mm。高度不宜小于 400mm，以确保符合刚性角要求，如图 8-15 所示。当宽度小于 700mm 时，毛石基础应做成矩形截面。

毛石基础常用于受地下水侵蚀或冰冻作用的多层建筑，但其整体性欠佳，不宜用于有振动的建筑。

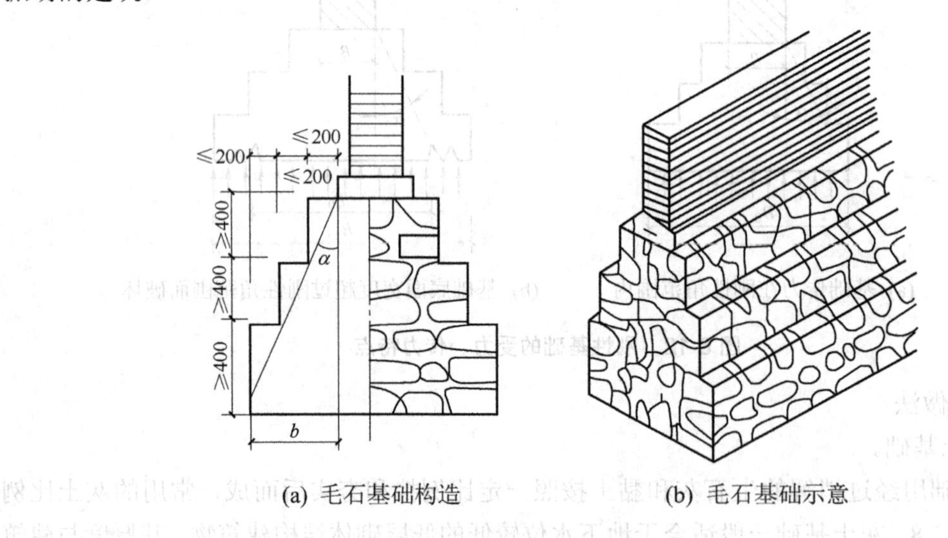

图 8-15 毛石基础(单位：mm)

(4) 砖基础。

砖基础一般用砖和砂浆砌筑而成。砖基础大放脚一般有二皮一收和二一间隔收两种砌筑方法，前者是指每砌筑两皮砖的高度，收进 1/4 砖的宽度；后者是指每两皮砖的高度与每一皮砖的高度相间隔，交替收进 1/4 砖，如图 8-16 所示。两种砌筑方法均可满足砖基础刚性角的要求。

(5) 混凝土基础。

混凝土基础断面有矩形、锥形和台阶形等几种形式，如图 8-17 所示。当基础高度小于

350mm 时，多做成矩形；当基础高度大于 350mm 但不超过 1 000mm 时，多做成台阶形，每阶高度 350～400mm；当基础高度大于 1 000mm 或基础底面宽度大于 2 000mm 时，可做成锥形。混凝土基础的刚性角为 45°，故台阶形断面台阶的宽高比应小于 1∶1 或 1∶1.25，而锥形断面的斜面与水平面的夹角应大于 45°。

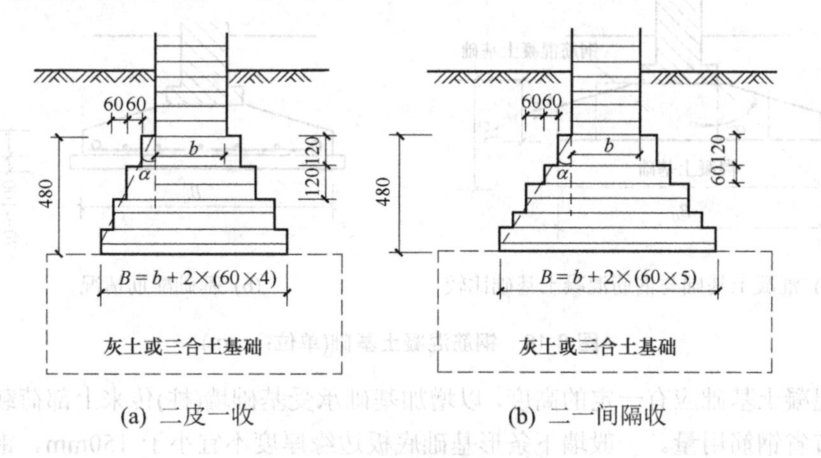

(a) 二皮一收　　(b) 二一间隔收

图 8-16　砖基础(单位：mm)

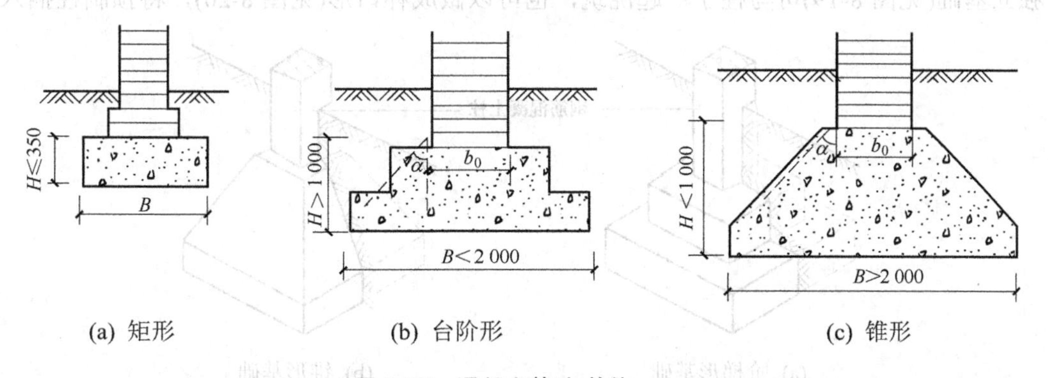

(a) 矩形　　(b) 台阶形　　(c) 锥形

图 8-17　混凝土基础(单位：mm)

混凝土基础具有耐久性好、可塑性强、耐水、耐腐蚀等优点，可用于地下水位较高和有冰冻作用的地方。

2．非刚性基础(柔性基础)

(1) 概念。

当建筑物的荷载较大而地基承载能力较小时，必须加宽基础底面的宽度，如果仍采用混凝土等刚性材料做基础，由于刚性角的限制势必会增加基础的高度。这样，既增加了挖土工作量，又使材料的用量增加，如图 8-18(a)所示。如果在混凝土基础的底部配以钢筋，形成钢筋混凝土基础，利用钢筋来承受拉应力，如图 8-18(b)所示，可使基础底部能够承受较大弯矩。钢筋混凝土基础在受力时，是一整体，这样基础宽度就可不受刚性角的限制，故称钢筋混凝土基础为非刚性基础或柔性基础。

(2) 构造做法。

钢筋混凝土基础的做法是在基础底板下均匀浇筑一层素混凝土，作为垫层，以保证基础钢筋和地基之间有足够的距离，防止钢筋锈蚀，还可以作为绑扎钢筋的工作面。垫层混凝土强度等级不宜低于 C10，垫层厚度不宜小于 70 mm，一般取 100 mm。垫层两边应伸出底板各 100mm。

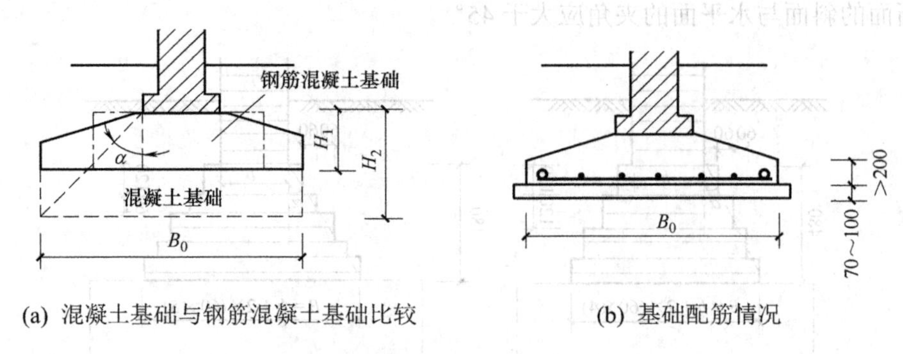

(a) 混凝土基础与钢筋混凝土基础比较　　(b) 基础配筋情况

图 8-18　钢筋混凝土基础(单位：mm)

钢筋混凝土基础应有一定的高度，以增加基础承受基础墙(柱)传来上部荷载所形成的冲压力，并节省钢筋用量。一般墙下条形基础底板边缘厚度不宜小于 150mm。钢筋混凝土柱下独立基础(见图 8-19)可与柱子一起浇筑，也可以做成杯口形(见图 8-20)，将预制柱插入。

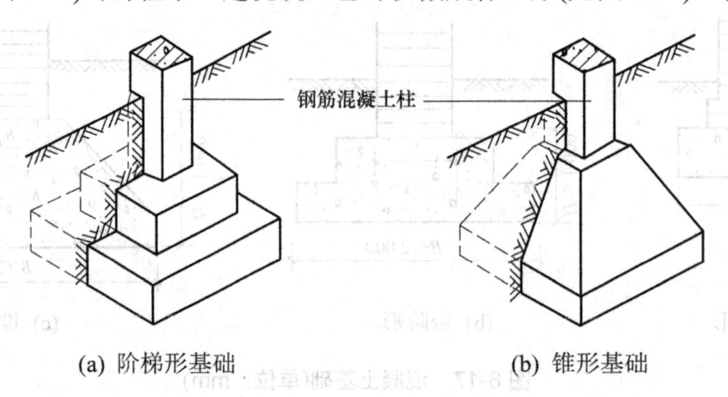

(a) 阶梯形基础　　(b) 锥形基础

图 8-19　独立基础

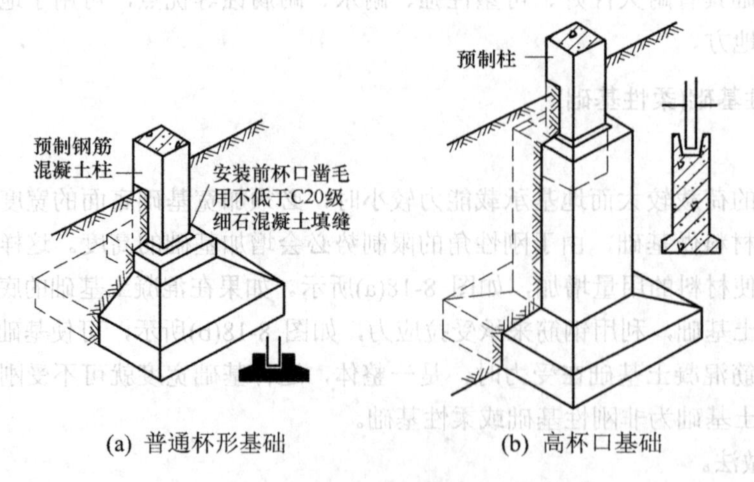

(a) 普通杯形基础　　(b) 高杯口基础

图 8-20　杯形基础

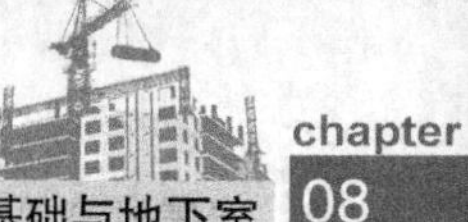

8.3.2　基础按构造形式的分类及特征

基础构造形式随建筑物上部结构形式、荷载大小及地基土壤性质的变化而不同。通常情况下，上部结构形式直接影响基础的形式，当上部荷载增大且地基承载能力有变化时，基础形式也随之变化。常见基础有以下 6 种构造形式。

1. 独立基础

独立基础呈单独的块状形式，常见断面有阶梯形、锥形和杯形等，如图 8-19、图 8-20 所示。

当建筑物上部结构采用框架结构或单层排架结构承重时，基础常采用方形或矩形的独立基础。独立基础是柱下基础的基本形式，当柱采用预制构件时，基础则做成杯形。有时因建筑物场地起伏或局部工程地质条件变化，以及避开设备基础等原因，可将个别柱基础底面降低，做成高杯口基础(见图 8-20(b))，或称长颈基础。

在墙承式建筑中，当地基承载力较弱或埋深较大时，为了节约基础材料、减少土石方工程量、加快工程进度，也可采用独立基础。为了支承上部墙体，在独立基础上可设梁或拱等连续构件。

2. 条形基础

基础为连续的长条形状时，称为条形基础，条形基础一般用于墙下，也可用于柱下。

当建筑物上部结构采用墙承重时，基础沿墙身设置，通常把墙底加宽形成墙下条形基础，如图 8-21(a)所示。

当建筑采用框架结构，但地基条件较差时，为满足地基承载力的要求，提高建筑的整体性，可把柱下独立基础在一个方向连接起来，称为柱下条形基础，如图 8-21(b)所示。

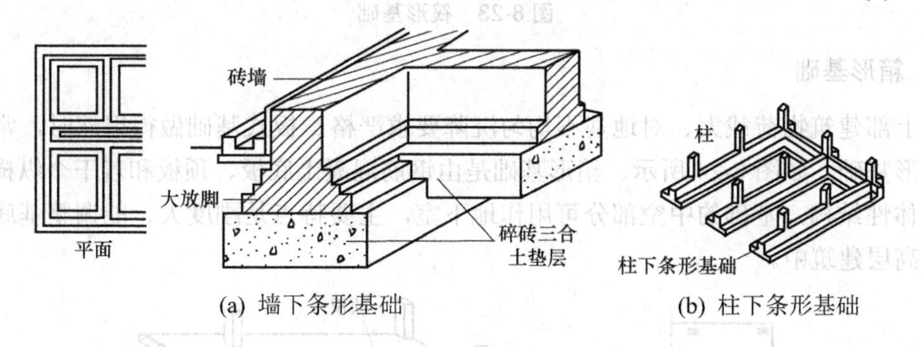

(a) 墙下条形基础　　(b) 柱下条形基础

图 8-21　条形基础

3. 井格基础

当地基条件较差时，为了提高建筑物的整体性，防止柱子之间产生不均匀沉降，常将柱下基础沿纵横两个方向连接起来，做成十字交叉的井格基础或称联合基础，如图 8-22 所示。

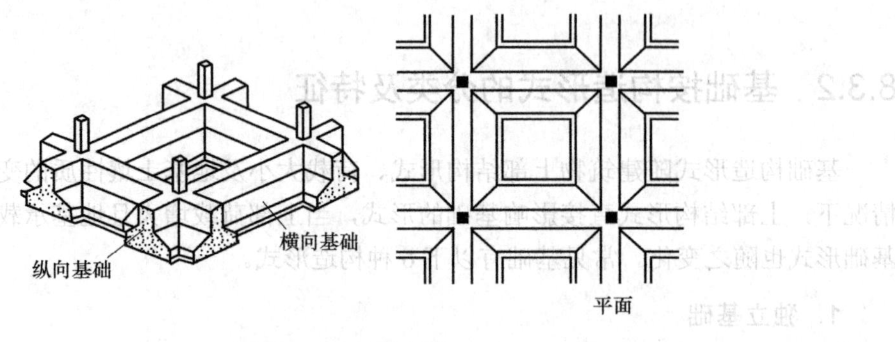

图 8-22 井格基础

4．筏形基础

当建筑物上部荷载较大、地基软时，采用简单的条形基础或井格基础不能适应地基变形的需要，这时通常将墙或柱下基础连成一片，使建筑物的荷载承受在一块整板上，称为筏形基础，或称片筏基础、筏板基础。基础由整片混凝土板组成，板直接作用于地基上，整体性好，可以跨越基础下的局部软弱土。筏形基础有平板式和梁板式两种，如图 8-23 所示。

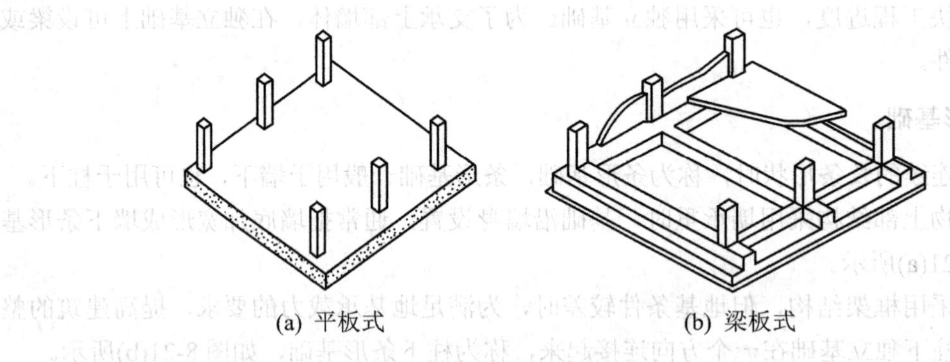

图 8-23 筏形基础

5．箱形基础

当上部建筑物荷载大、对地基不均匀沉降要求严格、板式基础做得很深时，常将基础做成箱形基础，如图 8-24 所示。箱形基础是由钢筋混凝土底板、顶板和若干个纵横侧墙组成的整体性结构，基础的中空部分可用作地下室，主要特点是刚度大、能调整基底压力，常用于高层建筑中。

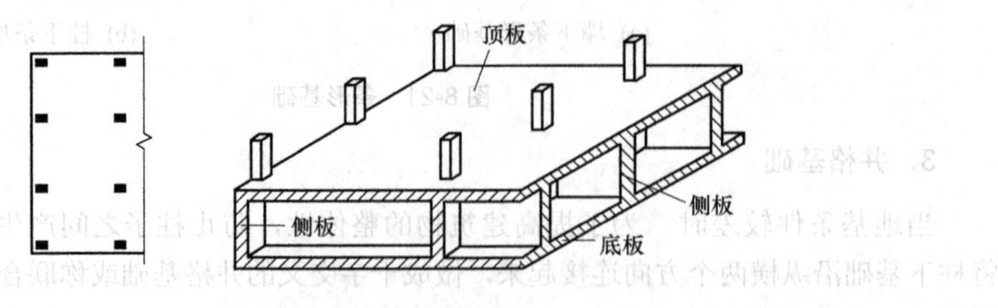

图 8-24 箱形基础

6．桩基础

当建筑物荷载较大、地基的弱土层较厚、浅层地基土不能满足建筑物对地基承载力和变形的要求、采取其他地基处理措施又不经济时，可采用桩基础。

桩基础由设置于土中的桩身和承接上部结构的承台组成，如图 8-25 所示。桩基是按设计的点位将桩身置于土中，桩的上端灌注钢筋混凝土承台。承台上接柱或墙体，以便使建筑荷载均匀地传递给桩基，一般砖墙下设承台梁，钢筋混凝土柱下设承台板。桩柱有木桩、钢桩、钢筋混凝土桩、钢管桩等，我国采用最多的是钢筋混凝土桩，其断面有圆形、方形、筒形、六角形等多种形式，桩身混凝土强度应满足桩的承载力设计要求。

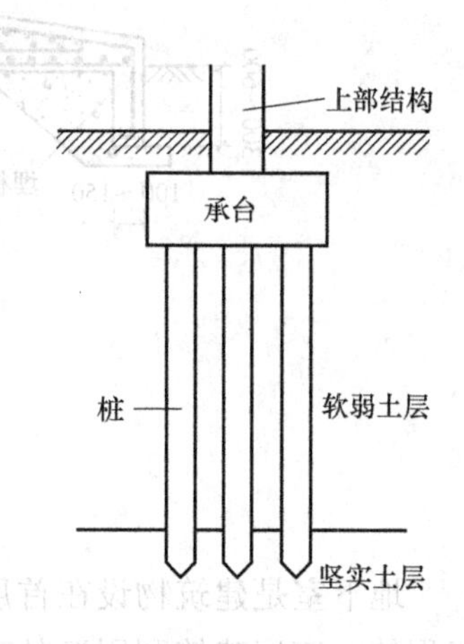

图 8-25　桩基础组成示意图

桩基础类型很多，按照桩的受力方式不同可分为端承桩和摩擦桩；按照桩的施工方法不同可分为预制桩、灌注桩、爆扩桩。

预制桩是在预制好桩身后将其用打桩机打入土中，断面一般为 200～350mm，桩长不超过 12m。预制桩质量易于保证，不受地基等其他条件的影响，但造价高、用钢量大、施工有噪音。

灌注桩是直接在地面上钻孔或打孔，然后放入钢筋笼，浇筑混凝土，具有施工快、造价低等优点，但当地下水位较高时，容易出现颈缩现象。

爆扩桩是用机械或人工钻孔后，用炸药爆炸扩大孔底，再浇筑混凝土而成。其优点是承载力较高(因为有扩大端)，施工速度快，劳动强度低及投资少等；缺点是爆炸产生的振动对周围房屋有影响，且容易出事故，城市内使用受限制。

以上是常见基础的几种基本结构形式。此外，我国各地还因地制宜，采用了许多新型基础结构形式，如图 8-26 所示的壳体基础、图 8-27 所示的不埋板式基础。不埋板式基础为在天然地表面上将场地平整，并用压路机将地表土碾压密实后在较好的持力层上浇灌钢筋混凝土板式基础，在构造上使基础如同一只盘子反扣在地面上，以此来承受上部荷载。这种基础大大减少了土方工作量，且较适宜于较弱地基的情况(但必须是均匀的)，特别适宜于 5～6 层整体刚度较好的居住建筑采用，但在冻土深度较大的地区不宜采用。

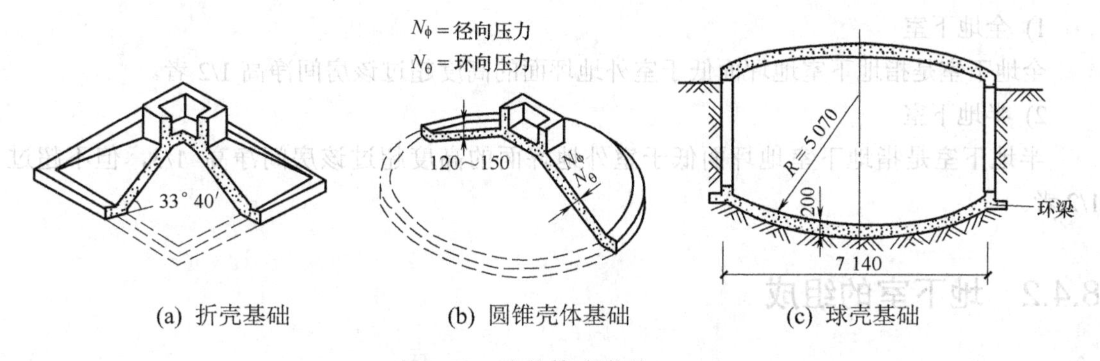

图 8-26　壳体基础(单位：mm)

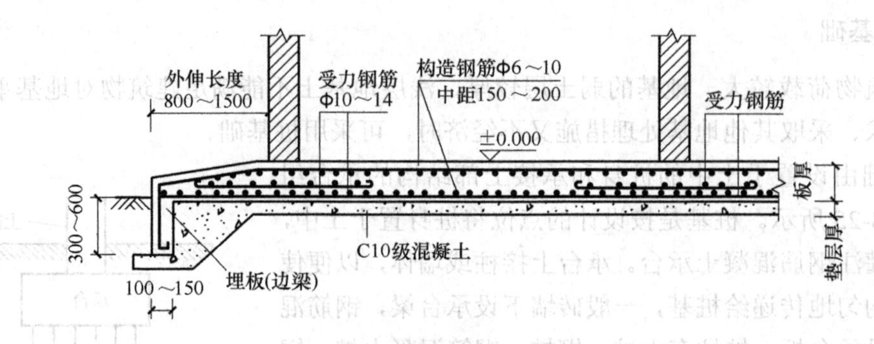

图 8-27　不埋板式基础(单位：mm)

8.4　地下室构造

地下室是建筑物设在首层以下的房间，可作为设备间、储藏间、商场、车库以及战备工程等。高层建筑利用深基础可建多层地下室，不仅可以增加使用面积，而且可省去室内填土的费用。

8.4.1　地下室的分类

1．按使用性质分

1) 普通地下室

普通地下室是建筑空间向地下的延伸，一般用作高层建筑的地下停车库、设备用房等，根据用途及结构需要可做成 1 层或 2、3 层、多层地下室。

2) 人防地下室

人防地下室是有人民防空要求的地下空间，用以妥善解决战时应急状态下人员的隐蔽和疏散，并具有保障人身安全的各项技术措施，设计时应严格遵照人防工程的有关规范进行。

2．按埋入地下深度分

1) 全地下室

全地下室是指地下室地坪面低于室外地坪面的高度超过该房间净高 1/2 者。

2) 半地下室

半地下室是指地下室地坪面低于室外地坪面的高度超过该房间净高 1/3，但不超过 1/2 者。

8.4.2　地下室的组成

地下室一般由墙体、底板、顶板、门、窗和采光井等部分组成，如图 8-28 所示。

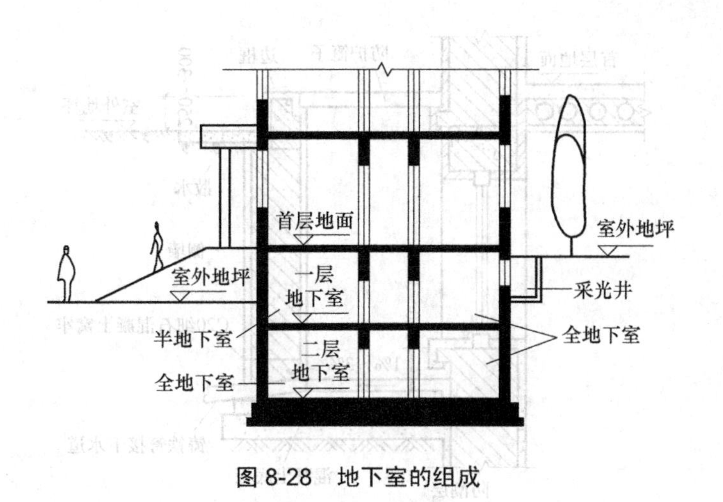

图 8-28　地下室的组成

1．墙体

地下室的墙体不仅承受上部的垂直荷载，还要承受土、地下水及土壤冻胀时产生的侧压力，所以地下室的墙厚度应经过计算确定。采用筏形基础的地下室，应采用防水混凝土，钢筋混凝土外墙厚度不应小于 250mm，内墙厚度不宜小于 200mm。如果地下水位较低则可采用砖墙，其厚度不应小于 490mm。

2．顶板

地下室的顶板采用现浇或预制钢筋混凝土板。防空地下室的顶板，一般应用预制板时，往往需在板上浇筑一层钢筋混凝土整体层，以保证顶板的整体性。

3．底板

地下室的底板不仅承受作用于其上面的垂直荷载，而且在地下水位高于地下室底板时，还必须承受地下水的浮力，所以要求底板应具有足够的强度、刚度和抗渗能力，地下室底板常采用现浇钢筋混凝土板。

4．门和窗

地下室的门、窗与地上部分相同。防空地下室的门应符合相应等级的防护和密闭要求，一般采用钢门或钢筋混凝土门。防空地下室一般不允许设窗。

5．采光井

当地下室的窗在地面以下时，为达到采光和通风的目的，应设置采光井，一般每个窗设 1 个，当窗的距离很近时，也可将采光井连在一起。采光井由侧墙、底板、遮雨设施或铁篦子组成，侧墙一般为砖墙，采光井底板则由混凝土浇筑而成，如图 8-29 所示。

采光井的深度应根据地下室窗台的高度确定，一般采光井底板顶面应比窗台低 250～300mm。采光井在进深方向(宽)为 1 000mm 左右，在开间方向(长)应比窗宽大 1 000mm。采光井侧墙顶面应比室外地面标高高出 250～300mm，以防止地面水流入。

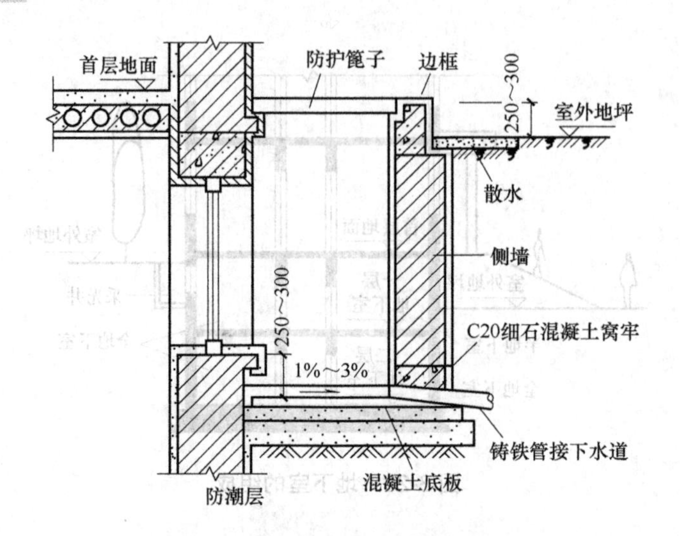

图 8-29　采光井的构造(单位：mm)

人防地下室属于箱形基础的范围，其组成部分同样有顶板、底板、侧墙、门窗及楼梯等。另外，人防地下室还应有防护室、防毒通道(前室)、通风滤毒室、洗消间及厕所等。为保证疏散，地下室的房间出口应不设门而以空门洞为主。与外界联系的出入口应设置防护门，出入口至少应有两个。其具体做法是一个与地上楼梯连接，另一个与人防通道或专用出口连接。为兼顾平时利用可在外墙侧开设采光窗并设置采光井。

8.4.3　地下室的防潮、防水构造

地下室的外墙和底板都埋在地下，长期受到地潮和地下水的侵蚀，忽视或处理不当，会导致墙面及地面受潮、生霉，面层脱落，严重者危及其耐久性。因此解决地下室的防潮、防水成为其构造设计的主要问题。

1. 地下室防潮构造

当设计最高地下水位低于地下室底板，且基地范围内的土壤及回填土无形成上层滞水的可能时，可采用防潮做法。

防潮的具体做法如下：外墙面抹 20mm 厚 1∶2.5 水泥砂浆，且高出地面散水 300mm，再刷冷底子油 1 道、热沥青 2 道至地面散水底部；地下室外墙四周 500mm 左右回填低渗透性土壤，如黏土、灰土(1∶9 或 2∶8)等，并逐层夯实，在地下室地坪结构层和地下室顶板下高出散水 150mm 左右处墙内设 2 道水平防潮层，如图 8-30(a)所示。地坪防潮构造如图 8-30(b)所示。

2. 地下室防水构造

当设计最高地下水位高于地下室底板标高且地面水可能下渗，应采用防水做法。

1) 防水构造基本要求

(1) 地下室防水工程设计方案应遵循“以防为主、以排为辅”的基本原则，因地制

宜，设计先进，防水可靠，经济合理，可按地下室防水工程设防的要求进行设计。

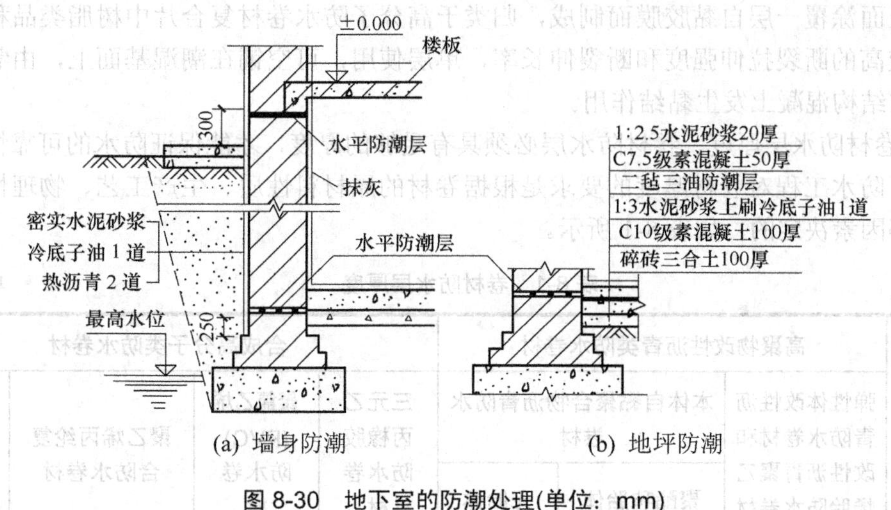

图 8-30　地下室的防潮处理(单位：mm)

(2) 一般地下室防水工程设计，外墙主要起抗水压或自防水作用，需做卷材外防水(即迎水面处理)，卷材防水做法应遵照国家有关规定施工。

(3) 地下工程比较复杂，设计时必须了解地下土质、水质及地下水位情况，采取有效设防，保证防水质量。

(4) 地下室最高水位高于地下室地面时，地下室设计应考虑采用整体钢筋混凝土结构，保证防水效果。

(5) 地下室设防标高的确定，根据勘测资料提供的最高水位标高，再加上 500mm 为设防标高。上部可以做防潮处理，有地表水按安全防水地下室设计。

(6) 地下室防水，根据实际情况，可采用柔性防水或刚性防水，必要时可以采用刚柔结合防水方案。在特殊要求下，可以采用架空、夹壁墙等多道设防方案。

(7) 地下室外防水无工作面时，可采用外防内贴法，有条件时改为外防外贴法施工。

(8) 地下室外防水层的保护，可以采取软保护层，如聚苯板等。

(9) 对于特殊部位，如变形缝、施工缝、穿墙管、埋件等薄弱环节要精心设计，按要求做细部处理。

2) 防水构造做法

(1) 卷材防水(柔性防水)。

卷材防水是利用胶结材料将卷材黏结在基层上，形成防水层。

① 防水卷材的品种。防水卷材的品种规格和层数，应根据地下工程防水等级、地下水位高低及水压力作用状况、结构构造形式和施工工艺等因素确定。卷材外观质量、品种规格应符合现行国家标准或行业标准。卷材及其胶黏剂应具有良好的耐水性、耐久性、耐刺穿性、耐腐蚀性和耐菌性。

改性沥青防水卷材如 SBS 改性沥青油毡，耐候性强，适应-20～80℃，延伸率较大，弹性较好，施工方便，得到广泛应用。PVC 防水卷材，其耐耗性、耐化学腐蚀性、耐冲击力、延伸率等均较改性沥青油毡大大提高，且施工方便，防水性能强，在防水工程中得到广泛应用。高分子自黏胶膜防水卷材是近年来在地下工程防水中使用的新产品，是在高密度聚乙烯膜表面涂覆一层自黏胶膜而制成，归类于高分子防水卷材复合片中树脂类品种，其特点是有较高的断裂拉伸强度和断裂伸长率，单层使用，可空铺在潮湿基面上，由卷材表面的胶膜与结构混凝土发生黏结作用。

② 卷材防水层厚度。卷材防水层必须具有足够的厚度，才能保证防水的可靠性和耐久性。地下防水工程对卷材厚度的要求是根据卷材的原材料性质、生产工艺、物理性能与使用环境等因素决定的，如表 8-1 所示。

表 8-1 卷材防水层厚度　　单位：mm

<table>
<tr><th rowspan="3">卷材品种</th><th colspan="3">高聚物改性沥青类防水卷材</th><th colspan="4">合成高分子类防水卷材</th></tr>
<tr><th rowspan="2">弹性体改性沥青防水卷材和改性沥青聚乙烯胎防水卷材</th><th colspan="2">本体自黏聚合物沥青防水卷材</th><th rowspan="2">三元乙丙橡胶防水卷材</th><th rowspan="2">聚氯乙烯(PVC)防水卷材</th><th rowspan="2">聚乙烯丙纶复合防水卷材</th><th rowspan="2">高分子自黏胶膜防水卷材</th></tr>
<tr><th>聚酯毡胎体</th><th>无胎体</th></tr>
<tr><td>单层厚度</td><td>≥4</td><td>≥3</td><td>≥1.5</td><td>≥1.5</td><td>≥1.5</td><td>卷材：≥0.9
黏结料：≥1.3
芯材厚度≥0.6</td><td>≥1.2</td></tr>
<tr><td>双层总厚度</td><td>≥(4+3)</td><td>≥(3+3)</td><td>≥(1.5+1.5)</td><td>≥(1.2+1.2)</td><td>≥(1.2+1.2)</td><td>卷材：≥(0.7+0.7)
黏结料：≥(1.3+1.3)
芯材厚度≥0.5</td><td>—</td></tr>
</table>

③ 卷材防水做法。卷材防水层应铺设在地下室混凝土结构的迎水面，这种做法称为外防水，如图 8-31(a)所示。在维护修缮工程中，有时将防水层贴在地下室外墙的内表面，这种做法称为内防水，如图 8-31(c)所示。内防水施工方便，容易维修，但对防水不利。

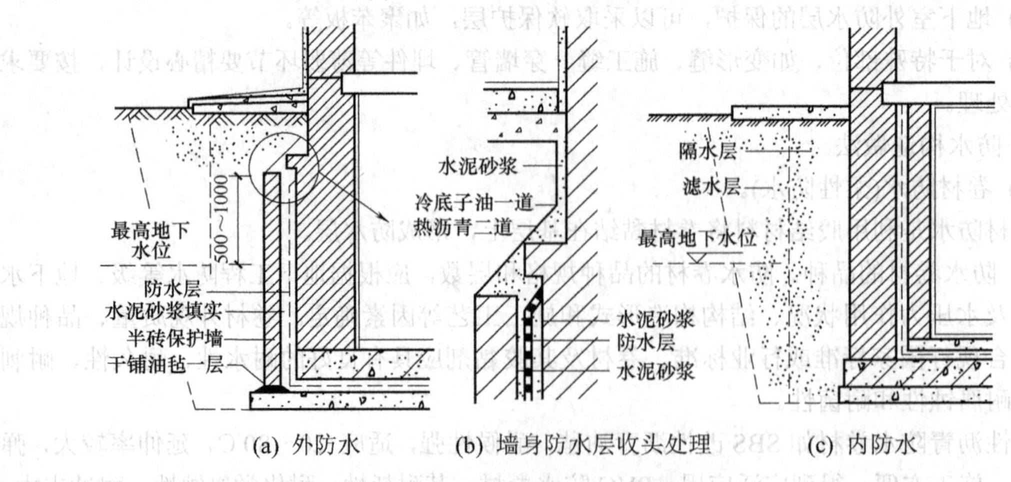

(a) 外防水　(b) 墙身防水层收头处理　(c) 内防水

图 8-31 外防水与内防水

外防水按其保护墙施工先后顺序及卷材铺设位置，可分为外防外贴法和外防内贴法两种，如图 8-32 所示。

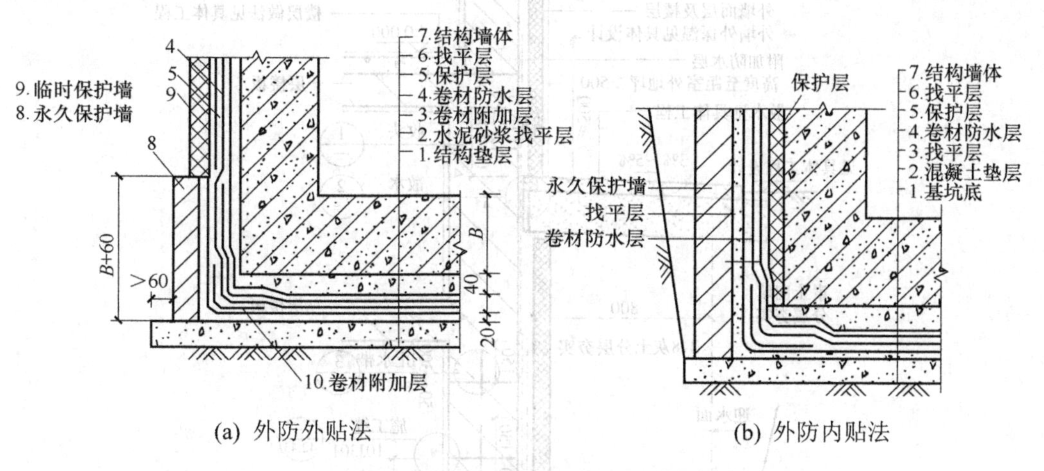

(a) 外防外贴法　　　(b) 外防内贴法

图 8-32　外防外贴法与外防内贴法

外墙防水其他构造如图 8-33 所示。

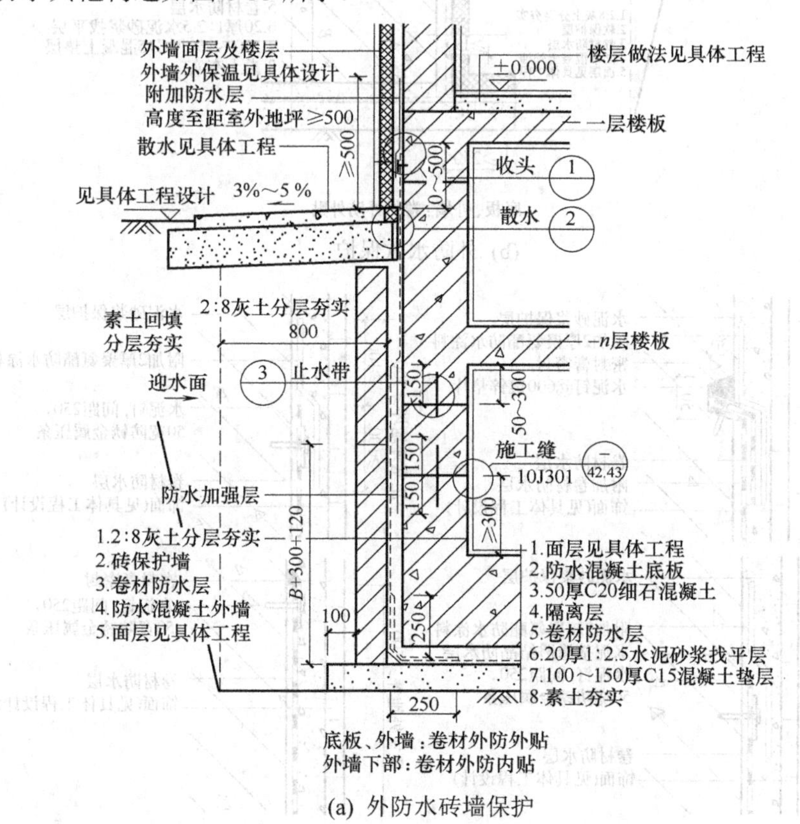

(a) 外防水砖墙保护

图 8-33　外防水保护墙(单位：mm)

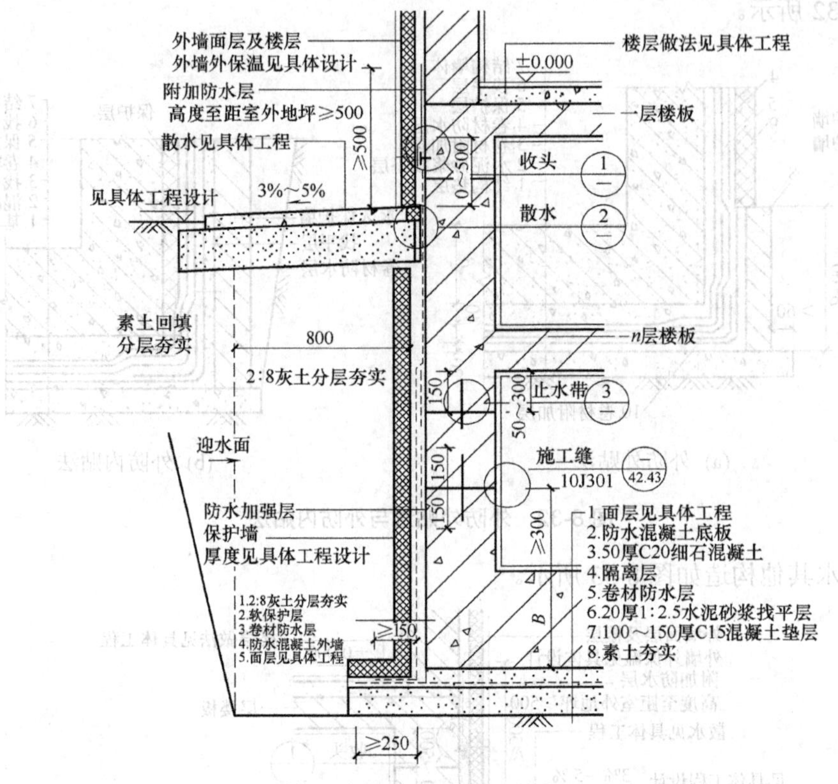

底板、外墙：卷材外防外贴

(b) 外防水软保护

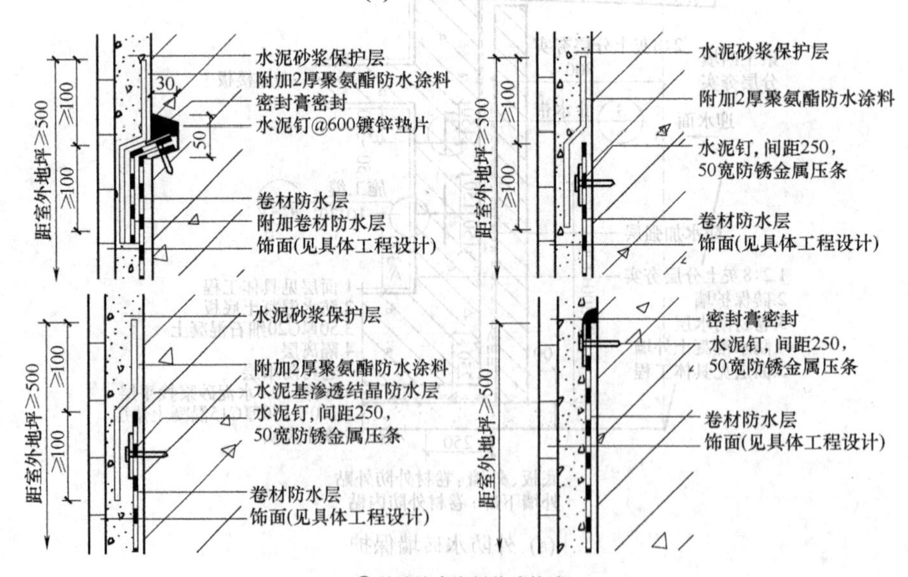

①外墙防水卷材收头构造

(c) 节点构造

图 8-33　外防水保护墙(续)

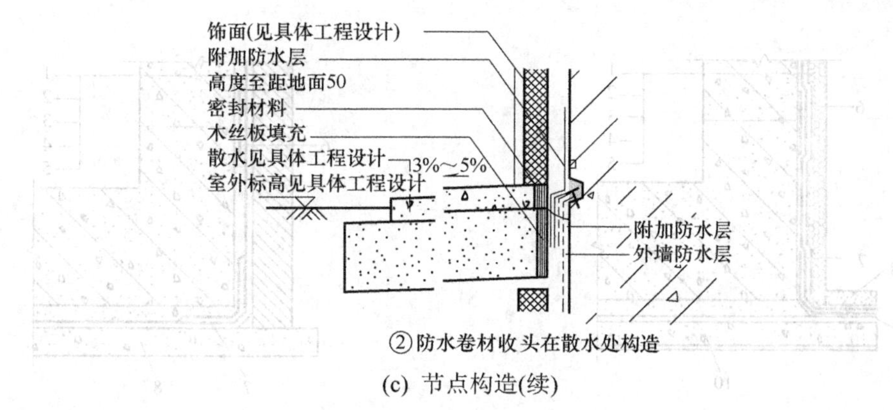

(c) 节点构造(续)

图 8-33　外防水保护墙(续)

(2) 刚性防水。

① 防水混凝土防水。防水混凝土与普通混凝土配置是一样的，不同之处在于优化集料级配，合理提高混凝土中水泥砂浆含量，使之将集料间的缝隙填实，堵塞混凝土中易出现的渗水通道。同时加入适量外加剂，目前多采用以氯化铝、氯化铁等为主要成分的防水剂，提高混凝土的密实性，达到防水的作用。

② 水泥砂浆防水。水泥砂浆防水层应包括聚合物水泥防水砂浆、掺外加剂或掺和料的防水砂浆，宜采用多层抹压法施工。

水泥砂浆防水层可用于结构主体的迎水面或背水面，不应用于受持续振动或温度高于80℃的地下工程防水。水泥砂浆防水层应在基础垫层、初期支护围护结构及内衬结构验收合格后方可施工。水泥砂浆品种和配合比设计应根据防水工程要求确定。

(3) 涂料防水。

涂料防水层包括无机防水涂料和有机防水涂料。无机防水涂料可选用掺外加剂、掺和料的水泥基防水涂料、水泥基渗透结晶型涂料；有机防水涂料可选用反应型、水乳型、聚合物水泥等涂料。

无机防水涂料宜用于结构主体的背水面，有机防水涂料宜用于结构主体的迎水面。用于背水面的有机防水涂料应具有较高的抗渗性，且与基层有较强的黏结性，如图 8-34、图 8-35 所示。

(4) 辅助防水措施。

对地下建筑除以上所述直接防水措施以外，还应采用间接防水措施。如人工降水、排水措施，消除或限制地下水对地下建筑物的影响程度，可分为外降排水法和内降排水法。

① 外降排水法。地下建筑物四周，在低于地下室地坪标高处设置降排水措施——盲沟排水，迫使地下水透入盲管内排至城市或区域中的排水系统，如图 8-36(a)所示。

② 内降排水法。主要用于二次防水系统。在地下室内设置自流排水沟和集水井，将渗入地下室内的水采用人工方法用抽水泵排除。为减少或限制因渗水造成对室内的影响，往往设置架空层，其构造做法如图 8-36(b)所示。

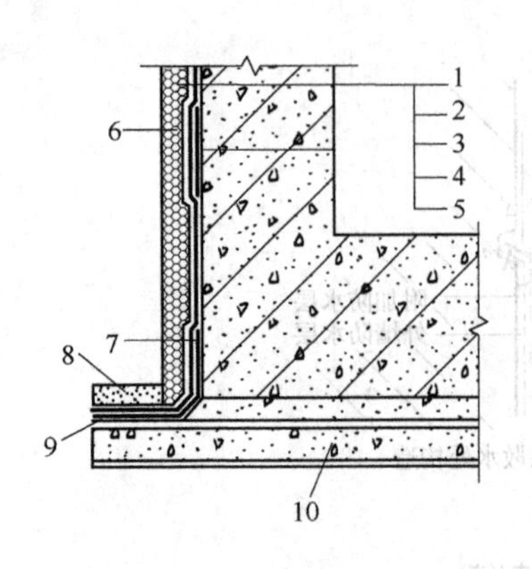

图 8-34 防水涂料外防外涂做法

1—保护墙；2—砂浆保护层；3—涂料防水层；
4—砂浆找平层；5—结构墙体；
6—涂料防水层加强层；7—涂料防水加强层；
8—涂料防水层搭接部位保护层；
9—涂料防水层搭接部位；10—混凝土垫层

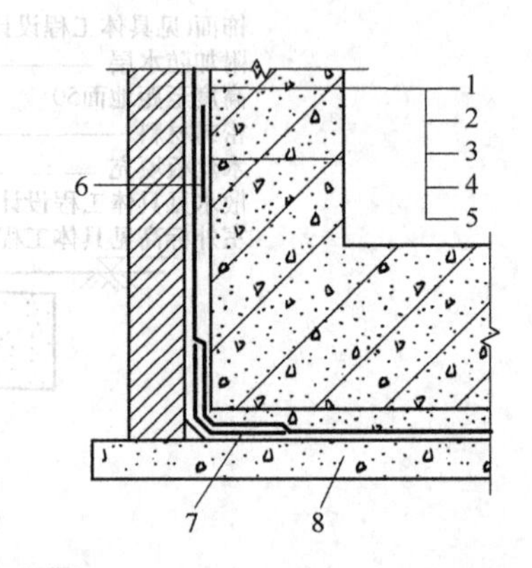

图 8-35 防水涂料外防内涂做法

1—保护墙；2—涂料保护层；3—涂料防水层；
4—找平层；5—结构墙体；6—涂料防水层加强层；
7—涂料防水加强层；8—混凝土垫层

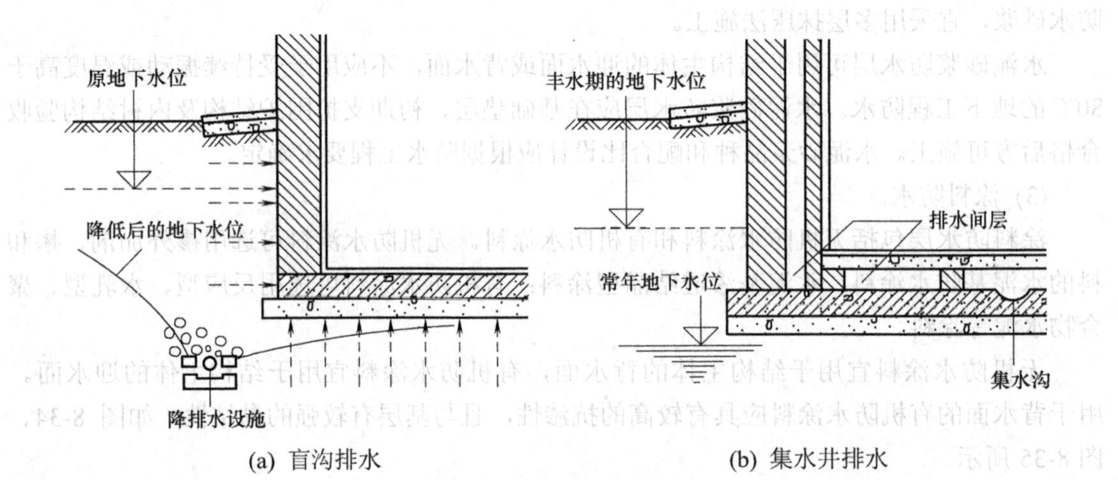

(a) 盲沟排水　　(b) 集水井排水

图 8-36 人工降排水措施

思考题

1. 基础、地基的概念是什么？
2. 什么是人工地基和天然地基？
3. 什么是基础的埋深？如何确定基础的埋深？
4. 基础如何分类？
5. 什么是刚性基础和刚性角？什么是非刚性基础？

6. 常见基础构造类型有哪些？各有何特点？
7. 不同埋深的基础如何处理？
8. 地下室的类型及构造组成是什么？
9. 地下室的采光井应注意哪些构造问题？
10. 如何确定地下室是防潮还是防水？其构造各有何特点？
11. 常用的地下室防水措施有哪些？并简述其防水构造原理。
12. 抄绘某条形基础的平面图，并设计绘制 2～3 个基础断面图。

第 9 章　墙　　体

墙体是建筑物的重要组成部分，其耗材、造价、自重和施工周期在建筑的各个组成构件中往往占据重要的位置。因而在工程设计中，合理地选择墙体材料、结构方案和构造做法十分重要。

9.1　墙体的作用、类型及设计要求

9.1.1　墙体的作用

墙体是房屋的重要组成部分，具体作用主要体现在以下 4 个方面。

1．承重作用

墙体承受着各楼层及屋顶传下的垂直方向的荷载、水平方向的风荷载、地震作用以及自身重量等。

2．围护作用

墙体抵御风、雨、雪的侵袭，防止太阳辐射、噪声干扰及室内热量的散失，起保温、隔热、隔声、防水等作用。

3．分隔作用

墙体将房屋内部划分为若干个小空间，以满足功能分区要求。

4．装饰作用

装饰后的墙面能够满足室内外装饰及使用功能要求，对改善整个建筑物的内外环境作用很大。

9.1.2　墙体的类型

根据墙体在建筑物中的位置、受力情况、材料选用、构造形式、施工方法的不同，可将墙体分为不同类型。

1．按墙体所处位置分类

墙体按所处位置不同，可以分为外墙和内墙。外墙位于房屋的四周，又称外围护墙；内墙位于房屋内部，主要起分隔内部空间的作用。

墙体按布置方向不同又可以分为纵墙和横墙。凡沿建筑物短轴方向布置的墙称为横墙，

横向外墙俗称为山墙；凡沿建筑物长轴方向布置的墙称为纵墙。

另外，根据墙体与门窗的位置关系，墙体又有窗间墙、窗下墙、女儿墙之分。平面上窗洞口之间或窗洞与门洞之间的墙称为窗间墙；立面上窗洞口之间的墙称为窗下墙，又称窗肚墙；外墙突出屋顶的部分称为女儿墙。

不同位置的墙体名称如图 9-1、图 9-2 所示。

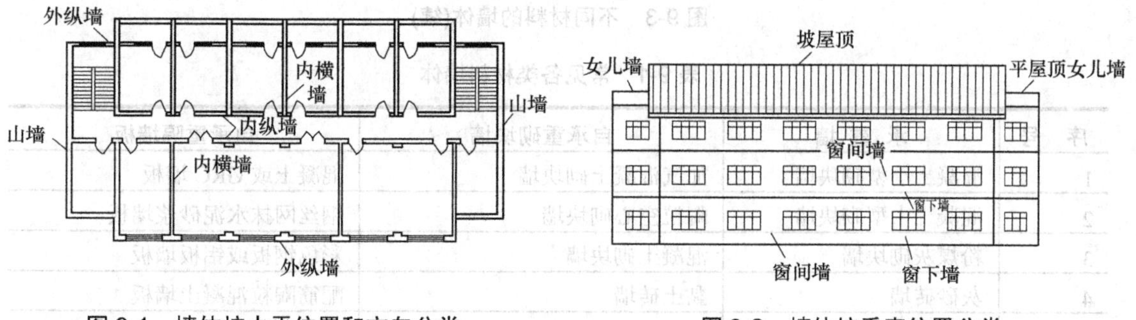

图 9-1　墙体按水平位置和方向分类　　图 9-2　墙体按垂直位置分类

2．按墙体受力情况分类

墙体按结构垂直方向的受力情况不同可以分为承重墙和非承重墙。承重墙直接承受上部楼板及屋顶传下来的荷载；凡不承受外来荷载的墙称非承重墙。砖混结构中，非承重墙可以分为自承重墙和隔墙。自承重墙仅承受自身重量，并把自重传给基础；隔墙则把自重传给楼板层或附加的小梁。框架结构中，非承重墙分为填充墙和幕墙。填充墙是位于框架梁柱之间的墙体；当墙体悬挂于框架梁柱的外侧起围护作用时，称为幕墙，例如金属、玻璃或石材幕墙等。幕墙的自重由其连接固定部位的梁柱承担。

3．按墙体材料分类

墙体按所用材料不同可分为砖墙、石墙、土墙、混凝土墙以及利用多种工业废料制作的砌块墙等，如图 9-3 所示。砖墙是我国传统的墙体材料，应用最广。产石地区利用石块砌墙具有很好的经济价值。土墙是就地取材、造价低廉的地方性墙体。利用工业废料发展各种墙体材料是墙体改革的重要课题，应予以重视。目前，各种新材料的墙体层出不穷，其中常见的各类墙体如表 9-1 所示。

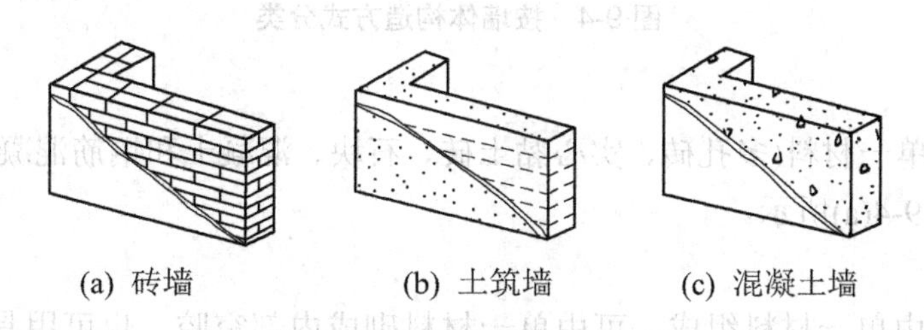

(a) 砖墙　　(b) 土筑墙　　(c) 混凝土墙

图 9-3　不同材料的墙体

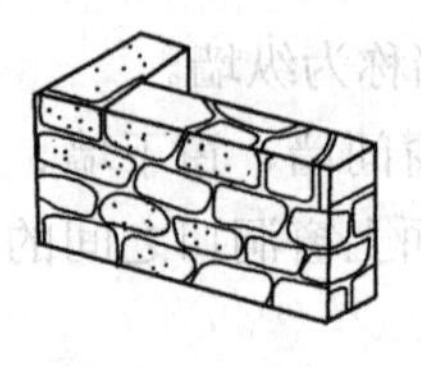

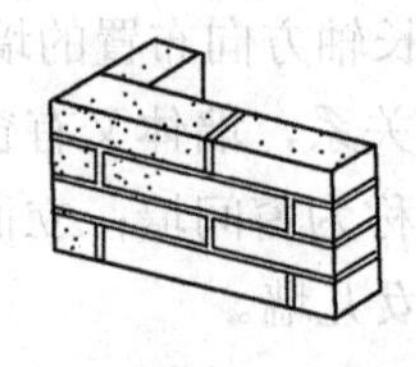

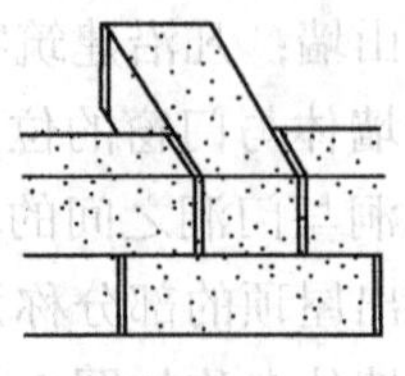

(d) 毛石墙　　(e) 条石墙　　(f) 砌块墙

图 9-3　不同材料的墙体(续)

表 9-1　常见各类材料墙体

序　号	承 重 墙	自承重砌块墙	自承重隔墙板
1	混凝土小型砌块墙	加气混凝土砌块墙	混凝土或 GRC 墙板
2	混凝土中型砌块墙	陶粒空心砌块墙	钢丝网抹水泥砂浆墙板
3	粉煤灰砌块墙	混凝土砌块墙	彩色钢板或铝板墙板
4	灰砂砖墙	黏土砖墙	配筋陶粒混凝土墙板
5	粉煤灰砖墙	灰砂砖墙	轻集料混凝土墙板
6	现浇钢筋混凝土墙		轻钢龙骨石膏板或硅钙板
7	黏土多孔砖墙		铝合金玻璃隔断墙

注：墙体材料的技术性能及选用要点参见《全国民用建筑工程设计技术措施——建筑产品选用技术》(2009)。

4．按墙体构造形式分类

墙体按构造形式不同可分为实体墙、空体墙和组合墙 3 种，如图 9-4 所示。

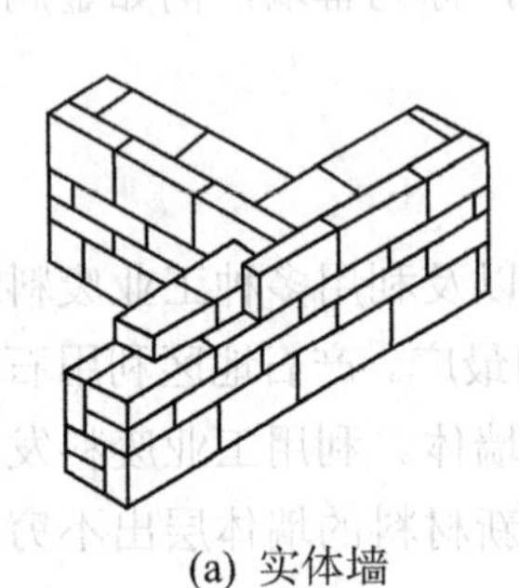

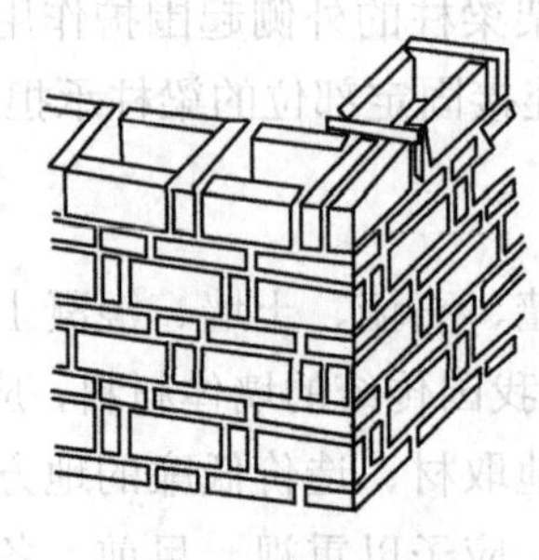

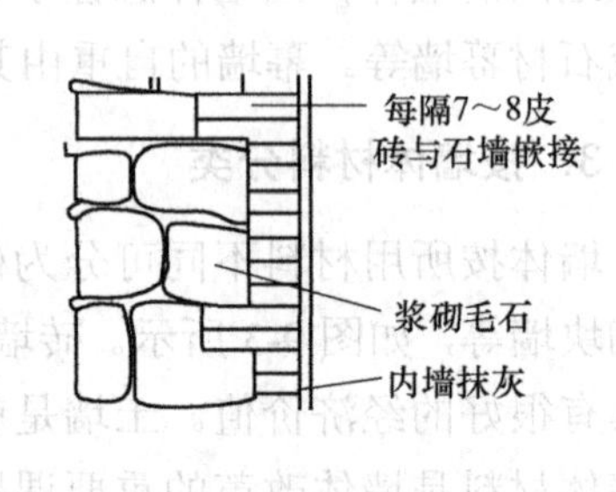

(a) 实体墙　　(b) 空体墙(空斗墙)　　(c) 组合墙

图 9-4　按墙体构造方式分类

1) 实体墙

实体墙是由单一材料(多孔砖、实心黏土砖、石块、混凝土和钢筋混凝土等)组成不留空隙的墙体，如图 9-4(a)所示。

2) 空体墙

空体墙也是由单一材料组成，可由单一材料砌成内部空腔，也可用具有孔洞的材料建造墙，如空斗砖墙、空心砌块墙等，如图 9-4(b)所示。

3) 组合墙

组合墙由两种以上材料组合而成，如图 9-4(c)所示。通常这种墙体的主体结构为砖或钢筋混凝土，其一侧或墙体中间为轻质保温板材。按保温材料设置位置不同，可分为外保温墙、内保温墙和夹心墙，如图 9-5 所示。

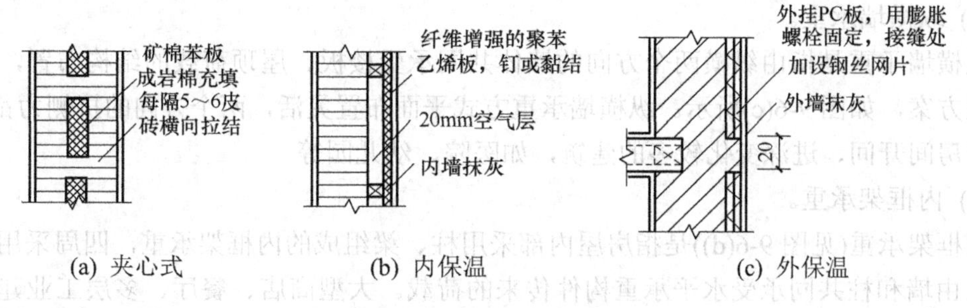

图 9-5　组合砖墙的构造

5．按施工方法分类

按施工方法不同墙体有叠砌墙、板筑墙、装配式板材墙 3 种。叠砌墙是将各种加工好的块材(如普通实心砖、空心砖、加气混凝土砌块)用砂浆按一定的技术要求砌筑而成的墙体；板筑墙是直接在墙体部位竖立模板，在模板内夯筑黏土或浇筑混凝土，经振捣密实而成的墙体，如夯土墙和大模板、滑模施工的混凝土墙；装配式板材墙是将工厂生产的大型板材运至现场进行机械化安装而成的墙，如 GRC 墙板、钢丝网抹水泥砂浆墙板、彩色钢板或铝合金墙板、配筋陶瓷混凝土墙板、轻集料混凝土墙板等。

9.1.3　墙体的设计要求

在选择墙体材料和确定构造方案时，考虑墙体不同的作用，应分别满足结构与抗震、热工、隔声、防火、工业化等不同要求。

1．满足结构与抗震要求

以墙体承重为主的低层或多层砖混结构，一般要求各层的承重墙上下对齐，各层门窗洞口也以上下对齐为佳。此外还需考虑以下几方面要求。

1) 合理选择墙体结构布置方案

混合结构房屋墙体的结构布置按其竖向荷载传递路线不同，大致分为 4 种承重方案：横墙承重、纵墙承重、纵横墙承重和内框架承重。

(1) 横墙承重。

横墙承重是指将楼板及屋面板等水平承重构件搁置在横墙上，楼面及屋面荷载依次通过楼板、横墙、基础传递给地基，纵墙只起到加强纵向稳定、拉结以及承受自重的作用，如图 9-6(a)所示。此种方案适用于房间开间尺寸不大、墙体位置比较固定的建筑，如宿舍、旅馆、住宅等。

(2) 纵墙承重。

纵墙承重是指将楼板及屋面板等水平承重构件均搁置在纵墙上，屋面荷载依次通过楼板(梁)、纵墙、基础传递给地基，横墙只起分隔空间和连接纵墙的作用，如图 9-6(b)所示。

此种方案适用于使用上要求有较大空间的建筑，如办公楼、商店、教学楼中的教室、阅览室等。

(3) 纵横墙承重。

纵横墙承重是指由纵横两个方向的墙体共同承受楼板、屋顶荷载的结构布置，也称混合承重方案，如图9-6(c)所示。纵横墙承重方式平面布置灵活，两个方向的抗侧力都较好，适用于房间开间、进深变化较多的建筑，如医院、幼儿园等。

(4) 内框架承重。

内框架承重(见图9-6(d))是指房屋内部采用柱、梁组成的内框架承重，四周采用砌体墙承重，由墙和柱共同承受水平承重构件传来的荷载。大型商店、餐厅、多层工业建筑中一般用于该方案房屋的刚度主要由框架保证，水泥及钢材用量较多，且其抗震性能较低，目前已很少使用。

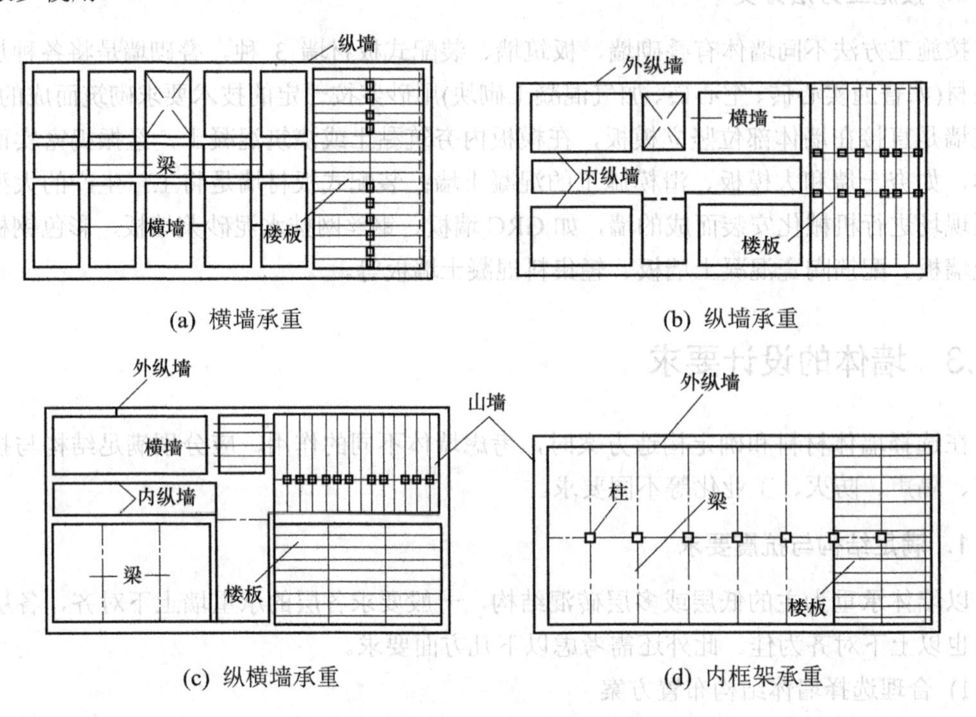

图9-6 墙体结构布置方案

不同墙体承重方案性能对比如表9-2所示。墙体布置必须同时考虑建筑和结构两方面要求，既满足建筑的功能与空间布局要求，又应选择合理的墙体结构布置方案，坚固耐久，经济适用。

2) 具有足够的强度、刚度和稳定性

墙体强度是指墙体承受荷载的能力，与所采用的材料、材料强度等级、墙体的截面积、构造和施工方式有关。作为承重墙的墙体，必须具有足够的强度以保证结构的安全。

刚度、稳定性与墙的高度、长度和厚度及纵横墙体间的间距有关。一般采用限制墙体高厚比、增加墙厚、提高砌筑砂浆强度等级、墙内加筋等办法来保证墙体的刚度和稳定性。墙、柱高厚比是指墙、柱的计算高度与墙厚的比值，高厚比越大，构件越细长，其稳定性越差，因此高厚比必须控制在允许值以内。为满足高厚比要求，通常在墙体开洞口部位设置门垛、在长而高的墙体中设置壁柱。

表 9-2　墙体承重方案性能对比

方案类型	适用范围	优　点	缺　点
横墙承重	小开间房屋如宿舍、住宅	横墙数量多，整体性好，房屋空间刚度大	建筑空间不灵活，房屋开间小
纵墙承重	大开间房屋如中学的教室	开间划分灵活，能分隔出较大的房间	房屋整体刚度差纵墙开窗受限制，室内通风不易组织
纵横墙承重	开间进深复杂的房屋	平面布置灵活	构件类型多、施工复杂

2. 满足建筑节能、热工要求

为贯彻国家的节能政策，必须通过建筑设计和构造措施来节约能耗。作为围护结构的外墙，在寒冷地区要具有良好的保温能力，以减少室内热量的损失，同时应避免出现凝聚水；在炎热地区，还应具有一定的隔热能力，以防室内过热。

1) 建筑热工设计分区

《民用建筑热工设计规范》(GB 50176)用累年最冷月(1 月)和最热月(7 月)平均温度作为分区主要指标，累年日平均温度≤5℃和≥25℃的天数作为辅助指标，将全国划分成 5 个建筑热工设计分区，即严寒、寒冷、夏热冬冷、夏热冬暖和温和地区，并提出相应的设计要求。

严寒地区：累年最冷月平均温度低于-10～0℃、日平均温度≤5℃天数≥145 天的地区，如黑龙江和内蒙古的大部分地区。这些地区应加强建筑物的防寒措施，一般可不考虑夏季防热。

寒冷地区：累年最冷月平均温度-10～0、日平均温度≤5℃天数 90～145 天的地区，如东北地区的吉林、辽宁，华北地区的山西、河北、北京、天津及内蒙古的部分地区。这个地区应以满足冬季保温设计要求为主，适当兼顾夏季防热。

夏热冬冷地区：最冷月平均温度为 0～10℃、最热月平均温度为 25～30℃、日平均温度≤5℃天数 0～90 天、日平均温度≥25℃天数 49～110 天的地区，如陕西、安徽、江苏南部、广东、广西、福建北部地区。这个地区必须满足夏季防热要求，适当兼顾冬季保温。

夏热冬暖地区：最冷月平均温度高于 10℃、最热月平均温度为 25～29℃、日平均温度≥25℃天数 100～200 天的地区，如广东、广西、福建南部地区和海南省。这个地区必须充分满足夏季防热要求，一般可不考虑冬季保温。

温和地区：最冷月平均温度 0～13℃、最热月平均温度 18～25℃、日平均温度≤5℃天数 0～90 天的地区，如云南全省和四川、贵州的部分地区。这个地区的部分地区应考虑冬季保温，一般不考虑夏季防热。

2) 保温要求

严寒的冬季，热量通过外墙由室内高温一侧向室外低温一侧传递的过程中，既产生热损失，又会遇到各种阻力，使热量不会突然消失，这种阻力称为热阻。热阻越大，通过墙体所传出的热量就越小，墙体的保温性能越好，反之则差。对于有保温要求的墙体，须提高其热阻，通常采取以下措施实现。

(1) 增加墙体的厚度——墙体热阻值与其厚度成正比，要提高墙身的热阻，可增加其厚度。

(2) 选择导热系数小的墙体材料——一般把导热系数值小于 0.23W/(m·K)的材料称为保温材料，选用如泡沫混凝土、加气混凝土矿棉及玻璃棉等做墙体材料。

(3) 墙中设置保温层——用导热系数小的材料与承重墙体一起形成保温墙体，使不同性质的材料各自发挥其功能。

(4) 墙中设置封闭空气间层——墙体中设封闭空气间层是提高保温能力有效且经济的方法，因此用空心砖、空心砌块等材料砌墙对保温有利。

(5) 采取综合保温与防热措施——如充分利用太阳能，在外墙设置空气置换层，将被动式太阳房外墙设计为一个集热/散热器。

(6) 改进外墙上门窗缝隙构造，防止能量损失。

3) 墙体隔热要求

我国南方地区，特别是长江流域、东南沿海等地，夏季炎热时间长，太阳辐射强烈，气温较高。为了使室内不致过热，应考虑对周围环境采取防热措施，并在建筑设计中加强对自然通风的组织，对外墙的构造设计进行隔热处理。由于外墙外表面受到的日晒时数和太阳辐射强度以东、西向最大，东南和西南向次之，南向较小，北向最小，所以隔热应以东、西向墙体为主，一般采取以下措施。

(1) 墙体外表面采用浅色而平滑的外饰面，如白色抹灰、贴陶瓷砖或马赛克等，形成反射，以减少墙体对太阳辐射热的吸收。

(2) 在窗口的外侧设置遮阳设施，以减少太阳对室内的直射。

(3) 在外墙内部设置通风间层，利用风压和热压作用，形成间层中空气不停地交换，从而降低外墙内表面的温度。

(4) 利用植被对太阳能的转化作用降温，即在外墙外表面种植各种攀缘植物等，利用植被的遮挡、蒸腾和光合作用，吸收太阳辐射热，从而起到隔热的作用。

3. 满足隔声要求

为保证建筑室内有一个良好的声学环境，对不同类型建筑、不同位置墙体应有隔声要求。墙体隔声主要是指隔离由空气直接传播的噪声。

隔声量是衡量墙体隔绝空气声能力的标志，隔声量越大，墙体的隔声性能越好。一般采取以下措施。

(1) 加强墙体缝隙的填密处理。

(2) 增加墙厚和墙体的密实性。

(3) 采用有空气间层或在间层中填充吸声材料的夹层墙。

(4) 尽量利用垂直绿化降低噪声。

4．满足防火要求

墙体材料的燃烧性能和耐火极限必须符合防火规范的规定，当建筑的占地面积或长度较大时，还应按防火规范要求设置防火墙，防止火灾蔓延。

5．适应工业化生产的需要

在大量民用建筑中，墙体工程量占相当的比重，同时其劳动力消耗大，施工工期长，因此，建筑工业化的关键是墙体改革。可通过提高机械化施工程度来提高工效、降低劳动强度，并应采用轻质高强的墙体材料，以减轻自重，降低成本。

此外，还应根据实际情况，考虑墙体的防潮、防水、防射线、防腐蚀及经济等方面的要求。

9.2 砌体墙的基本构造

砌体墙是用砂浆等胶结材料将砖石、砌块等块材按一定的技术要求组砌而成的墙体，如砖墙、石墙及各种砌块墙等，也简称为砌体。一般情况下，砌体墙具有一定的保温、隔热、隔声性能和承载能力，生产制造及施工操作简单，不需要大型的施工设备；但现场湿作业较多、施工速度慢、劳动强度较大。从我国实际情况出发，砌体墙在今后相当长的一段时期内仍将广泛采用。图9-7所示为常见的砌体墙。

(a) 土坯砖墙

(b) 天然石材墙

(c) 乱石墙

(d) 砌块墙

图9-7 砌体墙

9.2.1 砌体墙的材料

砌体墙包括块材和胶结材料两种材料，由胶结材料将块材砌筑成为整体的砌体。

1．块材

砌体墙采用的块材主要有各种砖、砌块等，如图9-8所示。

1) 砖

砖的种类很多，按材料分，有黏土砖、灰砂砖、页岩砖、煤矸石砖、水泥砖以及各种工业废料砖，如炉渣砖等；按外观分，有实心砖、空心砖和多孔砖；按制作工艺分，有烧结砖和蒸压砖。目前常用的有烧结普通砖、烧结多孔砖、蒸压粉煤灰普通砖、蒸压灰砂普通砖、混凝土普通砖、混凝土多孔砖等。

图 9-8　砌体墙材料

烧结普通砖指各种烧结的实心砖，其制作的主要原材料一般是黏土、粉煤灰、煤矸石和页岩等。烧结普通砖中的黏土砖，因其毁田取土，能耗大、块体小、施工效率低、砌体自重大、抗震性差等，在我国所有城市已被禁止使用。利用工业废料生产的粉煤灰砖、煤矸石砖、页岩砖等以及各种砌块、板材广泛使用。我国常用的烧结普通砖规格(长×宽×厚)为 240mm×115mm×53mm，当砌筑所需的灰缝宽度按施工规范取 8～12 mm 时，正好形成 4∶2∶1 的尺度关系，便于砌筑时相互搭接和组合，如图 9-9 所示。

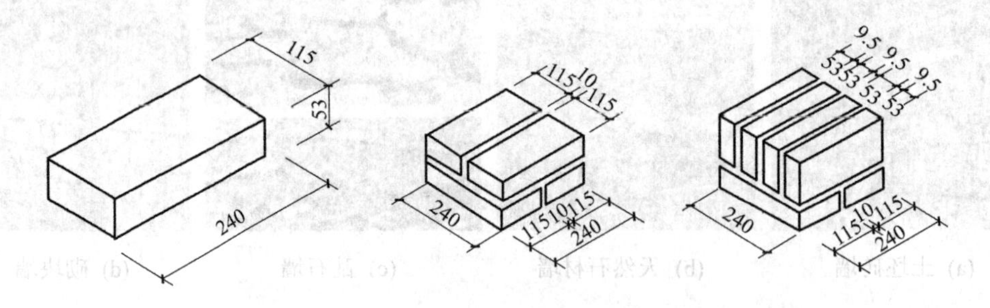

图 9-9　标准砖的尺寸关系(单位：mm)

空心砖和多孔砖的尺寸规格较多。目前，多孔砖分为模数多孔砖(DM 型)和普通多孔砖(KP1 型)两种。DM 型多孔砖共有 4 种类型：DM1(190mm×240mm×90mm)、DM2(190mm×190mm×90mm)、DM3(190mm×140mm×90mm)和 DM4(190mm×90mm×90mm)，并有配砖 DMP(190mm×90mm×40mm)，采用 1M 制组砌；KP1 型砖(240mm×115 mm×90mm)可用烧结普通砖和 178mm×115mm×90mm 的多孔砖做配砖，采用 2.5*M* 制组砌，与普通黏土砖非常近似，仅厚度改为 90mm，如图 9-10 所示。

砖的强度等级有 MU30、MU25、MU20、MU15、MU10 等。常用砖规格及强度等如表 9-3 所示。

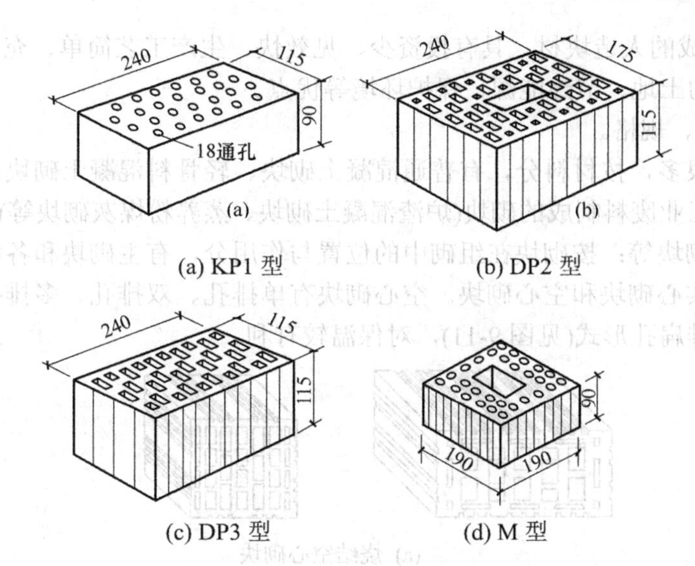

(a) KP1 型　　(b) DP2 型

(c) DP3 型　　(d) M 型

图 9-10　多孔砖规格尺寸(单位：mm)

表 9-3　常用砌墙砖种类、规格及强度名称

种　类	简　图	主要规格/mm	强度等级/MPa	密度/(kg·m^{-3})	主要产地
烧结普通砖		240×115×53	MU10～MU30	1 600～1 800	全国各地
烧结多孔砖		长宽高符合下列要求： 290、240、190、180、140、115、90 如： 190×190×90 240×180×115	MU10～MU30	1 000～1 300	全国各地
烧结空心砖		长：390、290、240、190、180(175)、140 宽：190、180(175)、140、115 高 180(175)、140、115、90	MU3.5～MU10	800～1 100	全国各地
蒸压灰砂砖		240×115×53 其他规格，由用户与厂商商定	MU10～MU25	1 700～1 850	全国各地

2) 砌块

砌块与砖的区别在于砌块的外形尺寸比砖大，是利用混凝土、工业废料(炉渣、粉煤灰

等)或地方材料制成的人造块材，具有投资少、见效快、生产工艺简单、充分利用工业废料和地方材料，节约土地、节约能源、保护环境等优点。

(1) 砌块种类、规格。

砌块的种类很多，按材料分，有普通混凝土砌块、轻骨料混凝土砌块、加气混凝土砌块以及利用各种工业废料制成的砌块(炉渣混凝土砌块、蒸养粉煤灰砌块等)；按功能分，有承重砌块和保温砌块等；按砌块在组砌中的位置与作用分，有主砌块和各种辅助砌块；按构造形式分，有实心砌块和空心砌块。空心砌块有单排孔、双排孔、多排孔等形式，其中多排孔通常为多排扁孔形式(见图 9-11)，对保温较有利。

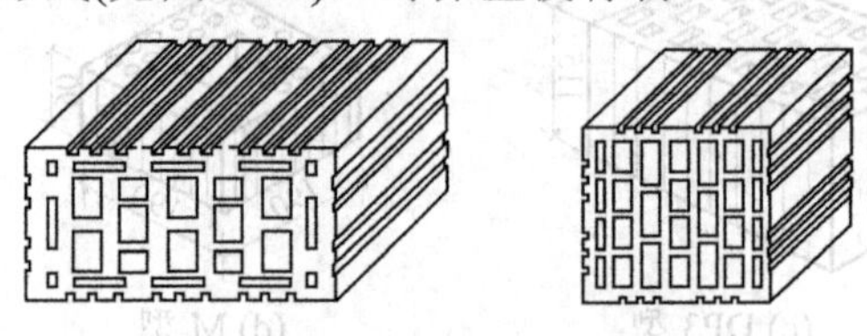

(a) 烧结空心砌块

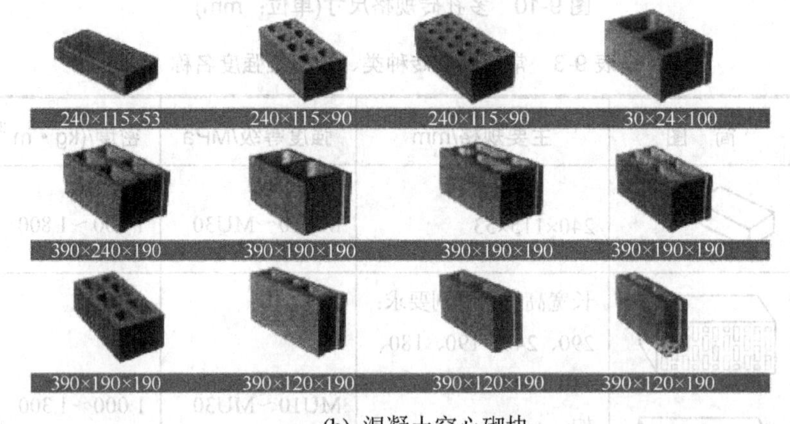

(b) 混凝土空心砌块

图 9-11　空心砌块的形式(单位：mm)

按尺寸、质量不同砌快有小型砌块、中型砌块和大型砌块。砌块系列中如果主规格的高度大于 115mm 而小于 380mm 的称作小型砌块，高度为 380～980mm 的称为中型砌块，高度大于 980mm 的称为大型砌块。实际使用中以中小型砌块居多。

(2) 砌块强度等级。

普通混凝土小型砌块强度等级如表 9-4 所示。

表 9-4　普通混凝土小型砌块的强度等级

砌块种类	承重砌块	非承重砌块
空心砌块	7.5，10.0，15.0，20.0，25.0	5.0，7.5，10.0
实心砌块	15.0，20.0，25.0，30.0，35.0，40.0	10.0，15.0，20.0

2．胶结材料

砌体墙所用胶结材料主要是砌筑砂浆。砌筑砂浆由胶凝材料(水泥、石灰等)、填充料(砂、矿渣、石屑等)混合加水搅拌而成，其作用是将块材黏结成砌体并均匀传力，同时还起着嵌缝作用，并可提高墙体的强度、稳定性及保温、隔热、隔声、防潮等性能。

砌筑砂浆要求有一定的强度，以保证墙体的承载能力，还要求有适当的稠度和保水性(即有良好的和易性)，且方便施工。

砌筑砂浆通常分为水泥砂浆、石灰砂浆和混合砂浆 3 种，砂浆性能主要从强度、和易性、耐水性等方面进行比较。水泥砂浆强度高、防潮性能好，但可塑性和保水性较差，主要用于受力和潮湿环境下的墙体，如地下室、基础墙等；石灰砂浆的强度、耐水性均差，但和易性好，用于砌筑强度要求低的墙体以及干燥环境的低层建筑墙体；混合砂浆由水泥、石灰膏、砂加水拌和而成，有一定的强度，和易性也好，常用于砌筑地面以上的砌体，使用比较广泛。

砂浆的强度等级有 M20、Ml5、M10、M7.5、M5、M2.5 等。在同一段砌体中，砂浆和块材的强度应有一定的对应关系，以保证砌体的整体强度。根据实验测得，砌体的强度随砖和砂浆强度等级的增高而增高，但不等于二者的平均值，而且是远低于平均值。

9.2.2 砌体墙的组砌方式

组砌是指块材在砌体中的排列。组砌的关键是错缝搭接，使上下皮块材的垂直缝交错，保证砌体墙的整体性。如果墙体表面或内部的垂直缝处于一条线上，即形成通缝(见图 9-12)，在荷载作用下，会使墙体的强度和稳定性显著降低。砖墙和砌块墙由于块材尺度和材料构造的差异，对墙体的组砌有不同的要求。

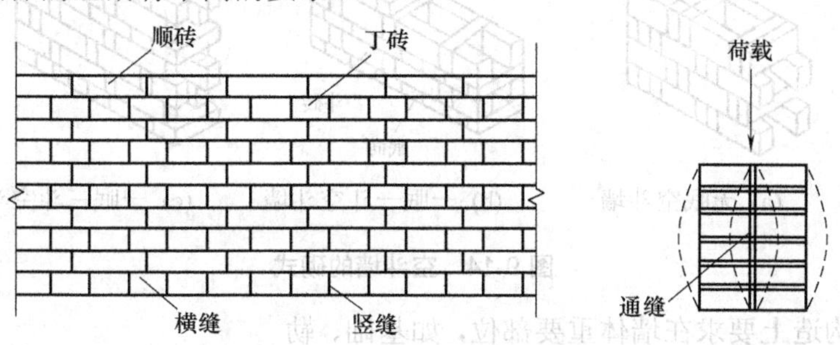

图 9-12　砖墙组砌名称与错缝

1. 砖墙的组砌

在砖墙的组砌中，砖的长边垂直于墙面砌筑的砖称为丁砖，砖的长边平行墙面砌筑的砖称为顺砖。上下皮之间的水平灰缝称横缝，左右两块砖之间的垂直缝称竖缝。每排列一层砖称为一皮。标准缝宽为 10mm，可以在 8～12mm 进行调节。为保证墙体的强度和稳定性，砌筑时要避免通缝，砌筑原则是：横平竖直、错缝搭接、灰浆饱满、厚薄均匀。当外墙面做清水墙时，组砌还应考虑墙面图案美观。

1) 实心砖墙

实心砖墙是用普通实心砖砌筑的实体墙。普通实心砖墙组砌时，上下皮错缝搭接长度不得小于 60mm，常采用顺砖和丁砖交替砌筑。常见的砌式有全顺式、一顺(或多顺)一顶式，每皮顶顺相间式，两平一侧式等，如图9-13所示。

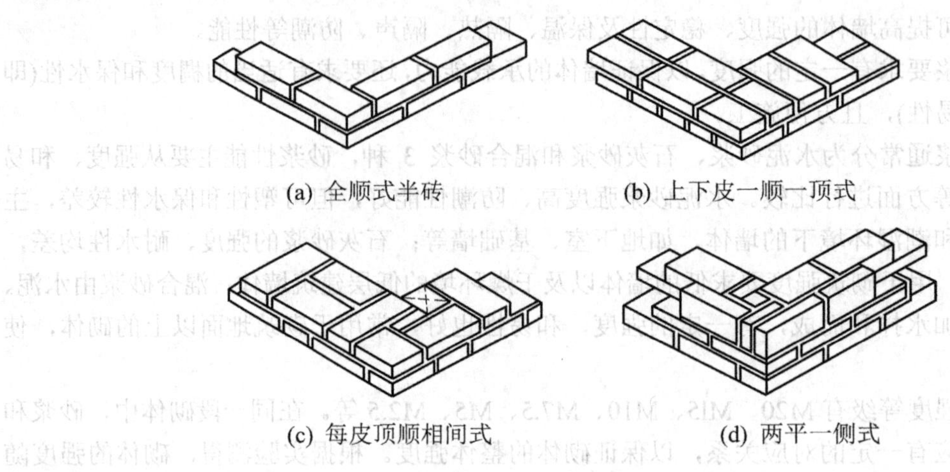

图9-13 砖墙的砌式

2) 空斗墙

空斗墙是用砖侧砌或平、侧交替砌筑成的空心墙体，侧砌的砖为斗砖，平砌的砖为眠砖。全由斗砖砌筑而成的墙称为无眠空斗墙；每隔1～3皮斗砖砌1皮眠砖的墙称为有眠空斗墙，如图9-14所示。

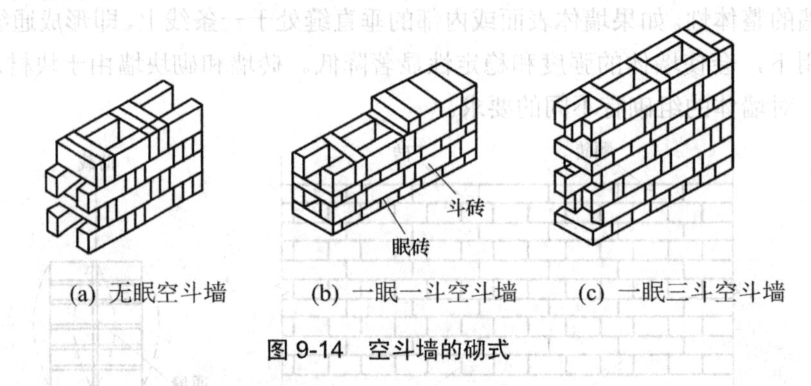

图9-14 空斗墙的砌式

空斗墙在构造上要求在墙体重要部位，如基础、勒脚、门窗洞口两侧，纵横墙交接处，梁板支座处采用眠砖实砌，如图9-15所示。

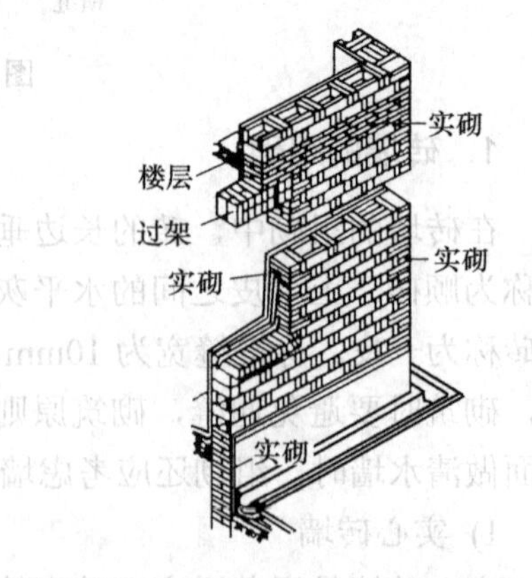

图9-15 空斗墙加固部位示意

3) 空心砖墙

空心砖墙，即用空心砖砌筑的墙，其砌筑方式有全顺式、一顺一丁式和丁顺相间式。DM型多孔砖一般采用整砖顺砌的方式，上下皮错开1/2砖，如图9-16所示。如出现不足一块空心砖的空隙，用实心砖填砌。空心砖墙体在±0.000以下基础部分不得使用空心砖，必须使用实心砖或其他基础材料砌筑。墙身可预留孔洞和竖槽，但不允许预留水平槽(女儿墙除外)，也不得临时用机械工具凿洞或射钉，以免破坏墙体。

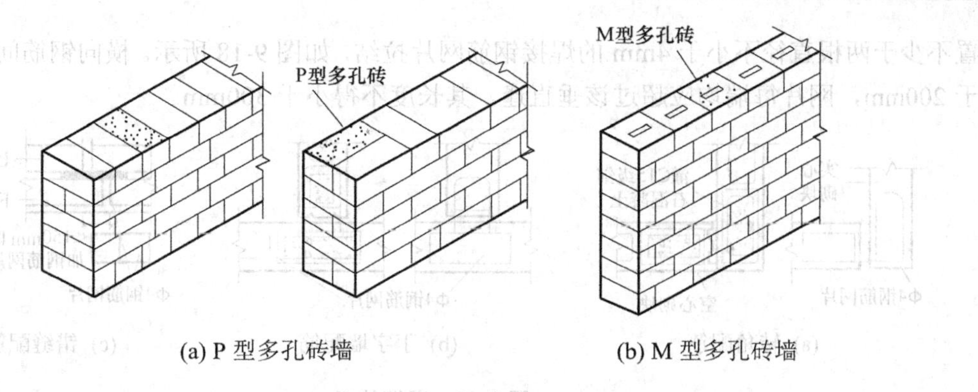

(a) P 型多孔砖墙 (b) M 型多孔砖墙

图 9-16 多孔砖墙的砌式

2. 砌块墙的组砌

砌块的组砌与砖墙不同的是，由于砌块规格较多、尺寸较大，为保证错缝以及砌体的整体性，应事先进行排列设计，并在砌筑过程中采取加固措施。排列设计是把不同规格的砌块在墙体中的安放位置用平面图和立面图加以表示，并注明每一砌块的型号，以便施工时按排列图进料和砌筑。砌块排列设计应满足以下要求。

(1) 上下皮砌块应错缝搭接，尽量减少通缝。

(2) 墙体交接处和转角处的砌块应彼此搭接，以加强其整体性。

(3) 优先采用大规格的砌块，使主砌块的总数量在 70%以上，以利加快施工进度。

(4) 尽量减少砌块规格，在砌块体中允许用极少量的普通砖来镶砌填缝，以方便施工。

(5) 空心砌块上下皮之间应孔对孔、肋对肋，以保证有足够的接触面。

砌块的排列组合如图 9-17 所示。

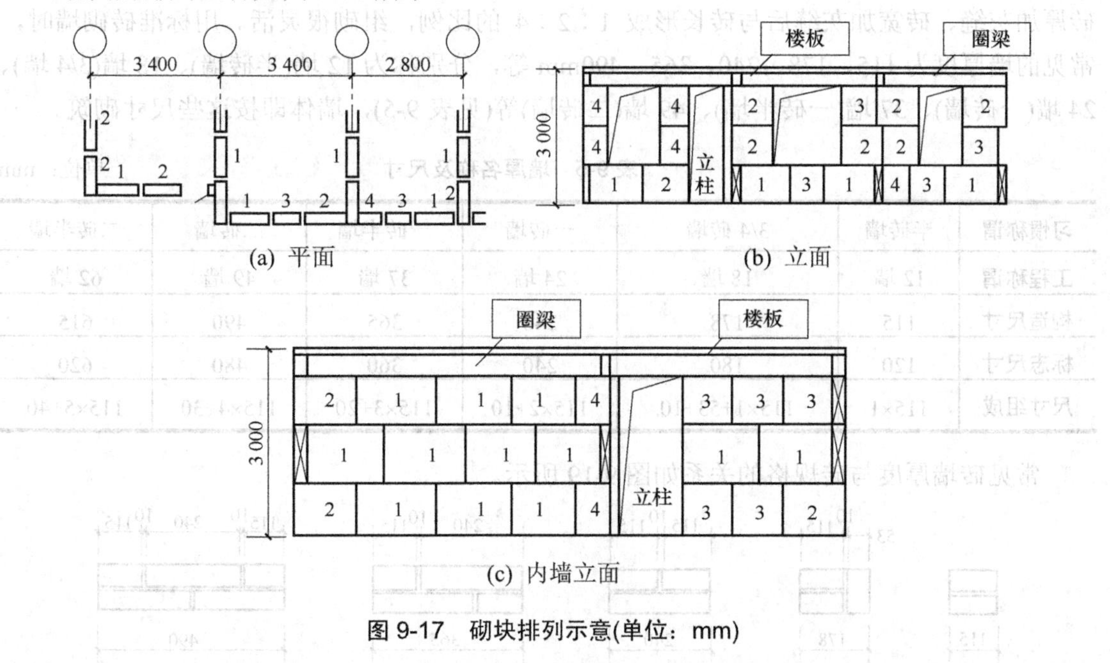

图 9-17 砌块排列示意(单位：mm)

砌块上下皮搭接长度不应小于 90m；当无法满足搭接长度要求时，在水平灰缝内应设

置不少于两根直径不小于4mm的焊接钢筋网片拉结，如图9-18所示。横向钢筋间距不宜大于200mm，网片每端均应超过该垂直逢，其长度不得小于300mm。

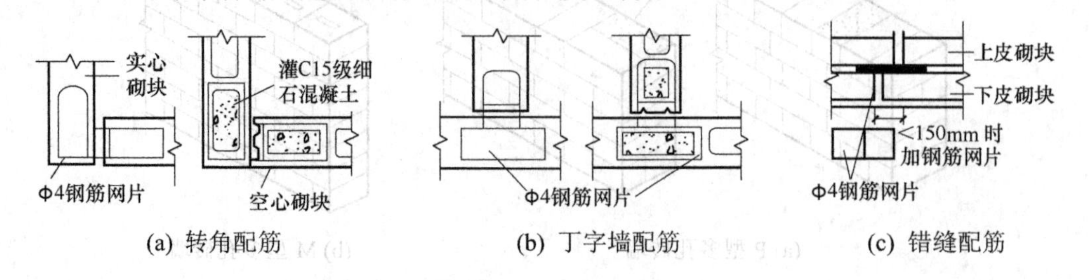

图9-18 通缝处理

9.2.3 砌体墙的尺度

砌体墙的尺度是指墙厚和墙段两个方向的尺寸，除应满足结构和功能设计要求之外，块材墙的尺度还必须符合块材的规格。根据块材尺寸和数量，再加上灰缝宽度，即可组成不同的墙厚和墙段。

1. 墙厚

墙厚主要由块材和灰缝的尺寸组合而成。

1) 实心砖墙

以常用的规格(长×宽×厚)240mm×115mm×53mm为例，用砖的3个方向的尺寸作为墙厚的基数，当错缝或墙厚超过砖块尺寸时，均按灰缝10mm进行砌筑。从尺寸上可以看出，砖厚加灰缝、砖宽加灰缝后与砖长形成1∶2∶4的比例，组砌很灵活。用标准砖砌墙时，常见的墙厚度为115、178、240、365、490mm等，分别称为12墙(半砖墙)、18墙(3/4墙)、24墙(一砖墙)、37墙(一砖半墙)、49墙(二砖墙)等(见表9-5)，墙体即按这些尺寸砌筑。

表9-5 墙厚名称及尺寸 单位：mm

习惯称谓	半砖墙	3/4砖墙	一砖墙	一砖半墙	二砖墙	二砖半墙
工程称谓	12墙	18墙	24墙	37墙	49墙	62墙
构造尺寸	115	178	240	365	490	615
标志尺寸	120	180	240	360	480	620
尺寸组成	115×1	115×1+53+10	115×2+10	115×3+20	115×4+30	115×5+40

常见砖墙厚度与砖规格的关系如图9-19所示。

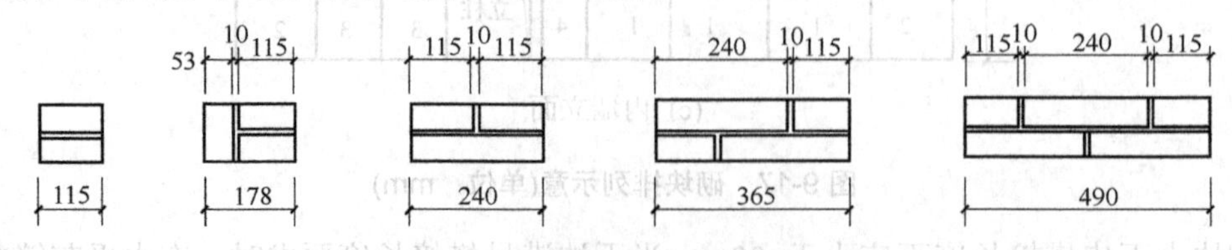

图9-19 墙厚与砖规格的关系(单位：mm)

2) 空心砖墙

空心砖墙的厚度及轴线定位与砖的类型、圈梁的设置等有关。

模数多孔砖墙体厚度以 50mm(*M*/2)进级，如表 9-6 所示。

表 9-6　多孔砖墙厚

模数	1*M*	1.5*M*	2*M*	2.5*M*	3*M*	3.5*M*	4*M*
墙厚/mm	90	140	190	240	290	340	390
用砖类型	DM4	DM3	DM2	DM1	DM2+DM4	DM1+DM4	DM1+DM3
				DM3+DM4		DM2+DM3	

2．洞口与墙段尺寸

1) 洞口尺寸

洞口主要是指门窗洞口，其尺寸应按模数协调统一标准制定，这样可以减少门窗规格，有利于工厂化生产，提高工业化的程度。一般情况下，1 000mm 以内的洞口尺度采用基本模数 100mm 的倍数，如 600、700、800、900、1 000mm，大于 1 000mm 的洞口尺度多采用扩大模数 300mm 的倍数，如 1 200、1 500mm 等。

2) 墙段尺寸

墙段尺寸是指窗间墙、转角墙等部位墙体的长度。承重墙体的墙段尺寸需满足结构和抗震要求。

砖墙的洞口及墙段尺寸如图 9-20 所示。但是砖模数 125mm 与我国现行《建筑模数协调统一标准》中扩大模数 3*M* 制不一致。在一栋房屋中采用两种模数，在设计、施工中会出现不协调现象；而且砍砖过多会影响砌体强度。解决这一矛盾的另一办法是调整灰缝大小，施工规范允许竖缝宽度为 8～12mm，使墙段有少许的调整余地。

模数多孔砖墙体的墙体长度以 50mm(*M*/2)进级。

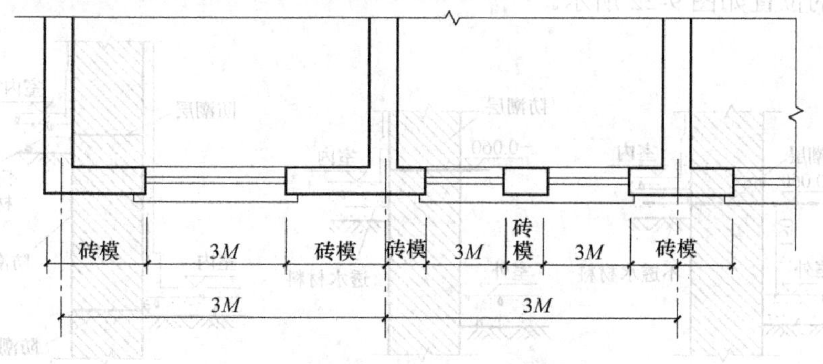

图 9-20　砖墙的洞口及墙段尺寸

9.2.4　砌体墙的细部构造

砌体墙作为承重构件或围护构件，不仅与其他构件密切相关，而且还受到自然界各种因素的影响。为了保证砌体墙的耐久性和墙体与其他构件的连接，应在相应的位置进行细部构造处理。砌体墙的细部构造包括墙脚、门窗洞口、墙身加固措施及变形缝构造等。

1. 墙脚构造

墙脚一般是指室内地坪以下、室外地面以上的这段墙体。外墙墙脚易受到雨水冲溅、机械碰撞，同时由于砌体本身存在很多微孔以及墙脚所处的位置常有地表水和土壤中的水渗入，致使墙身受潮、饰面层脱落、影响室内卫生环境，如图9-21所示。因此，必须做好墙脚防潮，增强墙脚的坚固及耐久性，及时排除房屋四周地面水。

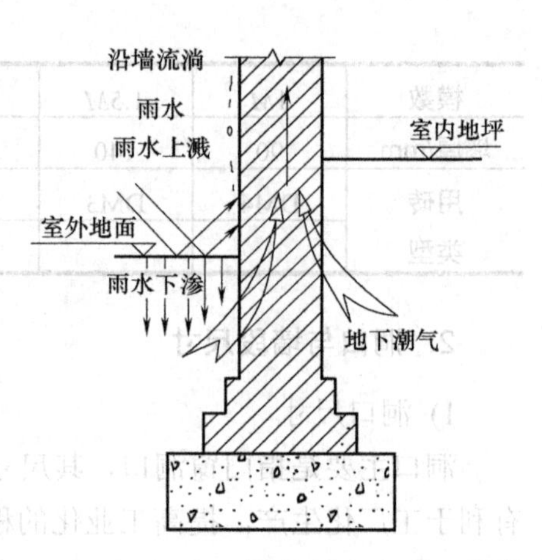

图 9-21 外墙墙脚受潮示意图

墙脚细部构造主要包括墙身防潮、勒脚、散水或明沟。

1) 墙身防潮

砌体墙在基础之上，部分墙体与土壤接触且本身又是由多孔材料构成的。为了防止土壤中的水分沿基础墙上升，防止位于外墙脚外侧的地面水渗入砌体，使墙身受潮，降低其坚固性，并使饰面层脱落，影响室内环境卫生，必须在内外墙脚部位连续设置防潮层。防潮层按构造形式不同分为水平防潮层和垂直防潮层。

(1) 防潮层的位置。

当室内地面垫层为混凝土等密实材料时，防潮层的位置应设在垫层范围内，低于室内地坪60mm处，同时还应至少高于室外地面150mm，防止雨水溅湿墙面。当室内地面垫层为透水材料(如炉渣、碎石等)时，水平防潮层的位置应平齐或高于室内地面60mm。当内墙两侧地面出现高差时，应在墙身内设高低两道水平防潮层，并在土壤一侧设垂直防潮层。墙身防潮层的位置如图9-22所示。

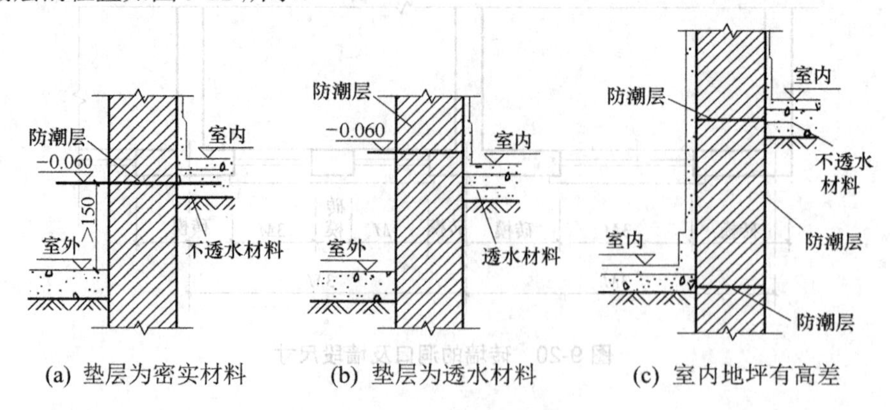

(a) 垫层为密实材料　(b) 垫层为透水材料　(c) 室内地坪有高差

图 9-22 墙身防潮层的位置

(2) 水平防潮层的做法。

墙身水平防潮层按防潮层所用材料不同，一般有油毡防潮层、防水砂浆防潮层、细石混凝土防潮层等做法。

① 油毡防潮层：在防潮层部位先抹20mm厚水泥砂浆找平层，然后干铺油毡一层或用沥青胶粘贴一毡二油。油毡宽度同墙厚，沿长度铺设，搭接长度≥100mm。油毡防潮层具有一定的韧性、延伸性和良好的防潮性能，但日久易老化失效，同时由于油毡层使墙体隔离，削弱了砖墙的整体性和抗震能力，不应在刚度要求高或地震区采用，如图9-23(a)所示。

② 防水砂浆防潮层：在防潮层位置抹一层20～30mm厚的1∶2水泥砂浆加3%～5%防水剂配制成的防水砂浆，或用防水砂浆砌2～4皮砖做防潮层。此种做法构造简单，但砂浆开裂或不饱满时影响防潮效果。用防水砂浆做防潮层适用于抗震地区、独立砖柱和振动较大的砖砌体中，如图9-23(b)所示。

③ 细石混凝土防潮层：在防潮层位置铺设60mm厚C15或C20细石混凝土，内配3Φ6或3Φ8钢筋以抗裂。由于混凝土密实性好，有一定的防水性能，且与砌体结合紧密，故适用于整体刚度要求较高的建筑，如图9-23(c)所示。

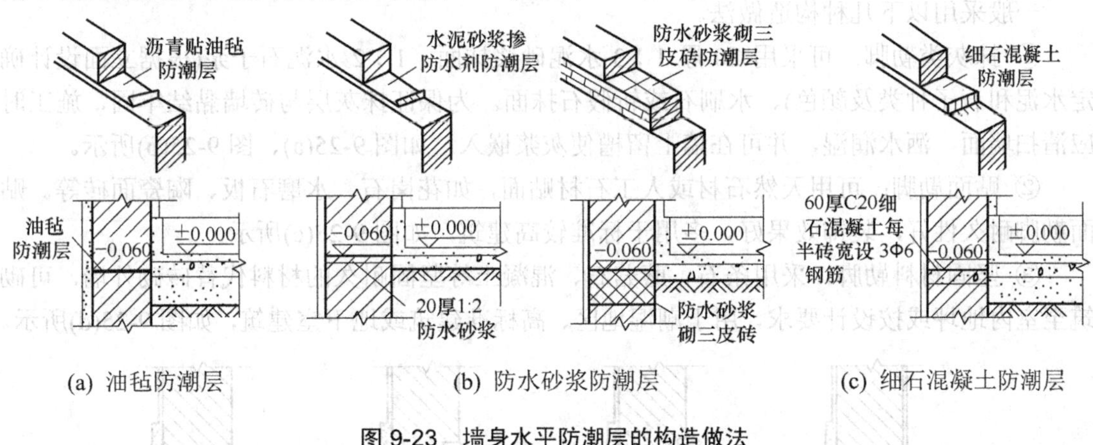

(a) 油毡防潮层　　(b) 防水砂浆防潮层　　(c) 细石混凝土防潮层

图9-23 墙身水平防潮层的构造做法

如果墙脚采用不透水的材料(如条石或混凝土等)，或设有钢筋混凝土地圈梁时，可以不设防潮层。

(3) 垂直防潮层的做法。

当室内地坪出现高差或室内地坪低于室外地面时，墙身不仅要求按地坪高差的不同设置两道水平防潮层，为了避免高地坪房间(或室外地面)填土中的潮气侵入低地坪房间的墙面，对有高差部分的竖直墙面也要采取防潮措施。

其具体做法是在高地坪房间填土前，在两道水平防潮层之间的垂直墙面上，先用水泥砂浆做出15～20mm厚的抹灰层，然后再涂热沥青两道(或做其他防潮处理)，而在低地坪一边的墙面上，则采用水泥砂浆打底的墙面抹灰，如图9-24所示。

2) 勒脚构造

勒脚是外墙墙脚接近室外地面的部分。勒脚的作用是防止外界碰撞，防止地表水对墙脚的侵蚀，增强建筑物立面美观。其做法、高度、色彩等应结合设计要求的建筑造型，选用耐久性好、防水性能好的材料。

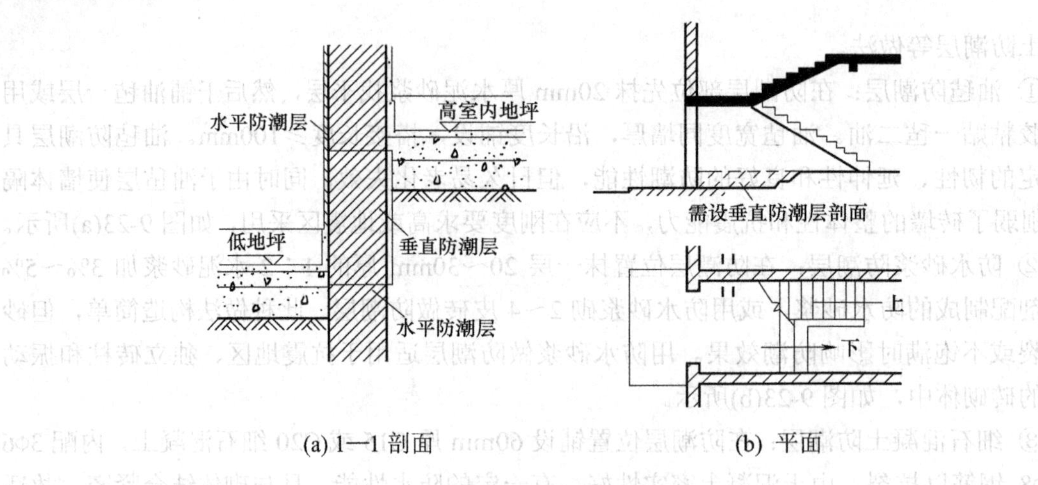

图 9-24　垂直防潮层

一般采用以下几种构造做法。

① 抹灰类勒脚：可采用 20 厚 1∶3 水泥砂浆抹面、1∶2 水泥石子浆(根据立面设计确定水泥和石子种类及颜色)、水刷石或斩假石抹面。为保证抹灰层与砖墙黏结牢固，施工时应清扫墙面、洒水润湿，并可在墙上留槽使灰浆嵌入，如图 9-25(a)、图 9-25(b)所示。

② 贴面勒脚：可用天然石材或人工石材贴面，如花岗石、水磨石板、陶瓷面砖等。贴面勒脚耐久性好，装饰效果好，多用于标准较高建筑，如图 9-25(c)所示。

③ 坚固材料勒脚：采用条石、蘑菇石、混凝土等坚固耐久的材料代替砖砌外墙，可砌筑至室内地坪或按设计要求，用于潮湿地区、高标准建筑或地下室建筑，如图 9-25(d)所示。

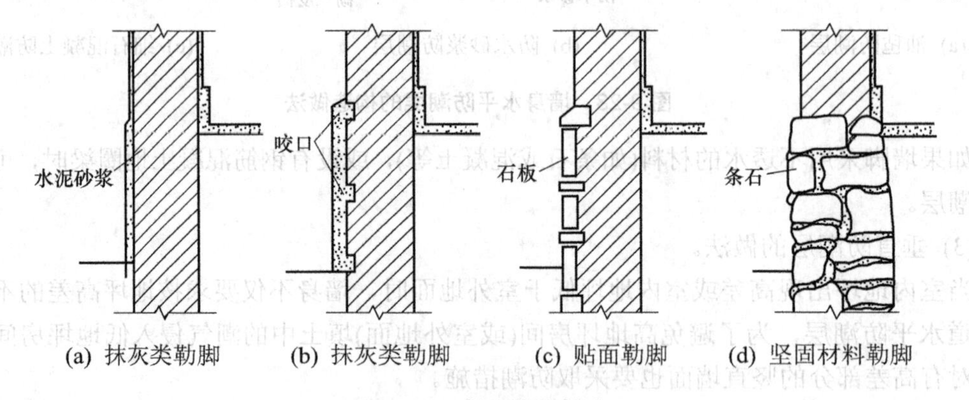

图 9-25　勒脚构造做法

3) 明沟与散水

明沟与散水都是为了迅速排除屋顶落水或地表水，防止其侵入勒脚而危害基础，防止因积水渗入地基造成建筑物下沉而设置。

明沟是指设置在外墙四周的排水沟，将水有组织地导向集水井，然后流入排水系统。明沟一般用素混凝土现浇，或用砖石铺砌成 180mm 宽、150mm 深的沟槽，然后用水泥砂浆抹面，其构造做法如图 9-26 所示。当屋面为自由落水时，明沟的中心线应对准屋顶檐口边缘，沟底应有不小于 1%的坡度，以保证排水通畅。明沟适用于年降雨量大于 900mm 的地区。

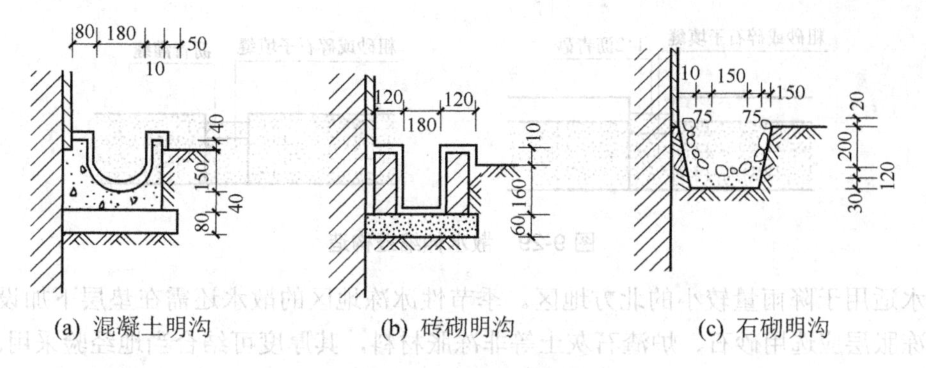

图 9-26 明沟构造做法

散水是沿建筑物外墙设置的排水倾斜坡面，坡度一般为3%～5%，将积水排离建筑物。散水又称散水坡或护坡。散水的做法通常是在素土夯实基层上铺设灰土、三合土、混凝土等材料，用混凝土、水泥砂浆、砖、块石等材料做面层，如图9-27所示。其宽度一般为600～1 000mm，当屋面为自由落水时，散水宽度应比屋檐挑出宽度大200mm左右。在软弱土层、湿陷性黄土地区，散水宽度一般应大于或等于1 500mm。

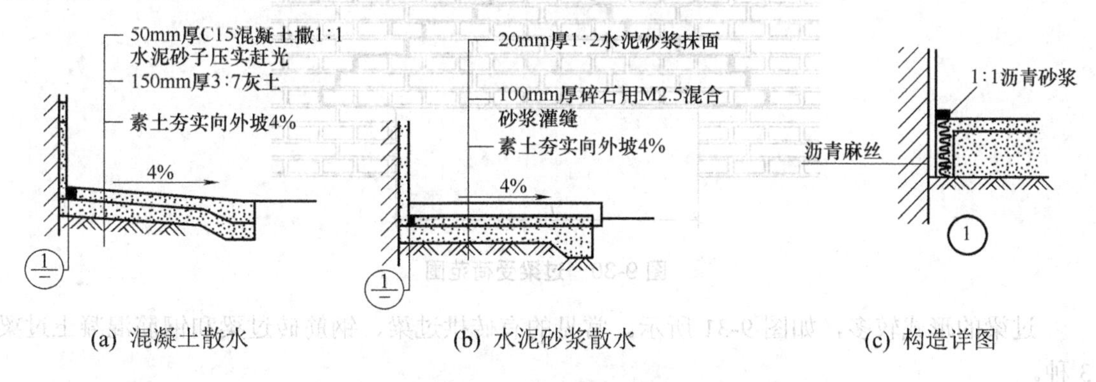

图 9-27 散水构造做法

由于建筑物的沉降以及勒脚与散水施工时间的差异，在勒脚与散水交接处应设分格缝，缝内用弹性材料填嵌(如沥青砂浆)，以防外墙下沉时勒脚部位的抹灰层被剪切破坏，如图9-28所示。整体面层为了防止散水因温度应力及材料干缩造成的裂缝，在散水长度方向每隔6～12m应设一道伸缩缝，并在缝中填嵌沥青砂浆，如图9-29所示。

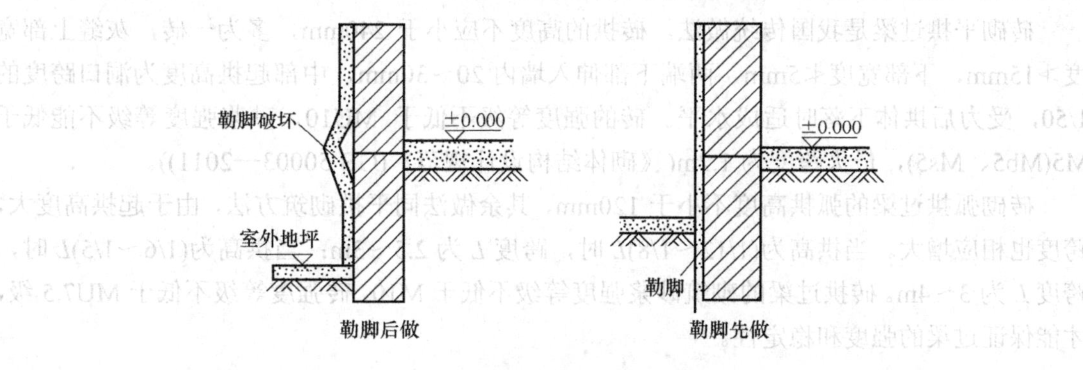

图 9-28 勒脚与散水关系示意图

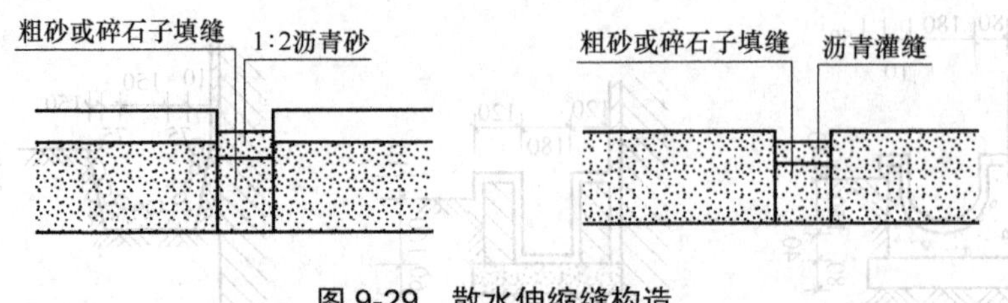

图 9-29　散水伸缩缝构造

散水适用于降雨量较小的北方地区。季节性冰冻地区的散水还需在垫层下加设防冻胀层。防冻胀层应选用砂石、炉渣石灰土等非冻胀材料，其厚度可结合当地经验采用。

2．门窗洞口

1) 门窗过梁

门窗过梁是在砌体墙的门窗洞口上方所设置的水平承重构件，用以承受洞口上部砌体传来的各种荷载，并把这些荷载传给洞口两侧的墙体，如图 9-30 所示。

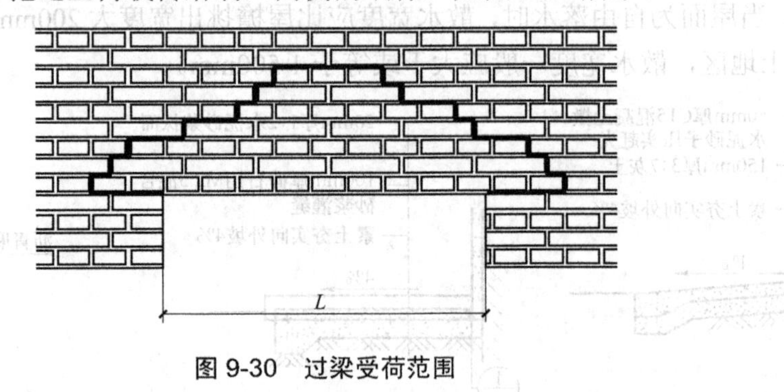

图 9-30　过梁受荷范围

过梁的形式较多，如图 9-31 所示。常见的有砖拱过梁、钢筋砖过梁和钢筋混凝土过梁 3 种。

(1) 砖拱过梁。

砖拱过梁有平拱和弧拱两种，如图 9-32 所示，建筑上常用砖砌平拱过梁。砖拱过梁将立砖和侧砖相间砌筑，使砂浆灰缝上宽下窄，砖向两边倾斜，相互挤压形成拱的作用来承担荷载。砖拱过梁节约钢材和水泥，但整体性较差，不宜用于上部有集中荷载、建筑物受振动荷载、地基承载力不均匀和地震区的建筑。

砖砌平拱过梁是我国传统做法。砖拱的高度不应小于 240mm，多为一砖，灰缝上部宽度≯15mm，下部宽度≮5mm，两端下部伸入墙内 20～30mm，中部起拱高度为洞口跨度的 1/50，受力后拱体下落时适成水平。砖的强度等级不低于 MU10，砂浆强度等级不能低于 M5(Mb5、Ms5)，最大跨度为 1.2m(《砌体结构设计规范》(GB 50003—2011))。

砖砌弧拱过梁的弧拱高度不小于 120mm，其余做法同平拱砌筑方法，由于起拱高度大，跨度也相应增大。当拱高为(1/12～1/8)L 时，跨度 L 为 2.5～3m；当拱高为(1/6～1/5)L 时，跨度 L 为 3～4m。砖拱过梁的砌筑砂浆强度等级不低于 M10，砖强度等级不低于 MU7.5 级，才能保证过梁的强度和稳定性。

(a) 平拱砖过梁

(b) 砖弧拱过梁

(c) 石拱过梁

(d) 钢筋砖过梁

(e) 钢筋混凝土过梁

(f) 钢筋混凝土拱形过梁

图 9-31　常用过梁外观

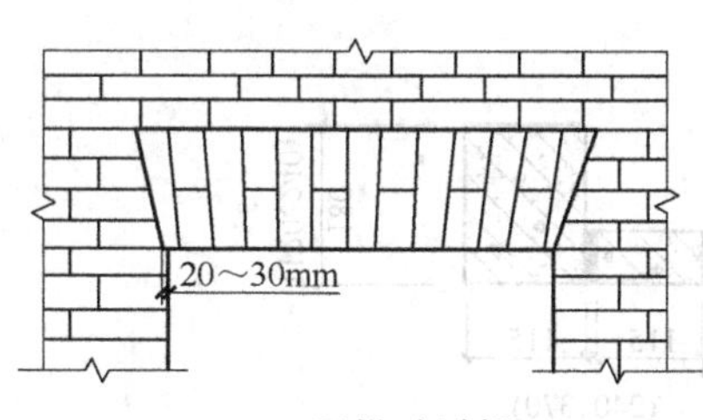

(a) 平拱砖过梁

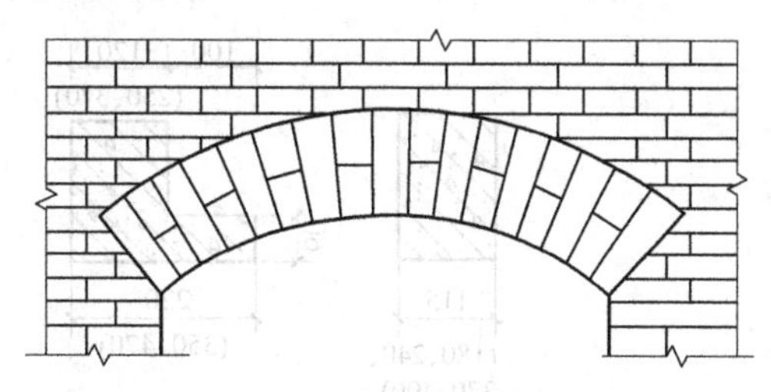

(b) 砖弧拱过梁

图 9-32　砖拱过梁

(2) 钢筋砖过梁。

钢筋砖过梁是在洞口顶部配置钢筋，形成能受弯矩作用的加筋砖砌体。所用砖强度等级不低于 MU10，砌筑砂浆强度等级不低于 M5。一般在洞口上方先支木模，再其上放直径≮5mm 的钢筋，间距≯120mm，伸入两端墙内≮240mm。钢筋砂浆层厚度≮30mm，梁高一般不少于 5 皮砖，且不少于门窗洞口宽度的 1/4。钢筋砖过梁最大跨度为 1.5m(《砌体结构设计规范》(GB 50003—2011))，如图 9-33 所示。

钢筋砖过梁施工方便，整体性好，特别适用于清水墙立面。设计中为加固墙身，也可将钢筋砖过梁沿外墙一周连通砌筑，成为钢筋砖圈梁。

(3) 钢筋混凝土过梁。

当门窗洞口较大或洞口上部有集中荷载时，宜用钢筋混凝土过梁，其承载能力强，一般不受跨度的限制，施工简便，对房屋不均匀下沉或振动有一定的适应性，目前被广泛采用。

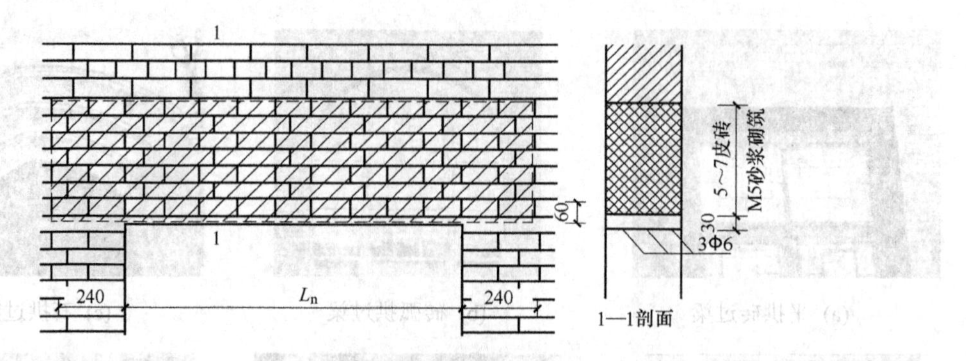

图 9-33　钢筋砖过梁(单位：mm)

钢筋混凝土过梁有现浇和预制两种，预制装配式过梁施工速度快，最为常用。图 9-34 所示为钢筋混凝土过梁的几种形式。过梁断面形式有矩形和 L 形，矩形多用于内墙和混水墙，L 形多用于外墙和清水墙。

在立面中往往有不同形式的窗，过梁的形式应配合处理，常见形式如图 9-35(a)所示，还有带窗套的窗，过梁断面为 L 形，一般挑出 60mm，厚度 60mm，如图 9-35(b)所示。为了简化构造，节约材料，可将过梁与圈梁、悬挑雨罩、窗楣板或遮阳板等结合起来设计。南方炎热多雨地区，常从过梁上挑出窗楣板，既保护窗户不淋雨，又可遮挡部分直射太阳光。窗楣板按设计要求出挑，一般可挑 300～500mm，厚度 60mm，如图 9-35(c)所示。

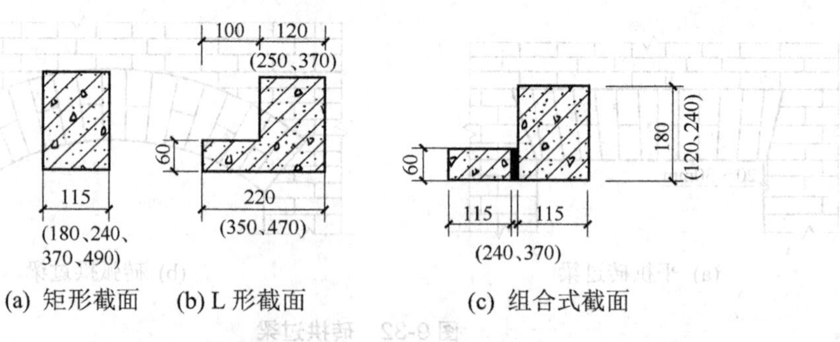

图 9-34　钢筋混凝土过梁断面及尺寸(单位：mm)

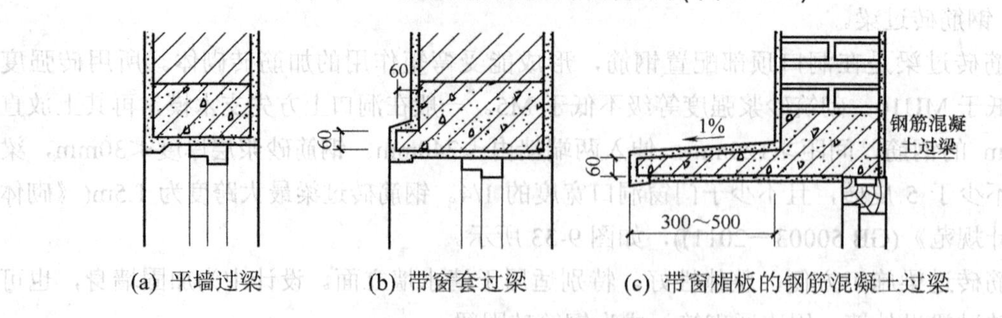

图 9-35　钢筋混凝土过梁(单位：mm)

钢筋混凝土的导热系数大于砖的导热系数。在寒冷地区为了避免在过梁内表面产生凝结水，也可将外窗洞口的过梁断面做成 L 形，使外露部分的面积减少，或全部把过梁包起来，如图 9-36 所示。

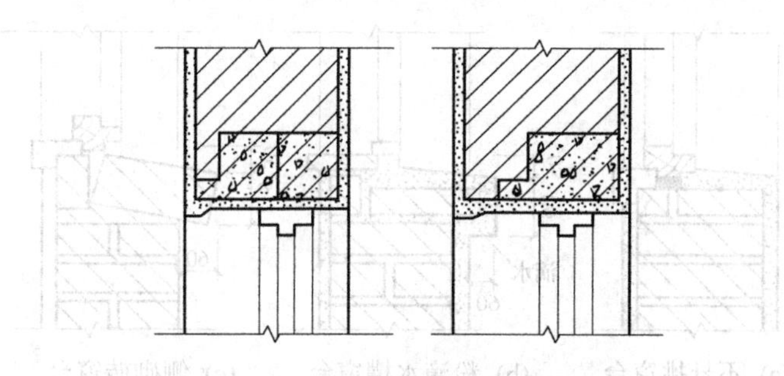

图 9-36　寒冷地区钢筋混凝土过梁

在采用现浇钢筋混凝土过梁的情况下，若过梁与圈梁或现浇楼板位置接近时，则应尽量合并设置，同时浇筑，这样，既节约模板，便于施工，又增强了建筑物的整体性。

2) 窗台

窗洞口的下部应设置窗台。窗台根据在窗子的安装位置可形成外窗台和内窗台，如图 9-37 所示。

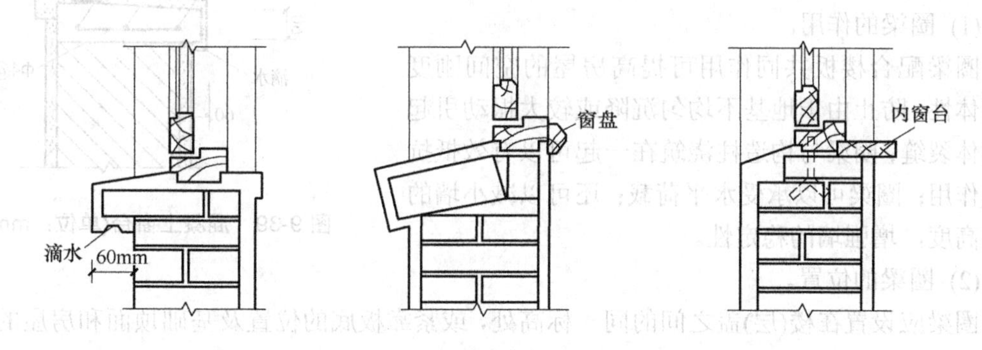

图 9-37　窗台

外窗台是窗洞口下部靠室外一侧设置的向外形成一定坡度以利于排水的泻水构件，其目的是防止雨水积聚在窗洞底部，侵入墙身和向室内渗透，因此外窗台应有不透水的面层。外窗台有悬挑和不悬挑窗台两种。悬挑的窗台可用砖(平砌、侧砌)或用混凝土板等构成，窗台下部应做成锐角形或半圆凹槽(称为“滴水”)，以引导雨水沿着滴水槽口下落。由于悬挑窗台下部容易积灰，在风雨作用下很容易污染窗台下的墙面，特别是采用一般抹灰装修的外墙面更为严重，影响建筑物的美观，因此，在当今设计中，大部分建筑物多是以不悬挑窗台取代悬挑窗台，以利用雨水的冲刷洗去积灰。

(1) 砖窗台。

砖窗台应用较广，有平砌挑砖和侧砌挑砖两种做法，挑出尺寸大多为 60mm，其厚度为 60～120mm。窗台表面抹 1∶3 水泥砂浆，并应有 10%左右的坡度，挑砖下缘粉滴水线，如图 9-38 所示。

(2) 混凝土窗台。

混凝土窗台一般现场浇筑而成，如图 9-39 所示。混凝土窗台易形成“冷桥”现象，不利于结构的保温和隔热。

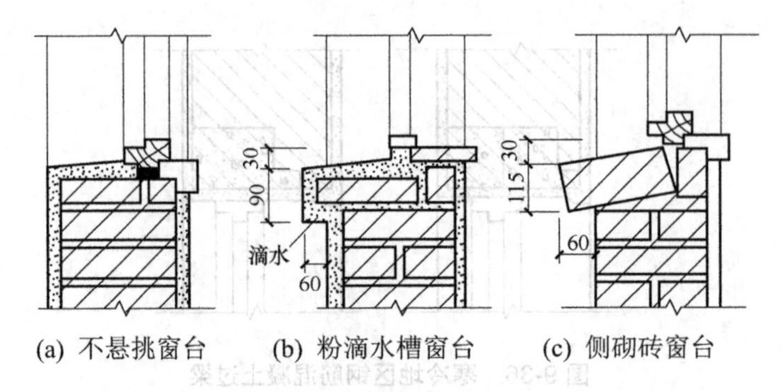

图 9-38 砖窗台(单位：mm)

3．圈梁与构造柱——墙体抗震加固措施

1) 圈梁

圈梁是沿建筑物外墙、内纵墙及部分横墙而设置在同一水平面上连续相交、圈形封闭的带状构造。

(1) 圈梁的作用。

圈梁配合楼板共同作用可提高房屋的空间刚度及整体性，防止由于地基不均匀沉降或较大振动引起的墙体裂缝；圈梁与构造柱浇筑在一起可以有效抵抗地震作用；圈梁可以承受水平荷载；还可以减小墙的自然高度，增强墙的稳定性。

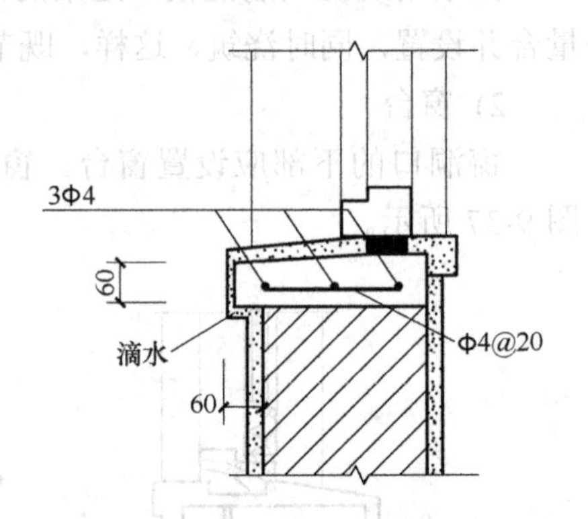

图 9-39 混凝土窗台(单位：mm)

(2) 圈梁的位置。

圈梁应设置在楼(层)盖之间的同一标高处，或紧靠板底的位置及基础顶面和房屋的檐口处，如图 9-40 所示。当墙高度较大、不能满足墙刚度和稳定性要求时，可在墙的中部加设一道圈梁。

图 9-40 圈梁位置

(3) 圈梁的数量。

对比较空旷的单层房屋(如食堂、仓库、厂房)，砖砌体结构房屋檐口标高为 5～8m，应在檐口标高处设置圈梁一道；檐口标高大于 8m 时，应增加设置数量。砌块及料石砌体结构房屋檐口标高为 4～5m，应在檐口标高处设置圈梁一道；檐口标高大于 5m 时，应增加设置数量。

对多层民用房屋(如住宅、办公楼等)，层数为 3～4 层时，应在底层和檐口标高处各设一道圈梁；当超过 4 层时，应适当增设，至少应在所有纵横墙上隔层设置。

软弱地基或不均匀地基上的砌体结构房屋，应在基础顶面与顶层各设圈梁一道，其他各层可隔层设或层层设。

装配式钢筋混凝土楼、屋盖或木屋盖的砖房、多层小砌块房屋，应按表 9-7 要求设置圈梁。

表 9-7　现浇钢筋混凝土圈梁设置要求

圈梁设置及配筋		设计烈度		
		6、7 度	8 度	9 度
圈梁设置	沿外墙及内纵墙	屋盖处及每层楼盖处设置	屋盖处及每层楼盖处设置	屋盖处及每层楼盖处设置
	沿内横墙	屋盖处及每层楼盖处设置；屋盖处间距≯4.5m；楼盖处间距≯7.2m；构造柱对应部位	屋盖处及每层楼盖处设置；各层所有横墙且间距≯4.5m 构造柱对应部位	屋盖处及每层楼盖处设置；各层所有横墙
配筋	最小纵筋	4Φ10	4Φ12	4Φ14
	箍筋及最大间距/mm	250	200	150

现浇混凝土楼(屋)盖的多层砌体结构房屋，当层数超过 5 层时，除应在檐口标高处设置一道圈梁外，可隔层设置圈梁，并应与楼(屋)面板一起现浇。

(4) 圈梁的种类。

圈梁有钢筋砖圈梁和钢筋混凝土圈梁两种。

① 钢筋砖圈梁：设置在楼层标高的墙身上，高度一般为 4～6 皮砖，宽度同墙厚，以前多用于非抗震区，目前少用。构造采用强度等级不低于 M5 的砂浆砌筑，砌体灰缝中配置通长钢筋，钢筋不宜少于 6Φ6，钢筋水平间距不大于 120mm，分上下两层布置，如图 9-41(a)所示。

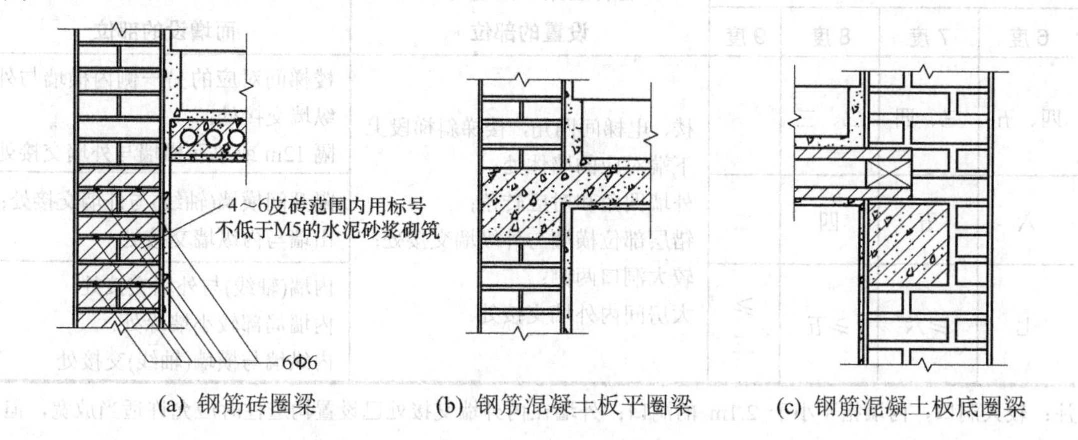

(a) 钢筋砖圈梁　　(b) 钢筋混凝土板平圈梁　　(c) 钢筋混凝土板底圈梁

图 9-41　圈梁的种类

② 钢筋混凝土圈梁：在施工现场支模、绑钢筋并浇筑混凝土形成的圈梁。混凝土强度

等级不应低于C20。钢筋混凝土圈梁的宽度宜与墙厚相同，当墙厚不小于240mm时，圈梁宽度可取墙厚的2/3。高度不应小于120mm，常见尺寸为180、240mm。基础中圈梁的最小高度为180mm。纵向钢筋数量不应少于4根，直径不应小于10mm，箍筋间距不应大于300mm。钢筋混凝土圈梁在墙身的位置应考虑充分发挥作用并满足最小断面尺寸，宜设置在与楼板或层面板同一标高处或紧贴楼板底。外墙圈梁一般与楼板相平，如图9-41(b)所示，内墙圈梁一般在板下，如图9-41(c)所示。

钢筋混凝土圈梁宜连续设在同一水平面上，并形成封闭状。当圈梁被门窗等洞口截断时，应在洞口上部增设相同截面的附加圈梁，附加圈梁与圈梁的搭接长度不应小于其垂直间距(中到中)的2倍，并不得小于1m，如图9-42所示。有抗震要求的建筑物，圈梁不宜被洞口截断。

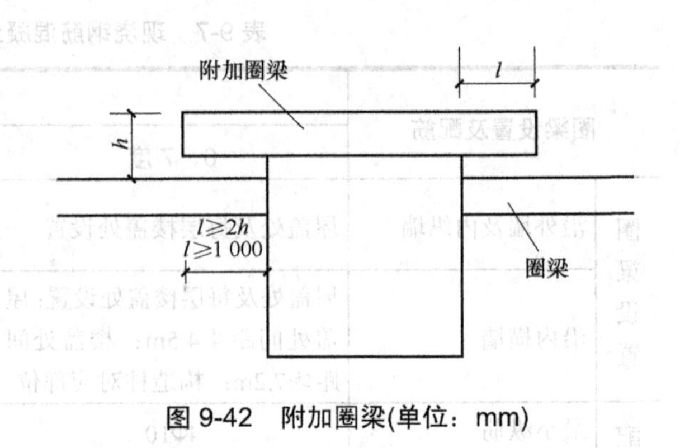

图9-42 附加圈梁(单位：mm)

2) 构造柱

构造柱是从抗震角度考虑设置的，与承重柱子的作用完全不同。在抗震设防地区，设置钢筋混凝土构造柱是多层建筑重要的抗震措施。因为钢筋混凝土构造柱与圈梁形成具有较大刚度的空间骨架，从而增强了建筑物的整体刚度，提高墙体的抗变形能力，使建筑物在受震开裂后也能“裂而不倒”。

(1) 构造柱的加设原则。

构造柱一般加设在4个位置，即外墙转角、内外墙交接处(包括内横外纵及内纵外横两部分)、较大洞口两侧及楼梯、电梯间的四角等，如表9-8、图9-43所示。

表9-8 砖砌房屋构造柱设置要求

房屋层数				各种层数和烈度均应设置的部位	随层数或烈度变化而增设的部位
6度	7度	8度	9度		
四、五	三、四	二、三		楼、电梯间四角，楼梯斜梯段上下端对应的墙体处； 外墙四角和对应转角； 错层部位横墙与外纵墙交接处； 较大洞口两侧； 大房间内外墙交接处	楼梯间对应的另一侧内横墙与外纵墙交接处； 隔12m或单元横墙与外墙交接处
六	五	四	二		隔开间横墙(轴线)与外墙交接处； 山墙与内纵墙交接处
七	≥六	≥五	≥三		内墙(轴线)与外墙交接处； 内墙局部较小墙垛处； 内纵墙与横墙(轴线)交接处

注：较大洞口，内墙指不小于2.1m的洞口；外墙在内外墙交接处已设置构造柱时应允许适当放宽，但洞侧墙体应加强。

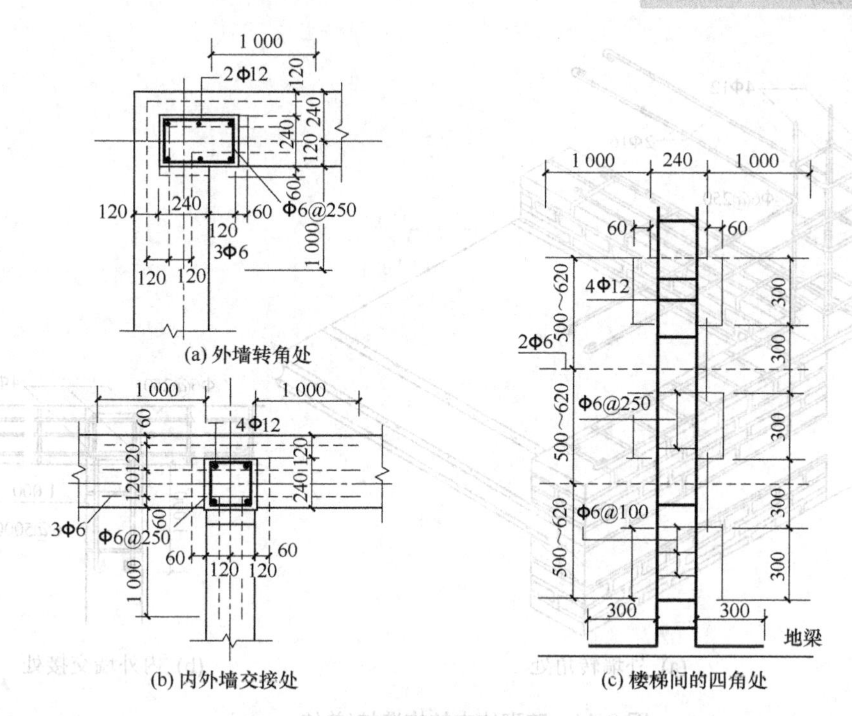

图 9-43　构造柱的位置(单位：mm)

(2) 构造柱做法。

砖砌房屋构造柱的最小断面为 240mm×180mm(墙厚 190mm 时为 190mm×180mm)。小砌块房屋中替代芯柱的钢筋混凝土构造柱截面不宜小于 190mm×190mm。纵向钢筋宜采用 4Φ12、箍筋间距不宜大于 250mm，且在柱上下端应适当加密。抗震等级 6、7 度时砖房超过 6 层或小砌块房屋超过 5 层、8 度时砖房超过 5 层或小砌块房屋超过 4 层和 9 度时，构造柱纵向钢筋宜采用 4Φ14，箍筋间距不应大于 200mm。房屋四角的构造柱应适当加大截面及配筋。

构造柱具体构造要求：施工时必须先砌墙，随着墙体的上升而逐段现浇钢筋混凝土柱身(见图 9-44)，构造柱与墙的连接处宜砌成马牙槎，如图 9-45 所示。

砌体房屋构造柱应与圈梁紧密连接，在建筑物中形成整体骨架。与圈梁连接处，构造柱的纵筋应在圈梁纵筋内侧穿过，保证构造柱纵筋上下贯通。构造柱可不单独设置基础，但应伸入室外地面下 500mm，或与埋深小于 500mm 的基础圈梁相连。

3) 芯柱

(1) 芯柱设置要求。

为提高墙体抗震受剪承载力而设置的芯柱，宜在墙体内均匀布置，最大净距不宜大于 2.0m。

多层小砌块房屋应按要求设置钢筋混凝土芯柱，如表 9-9 所示。

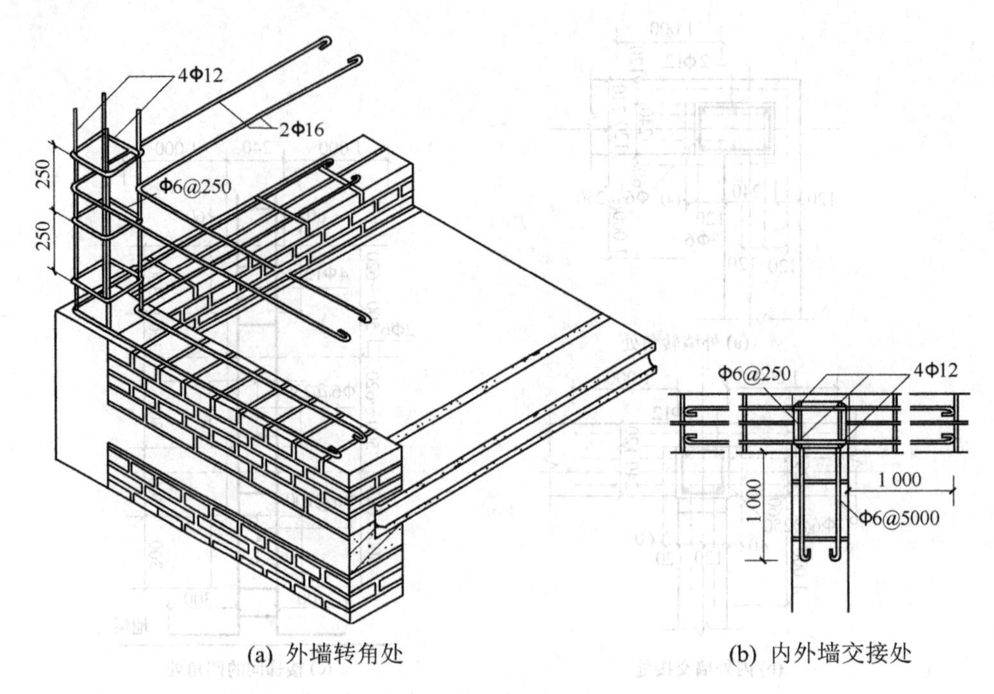

图 9-44　砖砌体中的构造柱(单位：mm)

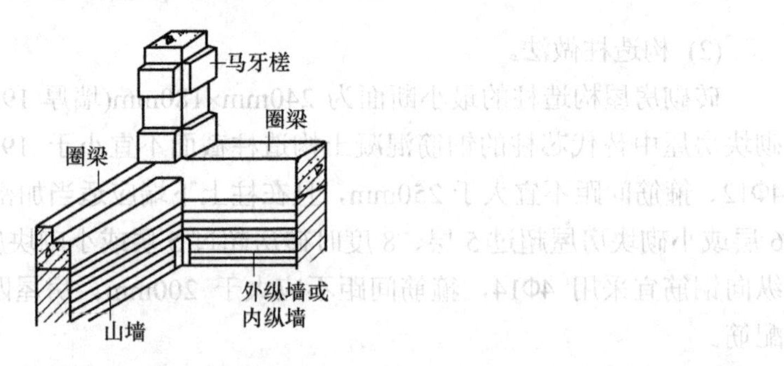

图 9-45　构造柱马牙槎示意

表 9-9　多层小砌块房屋芯柱设置要求

房屋层数				各种层数和烈度均应设置的部位	随层数或烈度变化而增设的部位
6 度	7 度	8 度	9 度		
四、五	三、四	二、三		外墙转角，楼、电梯间四角，楼梯斜梯段上下端对应的墙体处； 错层部位横墙与外纵墙交接处； 大房间内外墙交接处； 隔 12m 或单元横墙与外纵墙交接处	外墙转角，灌实 3 个孔； 内外墙交接处，灌实 4 个孔； 楼梯斜段上下端对应的墙体处，灌实 2 个孔
六	五	四		同上； 隔开间横墙(轴线)与外纵墙交接处	

续表

房屋层数				各种层数和烈度均应设置的部位	随层数或烈度变化而增设的部位
6度	7度	8度	9度		
七	六	五	二	同上； 各内墙(轴线)与外纵墙交接处 内纵墙与横墙(轴线)交接处和洞口两侧	外墙转角，灌实5个孔； 内外墙交接处，灌实4个孔； 内墙交接处，灌实4～5个孔； 洞口两侧各灌实1个孔
	七	≥六	≥三	同上； 横墙内芯柱间距不大于2m	外墙转角，灌实7个孔； 内外墙交接处，灌实5个孔； 内墙交接处，灌实4～5个孔； 洞口两侧各灌实1个孔

(2) 芯柱做法。

芯柱截面不宜小于120mm×120mm，混凝土强度等级不应小于C20。

芯柱的竖向插筋应贯通墙身且与圈梁连接，插筋不应小于1Φ12，6、7度时超过5层、8度时超过4层和9度时，插筋不应小于1Φ14。

芯柱应伸入室外地面下500mm，或与埋深小于500mm的基础圈梁相连，如图9-46所示。

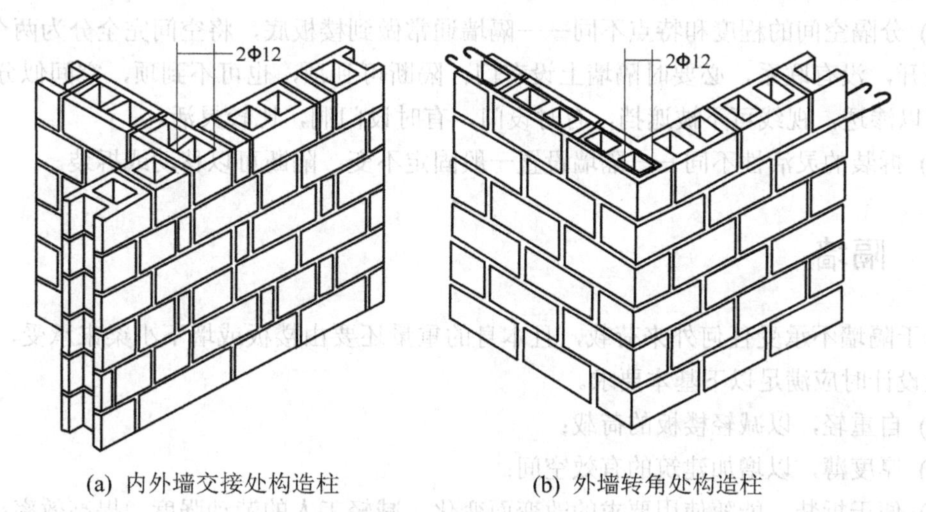

(a) 内外墙交接处构造柱　　(b) 外墙转角处构造柱

图9-46　砌块墙构造柱

4. 门垛和壁柱——墙身加固措施

墙体上开设门洞时一般应设门垛，特别是在墙体转折处或丁字墙处，保证墙身稳定和门框安装。门垛宽度同墙厚，门垛长度一般为120mm或240mm(不计灰缝)，过长会影响室内使用。

当墙体受到集中荷载或墙体过长(如240mm厚、长度超过6m)时应增设壁柱(扶壁柱)，使之和墙体共同承担荷载并稳定墙身。壁柱的尺寸应符合块材规格，通常壁柱突出墙面半砖或一砖，考虑到灰缝的错缝要求，丁字形墙段的短边伸出尺度一般为130mm或250mm，壁柱宽370mm或490mm。

门垛和壁柱的设置如图9-47所示。

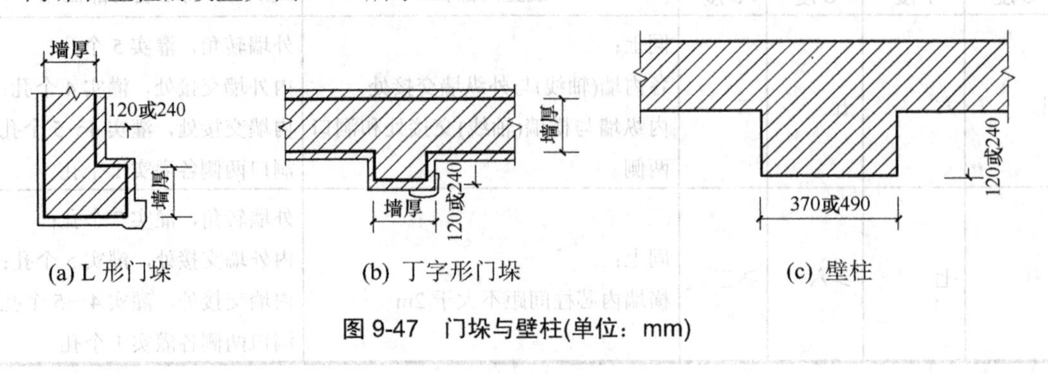

图9-47 门垛与壁柱(单位：mm)

9.3 隔墙和隔断

现代建筑中为了提高平面布局的灵活性，大量采用隔墙、隔断以适应建筑功能变化。隔墙、隔断是分隔室内空间的非承重构件，起到空间的分隔、引导和过渡的作用。

隔墙和隔断的不同之处如下。

(1) 分隔空间的程度和特点不同——隔墙通常做到楼板底，将空间完全分为两个部分，相互隔开，没有联系，必要时隔墙上设有门；隔断可到顶，也可不到顶，空间似分非分，相互可以渗透，视线可不被遮挡，有时设门，有时设门洞，比较灵活。

(2) 拆装的灵活性不同——隔墙设置一般固定不变；隔断可以移动或拆装。

9.3.1 隔墙

由于隔墙不承受任何外来荷载，且本身的重量还要由楼板或墙下小梁来承受，因此隔墙构造设计时应满足以下基本要求。

(1) 自重轻，以减轻楼板的荷载；

(2) 厚度薄，以增加建筑的有效空间；

(3) 便于拆装，能随使用要求的改变而变化，减轻工人的劳动强度，提高效率；

(4) 有一定的隔声能力，使各使用房间互不干扰，具有较好的独立性或私密性；

(5) 满足不同使用部位的要求，卫生间隔墙要防水、防潮，厨房隔墙要防潮、防火等。

隔墙的类型很多，按其构造方式不同可分为块材隔墙、轻骨架隔墙、板材隔墙三大类。

1. 块材隔墙

块材隔墙是指利用普通砖、多孔砖、空心砌块以及各种轻质砌块等砌筑而成的墙体，又称砌筑式隔墙。块材隔墙有半砖隔墙、1/4砖隔墙等之分。

1) 半砖隔墙

半砖隔墙坚固耐久，有一定的隔声能力，但自重大，湿作业多，施工麻烦，如图 9-48 所示。砌筑时应在墙身每隔 1.2m 高处加 2Φ6 拉结钢筋予以加固。砖隔墙的上部与楼板或梁的交接处，应留有 30mm 的空隙或将上两皮砖斜砌，以防上部结构构件产生挠度，致使隔墙被压坏。隔墙上有门时，要用预埋铁件或用带有木楔的混凝土预制块砌入隔墙中，将砖墙与门框拉接牢固。

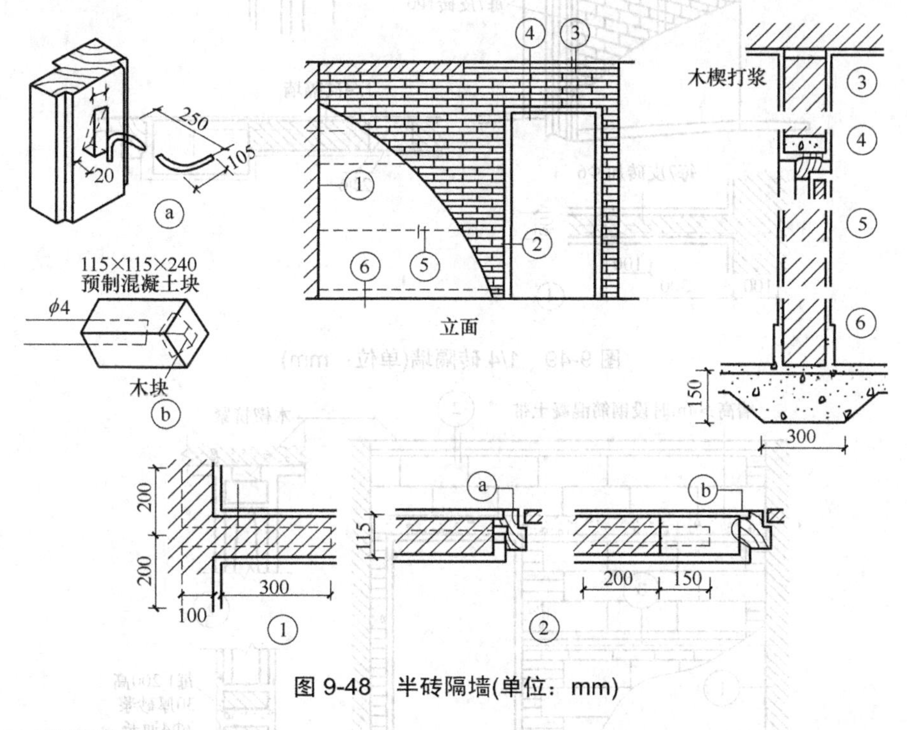

图 9-48　半砖隔墙(单位：mm)

2) 1/4 砖隔墙

1/4 砖隔墙是用普通砖侧砌而成的，由于厚度较薄、稳定性差，对砌筑砂浆强度要求较高，一般不低于 M5。隔墙的高度和长度不宜过大，一般其高度不应超过 2.8m，长度不超过 3.0m，须用 M5.0 砂浆砌筑。常用于不设门窗洞或面积较小的隔墙，如厨房与卫生间之间的隔墙。当用于面积较大或需开设门窗洞的部位时，须采取加固措施。常用的加固方法是在高度方向每隔 500mm 砌入 2Φ4 钢筋，或在水平方向每隔 1 200mm 立 C20 细石混凝土柱一根，并沿垂直方向每隔 7 皮砖砌入 1Φ6 钢筋，使之与两端墙连接，如图 9-49 所示。

3) 多孔砖或空心砖隔墙

多孔砖或空心砖做隔墙多采用立砌，厚度为 90mm，在 1/4 砖和半砖墙之间，其加固措施可以参照以上两种隔墙进行构造处理。在接合处如果距离少于半块砖时，常可用普通砖填嵌空隙，如图 9-50 所示。

4) 砌块隔墙

为了减轻隔墙自重和节约用砖，可采用轻质砌块隔墙。目前最常用加气混凝土块、粉煤灰硅酸盐砌块以及水泥炉渣空心砖等砌筑隔墙。砌块大多具有重量轻、孔隙率大、隔热性能好等优点，但砌块隔墙吸水性强，因此砌筑时应在墙下先砌 3～5 皮黏土砖，再砌砌块。

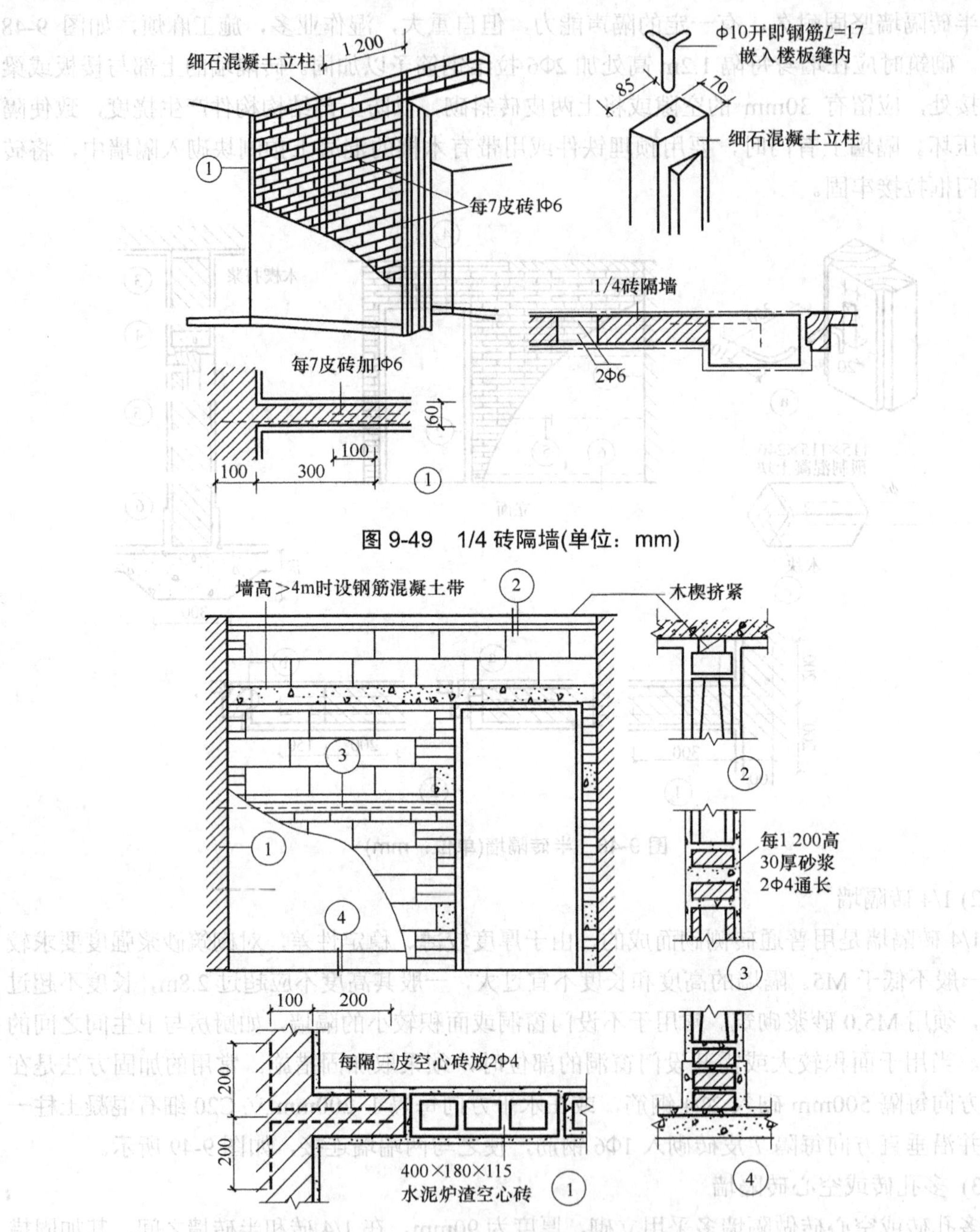

图 9-49 1/4 砖隔墙(单位：mm)

图 9-50 空心砖隔墙(单位：mm)

砌块隔墙墙厚由砌块尺寸而定，一般为 90～120mm。隔墙厚度较薄，墙体稳定性较差，需对墙身进行加固处理，其方法与砖隔墙类似，如图 9-51 所示，通常沿墙身竖向和横向配以钢筋，对空心砌块有时在竖向也可配筋。

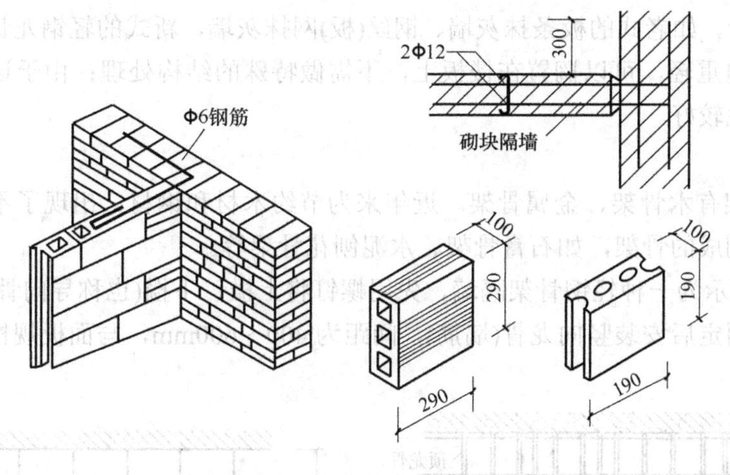

图 9-51　砌块隔墙(单位：mm)

5) 玻璃砖隔墙

玻璃砖隔墙是一种透光墙壁，具有强度高、绝热、绝缘、隔声、防水、耐火、美观、通透、整洁、光滑等特点，透明度可选择，光学畸变极小，膨胀系数小，内部质量好，特别适合高级建筑、体育馆等用于控制透光、眩光和太阳光的场合。

玻璃砖分为空心和实心两种，从外观和形状上分为正方形、矩形和各种异形等。玻璃砖侧面有凹槽，采用水泥砂浆或结构胶拼砌，缝隙一般 10mm。若砌筑曲面时，最小缝隙为 3mm，最大缝隙为 16mm。玻璃砖隔墙高度应控制在 4.5m 以下，长度也不宜过长，如图 9-52 所示。玻璃砌块筑完成后，要进行勾缝处理，在勾缝内涂防水胶，以确保防水功能和勾缝均匀。勾缝完成后，将玻璃隔墙表面清理干净。

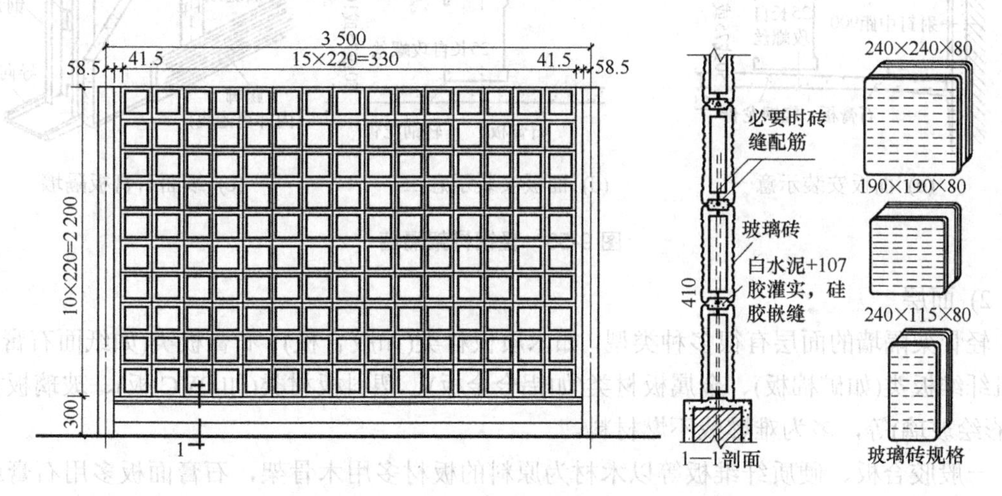

图 9-52　玻璃砖隔墙(单位：mm)

2．轻骨架隔墙

轻骨架隔墙由骨架和面层 2 部分组成，施工时应先立墙筋(骨架，又称龙骨)再做面层，因而又称为立筋式(或立柱式)隔墙。以木材、钢材或其他材料构成骨架，把面层钉接、涂抹或粘贴在骨架上，如老式的板条抹灰墙、钢丝(板)网抹灰墙，新式的轻钢龙骨纸面石膏板隔墙等。该隔墙自重轻，可以搁置在楼板上，不需做特殊的结构处理；由于这类墙有空气夹层，隔声效果也较好。

1) 骨架

常用的骨架有木骨架、金属骨架。近年来为节约木材和钢材，出现了不少采用工业废料和地方材料制成的骨架，如石膏骨架、水泥刨花骨架等。

图 9-53 所示为一种轻钢骨架隔墙，先用螺钉将上槛、下槛(也称导向骨架)固定在楼板上，上、下槛固定后安装竖向龙骨(墙筋)，间距为400～600mm，与面板规格相协调，龙骨上留有走线孔。

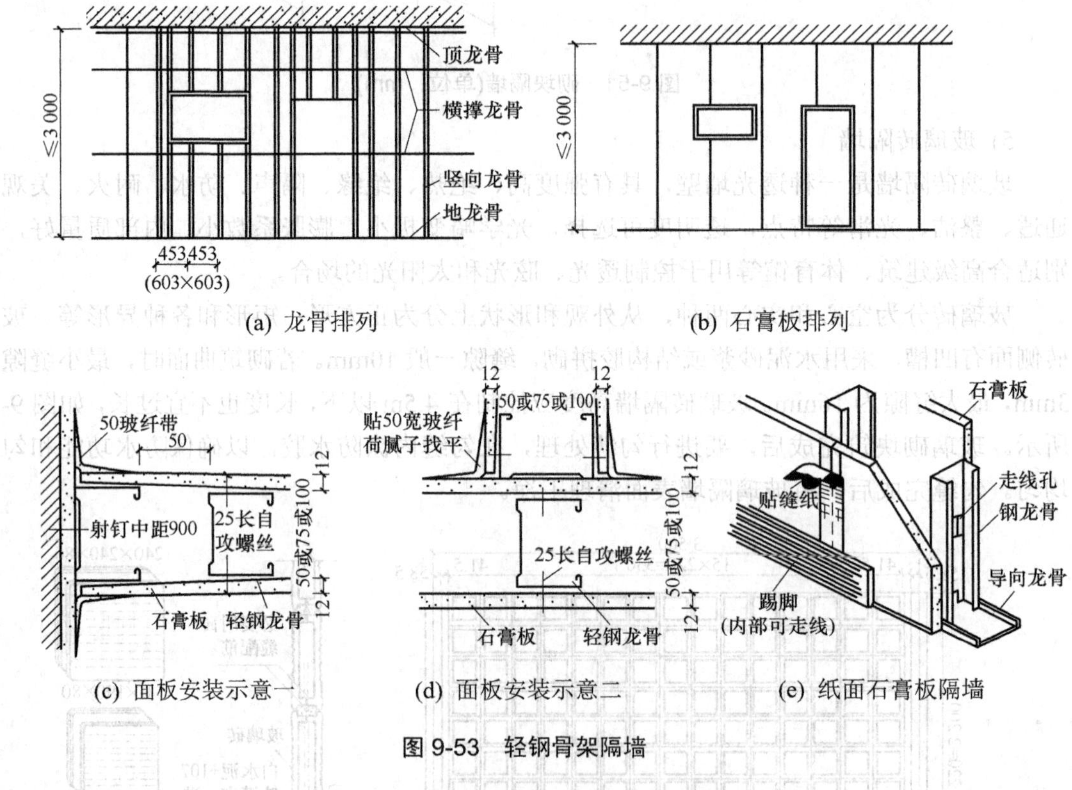

图 9-53 轻钢骨架隔墙

2) 面层

轻骨架隔墙的面层有很多种类型，如木质板材类(如胶合板)、石膏板类(如纸面石膏板)、无机纤维板类(如矿棉板)、金属板材类(如铝合金板)、塑料板材类(如 PVC 板)、玻璃板材类(如彩绘玻璃)等，多为难燃或不燃材料。

一般胶合板、硬质纤维板等以木材为原料的板材多用木骨架，石膏面板多用石膏或轻钢骨架。隔墙的名称以面层材料而定，如轻钢纸面石膏板隔墙。

3) 构造做法

面板与骨架的关系常见有两种：一种是在骨架的两面或一面，用压条压缝或不用压条压缝即贴面式；另一种是将面板置于骨架中间，四周用压条压住，称为镶板式，如图 9-54

所示。

面板在骨架上的固定方法常用的有钉、黏、卡3种，如图9-55所示。采用轻钢骨架时，往往用骨架上的舌片或特制的夹具将面板卡到轻钢骨架上，这种做法简便、迅速，有利于隔墙的组装和拆卸。

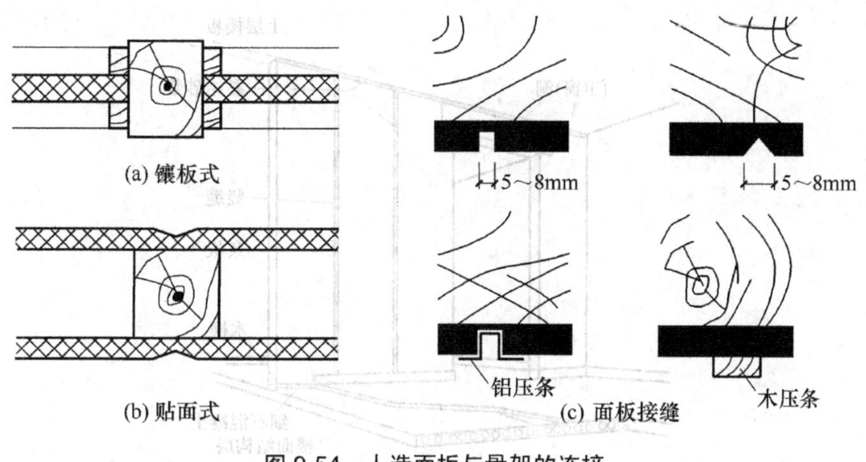

图9-54　人造面板与骨架的连接

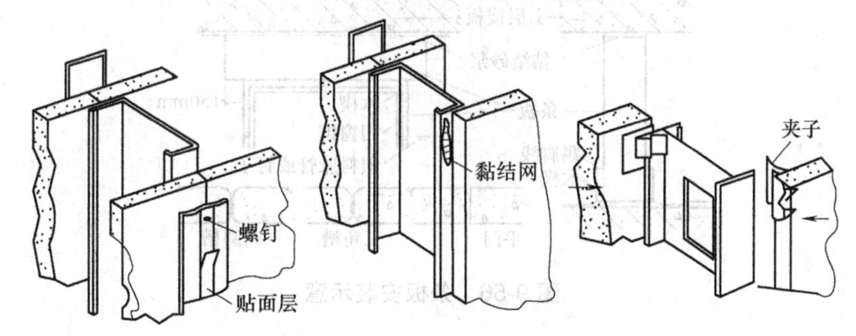

图9-55　固定面板的方法

3．板材隔墙

板材隔墙是指采用轻质的条板用黏结剂拼合在一起形成的隔墙。由于板材是用轻质材料制成的各种预制薄型板材，如蒸压加气混凝土板和各种复合板材等，单板高度相当于房间净高，面积较大，施工中直接拼装而不依赖骨架，因此它具有自重轻、安装方便、工厂化程度高、施工速度快等特点。

固定安装条板时，在板的下面先用木楔将条板楔紧，然后用细石混凝土堵严，板缝用各种黏结砂浆或黏结剂进行黏结，并用胶泥刮缝，平整后，再在表面进行装修(见图9-56)。

1) 轻质条板隔墙

常用的轻质条板有玻纤增强水泥条板、钢丝增强水泥条板、增强石膏空心条板、轻骨料混凝土条板等。轻质条板墙体的限制高度为：60mm厚度时为3.0m，90mm厚度时为4.0m，120mm厚度时为5.0m。

2) 加气混凝土条板隔墙

加气混凝土由水泥、石灰、砂、矿渣等加发泡剂(铝粉)，经过原料处理、配料浇筑、切割、蒸压养护工序制成。与同种材料的砌块相比，加气混凝土条板的块型较大，生产时需要根据其用途配置不同的经防锈处理的钢筋网片，可用于外墙、内墙和屋面。加气混凝土条板自重较轻，可锯、可刨、可钉，施工简单，防火性能好，由于板内的气孔是闭合的，能有效抵抗雨水的渗透。但不宜用于具有高温、高湿或有化学有害空气介质的建筑中。

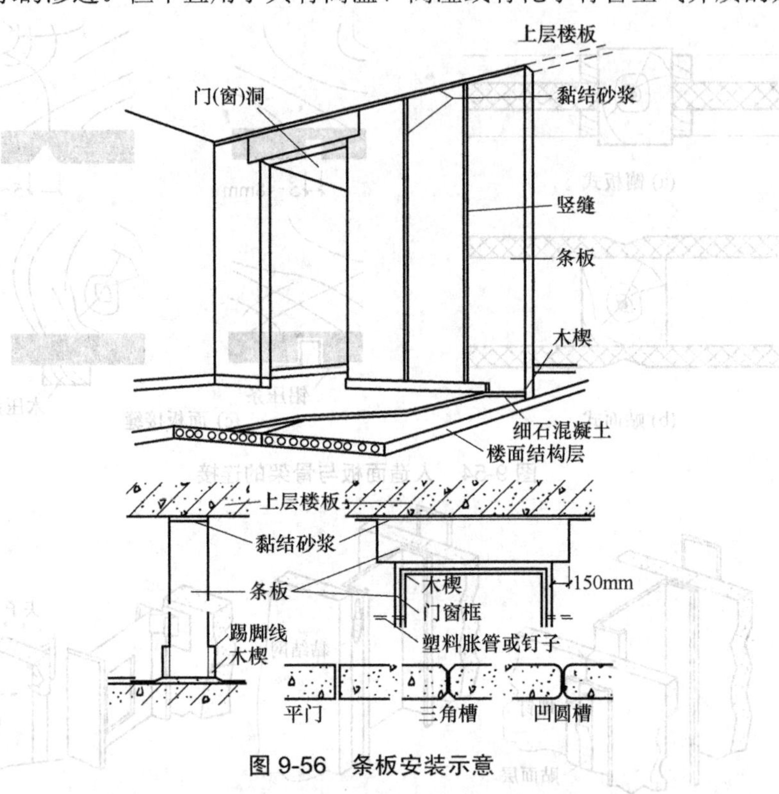

图 9-56　条板安装示意

加气混凝土条板规格长为2 700～3 000mm，用于内墙板的板材宽度通常为500、600mm，厚度为75、100、120mm等，高度按设计要求进行切割。

3) 复合板隔墙。

由几种材料制成的多层板材为复合板材。复合板材的面层有泰柏板、铝板、树脂板、硬质纤维板、压型钢板等，夹芯材料可用矿棉、木质纤维、泡沫塑料和蜂窝状材料等。

复合板材充分利用材料的性能，大多具有强度高，耐火性、防水性、隔声性能好的优点，且安装、拆卸方便，有利于建筑工业化。

(1) 泰柏板墙。

泰柏板又称为钢丝网泡沫塑料水泥砂浆复合墙板，是由Φ2 低碳冷拔镀锌钢丝焊接成三维空间网笼，中间填充阻燃聚苯乙烯泡沫塑料构成轻质板材，安装后双面抹灰或喷涂水泥砂浆而组成的复合墙体。其特点是重量轻、强度高、防火、隔声、防腐能力强，板内可预留设备管道、电气设备等。可以用于建筑物的内外墙，甚至轻型屋面或小开间建筑的楼板。

泰柏板隔墙须用配套的连接件在现场安装固定，隔墙的拼缝处、阴阳角和门窗洞口等位置须用专用的钢丝网片补强。其构造如图 9-57 所示。

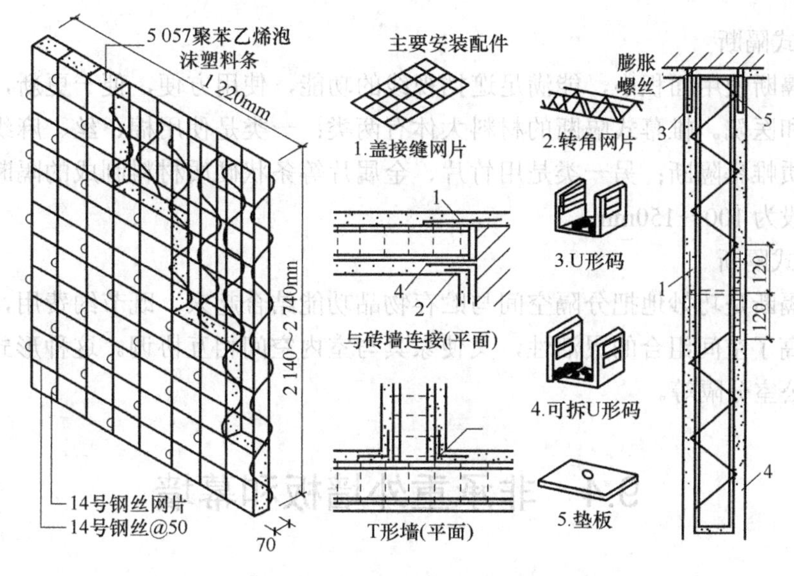

图 9-57 泰柏板隔墙

(2) 金属面夹芯板。

金属面夹芯板上下两层为金属薄板，芯材为具有一定刚度的保温材料，如岩棉、硬质泡沫塑料等，是具有承载能力的结构板材，也称为“三明治”板。根据面材和芯材的不同，板的长度一般在 12 000mm 以内，宽度为 900、1 000mm，厚度在 30～250mm 之间。具有高强、保温、隔热、隔声、装饰性能好等优点，既可用于内隔墙，还可用于外墙板、屋面板、吊顶板等，但泡沫塑料夹芯的金属复合板不能用于防火要求高的建筑。

9.3.2 隔断

隔断是分隔室内空间的装修构件，其作用在于变化空间或遮挡视线。隔断的形式很多，常见的有屏风式、移动式、镂空式、帷幕式和家具式等。

1) 屏风式隔断

屏风式隔断通常不到顶，空间通透性强，隔断与顶棚间保持一定距离，起到分隔空间和遮挡视线的作用，常用于办公室、餐厅、展览馆以及门诊部的诊室等公共建筑中，厕所、淋浴间等也采用这种形式。隔断高度一般为 1 050～1 800mm。

2) 移动式隔断

移动式隔断可以随意闭合或打开，使相邻的空间随之独立或合成一个空间。这种隔断使用灵活，在关闭时也能起到限定空间、隔声和遮挡视线的作用。种类有拼装式、滑动式、折叠式、悬吊式、卷帘式和起落式等，多用于餐馆、宾馆活动室及会堂。

3) 镂空式隔断

镂空式隔断是公共建筑门厅、客厅等处分隔空间常用的一种形式，有竹、木和混凝土预制构件等，形式多样。隔断与地面、顶棚的固定也因材料不同而变化，可用钉、焊等方式连接。

4) 帷幕式隔断

帷幕式隔断使用面积小，能满足遮挡视线的功能，使用方便，便于更新，一般多用于住宅、旅馆和医院。帷幕式隔断的材料大体有两类：一类是使用棉、丝、麻织品或人造革等制成的软质帷幕隔断；另一类是用竹片、金属片等条状硬质材料制成的隔断。帷幕下部距楼地面一般为100～150mm。

5) 家具式隔断

家具式隔断是巧妙地把分隔空间与贮存物品功能结合起来，既节约费用，又节省使用面积；既提高了空间组合的灵活性，又使家具与室内空间相互协调。这种形式多用于室内设计以及办公室分隔等。

9.4 非承重外墙板和幕墙

9.4.1 非承重外墙板

非承重外墙板是指悬挂于框架或排架柱间，并由框架或排架承受其荷载，作为外墙而使用的板材，在多层、高层民用建筑和工业建筑中应用较多。

1. 外墙板类型

按所使用的材料不同，外墙板可分为单一材料墙板和复合材料墙板，如图9-58所示。单一材料墙板用轻质保温材料制作，如加气混凝土、陶粒混凝土等。复合板通常至少由三层组成，即内、外壁和夹层。外壁选用耐久性和防水性均较好的材料，如钢丝网水泥、轻骨料混凝土等；内壁应选用防火性能好又便于装修的材料，如石膏板、塑料板等；夹层宜选用容积密度小、保温隔热性能好、价廉的材料，如玻璃棉、膨胀珍珠岩、膨胀蛭石、加气混凝土、泡沫混凝土、泡沫塑料等。

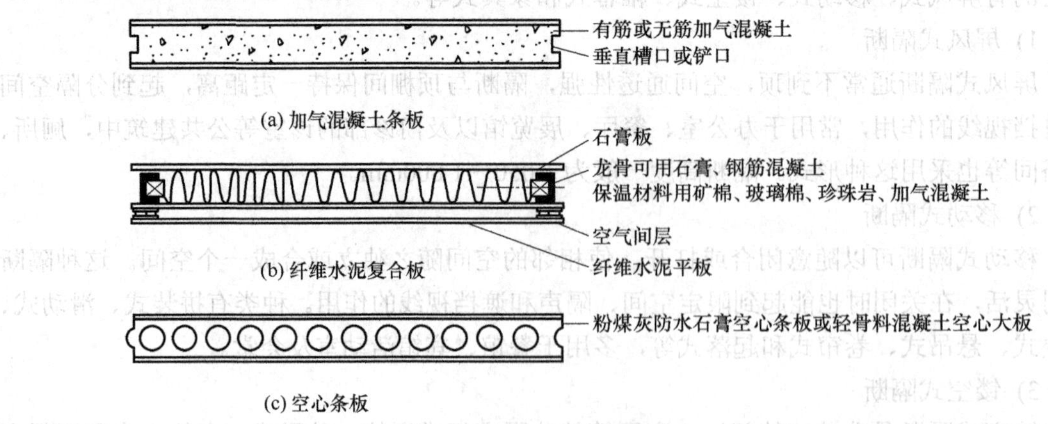

图9-58 外墙板类型

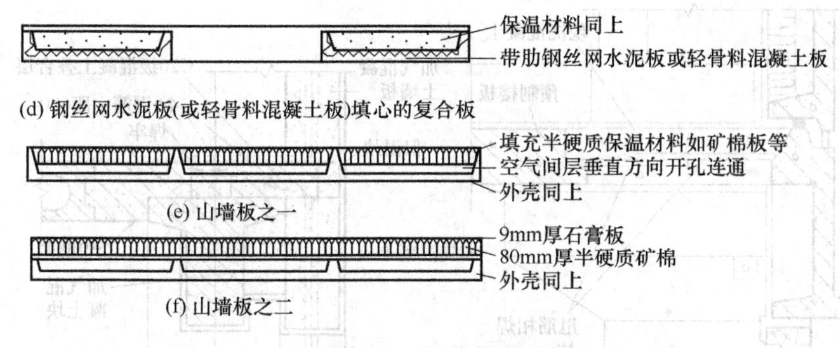

图 9-58 外墙板类型(续)

2. 外墙板的布置方式

外墙板可以布置在框架外侧、框架之间或安装在附加墙架上，如图 9-59 所示。外墙板安装在框架外侧，对房屋保温有利；安装在框架之间，框架暴露在外，在构造上需做保温处理，防止外露的框架柱和楼板成为“冷桥”；通常安装在附加墙架上，以使外墙具有足够的刚度，保证在风力和地震力的作用下不会变形。

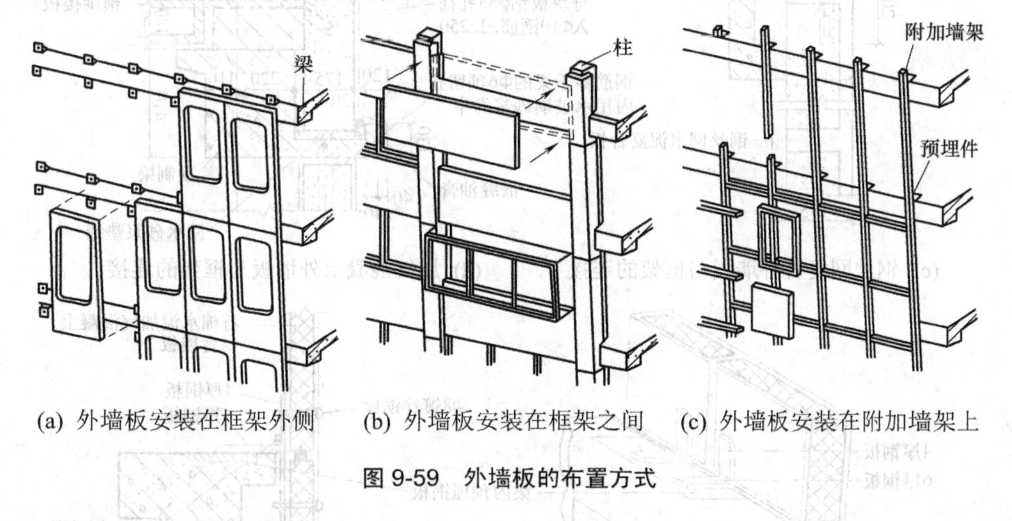

图 9-59 外墙板的布置方式

3. 外墙板与框架的连接

外墙板可以采用上挂或下承两种方式支承于框架柱、梁或楼板上。图 9-60 所示为各种外墙板与框架的连接构造。根据不同的板材类型和板材的布置方式，可采取焊接法、螺栓联结法、插筋锚固法等将外墙板固定在框架上。

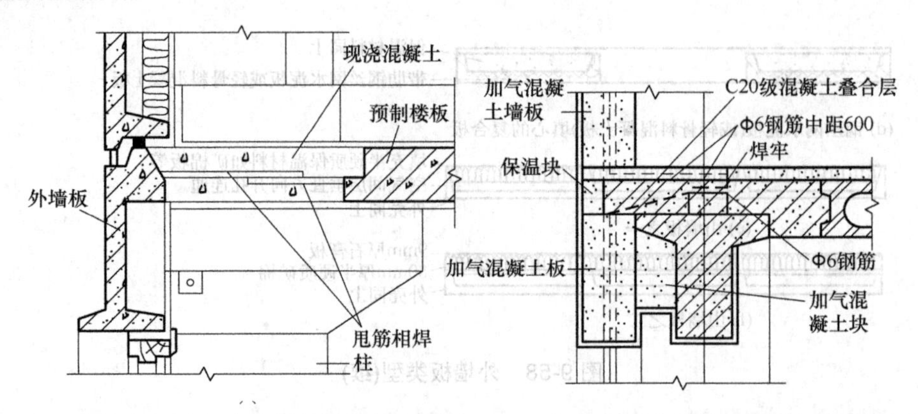

(a) 钢丝网水泥复合板与框架的连接　　(b) 加气混凝土外墙板与框架的连接

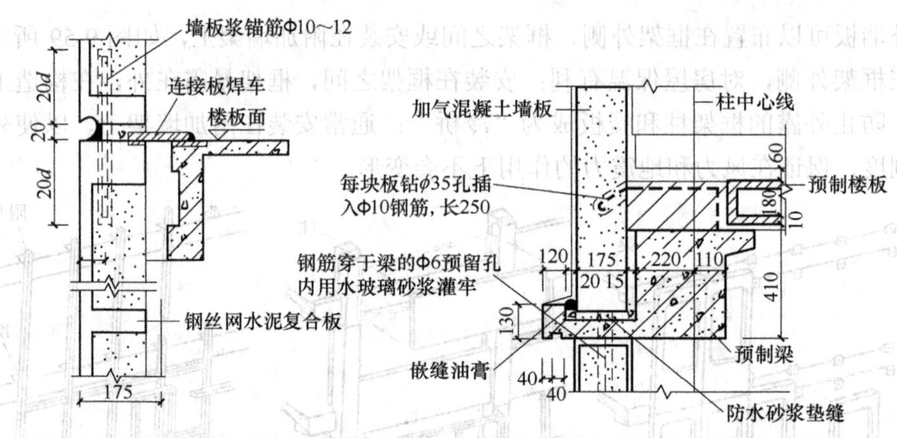

(c) 钢丝网复合外墙板与框架的连接　　(d) 加气混凝土外墙板与框架的连接

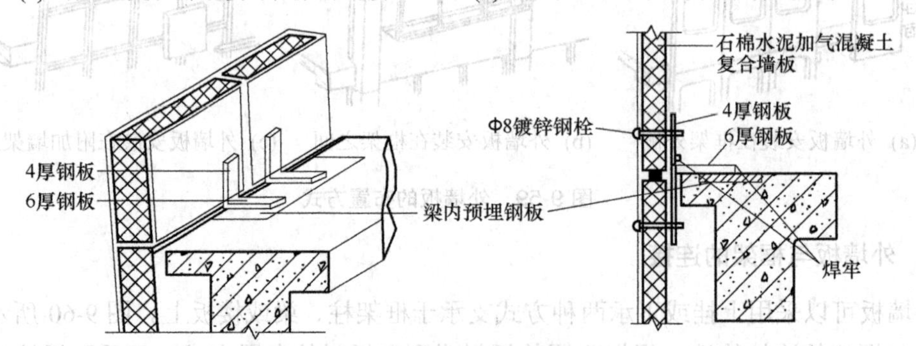

(e) 纤维水泥复合墙板与框架的连接

图 9-60　外墙板与框架连接(单位：mm)

9.4.2　幕墙

幕墙是以板材形式悬挂于主体结构上的外墙，犹如悬挂的幕而得名。

幕墙构造具有如下特征：幕墙不承重，但要承受风荷载，并通过连接件将自重和风荷载传给主体结构。幕墙装饰效果好，安装速度快，施工质量也容易得到保证，是外墙轻型化、装配化的理想形式。

按面板材料的不同，常见的幕墙有玻璃幕墙、铝板幕墙、石材幕墙等，如图 9-61 所示。

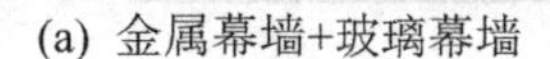

(a) 金属幕墙+玻璃幕墙　　(b) 玻璃幕墙　　(c) 石材幕墙

图 9-61　各类幕墙外观

1．玻璃幕墙

玻璃幕墙是当代一种新型墙体，最大特点是将建筑美学、建筑功能、建筑节能和建筑结构等因素有机地统一起来，建筑物从不同角度呈现出不同的色调，随阳光、月色、灯光的变化给人以动态的美。在世界各地主要城市均建有宏伟华丽的玻璃幕墙建筑，如芝加哥石油大厦、西尔斯大厦、香港中国银行大厦、上海环球金融中心等。

玻璃幕墙根据其承重方式不同可分为框支承玻璃幕墙、全玻幕墙和点支承玻璃幕墙。框支承玻璃幕墙造价低，使用最为广泛，如图 9-62 所示；全玻幕墙通透、轻盈，常用于大型公共建筑，如图 9-63 所示；点支承玻璃幕墙不仅通透，而且展现了精美的结构，发展十分迅速，如图 9-64 所示。

(a) 明框式　　(b) 半隐框　　(c) 隐框式

图 9-62　框支承幕墙

图 9-63　全玻幕墙

图 9-64　点支承玻璃幕墙

(1) 框支承玻璃幕墙。

框支承玻璃幕墙是指玻璃面板周边由金属框架支承的玻璃幕墙。按其构造方式可分为以下几种。

① 明框玻璃幕墙：即金属框架的构件显露于面板外表面的框支承玻璃幕墙(见图 9-65(a))；

② 隐框玻璃幕墙：即金属框架的构件完全不显露于面板外表面的框支承玻璃幕墙(见图 9-65(b))；

③ 半隐框玻璃幕墙：即金属框架的竖向或横向构件显露于面板外表面的框支承玻璃幕墙(见图 9-65(c)、图 6-65(d))。

框支承玻璃幕墙选用的单片玻璃厚度不应小于 6mm，宜选用钢化玻璃。在人员流动密度大、青少年或幼儿活动的公共场所以及使用中容易受到冲击的部位，应采用安全玻璃。

(2) 全玻幕墙。

全玻幕墙是由玻璃肋和玻璃面板构成的玻璃幕墙(见图 9-66)。肋玻璃垂直于面玻璃设置，以加强面玻璃的刚度。肋玻璃与面玻璃可采用结构胶黏结，也可以通过不锈钢爪件驳接。面玻璃的厚度不宜小于 10mm，肋玻璃厚度不应小于 12mm，截面高度不应小于 100mm。

全玻幕墙的玻璃固定有两种方式：下部支承式和上部悬挂式。当幕墙的高度不太大时，可以用下部支撑的非悬挂系统；当高度更大时，为避免面玻璃和肋玻璃在自重作用下因变形而失去稳定，需采用悬挂的支撑系统。这种系统有专门的吊挂机构在上部抓住玻璃，以保证玻璃的稳定。

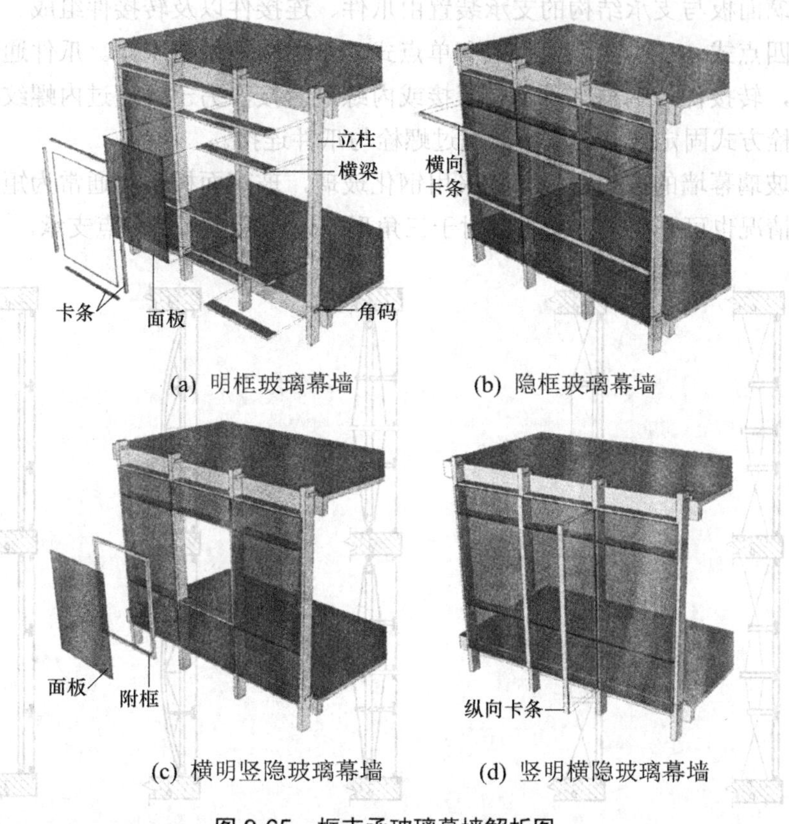

图 9-65　框支承玻璃幕墙解析图

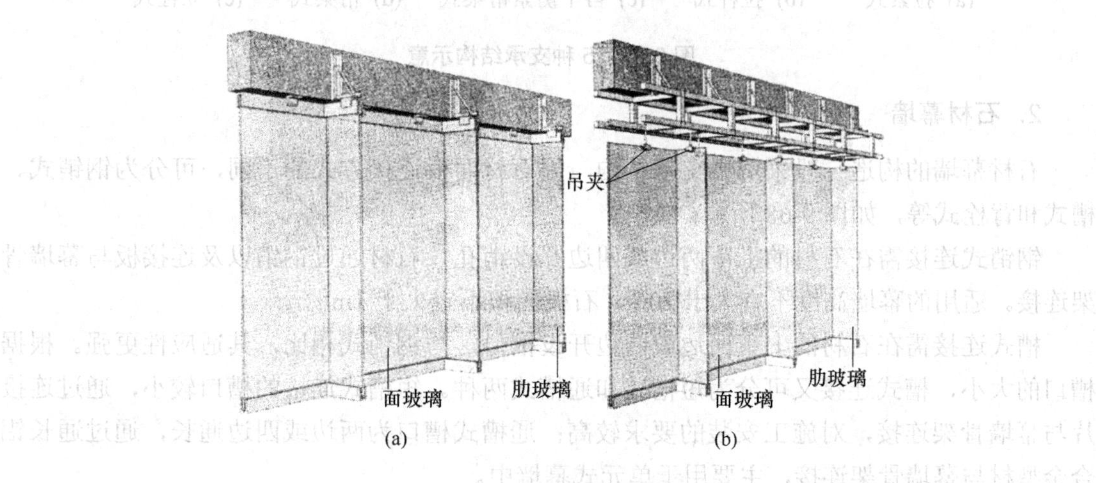

图 9-66　全玻幕墙解析图

(3) 点支承玻璃幕墙。

点支承玻璃幕墙是由玻璃面板、支承结构构成的玻璃幕墙。

支承结构可分为杆件体系和索杆体系两种。杆件体系是由刚性构件组成的结构体系，索杆体系是由拉索、拉杆和刚件构件等组成的预拉力结构体系。常见的杆件体系有钢立柱和钢桁架，索杆体系有钢拉索、钢拉杆和自平衡索桁架，如图9-67所示。

连接玻璃面板与支承结构的支承装置由爪件、连接件以及转接件组成。爪件根据固定点数可分为四点式、三点式、两点式和单点式，常采用不锈钢制作。爪件通过转接件与支承结构连接，转接件一端与支承结构焊接或内螺纹套接，另一端通过内螺纹与爪件套接。连接件以螺栓方式固定玻璃面板，并通过螺栓与爪件连接。

点支承玻璃幕墙的玻璃面板必须采用钢化玻璃，玻璃面板形状通常为矩形，采用四点支承，根据情况也可采用六点支承，对于三角形玻璃面板可采用三点支承。

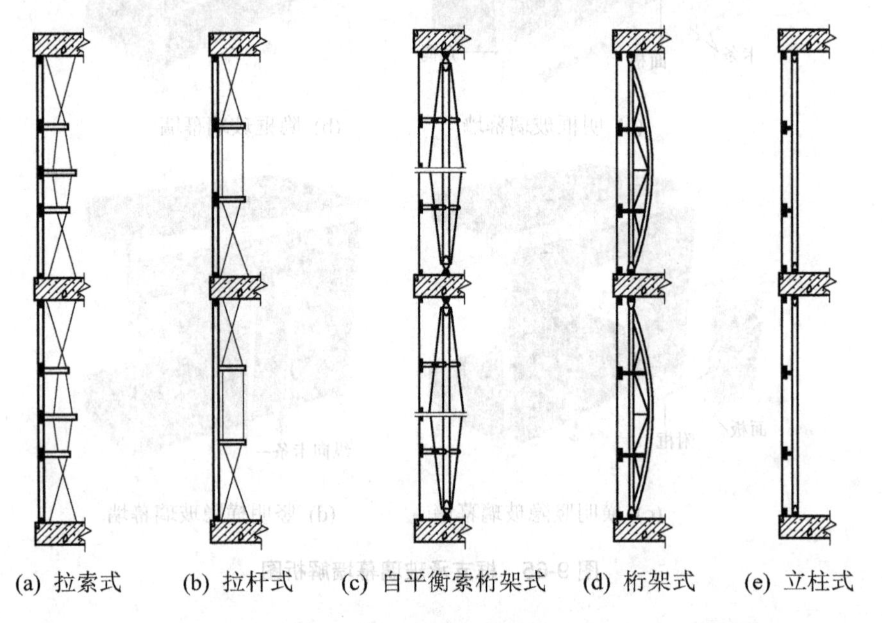

图9-67 5种支承结构示意

2. 石材幕墙

石材幕墙的构造一般采用框支承结构，因石材面板连接方式的不同，可分为钢销式、槽式和背栓式等，如图9-68所示。

钢销式连接需在石材的上下两边或四边开设销孔，石材通过钢销以及连接板与幕墙骨架连接。适用的幕墙高度不宜大于20m，石板面积不宜大于$1m^2$。

槽式连接需在石材的上下两边或四边开设槽口，与钢销式相比，其适应性更强。根据槽口的大小，槽式连接又可分为短槽式和通槽式两种。短槽式连接的槽口较小，通过连接片与幕墙骨架连接，对施工安装的要求较高；通槽式槽口为两边或四边通长，通过通长铝合金型材与幕墙骨架连接，主要用于单元式幕墙中。

背栓式连接方式与钢销式及槽式连接不同，将连接石材面板的部位放在面板背部，改善面板的受力。通常先在石材背面钻孔，插入不锈钢背栓，并扩胀使之与石板紧密连接，然后通过连接件与幕墙骨架连接。

3．铝板幕墙

铝板幕墙的构造组成与隐框式玻璃幕墙类似，采用框支承受力方式，也需要制作铝板板块。铝板板块通过铝角与幕墙骨架连接，如图 9-69 所示。

铝板板块由加劲肋和面板组成，板块的制作需要在铝板背面设置边肋和中肋等加劲肋。在制作板块时，铝板应四周折边以便与加劲肋连接。加劲肋常采用铝合金型材，以槽形或角形型材为主。面板与加劲肋之间通常的连接方法有铆接、电栓焊接、螺栓连接以及化学黏结等。为了方便板块与骨架体系的连接需在板块的周边设置铝角，它一端常通过铆接方式固定在板块上，另一端采用自攻螺丝固定在骨架上。

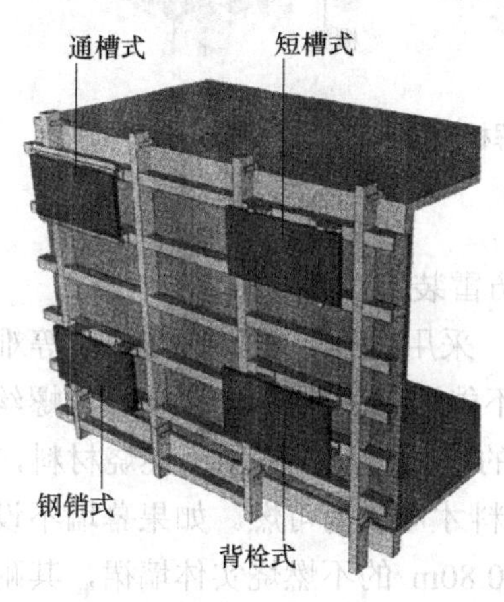

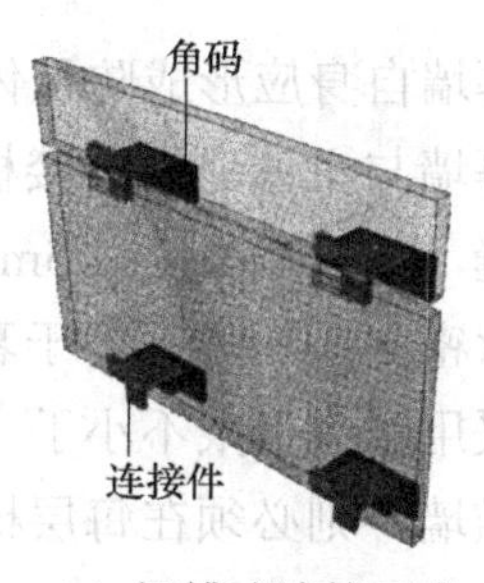

(a) 总体构造示意　(b) 钢销式连接示意　(c) 短槽式连接示意

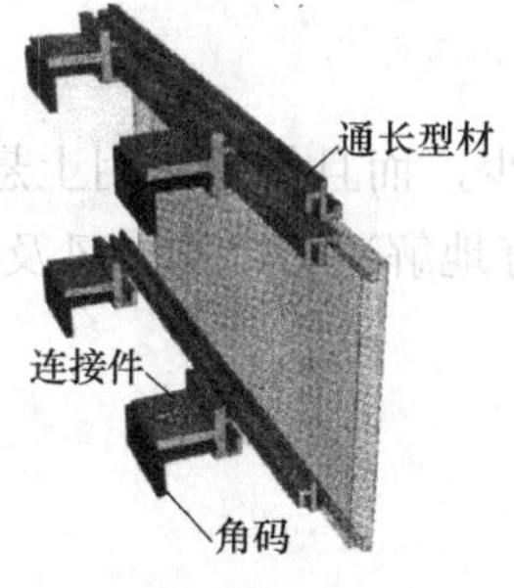

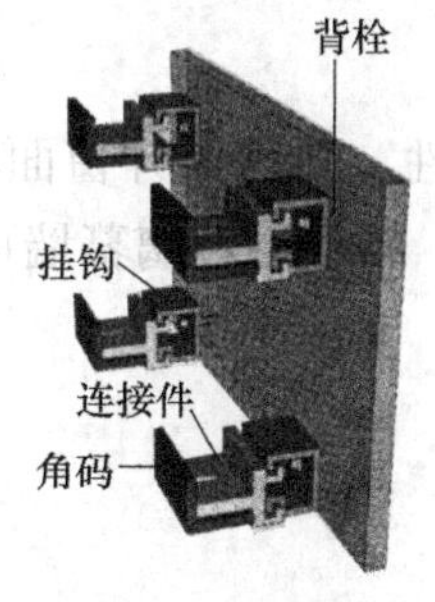

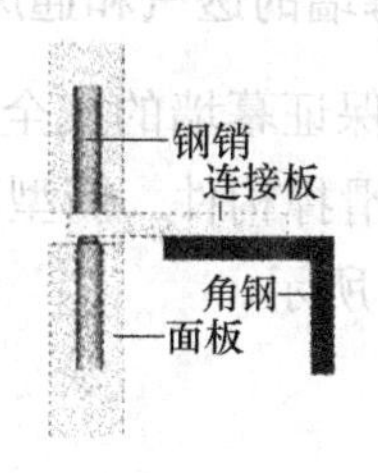

(d) 通槽式连接示意　(e) 背栓式连接示意　(f) 钢销式节点示意

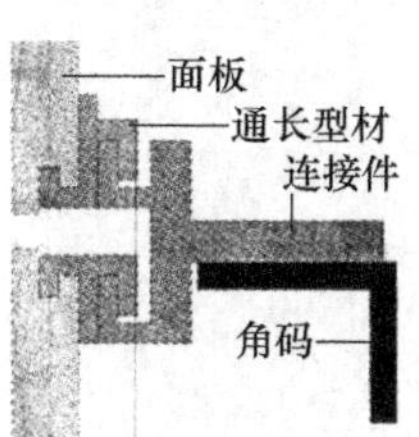

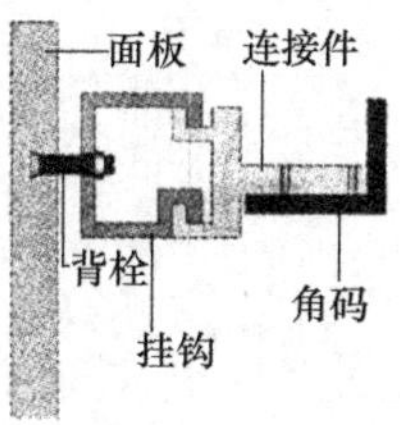

(g) 短槽式节点示意　(h) 通槽式节点示意　(i) 背栓式节点示意

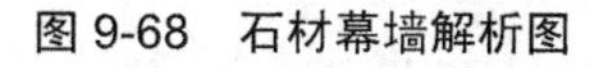

图 9-68　石材幕墙解析图

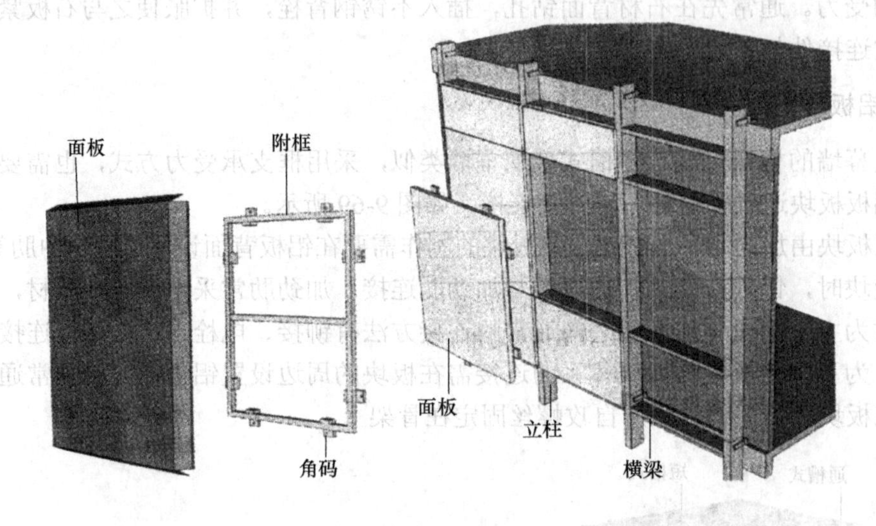

图 9-69 铝板幕墙解析图

4. 幕墙的防雷和防火安全措施

幕墙自身应形成防雷体系，而且与主体建筑的防雷装置可靠连接。

幕墙与主体建筑的楼板、内隔墙交接处的空隙，采用岩棉、矿棉、玻璃棉等难燃烧材料填缝，并采用厚度 1.5mm 以上的镀锌耐热钢板(不能用铝板)封口。接缝处与螺丝口应另用防火密封胶封堵。对于幕墙在窗间墙、窗槛墙处的填充材料应采用不燃烧材料，除非外墙面采用耐火极限不小于 1.0h 的不燃烧体时，该材料才可改为可燃。如果幕墙不设窗间墙和窗槛墙，则必须在每层楼板外沿设置高度不小于 0.80m 的不燃烧实体墙裙，其耐火极限应不小于 1.0h。

5. 幕墙的透气和通风功能控制

为了保证幕墙的安全性和密闭性，幕墙的开窗面积较少，而且规定采用上悬窗，并应设有限位滑撑构件。新型可“呼吸”的双层玻璃幕墙可较好地解决幕墙的通风及热工性能，如图 9-70 所示。

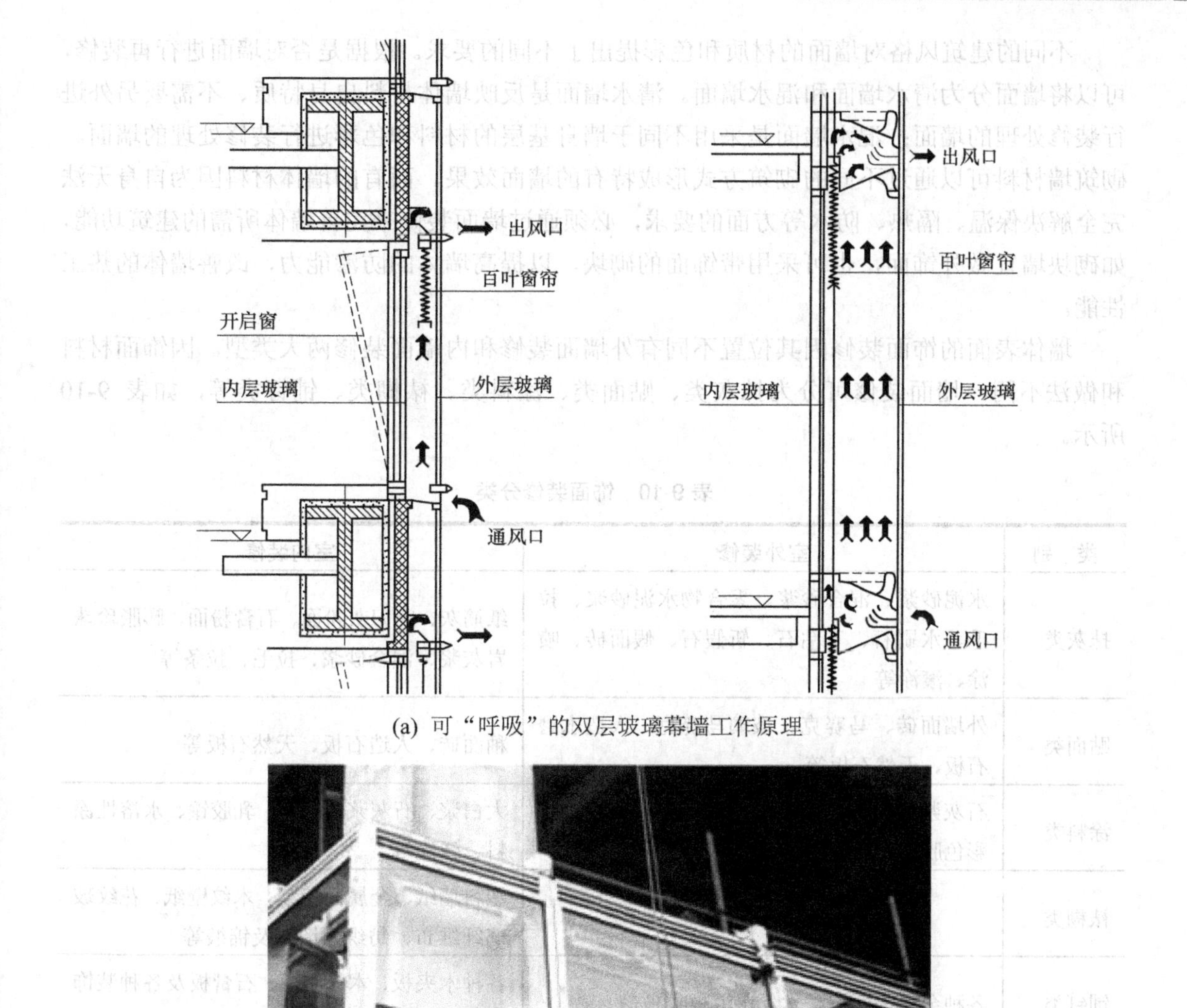

(a) 可“呼吸”的双层玻璃幕墙工作原理

(b) 可“呼吸”的双层玻璃幕墙实例

图 9-70　可“呼吸”的双层玻璃幕墙

9.5 墙面装修

墙面装修是建筑装修中的重要内容，对提高建筑的艺术效果、美化建筑环境起着重要作用，同时兼有保护墙体、改善墙体功能的作用。如外墙装修可防止墙体结构遭受风雨的直接袭击，提高墙体防潮、抗风化的能力，增强其坚固性和耐久性，同时可改善外墙热工性能；内墙装修可增加室内光线反射、提高照明度，吸声处理可改善室内音质效果。

不同的建筑风格对墙面的材质和色彩提出了不同的要求。根据是否对墙面进行再装修，可以将墙面分为清水墙面和混水墙面。清水墙面是反映墙体材料自身特质、不需要另外进行装修处理的墙面；混水墙面是采用不同于墙身基层的材料和色彩进行装修处理的墙面。砌筑墙材料可以通过不同的砌筑方式形成特有的墙面效果。而有的墙体材料因为自身无法完全解决保温、隔热、防水等方面的要求，必须通过墙面装修来完善墙体所需的建筑功能，如砌块墙宜做外饰面，也可采用带饰面的砌块，以提高墙体的防渗能力，改善墙体的热工性能。

墙体表面的饰面装修因其位置不同有外墙面装修和内墙面装修两大类型。因饰面材料和做法不同，墙面装修可分为抹灰类、贴面类、涂料类、裱糊类、铺钉类等，如表9-10所示。

表 9-10　饰面装修分类

类　别	室外装修	室内装修
抹灰类	水泥砂浆、混合砂浆、聚合物水泥砂浆、拉毛、水刷石、干粘石、斩假石、假面砖、喷涂、滚涂等	纸筋灰、麻刀灰粉面、石膏粉面、膨胀珍珠岩灰浆、混合砂浆、拉毛、拉条等
贴面类	外墙面砖、马赛克、玻璃马赛克、人造水磨石板、天然石板等	釉面砖、人造石板、天然石板等
涂料类	石灰浆、水泥浆、溶剂型涂料、乳液涂料、彩色胶砂涂料、彩色弹涂等	大白浆、石灰浆、油漆、乳胶镶、水溶性涂料、弹涂等
裱糊类		塑料墙纸、金属面墙纸、木纹壁纸、花纹玻璃纤维布、纺织面墙纸及锦缎等
铺钉类	各种金属饰面板、木丝水泥板、玻璃	各种木夹板、木纤维板、石膏板及各种装饰面板等

思　考　题

1. 墙体在构造上应考虑哪些设计要求？为什么？

2. 墙体承重结构的布置方案有哪些？各有何特点？分别适用于何种情况？

3. 提高外墙的保温能力有哪些措施？

4. 墙体隔热措施有哪些？

5. 墙体隔声措施有哪些？

6. 依其所处位置不同、受力不同、材料不同、构造不同、施工方法不同，墙体可分为哪几种类型？

7. 常用砌体墙材料有哪些？常用空心砖有哪几种类型？标准砖自身尺度之间有何关系？

8. 砌体墙组砌的要点是什么？
9. 砖墙砌筑原则是什么？常见的砖墙组砌方式有哪些？
10. 砌块墙的组砌要求有哪些？
11. 简述墙脚水平防潮层的作用、设置位置、方式及特点。
12. 在什么情况下设垂直防潮层？其构造做法如何？
13. 勒脚作用如何？其处理方法有哪几种？试说出各自的构造特点。
14. 常见的过梁有几种？它们的适用范围和构造特点是什么？
15. 窗台构造中应考虑哪些问题？构造做法有几种？
16. 墙身加固措施有哪些？有何设计要求？
17. 简述圈梁的概念、作用、设置要求、构造做法及其特点。
18. 简述构造柱作用、设置要求及其构造做法。
19. 常见的隔墙、隔断有哪些？试述各种隔墙的特点及其构造做法。
20. 什么是建筑幕墙？ 常用建筑幕墙的类型有哪些？各有什么特点？
21. 什么是玻璃幕墙？玻璃幕墙如何分类？其构造组成如何？

第 10 章　楼地层及阳台、雨篷

10.1　概　　述

10.1.1　楼地层的构造组成

楼地层包括楼板层和地坪层，是水平方向分隔房屋空间的承重构件。楼板层分隔上下楼层空间，地坪层分隔大地与底层空间。为了满足楼板、地面的使用功能，建筑物的楼地层通常由面层、楼板、顶棚 3 部分组成，如图 10-1 所示。

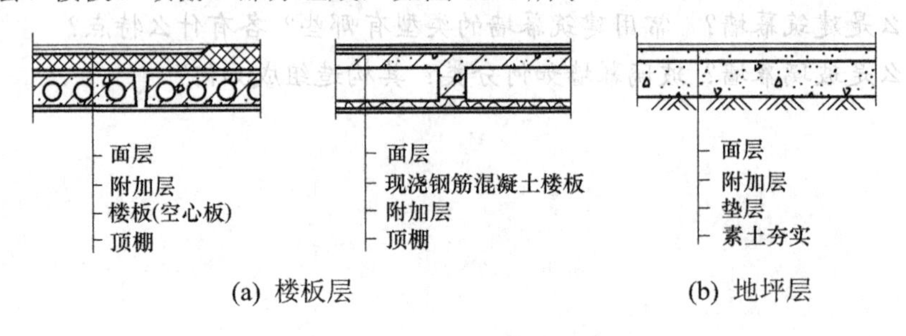

图 10-1　楼地层的构造组成

1. 楼板层的构造组成

1) 面层

面层位于楼板层的最上层，又称楼面或地面，起着保护楼板层、分布荷载和绝缘的作用，同时对室内起美化装饰作用。

2) 结构层

结构层又称楼板，其主要功能在于承受楼板层上的全部荷载并将这些荷载传给墙或柱；同时还对墙身起水平支承作用，以加强建筑物的整体刚度。

3) 附加层

附加层又称功能层，根据楼板层的具体要求而设置，主要作用是隔声、隔热、保温、防水、防潮、防腐蚀、防静电等。根据实际需要，附加层有时和面层合二为一，有时又和吊顶合为一体。

4) 顶棚层

顶棚层位于楼板层最下层，主要作用是保护楼板、安装灯具、遮挡各种水平管线、改善使用功能、装饰美化室内空间。

2. 地坪层的构造组成

地坪层由面层、附加层、结构层、垫层(有时结构层与垫层合二为一，如图 10-1(b)所示)、素土夯实层 5 部分组成，详见 10.2.2 小节内容。

10.1.2　楼板的类型

根据所用材料不同，楼板可分为木楼板、钢筋混凝土楼板、压型钢板组合楼板等多种类型，如图 10-2 所示。

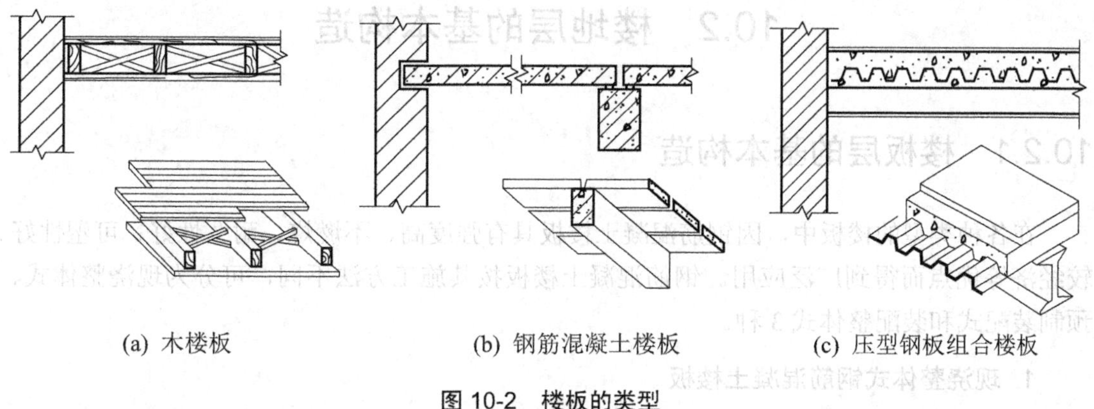

(a) 木楼板　(b) 钢筋混凝土楼板　(c) 压型钢板组合楼板

图 10-2　楼板的类型

1. 木楼板

木楼板自重轻，保温隔热性能好、舒适、有弹性，只在木材产地采用较多，但耐火性和耐久性均较差，且造价偏高。为节约木材和满足防火要求，目前较少采用。

2. 钢筋混凝土楼板

钢筋混凝土楼板具有强度高、刚度好、耐火性和耐久性好等特点，还具有良好的可塑性，便于工业化生产，应用最广泛。按其施工方法不同，可分为现浇式、装配式和装配整体式 3 种。

3. 压型钢板组合楼板

压型钢板组合楼板是在钢筋混凝土楼板的基础上发展起来的，一般用于钢结构体系中，利用钢衬板作为楼板的受弯构件和底模，既提高了楼板的强度和刚度，又加快了施工进度，是目前大力推广的一种新型楼板。

10.1.3　楼板层的设计要求

楼板层是多层建筑中沿水平方向分隔上下空间的结构构件，除了承受并传递垂直和水平荷载外，还应具备防火、隔声、防水等能力；同时，为了美观，很多机电设备的管线需要安装在楼板内。因此，设计楼板时必须满足以下几点要求。

楼板作为承重构件，必须具有足够的强度和刚度，以保证结构安全。楼板应具备一定的隔声能力，以免楼上楼下互相干扰；对一些特殊性质的房间如广播室、录音室、演播室等隔声要求则更高。为了保证人身和财产安全，楼板须具有一定的防火能力。对有水侵袭的房间如厕浴间等，楼板层须具有防水、防潮能力，以免有水渗漏，影响建筑物的正常使用。现代建筑中，由于各种服务设施日趋完善，机电专业的管线也越来越多，为了保证室内美观和室内空间的使用更加完整，在楼板层的设计中，必须仔细考虑各种设备管线的走向。

10.2 楼地层的基本构造

10.2.1 楼板层的基本构造

在各种类型的楼板中，因钢筋混凝土楼板具有强度高、不燃烧、耐久性好、可塑性好、较经济等优点而得到广泛应用。钢筋混凝土楼板按其施工方法不同，可分为现浇整体式、预制装配式和装配整体式 3 种。

1. 现浇整体式钢筋混凝土楼板

现浇钢筋混凝土楼板是指在施工现场按照支模、绑筋、浇混凝土、养护混凝土等工序而成型的楼板结构，整体性能好，适合于整体性要求高、楼板上有管道穿过、水平构件尺寸不合模数的建筑物。其缺点为湿作业量大、工序繁多、施工工期长等。

现浇整体式钢筋混凝土楼因受力和传力不同分为板式楼板、肋梁楼板、压型钢板组合楼板和无梁楼板。

1) 板式楼板

在墙体承重的建筑中，当房间的尺寸较小时，楼板可以将其自重和楼板上面的荷载直接传给墙体，此种楼板为板式楼板，适用于跨度较小的房间或走廊。

根据受力特点和支承情况，分为单向板和双向板。在荷载作用下，板基本上只在短边方向挠曲，在长边方向挠曲很小，表明荷载主要沿短边方向传递，称为单向板，如图 10-3(a)所示。板在荷载作用下，两个方向均有挠曲，表明板在两个方向都传递荷载，称为双向板。双向板的受力和传力更加合理，构件的材料更能充分发挥作用，如图 10-3(b)所示。为满足施工要求和经济要求，对各种板式楼板的最小厚度和最大厚度，一般规定如下。

(1) 单向板时(板的长短边之比＞2)：屋面板板厚 60～80mm，一般为板短跨的 1/35～1/30；民用建筑楼板厚 70～100mm；工业建筑楼板厚 80～180mm。

当混凝土强度等级≥C20 时，板厚可减小 10mm，但不得小于 60mm。

(2) 双向板(板的长短边之比≤2)：板厚为 80～160mm，一般为板短跨的 1/40～1/35。

2) 肋梁楼板

肋梁楼板由板、次梁和主梁组成。当房间的尺寸较大时，为使楼板受力和传力较为合理，常在楼板下设梁以增加板的支点，从而减小板的跨度，这种楼板称为肋楼板，梁又有主梁、次梁之分。荷载传递路径为由板→次梁→主梁→墙(或柱)。依据楼板的受力特点和支承情况，分为单向肋梁楼板和双向肋梁楼板。单向肋梁楼板如图 10-4 所示。主梁的经济跨度为 5～8m，主梁高为主梁跨度的 1/14～1/8；主梁宽为高的 1/3～1/2；次梁的经济跨度为 4～6m，次梁高为次梁跨度的 1/18～1/12，宽度为梁高的 1/3～1/2，次梁跨度即为主梁间距；梁的宽度常采用 250mm，跨度及荷载大者可用 300mm 或以上；板的跨度为主梁或次梁的间距，其经济跨度为 1.7～2.5m，双向板不宜超过 5m×5m，板厚的确定同板式楼板。

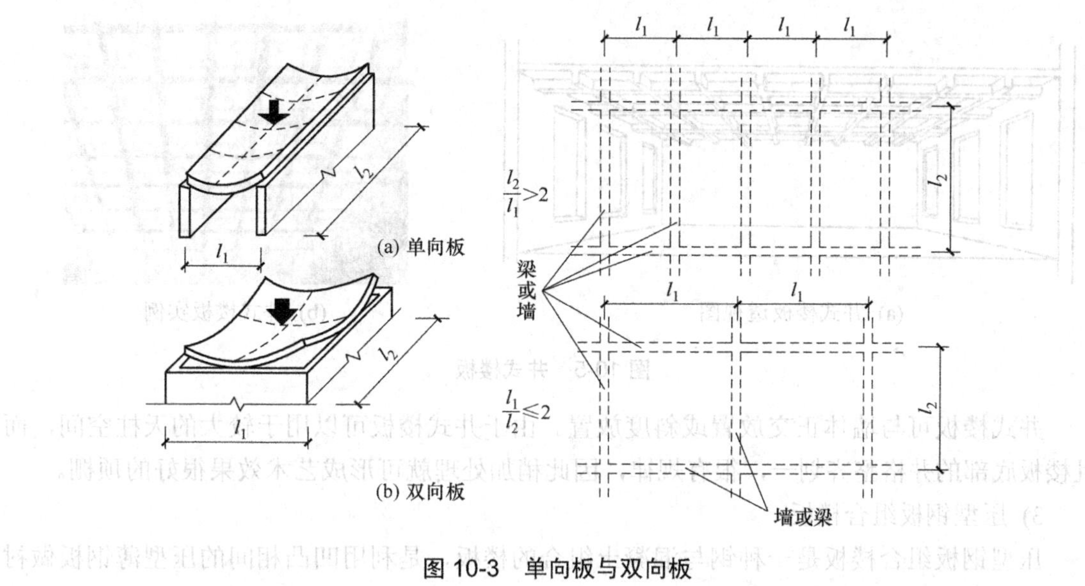

图 10-3　单向板与双向板

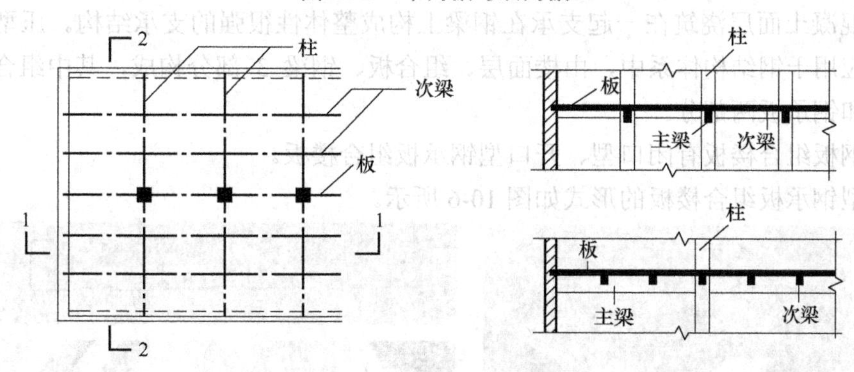

(a) 单向肋梁楼板布置图

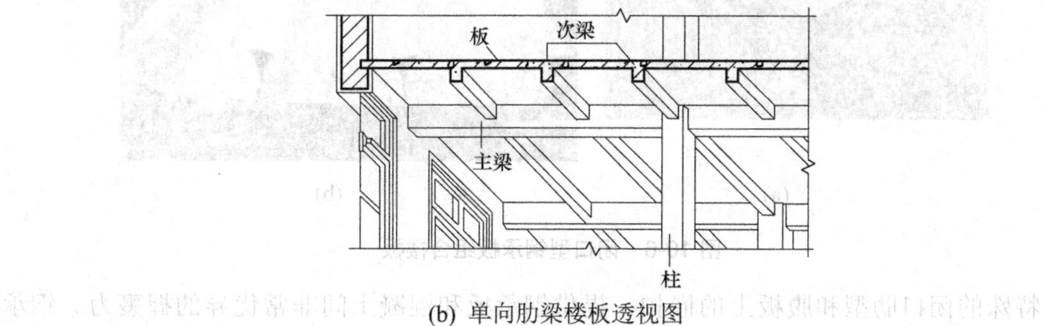

(b) 单向肋梁楼板透视图

图 10-4　单向肋梁楼板

双向肋梁楼板常无主次梁之分，由板和梁组成，荷载传递路线为板→梁→柱(或墙)。当双向肋梁楼板的板跨相同，且两个方向的梁截面也相同时，就形成了井式楼板，如图 10-5 所示。井式楼板适用于长宽比不大于 1.5 的矩形平面，井式楼板中板的跨度为 3.5～6m，梁的跨度可达 20～30m，梁截面高度不小于梁跨的 1/15，宽度为梁高的 1/4～1/2，且不少于 120mm。

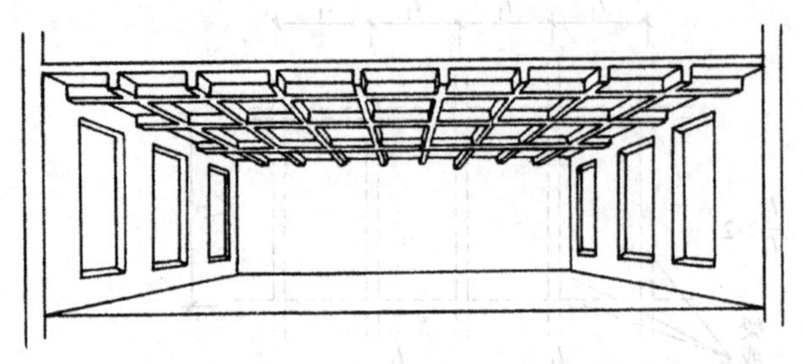

(a) 井式楼板透视图

(b) 井式楼板实例

图 10-5 井式楼板

井式楼板可与墙体正交放置或斜度放置。由于井式楼板可以用于较大的天柱空间，而且楼板底部的井格整齐划一，很有规律，因此稍加处理就可形成艺术效果很好的顶棚。

3) 压型钢板组合楼板

压型钢板组合楼板是一种钢与混凝土组合的楼板，是利用凹凸相间的压型薄钢板做衬板与现浇混凝土面层浇筑在一起支承在钢梁上构成整体性很强的支承结构。压型钢板组合楼板主要应用于钢结构体系中，由楼面层、组合板、钢梁 3 部分构成，其中组合板包括现浇混凝土和钢承板两部分。

压型钢板组合楼板有闭口型、开口型钢承板组合楼板。

闭口型钢承板组合楼板的形式如图 10-6 所示。

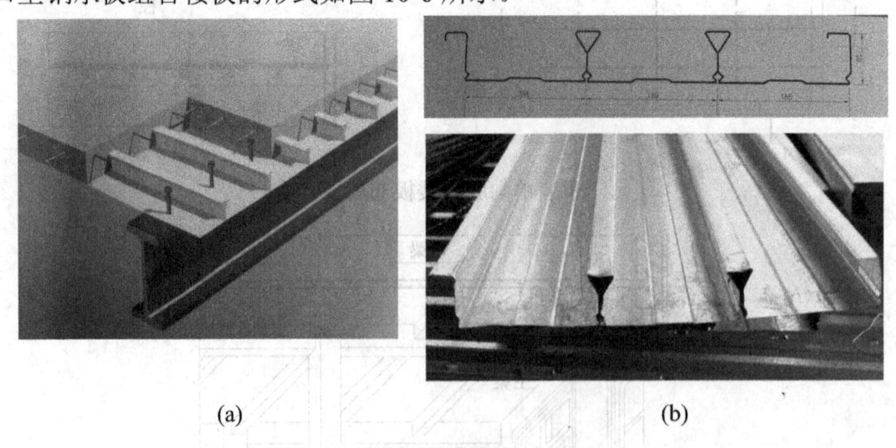

(a) (b)

图 10-6 闭口型钢承板组合楼板

特殊的闭口肋型和腹板上的嵌扣，提供钢承板和混凝土间非常优异的握裹力。钢承板在被安装和充分固定之后，可以担当工作平台的角色、稳定构架、当作楼板的模板，如图 10-7 所示。混凝土和钢承板共同受力，即混凝土承受剪力和压应力，钢承板承受下部的拉弯应力。

(a) 上部配置构造钢筋

(b) 支座处配置负弯矩钢筋

图 10-7　闭口板钢承板组合楼板中现浇混凝土层中配筋

开口型钢承板组合楼板形式如图 10-8 所示。

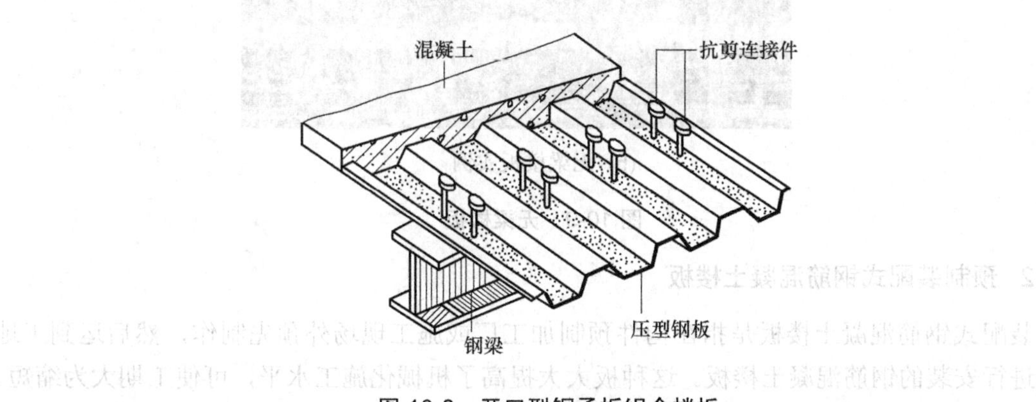

图 10-8　开口型钢承板组合楼板

开口型钢承板有的只能作为浇筑混凝土时的模板使用，有的与闭口型钢承板一样既能做模板又能被利用作为楼板的正弯矩钢筋。

钢承板与钢梁之间采用焊接连接或栓钉连接的方式，栓钉的主要作用为保证混凝土板和钢梁能够共同工作，钢承板之间可以采用铆钉连接。外露的受力钢板需要做防火处理。

4) 无梁楼板

无梁楼板为等厚的平板直接支承在柱上且不设梁的结构，如图 10-9 所示，楼板的四周支承在墙上或边柱顶部的混凝土梁上，多用于荷载较大的展览馆、仓库等建筑中。

无梁楼板分为有柱帽和无柱帽两种。当楼面荷载比较小时，可采用无柱帽楼板；当楼面荷载较大时，必须在柱顶加设柱帽。柱帽的设置可以增大柱子的支承面积、减小板的跨度。无梁楼板的柱可设计成方形、矩形、多边形和圆形；柱帽可根据室内空间要求和柱截面形式进行设计。板的最小厚度不小于 150mm，且不小于板跨的 1/35～1/32。无梁楼板的柱网一般布置为正方形或矩形，间距一般不超过 6m，板厚应在 120mm 以上。

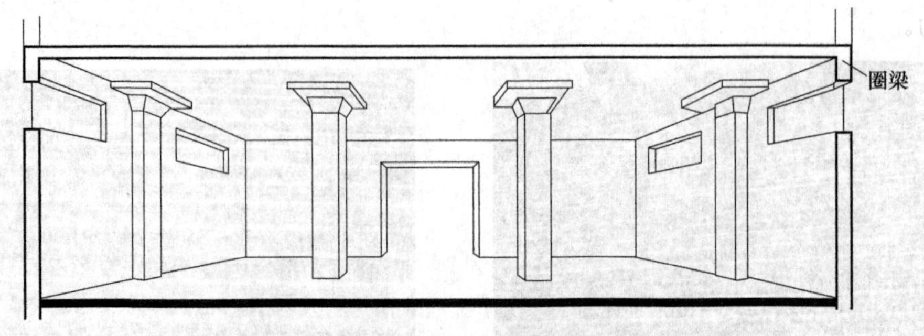

(a) 无梁楼板透视图

(b) 无梁楼板实例

图 10-9 无梁楼板

2. 预制装配式钢筋混凝土楼板

装配式钢筋混凝土楼板是指在构件预制加工厂或施工现场外预先制作，然后运到工地现场进行安装的钢筋混凝土楼板。这种板大大提高了机械化施工水平，可使工期大为缩短。预制板的长度一般与房屋的开间或进深一致，为 3*M* 的倍数；板的宽度一般为 1*M* 的倍数；板的截面尺寸须经结构计算确定。预制钢筋混凝土楼板有预应力和非预应力两种。

1) 板的类型

预制钢筋混凝土楼板常用类型有实心平板、槽形板、空心板 3 种。

(1) 实心平板。

实心平板规格较小，跨度一般在 2.4m 以内，板厚为跨度的 1/30，一般为 50～80mm，板宽为 600～900mm。预制实心平板由于其跨度小，常用于过道或小开间房间的楼板，也可用作管道盖板等，如图 10-10 所示。

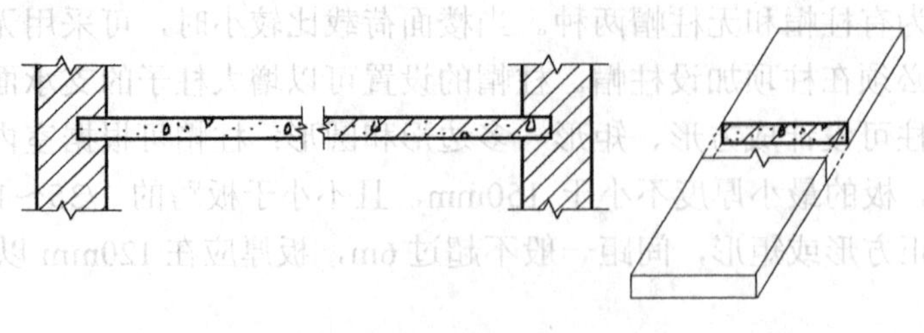

图 10-10 实心平板

(2) 槽形板。

槽形板是一种肋板结合的预制构件，即在实心板的两侧设有纵肋，构成 ┌─┐ 形截面，作用在板上的荷载都由边肋来承担。板跨为 3～7.2m，板宽为 600～1 200mm，板厚 25～30mm，肋高 120～300mm。槽形板减轻了板的自重，具有省材料、便于在板上开洞等优点；但保温、隔声效果差。

为了提高板的刚度并便于搁置，板的两端设置横肋，当板跨达到 6m 时，要在板的中部每隔 500～700mm 设置横肋一道。

搁置时有两种方法，即正置(肋向下)和倒置(肋向上)(见图 10-11)。正置板的缺点为板底不平，多做吊顶；倒置板虽然板底平整，但需另做面板，有时为了满足楼板的隔声、保温要求，在槽内填充轻质多孔材料。

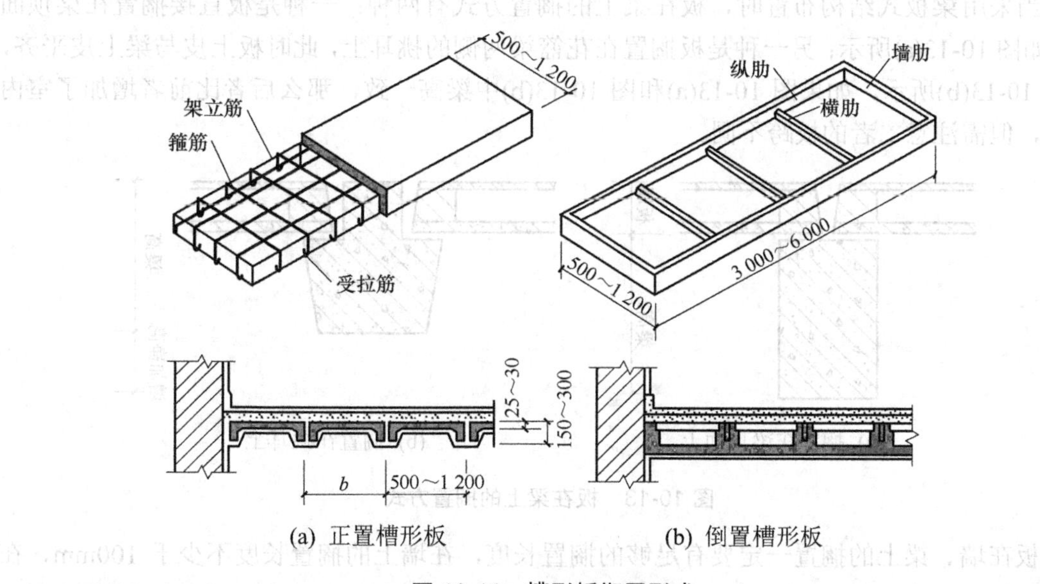

图 10-11　槽形板搁置形式

(3) 空心板。

空心板也是一种梁板结合的预制构件，根据板内抽孔方式的不同，分为方孔板、椭圆孔板、圆孔板，目前多采用预制圆孔板。空心板上下板面平整，每条肋具有工字形截面，对受弯有利，且隔声效果优于槽形板，因此是目前广泛采用的一种形式，如图 10-12 所示。

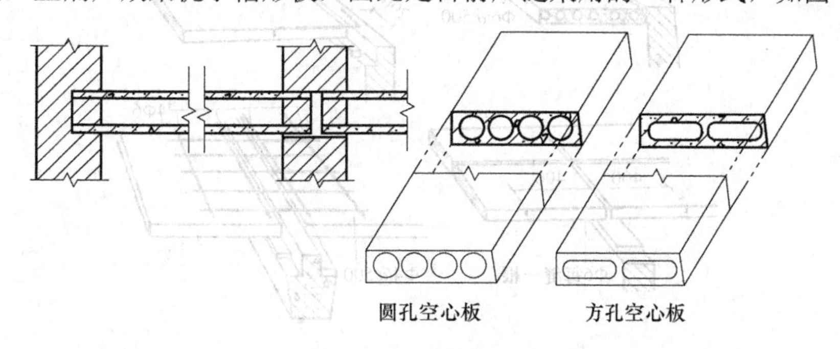

图 10-12　空心板

目前我国预应力空心板的跨度可达到6m、6.6m、7.2m等，板的厚度为板跨的1/20～1/25。空心板安装前，应在板端的圆孔内填塞C15混凝土短圆柱(即堵头)，以避免板端被压坏。

2) 板的结构布置方式

板的结构布置方式应根据房间的平面尺寸及房间的使用要求进行结构布置，大多以房间短边为跨进行，狭长空间最好沿横向铺板。应避免出现三面支承的情况，板的纵长边不得伸入墙内，否则，在荷载作用下，板会发生纵向裂缝，还会使墙体因受局部承压影响而削弱墙体的承载能力。在实际工程中，宜优先布置宽度较大的板型，板的规格、类型越少越好。

板的支承有板式和梁板式，当预制板直接搁置在墙上时，称为板式结构布置；当预制板搁置在梁上时称为梁板式结构布置。

当采用梁板式结构布置时，板在梁上的搁置方式有两种：一种是板直接搁置在梁顶面上，如图10-13(a)所示；另一种是板搁置在花篮梁两侧的挑耳上，此时板上皮与梁上皮平齐，如图10-13(b)所示。如果图10-13(a)和图10-13(b)中梁高一致，那么后者比前者增加了室内净高，但需注意二者的板跨不同。

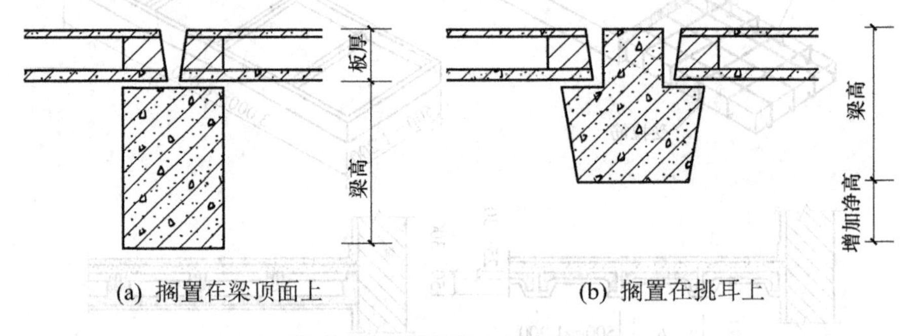

图10-13 板在梁上的搁置方式

板在墙、梁上的搁置一定要有足够的搁置长度，在墙上的搁置长度不少于100mm，在梁上的搁置长度不得小于80mm，在钢梁上的搁置长度亦应大于50mm。同时，必须在墙、梁上铺水泥砂浆以资找平(俗称坐浆)，坐浆厚20mm左右。此外为了增加房屋的整体性刚度，对楼板与墙体之间及楼板与楼板间常用钢筋予以锚固，锚固筋又称拉结筋，如图10-14所示。

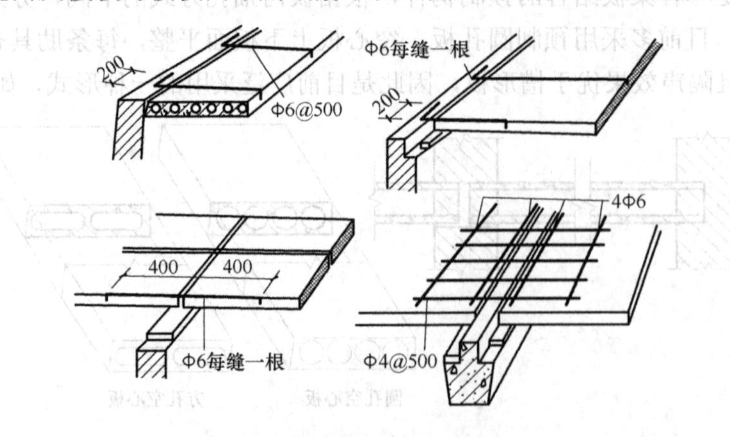

图10-14 锚固筋的配置(单位：mm)

3) 板缝处理

预制板板缝起着连接相邻两块板协同工作的作用，使楼板成为一个整体。在具体布置楼板时，当板的横向尺寸(板宽方向)与房间平面尺寸出现差额(此差额称为板缝差)时，可采用以下方法解决：①当板缝差小于 60mm 时，可调节板缝(使其≤30mm，灌 C20 细石混凝土)；②当板缝差为 60～120mm 时，可沿墙边挑两皮砖解决，如图 10-15(a)所示；③当板缝差为 120～200mm 时，或因竖向管道沿墙边通过时，则应在墙边局部设现浇钢筋混凝土板带，且将板吊设在墙边或有穿管的部位，如图 10-15(b)所示；④当缝隙大于 200mm 时，应重新调整板的规格。

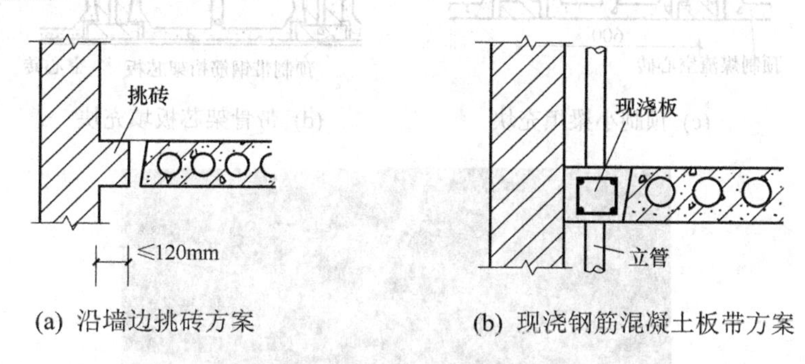

(a) 沿墙边挑砖方案　　(b) 现浇钢筋混凝土板带方案

图 10-15　板缝差处理

板间侧缝的形式有 V 形、U 形和凹槽形，其中以凹槽缝对楼板的受力较好。纵缝宽度在 30mm 内时，采用细石混凝土灌实；当板缝大于 50mm 时，需要在缝中加钢筋网片，再灌实细石混凝土，如图 10-16 所示。

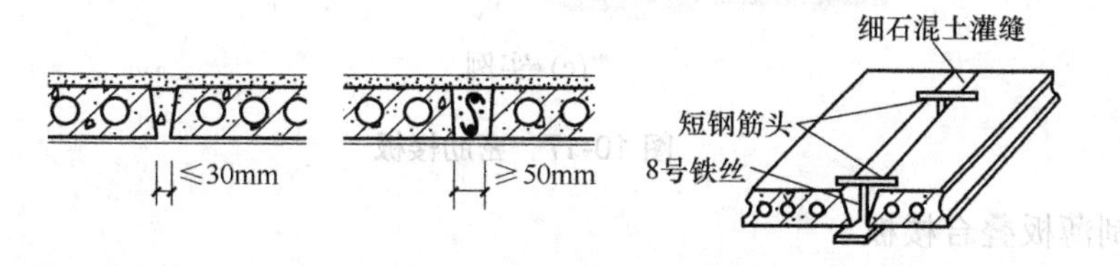

图 10-16　板间侧缝处理

3. 装配整体式钢筋混凝土楼板

装配整体式楼板，是指楼板中预制部分构件，然后在现场安装，再以整体浇筑的办法连接而成的楼板，兼有现浇和预制的双重优越性。这种楼板的整体性较好，同时可以节省楼板，施工速度也较快。

装配整体式钢筋混凝土楼板分为密肋填充块楼板和预制薄板叠合楼板。

1) 密肋填充块楼板

密肋填充块楼板是现浇(或预制)密肋小梁间安放预制空心砌块并浇筑面板而制成的楼板结构，具有整体性强和模板利用率高等特点。此种楼板的密肋分为现浇和预制两种，前者指在填充块之间现浇密肋小梁和楼面板，其中填充块按照材质不同有空心砖、玻璃钢模壳等，如图 10-17(a)、图 10-17(b)所示；后者的密肋有预制倒 T 形小梁、带骨架芯板等，如图 10-17(c)、图 10-17(d)所示。

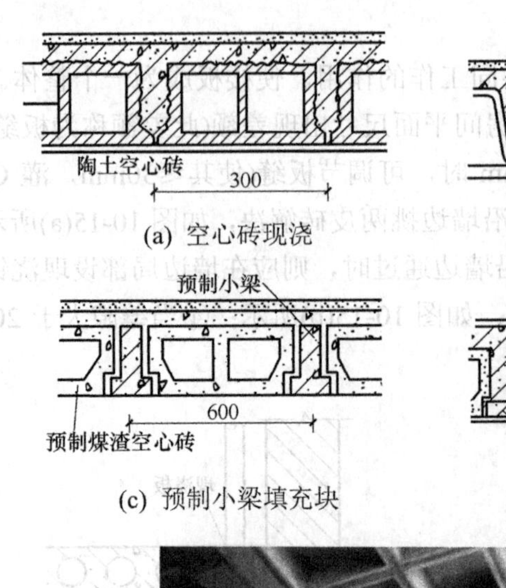

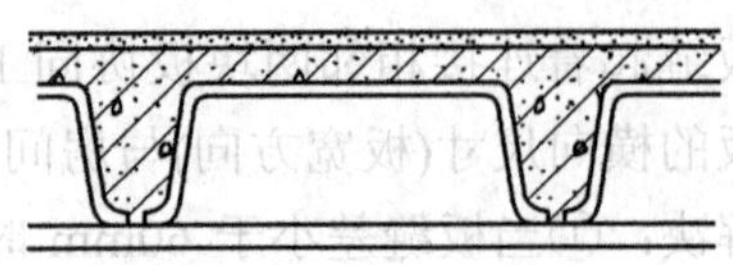

(a) 空心砖现浇　　(b) 玻璃钢壳现浇

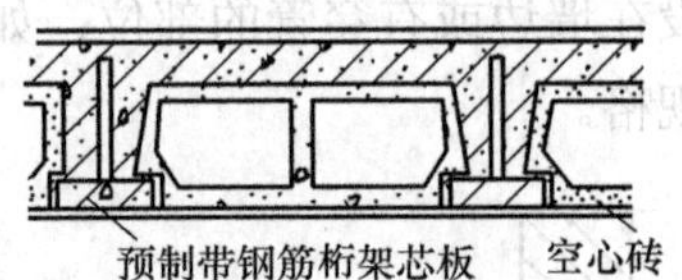

(c) 预制小梁填充块　　(d) 带骨架芯板填充块

(e) 实例

图 10-17　密肋楼板

2) 预制薄板叠合楼板

预制薄板与现浇混凝土面层叠合而成的装配整体式楼板，又称预制薄板叠合楼板。其中的预制薄板有普通钢筋混凝土薄板和预应力混凝土薄板两种。

这种楼板中的预制混凝土薄板是整个楼板结构中的一个组成部分，又可以作为永久模板而承受施工荷载。混凝土薄板中配置普通钢筋或刻痕高强钢丝作为预应力筋，此钢筋和预应力筋作为楼板的跨中受力钢筋，薄板上面的现浇混凝土叠合层中可以埋设管线，现浇层中只需配置少量负弯矩钢筋。预制薄板底面平整，作为顶棚可以直接喷浆或粘贴装饰壁纸。

叠合楼板跨度一般为 4～6m，最大可达 9m，通常以 5.4m 以内较为经济。预应力薄板厚 50～70mm，板宽 1.1～1.8m。为了保证预制薄板与叠合层有较好的连接，薄板的上表面需做处理，常见的有两种：一种是在上表面做刻槽处理，刻槽直径 50mm，深 20mm，间距 150mm；另一种是在薄板表面露出较规则的三角形的结合钢筋，如图 10-18 所示。

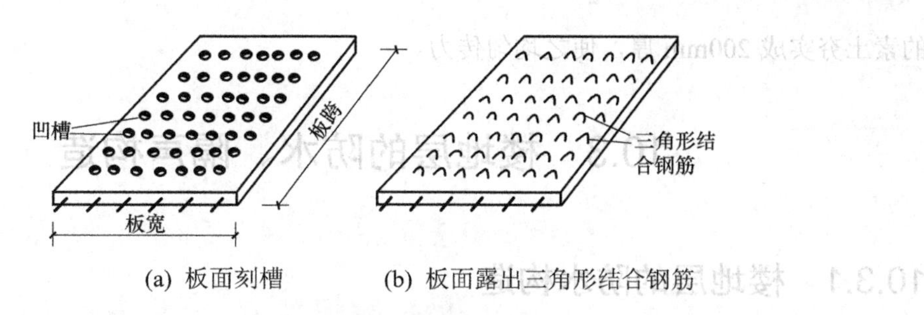

(a) 板面刻槽　　(b) 板面露出三角形结合钢筋

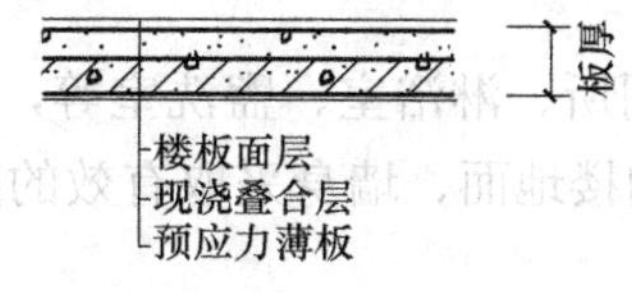

(c) 叠合组合楼板

图 10-18　叠合楼板

10.2.2　地坪层的基本构造

地坪层指建筑物底层房间与土层相接的结构构件。其作用是承受地坪上的荷载，并均匀地传给地基。地坪层的构造如图 10-19 所示。

1．面层

面层也称地面，是人们直接接触的部位，对室内起装饰作用。面层应具有坚固、耐磨、平整、光洁、不易起尘等特点，特殊功能的房间还要符合特殊的要求。

2．附加层

附加层主要是为了满足有特殊使用功能要求而设置的某些层次，如防水层、保温层、结合层等。

面层
附加层
结构层
垫层
素土夯实
面层
垫层
地基

图 10-19　地坪层的构造

3．结构层

结构层是地坪层中承重和传力的部分，常与垫层结合使用，通常采用 80～100mm 厚 C10 混凝土。

4．垫层

垫层为结构层和地基之间的找平层或填充层，主要作用为加强地基、帮助结构层传递荷载。有时垫层也与结构层合二为一。地基条件较好且室内荷载不大的建筑一般可不设垫层；地基条件较差、室内荷载较大且有保温等特殊要求的一般都设置垫层。垫层通常就地取材，均需夯实，北方常用灰土或碎石，南方常用碎砖、碎石、三合土等。

5．素土夯实层

素土夯实层是地坪的基层，也称地基。素土即为不含杂质的砂质黏土，通常是填 300mm

的素土夯实成 200mm 厚，使之均匀传力。

10.3 楼地层的防水、隔声构造

10.3.1 楼地层的防水构造

对有水侵蚀的房间，如厕所、淋浴室、盥洗室等，室内积水机会多，容易发生渗漏现象，设计时需要对这些房间的楼地面、墙身采取有效的防水、防潮措施。

1. 楼地面排水

为了方便排水，楼地面要有一定的坡度，并设置地漏，排水坡度常采用 1%。为了防止室内积水外溢，有水房间的楼地面标高常比其他房间低 20mm。

2. 楼地面、墙身的防水

1) 楼地面防水

有水侵蚀房间的楼板宜采用现浇钢筋混凝土楼板，对防水质量要求高的房间，可在楼板结构层与面层之间设置一道防水层，防水层多采用 1.5mm 厚聚氨酯涂膜防水层(属于涂料防水)，有的也采用卷材防水或防水砂浆防水(属于刚性防水)。有水房间的地面面层常采用大理石、花岗石、预制水磨石、陶瓷地砖等，也有采用水泥地面、聚氨酯彩色地面的。为了防止水沿房间四周侵入墙身，应将防水层沿房间四周墙边卷起 250mm；若采用聚氨酯彩色地面，应将所有竖管和地面与墙转角处刷 150mm 高的聚氨酯。

2) 对穿楼板立管根部的防水处理

一般采取两种方法：一种是在管道穿过楼板的周围用 C20 干硬性细石混凝土填缝，如图 10-20(a)所示；另一种是对某些热水管、暖气管等穿过楼板时，为了防止由于温度变化，出现胀缩变形，致使管壁周围漏水，常在管道穿楼板的位置增设一个比管道直径稍大一些的套管，以保证热水管能够自由伸缩而不会导致混凝土开裂，如图 10-20(b)所示。

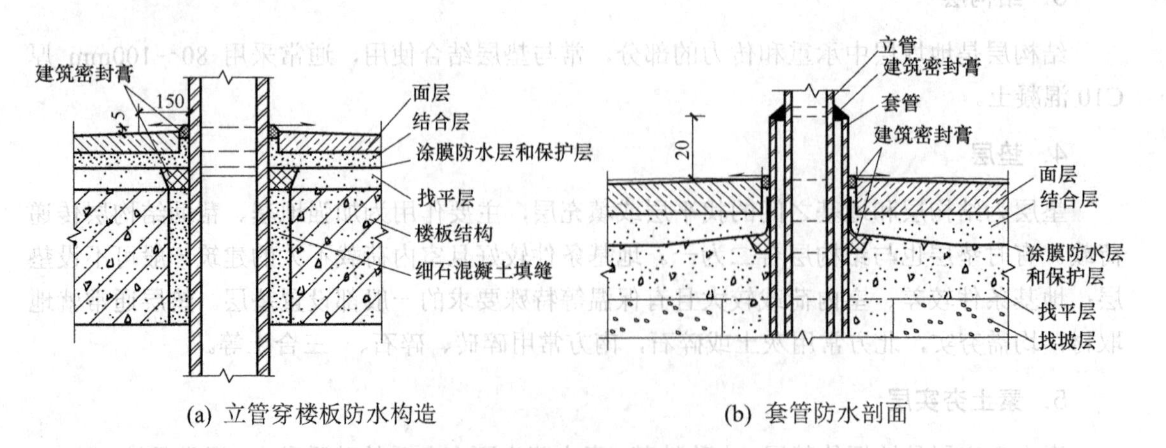

(a) 立管穿楼板防水构造　　(b) 套管防水剖面

图 10-20　穿楼板立管的防水处理(单位：mm)

在大面积涂刷防水材料之前，应对管根、阴阳角等细部节点处先做一布二油的防水附加层，根据管根尺寸、形状裁剪纤维布或无纺布并加长 200mm，套在管根等细部，同时涂刷涂膜防水材料。管根、阴阳角等处平面防水附加层的宽度和上返高度均应大于等于 250mm。

3) 对淋水墙面的处理

淋水墙面包括浴室、盥洗室等，常在墙体结构层与面层之间做防水层，防水层多采用 1.5mm 厚聚氨酯水泥基复合防水涂料防水层，有的也采用卷材防水或防水砂浆防水(属于刚性防水)。淋浴区防水层的高度应大于等于 1 800mm。

10.3.2 楼地层的隔声构造

噪声主要有两种传递途径：一种是空气传声；另一种是撞击传声。空气传声又有两种情况；一种是声音直接在空气中传递，称为直接传声；另一种是由于声波振动，经空气传至结构，引起结构的强迫振动，致使结构向其他空间辐射声能，称为振动传声。撞击传声为由固体载声而传播的声音，直接打击或冲撞建筑构件而产生的声音称为撞击声，这种声音最后都是以空气传声而传入人耳。

空气传声的隔绝主要依靠墙体，而且构件材料密度越大、越密实，隔声效果越好；撞击传声的隔绝主要依靠楼板，但与隔绝空气传声相反，构件密度越大，重量越重，对撞击声的传递越快。

建筑中上层使用者的脚步声、挪动家具、撞击物体所产生的噪声对下层房间的干扰特别严重，要降低撞击声的声级，首先应对振源进行控制，然后是改善楼板层的隔绝撞击声的性能，通常从以下 3 个方面入手。

1. 对楼面进行处理

在楼面上铺设富有弹性的材料，如地毯、橡胶地毡、塑料地毡、软木板等，以便降低楼板本身的振动，使撞击声能减弱。

2. 利用弹性垫层进行处理

在楼板的结构层与面层之间增设一道弹性垫层，如木丝板、矿棉毡等，以降低结构的振动。这样就可以使楼面和楼板完全被隔开，使楼面形成浮筑层，这种楼板又称为浮筑板。构造处理需特别注意楼板的面层与结构层之间(包括面层与墙面的交接处)要完全脱离，防止产生“声桥”，如图 10-21 所示。

3. 楼板吊顶处理

楼板下做吊顶，主要解决楼板层所产生的空气传声问题。当楼板被撞击后会产生撞击声，利用隔绝空气传声的措施来降低撞击声的声能。吊顶的隔声能力取决于吊顶的面密度，面密度越大，其隔声能力越强，如图 10-22 所示。

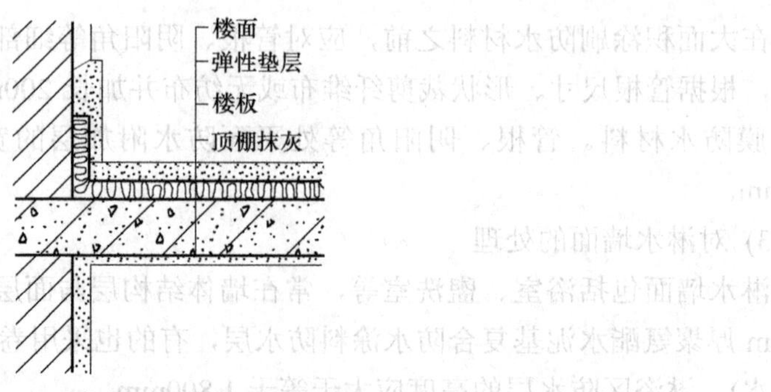

(a) 装饰楼面下增设弹性垫层

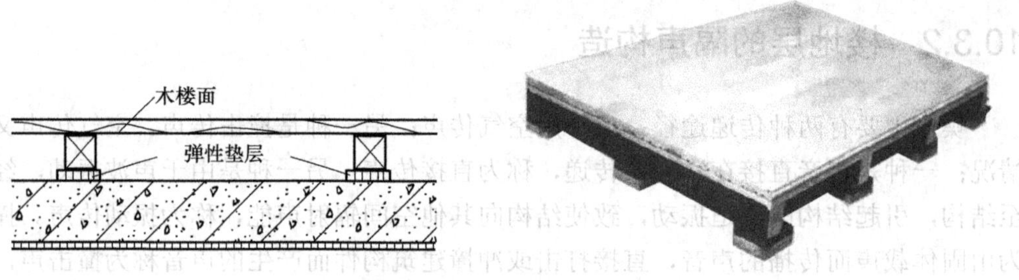

(b) 木地板龙骨下增设弹性垫层

图 10-21　浮筑楼板

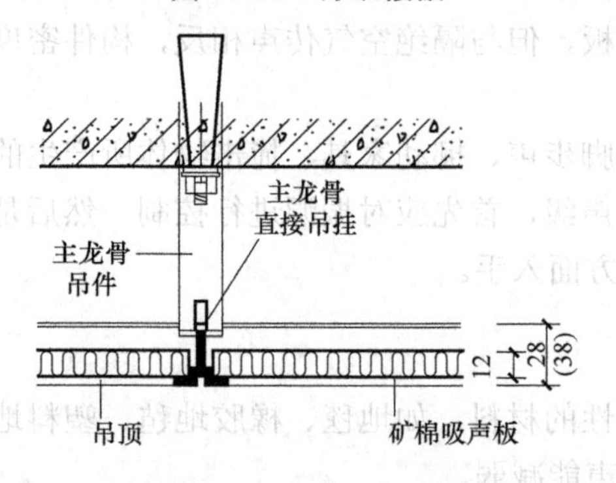

图 10-22　利用吊顶棚隔声

10.4　楼地面层的装修构造

楼板层的面层和地坪层的面层在构造和要求上是一致的，均属室内装修的范畴，统称地面。

10.4.1　地面的设计要求

1. 具有足够的坚固性

家具设备等外力作用下不易被磨损和破坏，且表面平整、光洁、易清洁和不起灰。

2．保温性能好

要求地面材料的导热系数小，给人以温暖舒适的感觉，冬季时走在上面不致感到寒冷。

3．具有一定的弹性

当人们行走时不致有过硬的感觉，同时，有弹性的地面对防撞击声有利。

4．满足某些特殊要求

有水作用的房间，地面要防水、防潮；有火源的房间，地面要防火、耐燃；有酸、碱腐蚀和辐射的房间，地面要有防腐蚀、防辐射能力。

10.4.2　地面的类型

按面层所用材料和施工方式不同，常见地面做法可分为以下几类。

(1) 整体地面，如水泥砂浆地面、细石混凝土地面、现浇水磨石地面等。

(2) 镶铺类地面，如陶瓷砖、人造石板、天然石板、预制水磨石、木地板等地面。

(3) 粘贴类地面，如彩色石英塑料地板、难燃橡胶铺地砖、橡胶弹性地板、粘贴单层地毯等地面。

(4) 涂料类地面，包括各种高分子合成涂料所形成的地面，如彩色水泥自流平涂料地面、环氧地面漆自流平地面等。

10.4.3　地面构造

1．整体地面

1) 水泥砂浆地面

水泥砂浆地面构造简单、坚固耐用、防潮防水、价格低廉；但导热系数大，气温低时走上去感觉寒冷，吸水性差，空气湿度大时易返潮，表面易起灰，不易清洁。水泥砂浆地面通常有单层和双层两种做法。单层做法只抹一层 20～25mm 厚 1∶2 或 1∶2.5 水泥砂浆；双层做法是增加一层 10～20mm 厚 1∶3 水泥砂浆找平，表面再抹 5～10mm 厚 1∶2 水泥砂浆抹平压光。

2) 细石混凝土地面

为了增强楼板层的整体性和防止楼面产生裂缝等，现在很多地方在做楼板面层时，采用 30～40mm 厚细石混凝土层，表面撒 1∶1 水泥砂子压实赶光。

3) 水磨石地面

水磨石地面为分层构造，底层为 1∶3 水泥砂浆 20mm 厚找平；面层为 1∶2.5 水泥石碴 10mm 厚，石碴粒径为 3 ～20mm，要用颜色美观的石子，中等硬度，易磨光；分格条一般高 10mm，可以采用玻璃条、铜条、铝条等，用 1∶1 水泥砂浆固定，如图 10-23 所示；将拌好的水泥石碴浆浇入，水泥石碴浆应比分格条高出 2mm，浇水养护 6～7 天后，用磨石机

磨光，最后打蜡保护。

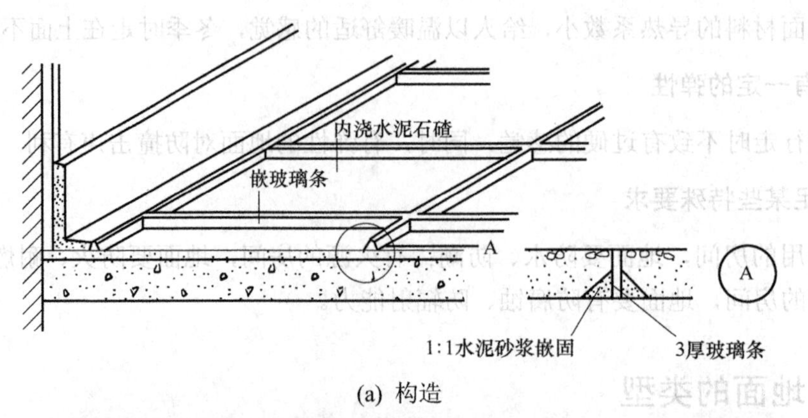

(a) 构造

(b) 实例

图 10-23　水磨石地面

2. 镶铺类地面

镶铺类地面是利用各种预制块材、板材镶铺在基层上面的地面。

1) 砖块地面

砖块地面有黏土砖地面、水泥砖地面、预制混凝土块地面等。铺设方式有两种：干铺和湿铺。干铺是在基层上铺一层 20～40mm 厚砂子，将砖块直接铺设在砂上，板块间用砂或砂浆填缝；湿铺是在基础上铺 1∶3 水泥砂浆 12～20mm 厚，用 1∶1 水泥砂浆灌缝。

2) 陶瓷砖地面

陶瓷砖包括普通地砖、彩色釉面地砖、通体地砖、磨光(抛光)地砖、防滑地砖、钢化地砖等。地砖构造做法为在结构层找平的基础上，用 5～8mm 厚建筑胶水泥砂浆粘贴，用稀水泥浆(彩色水泥浆)擦缝。

3) 天然石板地面

常用的天然石板指大理石和花岗石板，由于其质地坚硬，色泽丰富艳丽，属高档地面装饰材料，一般多用于高级宾馆、会堂、公共建筑的大厅、门厅等处。

4) 木地面

木地面具有自重轻、弹性好、导热系数小、不起尘、易清洁等优点，而且木材中有可抵御细菌、稳定神经的挥发性物质，是理想的室内地面装饰材料。木地面可采用单层地板或双层地板。按板材排列形式，有长条地板和拼花地板。长条地板左右板缝具有凹凸企口，用暗钉钉在基层木搁珊上，应顺房间采光方向铺设，走道沿行走方向铺设；拼花地板是由长度只有 200、250、300mm 的窄条硬木地板纵横穿插镶铺而成，又称席纹地板。为了防止木板开裂，木板底面应开槽。

木地板按其构造方法有架空、实铺两种。

架空式木地板常用于底层地面，主要用于舞台、运动场等有弹性要求的地面，构造如图 10-24 所示。若采用双层铺法，则是在木格栅上沿 45° 斜铺毛板，毛板上铺非纸胎油毡一层，再在油毡上面铺设长条或席纹木地板。

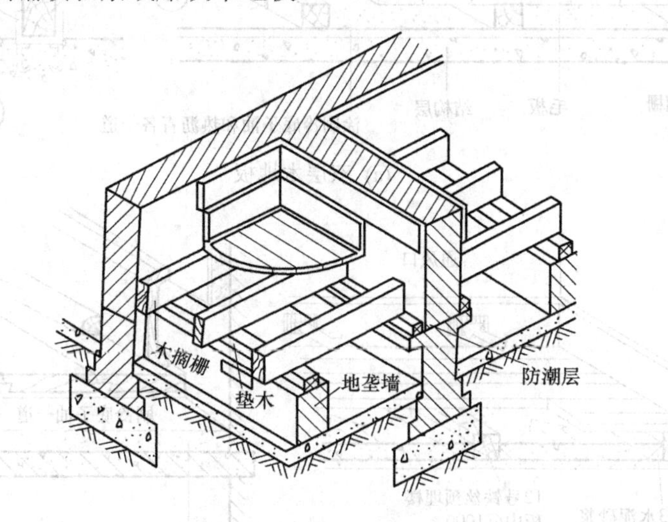

图 10-24　架空式木地板

实铺木地板有单层木地板和双层木地板两种，做法如图 10-25(a)、图 10-25(b)所示。单层木地板是在找平层上固定木搁栅，然后在搁栅上钉长条木地板的形式；双层木地板面层构造同架室面层做法。为了防潮，要在结构层上刷冷底子油和热沥青一道，并在踢脚板上开设通风篦子，以保持地板干燥。搁栅间可填以松散材料，如经过防腐处理的木屑或者是经过干燥处理的木碴、矿碴等，能起到隔声的作用。

实铺木地板有时采用粘贴式做法，如图 10-25(c)所示，将木地板直接粘贴在找平层上，黏结材料一般有沥青胶、膏状建筑胶黏剂等。

3. 粘贴类地面

粘贴类地面以粘贴卷材为主，常见的有塑料地毡、橡胶地毡、地毯等。其中地毯可以浮铺，也可以用胶黏剂粘贴或在四周用倒刺条挂住。

粘贴类地面不但表面美观、干净、装饰效果好，而且具有良好的保温、消声性能，适用于公共和居住建筑中。

4. 涂料类地面

涂料类地面是水泥砂浆或混凝土地面的表面处理形式，对于解决水泥地面易起灰和美观的问题起重要作用。常见的涂料包括水乳型、水溶型和溶剂型。

这些涂料与水泥表面的黏结力强，具有良好的耐磨、抗冲击、耐酸碱等性能，其中水乳型和溶剂型涂料还具有良好的防水性能。

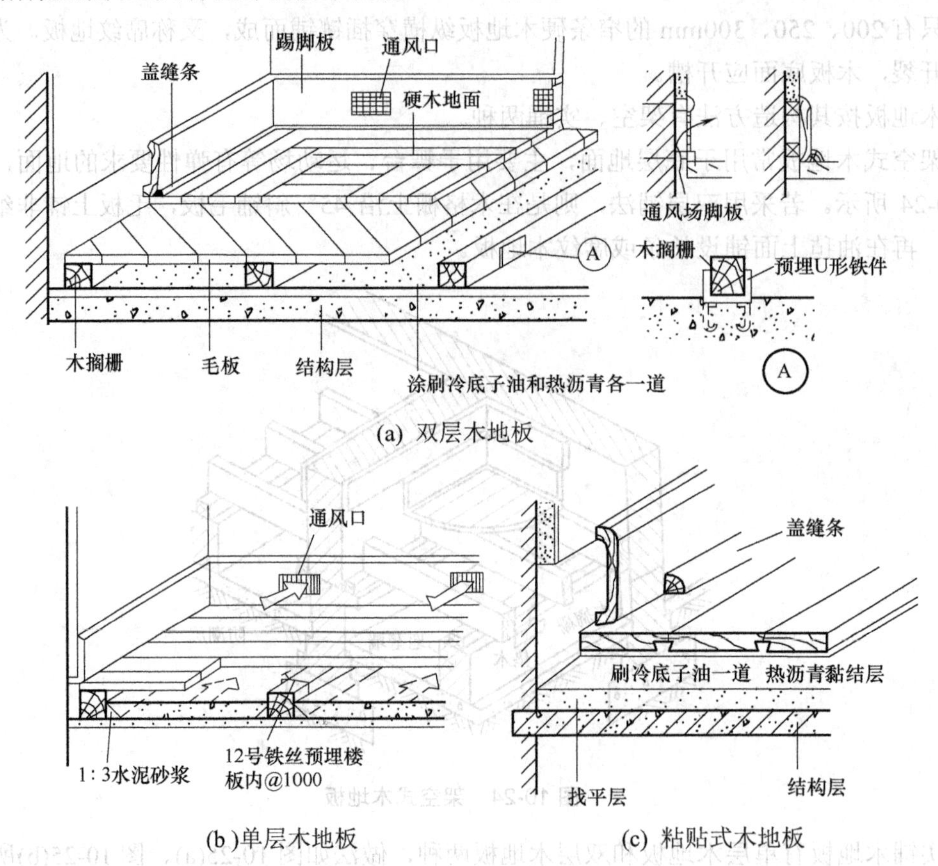

(a) 双层木地板

(b)单层木地板　(c) 粘贴式木地板

图 10-25 实铺木地面

10.4.4 顶棚构造

顶棚又称天花，是指楼板层的下面部分，属于室内装修的范围。顶棚表面要光洁、美观，且能起到反射光照的作用，以改善室内亮度；对于有特殊要求的房间，还要有防水、保温、隔声、隔热等功能。

顶棚多为水平式，也可以做成弧形、凹凸形、折线形、锯齿形等。依据构造方式的不同，可以分为直接式和悬吊式两种。

1. 直接式顶棚

直接式顶棚是指在钢筋混凝土屋面板或楼板下表面直接喷浆、抹灰或粘贴装修材料的一种构造方法。当室内要求不高或楼板底面平整时，可用腻子嵌平板缝，直接喷刷大白浆涂料或水性耐擦洗涂料等。板底不够平整或室内要求较高的房间，则在板底抹灰，如混合砂浆顶棚、水泥砂浆顶棚、粉刷石膏顶棚等，然后喷、刷涂料。当室内装修要求标准较高时，或有保温、隔热、吸声要求的房间，可在板底的抹灰面或腻子层表面上直接粘贴用于顶棚装饰的壁纸、装饰吸声板、泡沫塑胶板等。

2. 悬吊式顶棚

悬吊式顶棚又称“吊顶”，顶棚离开屋顶或楼板的下表面有一定的距离，通过悬挂物与主体结构联结在一起。悬吊式顶棚的优点在于可以将建筑物中种类繁多的水平设备管线(如照明管线可以预埋在现浇混凝土楼板内，但是通风管、消防喷淋管等只能装在楼板下面)隐蔽在吊顶内。

悬吊式顶棚根据采用材料、装修标准以及防火要求的不同有木龙骨吊顶和金属龙骨吊顶。

(1) 木龙骨吊顶。

吊杆(又称吊筋)与钢筋混凝土楼板的连接固定，通常在钢筋混凝土楼板的板缝中伸出吊杆，或设预埋件、预埋锚筋固定吊杆，在预埋锚筋上焊接或绑扎连接吊筋，如图 10-26 所示。

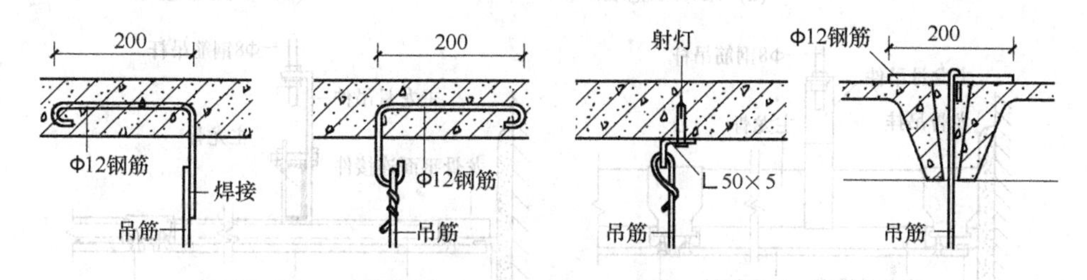

图 10-26　吊杆与楼板的连接(单位：mm)

木龙骨吊顶构造如图 10-27 所示。

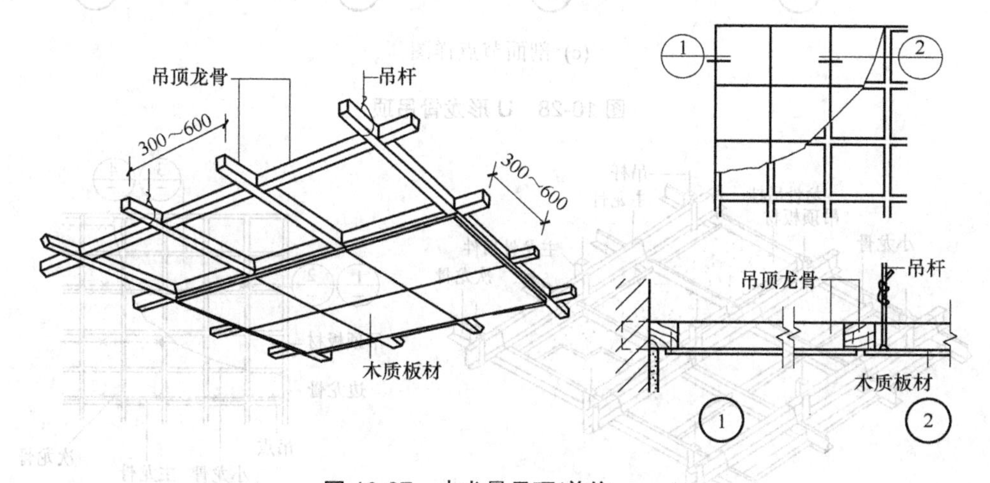

图 10-27　木龙骨吊顶(单位：mm)

(2) 金属龙骨吊顶。

金属龙骨吊顶主要由金属龙骨基层与装饰面板构成。一般用ϕ6～8 的吊筋，中距 900～1 200mm，吊筋与屋顶的连接方式同木龙骨吊顶。吊筋下端悬吊主龙骨。金属龙骨的截面形式有 U 形、T 形等，如图 10-28、图 10-29 所示。

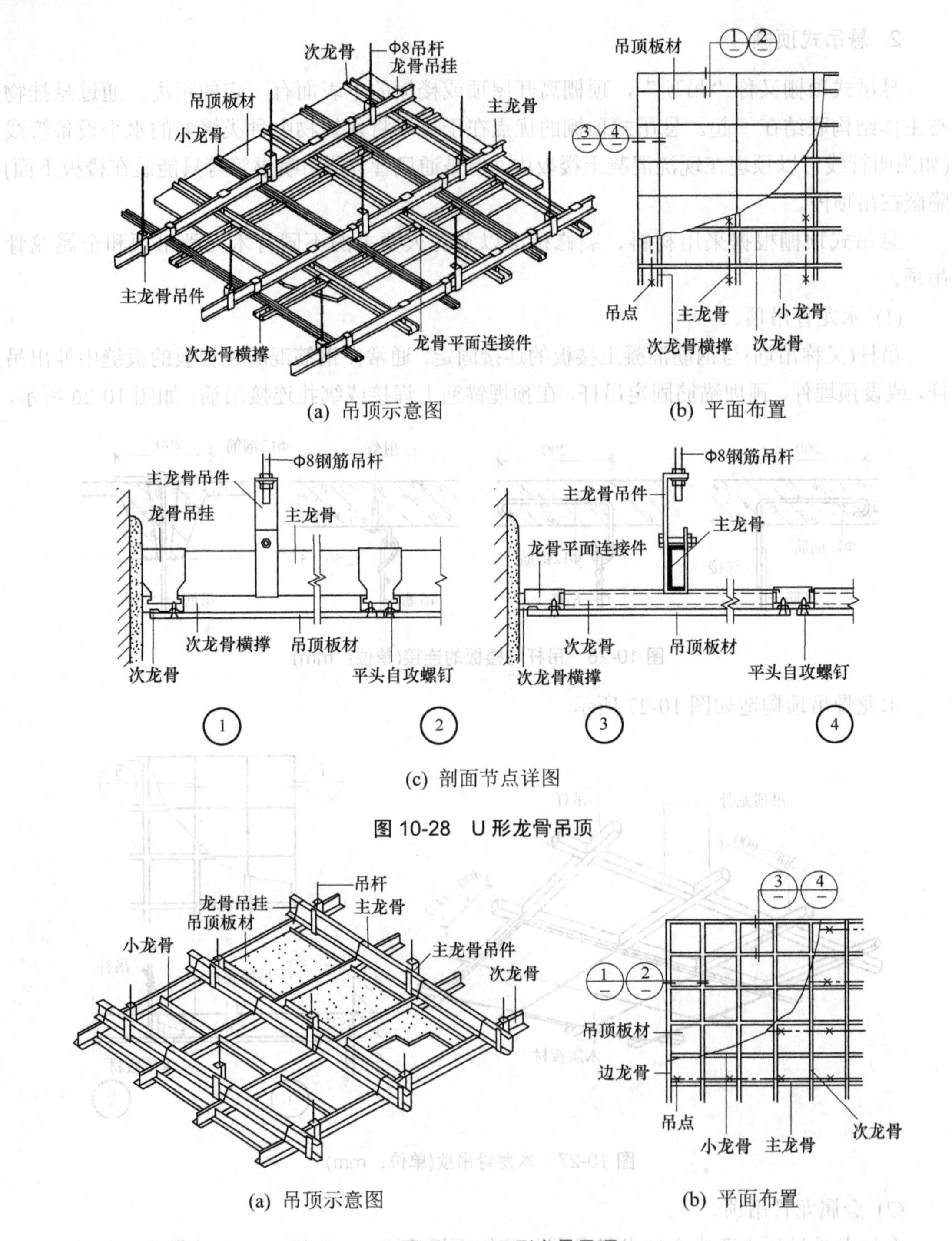

(a) 吊顶示意图　(b) 平面布置

(c) 剖面节点详图

图 10-28　U 形龙骨吊顶

(a) 吊顶示意图　(b) 平面布置

图 10-29　T 形龙骨吊顶

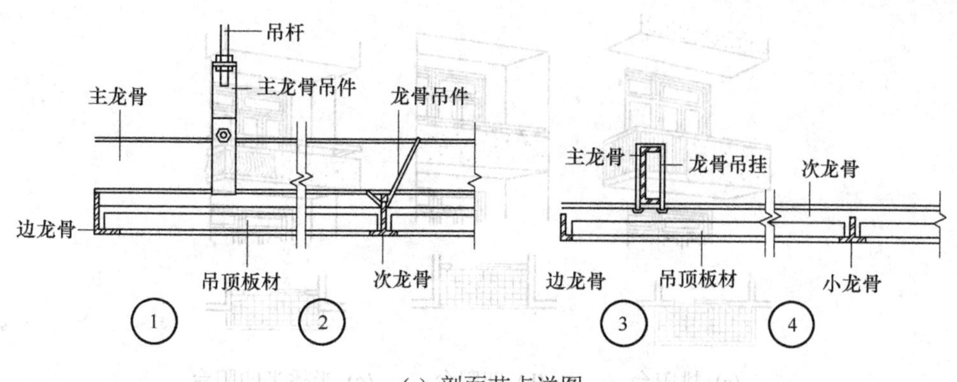

(c) 剖面节点详图

图 10-29　T 形龙骨吊顶(续)

10.5　阳台、雨篷等基本构造

10.5.1　阳台

阳台是建筑中特殊的组成部分，是室内外的过渡空间，同时对建筑外部造型也具有一定的作用。

1. 阳台的类型、组成和设计要求

1) 阳台的类型

阳台按其与外墙面的关系分为挑阳台、凹阳台、半挑半凹阳台，如图 10-30 所示；按其在建筑中所处的位置可分为中间阳台和转角阳台；按阳台栏板上部的形式又可分为封闭式阳台和开敞式阳台；按施工形式可分为现浇式和预制装配式；按悬臂结构的形式又可分为板悬臂式与梁悬臂式等。当阳台宽度占有两个或两个以上开间时，被称为外廊。

2) 阳台的组成

阳台由承重结构(梁、板)和围护结构(栏杆或栏板)组成。

3) 设计要求

(1) 安全适用。

悬挑阳台的挑出长度不宜过大，应保证在荷载作用下不发生倾覆现象，以 1.2～1.8m 为宜。低层、多层住宅阳台栏杆净高不低于 1.05m，中高层住宅阳台栏杆净高不低于 1.1m，但也不大于 1.2m。阳台栏杆形式应防坠落(垂直栏杆间净距不应大于 110mm)、防攀爬(不设水平栏杆)，以免造成恶果。放置花盆处，应采取防坠落措施。

(2) 坚固耐久。

阳台所用材料和构造措施应经久耐用，承重结构宜采用钢筋混凝土，金属构件应做防锈处理，表面装修应注意色彩的耐久性和抗污染性。

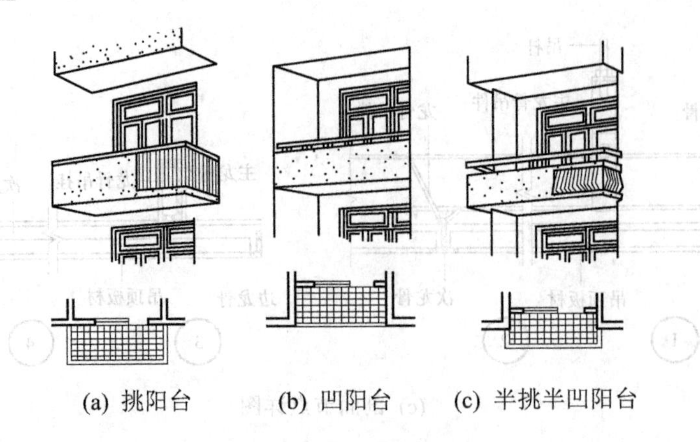

(a) 挑阳台　　(b) 凹阳台　　(c) 半挑半凹阳台

图 10-30　阳台的类型

(3) 排水顺畅。

为防止阳台上的雨水流入室内，设计时要求将阳台地面标高低于室内地面标高 60mm 左右，并将地面抹出 5‰的排水坡将水导入排水孔，使雨水能顺利排出。

此外还应考虑地区气候特点。南方地区宜采用有助于空气流通的空透式栏杆，而北方寒冷地区和中高层住宅应采用实体栏杆，并满足立面美观的要求，为建筑物的形象增添风采。

2. 阳台结构布置方式

1) 挑梁式

从横墙内外伸挑梁，其上搁置预制楼板，如图 10-31 所示。这种结构布置简单、传力直接明确、阳台长度与房间开间一致。挑梁根部截面高度 h 为(1/5～1/6)l，l 为悬挑净长，截面宽度为(1/2～1/3)h。为了美观起见，可在挑梁端头设置面梁，既可以遮挡挑梁头，又可以承受阳台栏杆重量，还可以加强阳台的整体性。

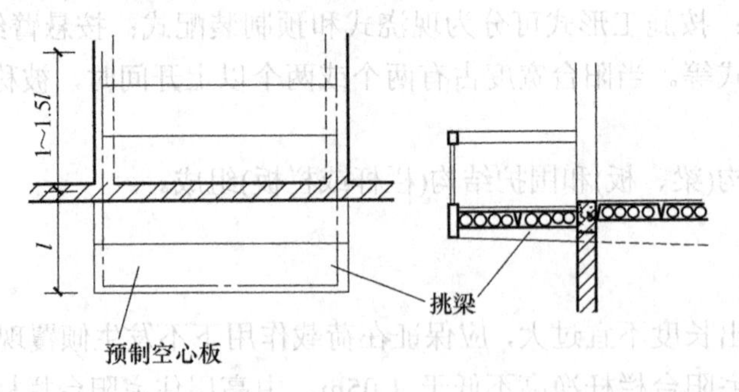

图 10-31　挑梁式阳台

2) 挑板式

当楼板为现浇楼板时，可选择挑板式，悬挑长度一般为 1.2m 左右。即从楼板外延挑出平板，板底平整美观而且阳台平面形式可做成半圆形、弧形、梯形、斜三角等各种形状。挑板厚度不小于挑出长度的 1/12，如图 10-32 所示。

3) 压梁式

阳台板与墙梁现浇在一起，墙梁的截面应比圈梁大，以保证阳台的稳定，而且阳台悬挑不宜过长，一般为 1.2m 左右，并在墙梁两端设拖梁压入墙内，如图 10-33 所示。

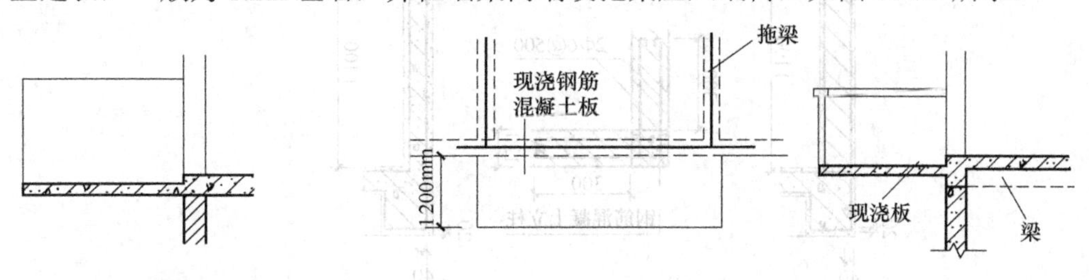

图 10-32　挑板式阳台

图 10-33　压梁式阳台

3. 阳台细部构造

1) 阳台栏杆

阳台栏杆是在阳台外围设置的垂直构件，有两个作用：一是承担人们倚扶的侧向推力，以保障人身安全；二是对建筑物起装饰作用。栏杆的形式有实体、空花和混合式，如图 10-34 所示，实体栏杆又称栏板。按照材质不同，栏杆又分为砖砌栏杆、钢筋混凝土栏杆、金属栏杆等，如图 10-35 所示。

2) 栏杆扶手

扶手是栏杆、栏板顶面供人手扶的设施，有金属和钢筋混凝土两种。金属扶手一般为钢管与金属栏杆焊接；钢筋混凝土扶手用途广泛，形式多样，有不带花台、带花台、带花池等，如图 10-36 所示。

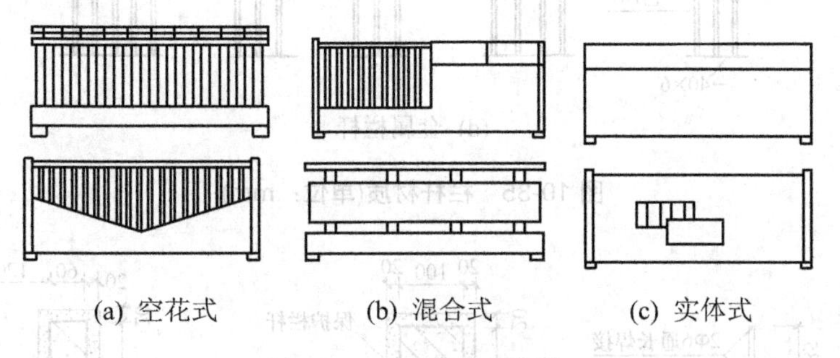

图 10-34　阳台栏杆形式

3) 阳台排水

由于阳台外露，室外雨水可能飘入，为了防止雨水从阳台泛入室内，阳台应做有组织排水。阳台排水有外排水和内排水两种，如图 10-37 所示。外排水适用于低层和多层建筑，即在阳台外侧设置泄水管将水排出；内排水适用于高层建筑和高标准建筑，即在阳台内侧设置排水立管和地漏，将雨水直接排入地下管网，保证建筑立面美观。

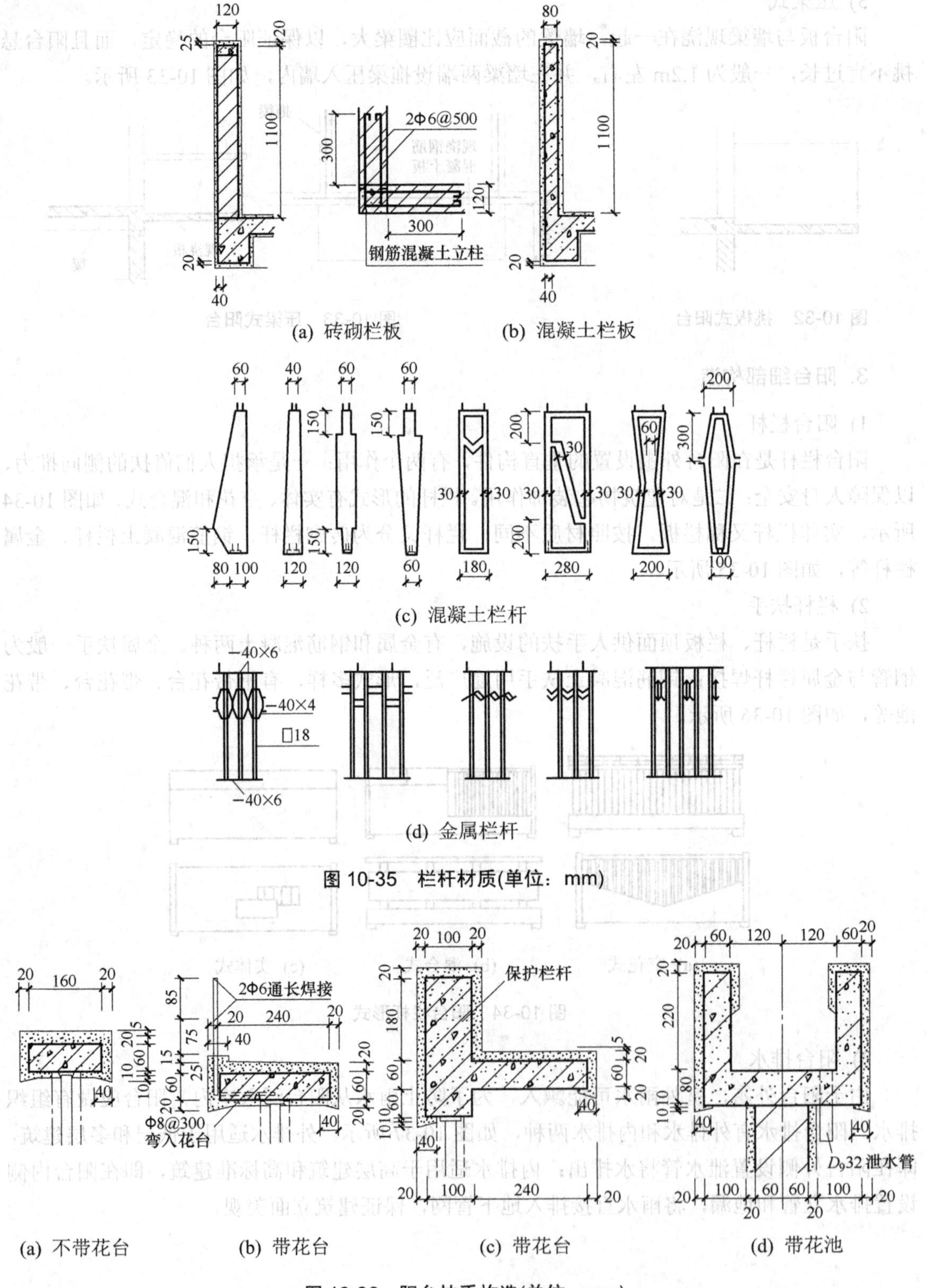

图 10-35 栏杆材质(单位：mm)

图 10-36 阳台扶手构造(单位：mm)

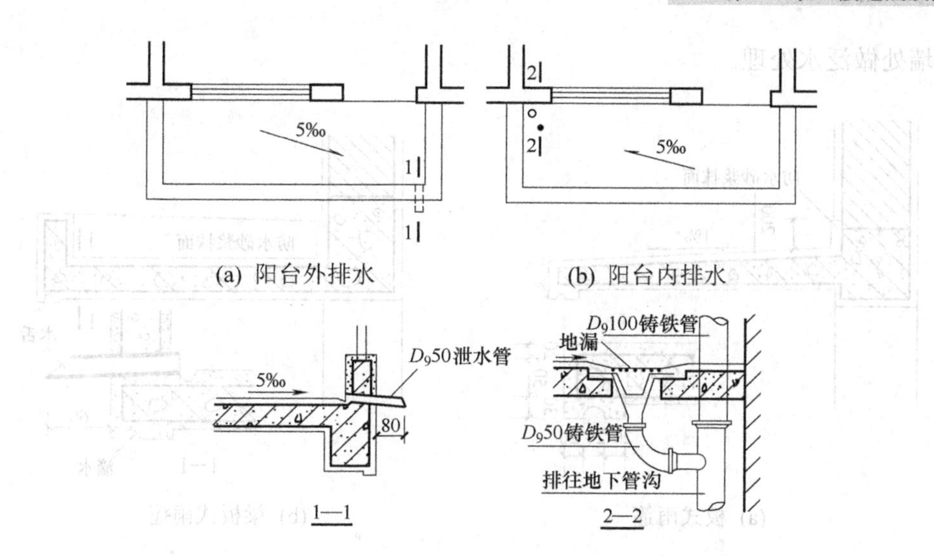

图 10-37　阳台排水构造

10.5.2　雨篷

雨篷是位于建筑物出入口处外门的上部，起遮挡风雨和太阳照射、保护大门免受雨水侵害、使入口更显眼、丰富建筑立面等作用的水平构件。雨篷的形式多种多样，根据建筑的风格、当地气候状况选择而定。根据材质不同有钢筋混凝土雨篷和钢结构雨篷等。

钢筋混凝土雨篷有的采用悬臂雨篷，如图 10-38(a)所示；有的采用墙柱支承，如图 10-38(b)所示。其中悬臂雨篷又有板式和梁板式之分，悬臂雨篷的受力作用与阳台相似，为悬臂结构或悬吊结构，只承受雪荷载与自重。

(a) 悬臂雨篷

(b) 柱支承雨篷

图 10-38　雨篷支承形式

板式雨篷的板常做成变截面的形式，采用无组织排水，在板底周边设滴水。过梁与板面不在同一标高上，梁面必须高出板面至少一砖，以防雨水渗入室内。板面需做防水处理，并在靠墙处做泛水。板式雨篷构造如图 10-39(a)所示。

对于出挑较多的雨篷，多做梁板式雨篷，一方面为了美观，另一方面也为了防止周边滴水常将周边梁向上翻起成反梁式，如图 10-39(b)所示，在雨篷顶部及四侧做防水砂浆抹面，

并在靠墙处做泛水处理。

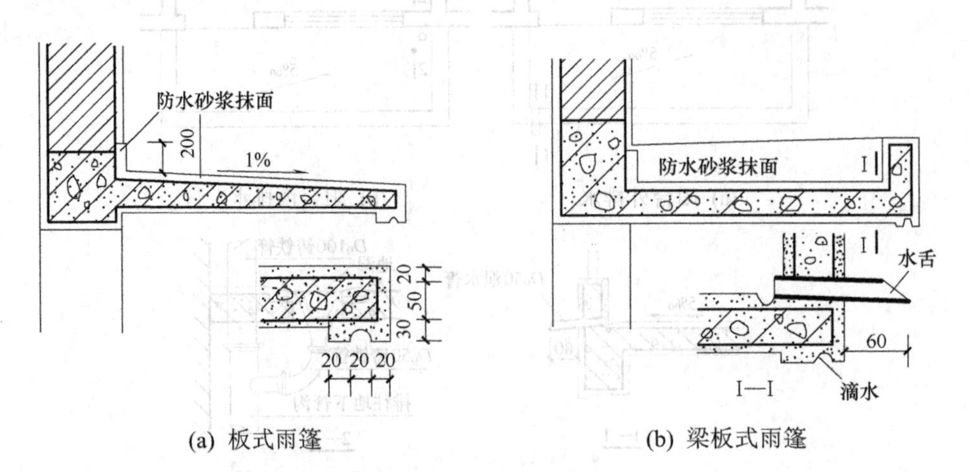

图 10-39 雨篷构造(单位：mm)

目前很多建筑中采用轻型材料(如钢结构)雨篷的形式，这种雨篷美观轻盈，造型丰富，体现出现代建筑技术的特色，如图 10-40 所示。

图 10-40 钢结构雨篷

思 考 题

1. 简述楼板层和地坪层的构造组成。
2. 楼板层的设计要求有哪些？
3. 现浇整体式钢筋混凝土楼板有哪几种类型？预制装配式钢筋混凝土楼板有哪几种类型？

4. 楼板层的防水、隔声构造有哪些？
5. 按照面层材料和施工方式不同，地面分为哪几种类型？
6. 顶棚有哪几种类型？各有什么构造要求？
7. 阳台的结构布置有哪几种？
8. 雨篷有哪几种类型？

第 11 章 屋 顶

11.1 概　　述

屋顶是建筑物的一个重要组成部分，是房屋最上层的覆盖构件。主要有两个作用：一是承受作用于屋顶上的风荷载、雪荷载和屋顶自重等，起承重作用；二是防御自然界的风、雨、雪、太阳辐射热和冬季低温等的影响，起围护作用。

11.1.1 屋顶的设计要求

屋顶由面层和承重结构两部分组成，在构造设计时要注意解决防水、保温、隔热以及隔声、防火等问题，保证屋顶构件的强度、刚度和整体空间的稳定性。屋顶设计时应考虑其功能、结构、建筑艺术 3 方面的要求。

1. 使用功能

屋顶作为房屋最上层覆盖的围护构件，主要应满足防水排水、保温隔热等功能要求。

1) 防水排水要求

屋顶应使用不透水的防水材料，并采用合理的构造处理，达到防、排水目的。排水是采用一定的排水坡度将屋顶的雨水尽快排走；防水是采用防水材料形成一个封闭的防水覆盖层。屋顶防水排水是一项综合性的技术问题，与建筑结构形式、防水材料、屋顶坡度、屋顶构造处理等做法有关，应将防水与排水相结合，综合各方面的因素加以考虑。

2) 保温隔热要求

屋顶保温是在屋顶的构造层次中采用保温材料做保温层，避免产生结露或内部受潮，使严寒、寒冷地区保持室内正常的温度。屋顶隔热是在屋顶的构造中采用相应的构造做法，使南方地区在炎热的夏季避免强烈的太阳辐射引起室内温度过高。

2. 结构安全

屋顶是建筑物上部的承重结构，支承自重和作用在屋顶上的各种活荷载，同时还对房屋上部起水平支承作用。因此要求屋顶结构应具有足够的强度、刚度和整体空间的稳定性，能承受风、雪、雨、施工、上人等荷载。地震区还应考虑地震荷载对它的影响，满足抗震的要求。并力求做到自重轻、构造层次简单；就地取材、施工方便；造价经济、便于维修。

3. 建筑艺术

屋顶是建筑物外部形体的重要组成部分，其形式对建筑的特征有很大的影响。变化多样的屋顶外形、装修精美的屋顶细部，是中国传统建筑的重要特征之一，现代建筑也应注重屋顶形式和细部设计。

11.1.2　屋顶的类型

屋顶按其外形不同，一般可分为平屋顶、坡屋顶和其他形式的屋顶。

1. 平屋顶

平屋顶通常是指排水坡度小于 5%的屋顶，常用排水坡度为 2%～3%，是目前应用最广泛的一种屋顶形式。大量民用建筑多采用与楼板层基本类同的结构布置形式的平屋顶，如图 11-1 所示。

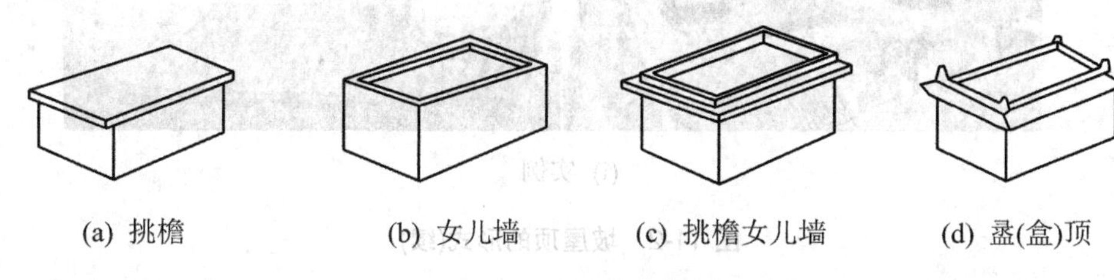

图 11-1　平屋顶的形式

2. 坡屋顶

坡屋顶通常是指屋面坡度大于 10%的屋顶。坡屋顶是我国传统的建筑屋顶形式，历史悠久，现代建筑考虑景观环境或建筑风格的要求也常采用坡屋顶。坡屋顶常见形式如图 11-2 所示。

3. 其他形式的屋顶

随着科学技术的发展，出现了许多新型的屋顶结构形式，如拱结构、薄壳结构、悬索结构、网架结构屋顶等，如图 11-3 所示。这类屋顶多用于较大跨度的公共建筑。

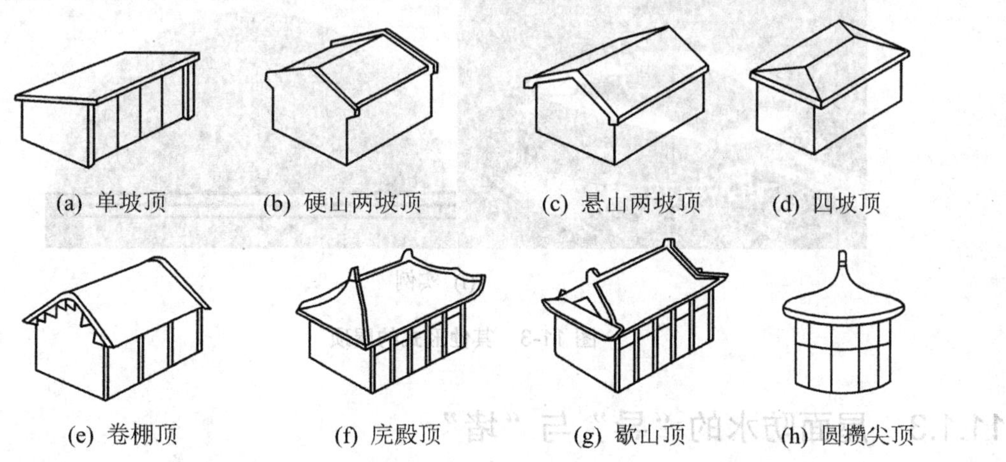

图 11-2　坡屋顶的形式

(i) 实例

图 11-2 坡屋顶的形式(续)

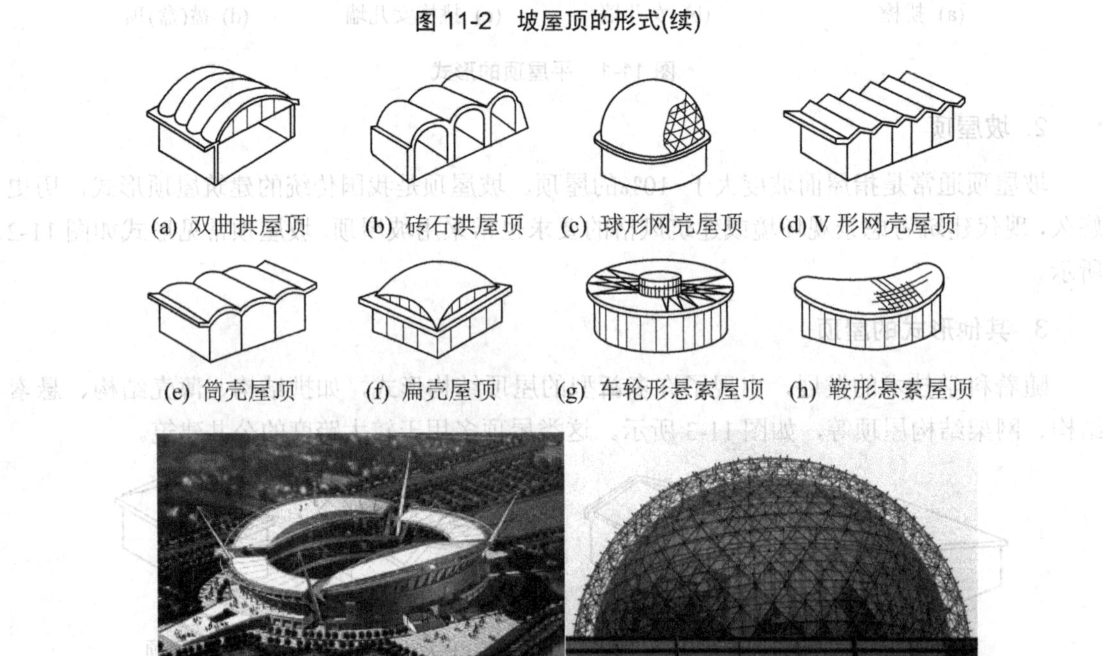

(i) 实例

图 11-3 其他形式的屋顶

11.1.3 屋面防水的“导”与“堵”

屋面防水应选用合理的屋面防水盖料及与之相应的排水坡度，经过构造设计和精心施工，可以从“导”与“堵”两方面概括。

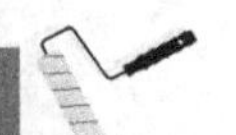

导——按照防水盖料的不同要求，设置合理的排水坡度，使得降于屋面的雨水，因势利导地排离屋面，以达到防水的目的。

堵——利用屋面防水盖料上下左右的相互搭接，形成一个封闭的防水覆盖层，以达到防水的目的。

屋面防水构造设计“导”与“堵”相辅相成、相互关联。平屋顶以大面积的覆盖达到“堵”的要求，为了屋面雨水的迅速排除，还需要有一定的排水坡度，即采取以“堵”为主、以“导”为辅的处理方式；对于坡度较大的屋顶，屋面的排水坡度体现了“导”的概念，防水盖料之间的相互搭接体现了“堵”的概念，采取了以“导”为主、以“堵”为辅的处理方式。

11.1.4 屋顶排水设计

为了迅速排除屋顶雨水，保证水流畅通，首先要选择合理的屋顶坡度、恰当的排水方式，然后再进行周密的排水设计。

1. 屋顶坡度选择

1) 屋顶坡度表示方法

常见屋顶坡度表示方法有斜率比、百分比和角度 3 种，如表 11-1 所示。斜率比法是用屋顶高度与坡面的水平投影之比表示；百分比法是用屋顶高度与坡面的水平投影长度的百分比表示；角度法是用坡面与水平面所构成的夹角表示。斜率比法多用于坡屋顶，百分比法多用于平屋顶，角度法在实际工程中较少采用。

表 11-1 屋顶坡度的表示方法

名 称	表示方法	图 例
斜率法	H/L	H，L
百分比法	$H/L\times100\%$	H，L
角度法	$\arctan\theta$	θ

2) 影响屋顶坡度的因素

(1) 防水材料。

防水材料的性能越好，屋面排水坡度可以适当减小；防水材料的尺寸越小，接缝越多，漏水的可能性越大，排水坡度应该适当增大，以便迅速排除雨水，减少渗漏的机会；卷材屋顶和混凝土防水屋顶，材料防水性能好，基本可以形成整体的防水层，因此屋顶坡度可以适当减小。

(2) 地区降雨量大小。

建筑所在地区降雨量越大，漏水的可能性就越大，屋面排水坡度应该适当增加。我国南方地区年降雨量和每小时最大降雨量都高于北方地区，因此即使采用同样的屋顶防水材料，一般南方地区的屋顶坡度都要大于北方地区。

对于一般民用建筑而言，屋顶坡度的确定主要受以上两个因素的影响；另外屋顶结构形式、建筑造型要求以及经济条件等因素在一定程度上也制约了屋顶坡度的确定。因此，实际工程中屋顶坡度的确定应综合考虑以上因素。

3) 屋顶坡度的形成方法

屋顶坡度的形成有材料找坡和结构找坡两种做法。

(1) 材料找坡。

材料找坡指屋面板水平搁置，利用轻质材料垫置坡度，故材料找坡又称垫置坡度。常用找坡材料有水泥粉煤灰页岩陶粒、水泥炉渣等，垫置时找坡材料最薄处以不小于30mm厚为宜。此做法可获得平整的室内顶棚，空间完整，但找坡材料增加了屋顶荷载，且多费材料和人工。当屋顶坡度不大或需设保温层时广泛采用这种做法，如图11-4所示。

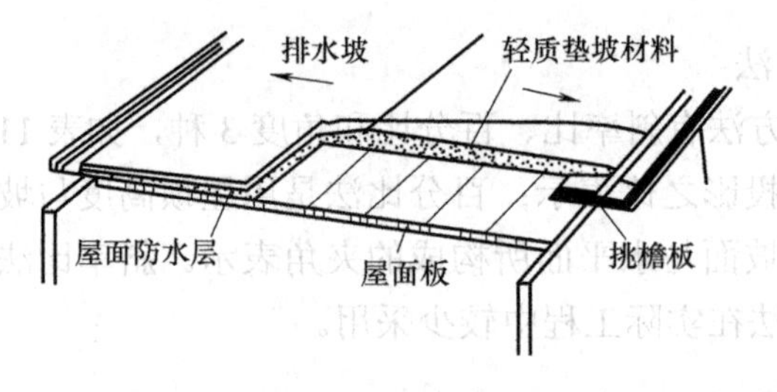

图11-4 材料找坡

(2) 结构找坡。

结构找坡是指将屋面板倾斜搁置在下部墙体或屋顶梁及屋架上的一种做法，结构找坡又称搁置坡度。结构找坡不需在屋顶上另加找坡层，具有构造简单、施工方便、节省人工和材料、不增加荷载、减轻屋顶自重的优点，但室内顶棚面是倾斜的，不够美观，空间不够完整。因此结构找坡常用于设有吊顶棚或室内美观要求不高的建筑工程中，如图11-5所示。

2. 屋顶排水方式

屋顶排水方式分为无组织排水和有组织排水两类。

1) 无组织排水

无组织排水是指屋面雨水直接从檐口滴落至室外地面的一种排水方式。因为不用天沟、雨水管等导流雨水，又称自由落水。无组织排水具有构造简单、造价低廉的优点，但雨水通常会溅湿勒脚，有风时雨水还可能冲刷墙面，影响到外墙的坚固耐久性，并可能影响人行道的交通，故主要适用于少雨地区或一般低层建筑，不宜用于临街建筑和较高的建筑。

2) 有组织排水

有组织排水是指屋面雨水通过天沟、雨水口、雨水管等构件有组织地排至地面或地下城市排水系统中的一种排水方式，可进一步分为外排水和内排水。这种排水方式具有不妨碍人行交通、不易溅湿墙面的优点，虽然构造较复杂，造价相对较高，但是减少了雨水对建筑物的不利影响，因而在建筑工程中应用非常广泛。

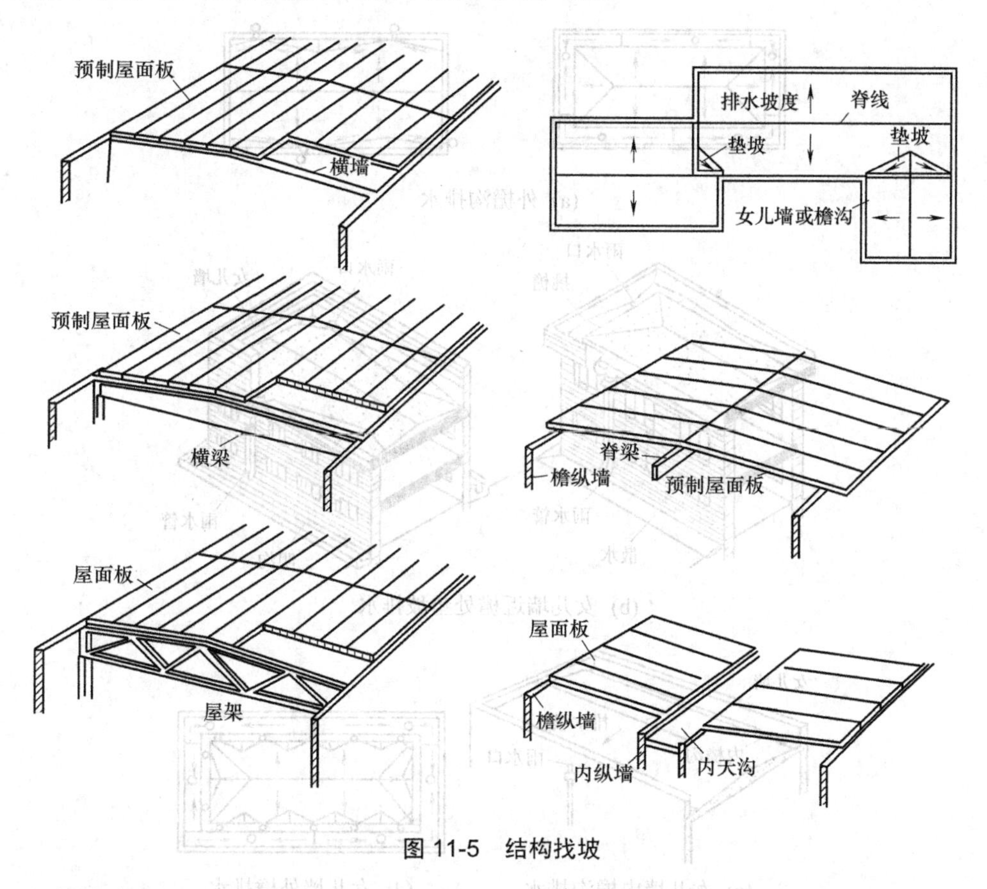

图 11-5　结构找坡

(1) 外排水。

外排水是指将雨水管装在建筑物外墙外侧的一种排水方案。其优点是雨水管不妨碍室内空间使用和美观，并减少了渗漏，构造简单。外排水方案可归纳成以下几种。

① 外檐沟排水。在屋面设置排水檐沟，雨水从屋面排至檐沟，沟内垫出不小于 0.5%的纵坡，将雨水顺着檐沟的纵坡引向雨水口，再经雨水管排至地面或地下城市排水系统中，如图 11-6(a)所示。

② 女儿墙内檐排水。设有女儿墙的屋顶，可在女儿墙里面设置内檐沟或近外檐处垫坡排水，雨水口穿过女儿墙，在外墙外侧设置雨水管，如图 11-6(b)、图 11-6(c)所示。

③ 女儿墙外檐排水。上人屋顶通常采用，屋顶檐口部位既设有女儿墙，又设挑檐沟，利用女儿墙作为围护，利用挑檐沟汇集雨水，如图 11-6(d)、图 11-6(e)所示。

④ 暗管外排水。在一些重要的公共建筑立面设计中，为避免明装的雨水管有损建筑立面，常采取雨水管暗装的方式，把雨水管隐藏在假柱或空心墙中。假柱可以处理成建筑立

面上的竖线条，增加立面表现力。

(2) 内排水。

建筑屋面有时采用外排水并不恰当，例如高层建筑维修时，外雨水管既不方便，更不安全；在严寒地区也不适宜采用外排水，因室外的雨水管有可能因雨水而结冻；再如某些屋顶面积较大的建筑，无法完全依靠外排水排除屋顶雨水，因此要采用内排水方案。

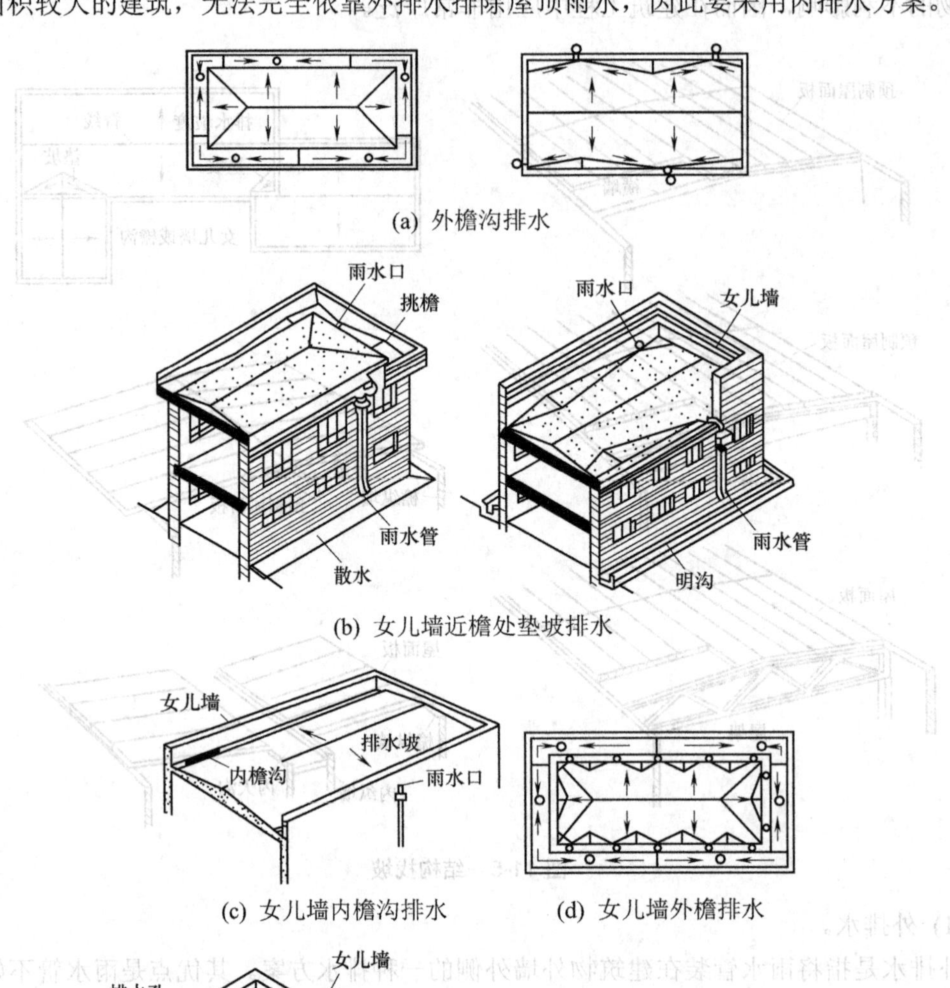

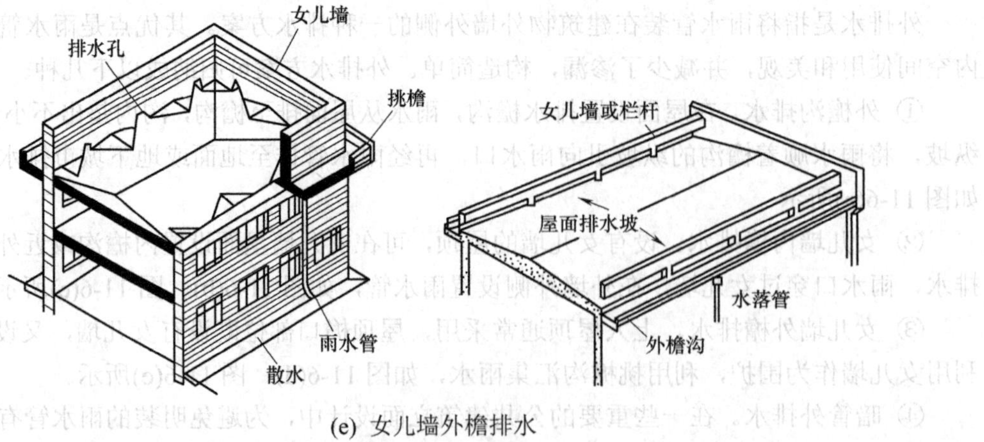

图 11-6　外排水

内排水是指雨水经雨水口流入室内水落管，再由地下管道把雨水排到室外排水系统，如图 11-7 所示。

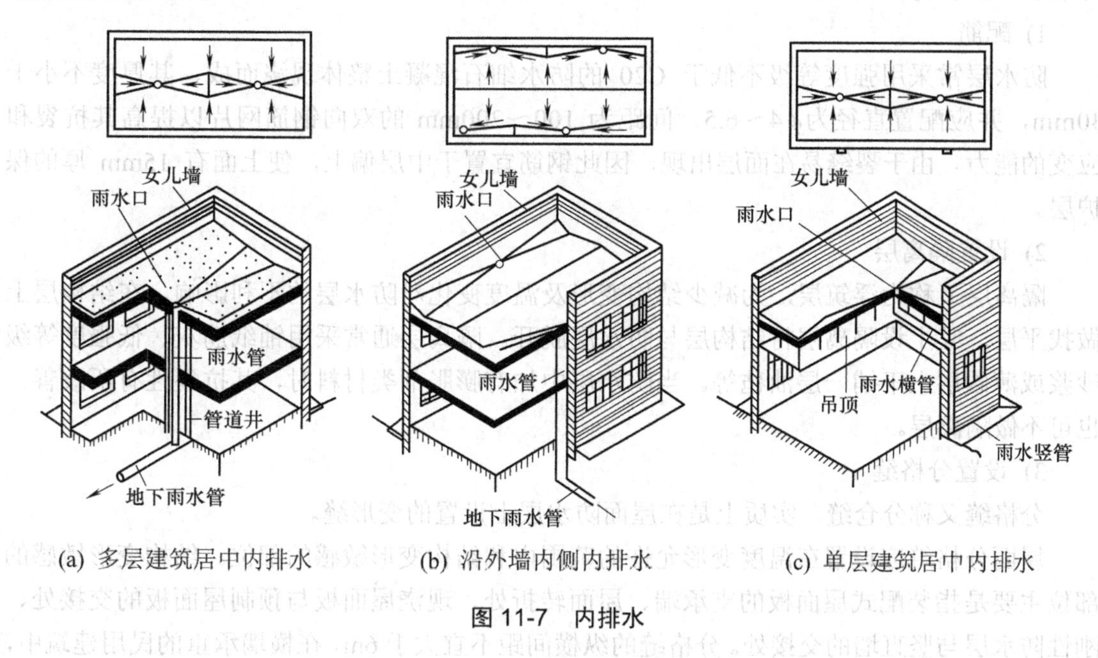

(a) 多层建筑居中内排水　(b) 沿外墙内侧内排水　(c) 单层建筑居中内排水

图 11-7　内排水

11.2　平屋顶构造

平屋顶按照防水材料的不同，可分为刚性防水、卷材防水、涂膜防水及粉剂防水等多种做法。

11.2.1　刚性防水屋面

刚性防水屋面是指以刚性材料作为防水层的屋面，如防水砂浆、细石混凝土、配筋细石混凝土防水屋面等。这种屋面具有施工方便、节约材料、造价经济、维修方便等优点，但对温度变化和结构变形较为敏感，施工技术要求较高，较易产生裂缝而渗漏水，必须采取防止裂缝的构造措施，故多用于我国南方地区的建筑。

1. 刚性防水屋面的防水材料

普通水泥砂浆和混凝土不能作为刚性屋顶防水层，须采用以下防水措施：掺加防水剂、掺加膨胀剂、提高密实性、控制水灰比等。

2. 防止防水层裂缝的构造措施

刚性防水屋面最严重的问题是防水层在施工完成后出现裂缝而漏水。产生裂缝最常见的原因是屋面层受室内外、早晚、冬夏包括太阳辐射所产生的温差影响而引起的胀缩、移位、起挠和变形。

刚性防水屋面一般由结构层、找平层、隔离层、防水层组成。可以采取以下措施防止防水层产生裂缝。

1) 配筋

防水层常采用强度等级不低于 C20 的防水细石混凝土整体现浇而成，其厚度不小于 40mm，并应配置直径为ϕ4～6.5、间距为 100～200mm 的双向钢筋网片以提高其抗裂和应变的能力。由于裂缝易在面层出现，因此钢筋宜置于中层偏上，使上面有 15mm 厚的保护层。

2) 设置隔离层

隔离层又称为浮筑层，为减少结构变形及温度变化对防水层的不利影响，在结构层上做找平层，其上设隔离层将结构层与防水层脱开。隔离层通常采用铺纸筋灰、低强度等级砂浆或薄砂层上干铺一层油毡等。当防水层中加有膨胀剂类材料时，其抗裂性有所改善，也可不做隔离层。

3) 设置分格缝

分格缝又称分仓缝，实质上是在屋面防水层上设置的变形缝。

屋面分格缝应设置在温度变形允许的范围内和结构变形敏感的部位。结构变形敏感的部位主要是指装配式屋面板的支承端、屋面转折处、现浇屋面板与预制屋面板的交接处、刚性防水层与竖直墙的交接处。分格缝的纵横间距不宜大于 6m，在横墙承重的民用建筑中，进深在 10m 以下者可在屋脊设分格缝，进深大于 10m 者，最好在坡中某一板缝上再设一条纵向分隔缝，如图 11-8 所示。横向分格缝每开间设一道，并与装配式屋顶板的板缝对齐，沿女儿墙四周的刚性防水层与女儿墙之间也应设分隔缝，其他突出屋顶的结构物四周都应设置分格缝。

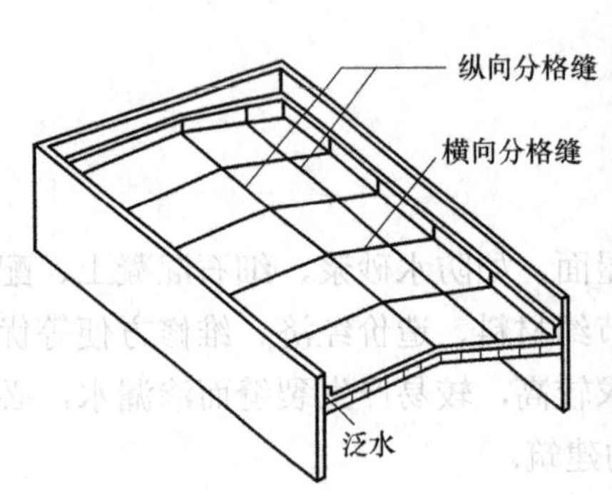

图 11-8　分格缝设置位置

分格缝的构造要点：①防水层内的钢筋在分格缝处应断开；②分格缝的宽度宜做 20mm 左右，缝内不可用砂浆填实，一般用油膏嵌缝，厚度 20～30mm；③为了不使油膏下落，缝内用弹性材料沥青麻丝或干细砂等填底；④刚性防水层与山墙、女儿墙、变形缝、伸出屋面的管道等交接部位，留 30mm 宽的凹槽，凹槽内填密封膏。

为了施工方便，近来混凝土刚性屋面防水层施工中，常将大面积细石混凝土防水层一次性连续浇筑，然后用电锯切割分格缝，这种做法的切割缝宽只有 5～8mm，此种缝称为半缝。缝的处理同上。

3. 刚性防水屋面细部构造

刚性防水屋面需要处理好泛水、天沟、檐口、雨水口等部位的构造处理。

1) 泛水构造

泛水指屋面防水层与垂直墙交接处的防水处理，突出于屋面之上的女儿墙、烟囱、楼梯间、变形缝、检修孔、立管等的壁面与屋顶的交接处均要做泛水。泛水应有足够高度，一般不小于 250mm。刚性防水层与屋顶突出物(女儿墙、烟囱等)间须留分格缝，为使混凝土防水层在收缩和温度变形时不受女儿墙、烟囱等的影响，防止开裂，在分格缝内嵌入油膏，如图 11-9 所示，缝外用附加卷材铺贴至泛水所需高度并做好压缝收头处理(泛水嵌入立墙上的凹槽内并用压条及水泥钉固定)，防止雨水渗进缝内。

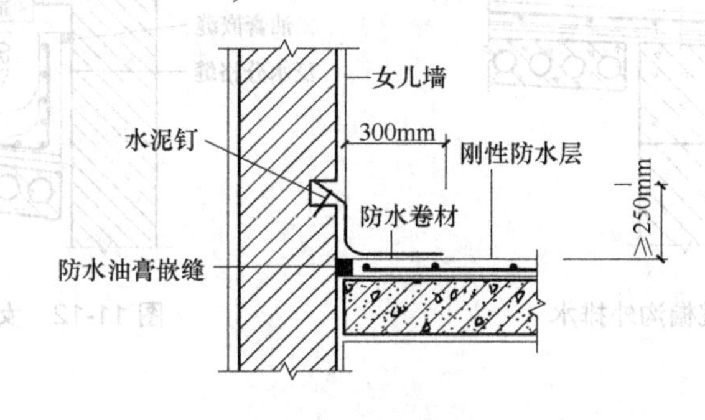

图 11-9 泛水构造

2) 檐口构造

刚性防水屋面檐口的形式一般有自由落水挑檐口、挑檐沟外排水檐口和女儿墙外排水檐口、坡檐口等。

(1) 自由落水挑檐口。

根据挑檐挑出的长度，有直接利用混凝土防水层悬挑和在增设的现浇或预制钢筋混凝土挑檐板上做防水层等做法。当挑檐较短时，可将混凝土防水层直接悬挑出去形成挑檐口，如图 11-10(a)所示；当所需挑檐较长时，为了保证悬挑结构的强度，应采用与屋顶圈梁连为一体的悬臂板形成挑檐，如图 11-10(b)所示。在挑檐板与屋顶板上做找平层和隔离层后浇筑混凝土防水层，无论采用哪种做法，都要注意檐口处做好滴水。

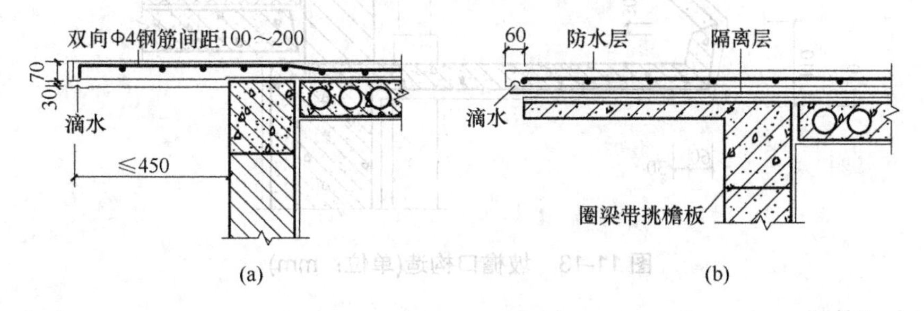

图 11-10 自由落水挑檐口(单位：mm)

(2) 挑檐沟外排水檐口。

挑檐口采用有组织排水方式时，常将檐部做成排水檐沟板的形式。檐沟板的断面为槽形并与屋顶圈梁连成整体，如图11-11所示。沟内底部设纵向排水坡，防水层挑入沟内并做滴水，以防止爬水。

(3) 女儿墙外排水檐口。

在跨度不大的平屋顶中，当采用女儿墙外排水时，常利用倾斜的屋顶板与女儿墙间的夹角做成三角形断面天沟，如图11-12所示，防水层端部构造类同泛水构造，天沟内也需设纵向排水坡。

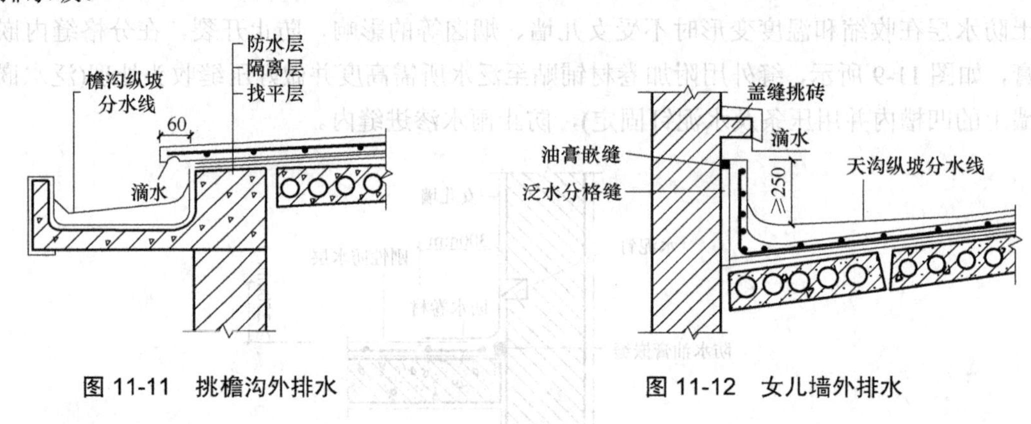

图 11-11　挑檐沟外排水　　图 11-12　女儿墙外排水

(4) 坡檐口。

建筑设计中出于造型方面的考虑，常采用一种平顶坡檐即“平改坡”的处理形式，使较为呆板的平顶建筑具有某种传统的韵味，以丰富城市景观。坡檐口的厚度及配筋按结构设计，表面按建筑设计贴瓦或面砖，如图11-13所示。

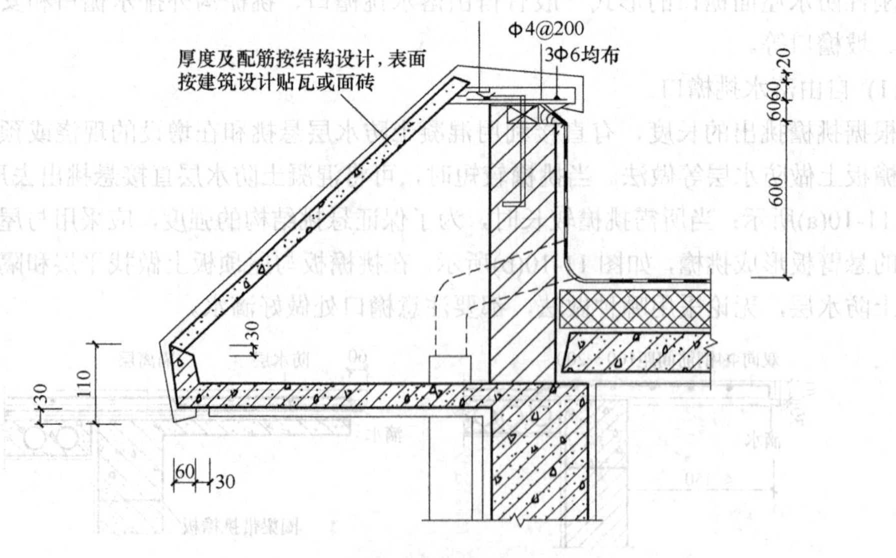

图 11-13　坡檐口构造(单位：mm)

3) 雨水口构造

雨水口是屋面雨水汇集并排至水落管的关键部位，要求排水通畅、防止渗漏和堵塞。

刚性防水屋面的雨水口有直管式和弯管式两种做法，直管式一般用于挑檐沟外排水的雨水口，弯管式用于女儿墙外排水的雨水口。

(1) 直管式雨水口。

直管式雨水口为防止雨水从雨水口套管与沟底接缝处渗漏，应在雨水口周边加铺柔性防水层并铺至套管内壁，檐口处浇筑的混凝土防水层应覆盖于附加的柔性防水层之上，并在防水层与雨水口之间用油膏嵌实。直管式雨水口构造如图 11-14 所示。

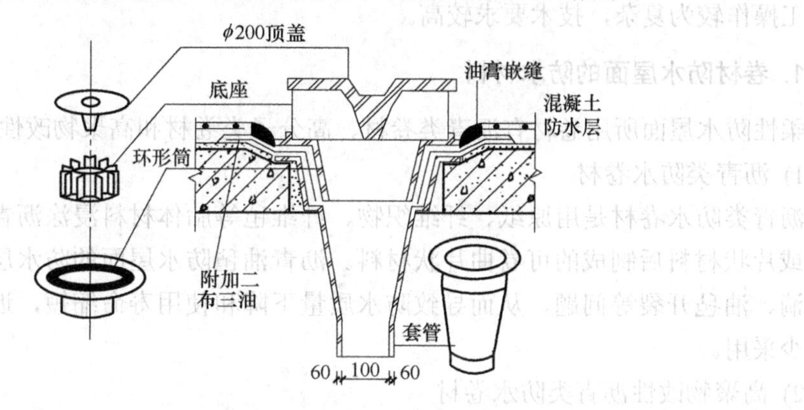

图 11-14　直管式雨水口构造(单位：mm)

(2) 弯管式雨水口。

弯管式雨水口一般用铸铁做成弯头。雨水口安装时，在雨水口处的屋面应加铺附加卷材与弯头搭接，其搭接长度不小于 100mm，然后浇筑混凝土防水层，防水层与弯头交接处需用油膏嵌缝。弯管式雨水口构造如图 11-15 所示。

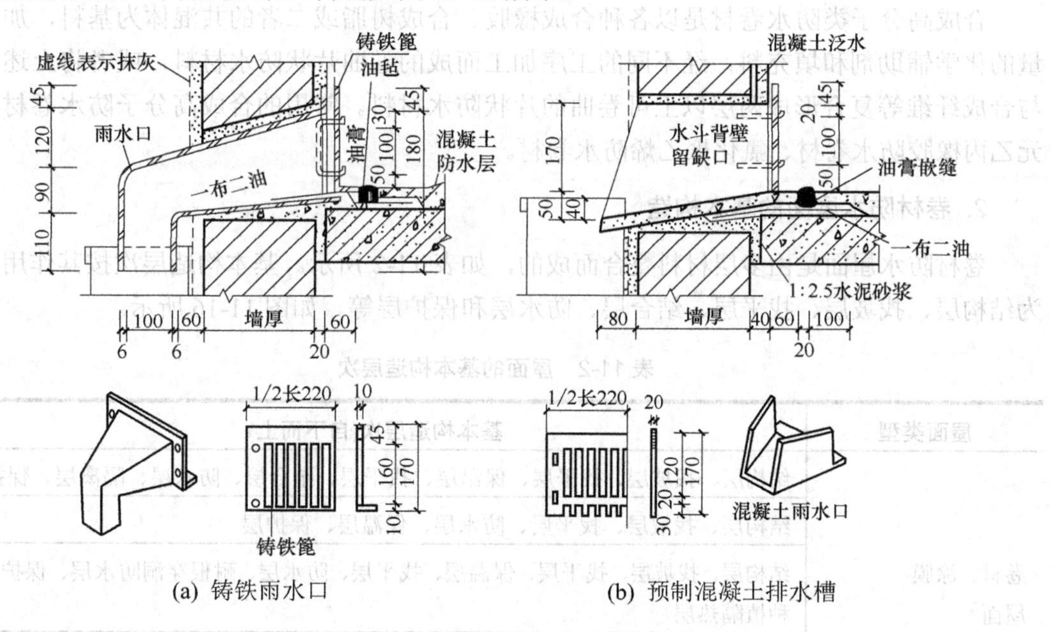

图 11-15　弯管式雨水口构造(单位：mm)

11.2.2　卷材防水屋面

卷材防水屋面是利用防水卷材与黏结剂结合，形成连续致密的构造层，从而达到防水的目的。由于其防水层具有一定的延伸性和适应变形的能力，故也被称作柔性防水屋面。卷材防水屋面较能适应温度、振动、不均匀沉陷等因素的变化作用，整体性好，不易渗漏；但施工操作较为复杂，技术要求较高。

1. 卷材防水屋面的防水材料

柔性防水屋面所用卷材有沥青类卷材、高分子类卷材和高聚物改性沥青类防水卷材。

1) 沥青类防水卷材

沥青类防水卷材是用原纸、纤维织物、纤维毡等胎体材料浸涂沥青，表面撒布粉状、粒状或片状材料后制成的可卷曲片状材料。沥青油毡防水屋面的防水层容易产生起鼓、沥青流淌、油毡开裂等问题，从而导致防水质量下降和使用寿命缩短，近年来在实际工程中已较少采用。

2) 高聚物改性沥青类防水卷材

高聚物改性沥青类防水卷材是以合成高分子聚合物改性沥青为涂盖层，纤维织物或纤维毡为胎体，粉状、粒状、片状或薄膜材料为覆面材料制成的可卷曲片状防水材料，常用的有弹性体改性沥青防水卷材(SBS)、塑性体改性沥青防水卷材(APP)和改性沥青聚乙烯胎防水卷材(PEE)。

3) 合成高分子类防水卷材

合成高分子类防水卷材是以各种合成橡胶、合成树脂或二者的共混体为基料，加入适量的化学辅助剂和填充料，经不同的工序加工而成的卷曲片状防水材料，或者将上述材料与合成纤维等复合形成两层以上可卷曲的片状防水材料。常用的合成高分子防水卷材有三元乙丙橡胶防水卷材、氯化聚乙烯防水卷材。

2. 卷材防水屋面的基本构造

卷材防水屋面是由多层材料叠合而成的，如表 11-2 所示。基本构造层次按其作用分别为结构层、找坡层、找平层、结合层、防水层和保护层等，如图 11-16 所示。

表 11-2　屋面的基本构造层次

屋面类型	基本构造层次(自下而上)
卷材、涂膜屋面	结构层、找坡层、找平层、保温层、找平层、结合层、防水层、隔离层、保护层
	结构层、找坡层、找平层、防水层、保温层、保护层
	结构层、找坡层、找平层、保温层、找平层、防水层、耐根穿洞防水层、保护层、种植隔热层
	结构层、找坡层、找平层、保温层、找平层、防水层、架空隔热层
	结构层、找坡层、找平层、保温层、找平层、防水层、隔离层、蓄水隔热层

续表

屋面类型	基本构造层次(自下而上)
瓦屋面	结构层、保温层、防水层或防水垫层、持钉层、顺水条、挂瓦条、块瓦
	结构层、保温层、防水层或防水垫层、持钉层、沥青瓦

1) 结构层

结构层通常为预制或现浇钢筋混凝土屋面板，要求具有足够的强度和刚度。

2) 找坡层

为确保防水性，减少雨水在屋顶的滞留时间，结构层水平搁置时可采用材料找坡，形成所需屋顶排水坡度。当采用材料找坡时，宜采用重量轻、吸水率低和有一定强度的材料，坡度宜为 2%；混凝土结构层宜采用结构找坡，坡度不应小于 3%。

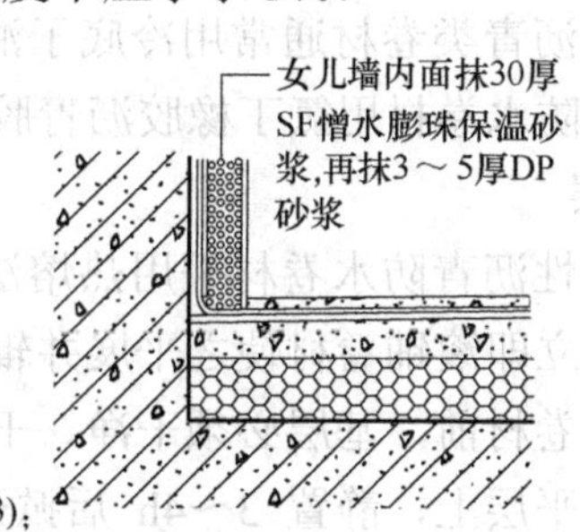

图 11-16　卷材防水屋面基本构造(单位：mm)

3) 找平层

卷材防水层要求铺贴在坚固而平整的基层上，以防止卷材凹陷或断裂。在松软材料及预制屋顶板上铺设卷材以前，须先做找平层，找平层厚度和技术要求如表 11-3 所示。为防止找平层变形开裂而使卷材防水层破坏，在找平层中应留设分格缝。

表 11-3　找平层厚度和技术要求

找平层分类	适用的基层	厚度/mm	技术要求
水泥砂浆	整体现浇混凝土板	15～20	1∶2.5 水泥砂浆
	整体材料保温层	20～25	
细石混凝土	装配式混凝土板	30～35	C20 混凝土宜加钢筋网片
	板状材料保温板		C20 混凝土

分格缝的宽度一般为 20mm，纵横间距不大于 6m，屋顶板为预制装配式时，分格缝应设在预制板端缝处。分格缝上面覆盖一层 200～300mm 宽的附加卷材，用黏结剂单边点贴，使分格缝处的卷材有较大的伸缩余地，避免开裂。找平层分格缝构造如图 11-17 所示。保温层上的找平层应留设分隔缝，缝宽宜为 5～20mm，纵横缝的间距不宜大于 6m。

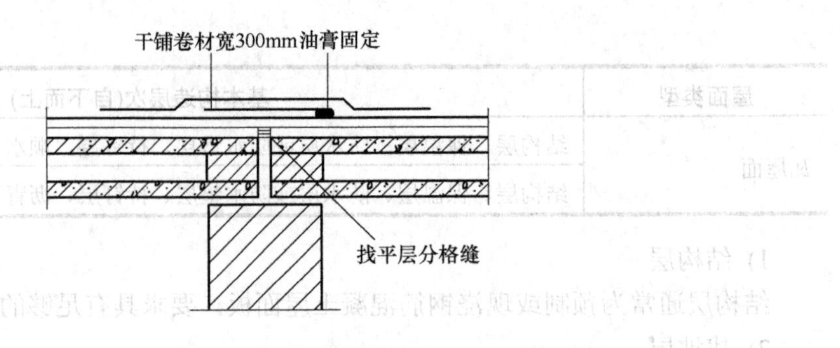

图 11-17　找平层分格缝

4) 结合层

结合层的作用是使卷材防水层与基层黏结牢固。结合层所用材料根据卷材防水层材料的不同选择：沥青类卷材通常用冷底子油做结合层，高分子卷材用配套基层处理剂，高聚物改性沥青类防水卷材用氯丁橡胶沥青胶黏剂加入工业汽油稀释并搅拌均匀后做结合层。

5) 防水层

高聚物改性沥青防水卷材采用热熔法施工，即用火焰加热器将卷材均匀加热至表面光亮发黑，然后立即滚铺卷材使之平展并辊压牢实。合成高分子防水卷材采用冷黏法施工。

铺贴防水卷材前，基层必须干净、干燥。干燥程度的简易检验方法，是将 1m^2 卷材平坦地干铺在找平层上，静置 3～4h 后掀开检查，找平层覆盖部位与卷材上未见水印即可铺设。大面积铺贴防水卷材前，要在女儿墙、水落口、管根、檐口、阴阳角等部位铺贴卷材附加层。

卷材铺贴方向应符合下列规定。

(1) 当屋面坡度小于 3%时，卷材宜平行屋脊铺贴。

(2) 当屋面坡度在 3%～15%时，卷材可平行或垂直屋脊铺贴。

(3) 当屋面坡度大于 15%或屋面受震动时，沥青防水卷材应垂直屋脊铺贴，高聚物改性沥青防水卷材和合成高分子防水卷材可平行或垂直屋脊铺贴。

(4) 上下层卷材不得相互垂直铺贴。

卷材的铺贴厚度应满足表 11-4 的要求。

表 11-4　卷材厚度选用表

屋面防水等级	设防道数	合成高分子防水卷材	高聚物改性沥青防水卷材
Ⅰ级	二道设防	不应小于 1.2mm	不应小于 3mm
Ⅱ级	一道设防	不应小于 1.5mm	不应小于 4mm

两幅卷材长边和短边的搭接宽度均不应小于 100mm，采用双层卷材时，上下两层和相邻两幅卷材的接缝应错开 1/3～1/2 幅宽，且两层卷材不能相互垂直铺贴。

卷材接缝必须粘贴封严，接缝处应用材性相容的密封材料封严，宽度不应小于 10mm。在立面与平面的转角处，卷材的接缝应留在平面上，距立面不应小于 600mm。

6) 保护层

保护层使卷材不致因光照和气候等的作用而迅速老化，防止沥青类卷材的沥青过热流淌或受到暴雨的冲刷。混凝土面层的上人屋顶和不上人屋顶的构造做法如图 11-18 所示，屋顶既是保护层又是楼面面层。要求保护层平整耐磨，每 2m 左右设一分格缝，保护层分格缝应尽量与找平层分格缝错开，缝内用防水油膏嵌封。保护层也可用水泥砂浆、块材等做防水保护层，保护层与防水层之间应设置隔离层。刚性保护层与女儿墙、山墙之间应预留宽度为 30mm 的缝隙，并用密封材料嵌填严密。

7) 辅助构造层

辅助构造层是为了满足房屋的使用要求或提高屋顶的性能而补充设置的构造层，如为防止冬季室内过冷而设置的保温层、为防止室内过热而设置的隔热层、为防止潮气侵入屋顶保温层而设置的隔汽层等。

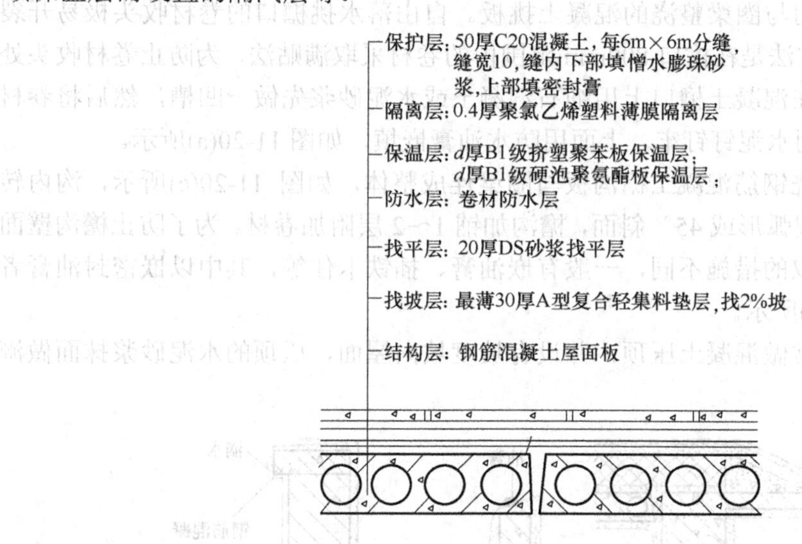

图 11-18　防水保护层

3. 卷材防水屋面细部构造

为保证柔性防水屋面的防水性能，对可能造成的防水薄弱环节要采取加强措施，主要包括屋顶上的泛水、天沟、雨水口、檐口、变形缝等处的细部构造。

1) 泛水构造

一般须用砂浆在转角处做弧形(R=50～100mm)或 45°斜面。防水卷材粘贴至垂直面一般为 250mm 高，为了加强节点的防水作用，须加设卷材附加层，垂直面也用水泥砂浆抹光，并设置结合层将卷材粘贴在垂直面上。为了防止卷材在垂直墙面上下滑动而渗水，必须做好泛水上口的卷材收头固定，可在垂直墙中预留凹槽或凿出通长凹槽，将卷材的收头压入槽内，用防水压条钉压后再用密封材料嵌填封严，外抹水泥砂浆保护，凹槽上部的墙体则用防水砂浆抹面。卷材防水屋面泛水构造如图 11-19 所示。

2) 檐口构造

挑檐口构造分为自由落水挑檐口和挑檐沟外排水檐口两种做法。

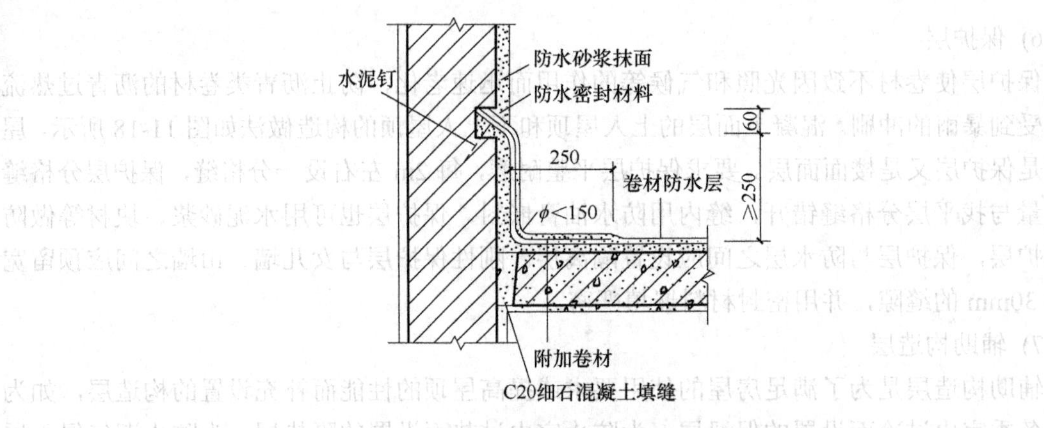

图 11-19　卷材防水屋面泛水构造

自由落水挑檐口采用与圈梁整浇的混凝土挑板。自由落水挑檐口的卷材收头极易开裂渗水，目前一般的处理方法是在檐口 800mm 范围内的卷材采取满贴法，为防止卷材收头处粘贴不牢而出现漏水，在混凝土檐口上用细石混凝土或水泥砂浆先做一凹槽，然后将卷材贴在槽内，将卷材收头用水泥钉钉牢，上面用防水油膏嵌填，如图 11-20(a)所示。

挑檐沟外排水的现浇钢筋混凝土檐沟板与圈梁连成整体，如图 11-20(c)所示，沟内转角部位的找平层应做成圆弧形或 45° 斜面，檐沟加铺 1～2 层附加卷材。为了防止檐沟壁面上的卷材下滑，各地采取的措施不同，一般有嵌油膏、插铁卡住等，其中以嵌密封油膏者较为合理，如图 11-20(b)所示。

女儿墙檐口顶部通常做混凝土压顶，并设有坡度坡向屋面，压顶的水泥砂浆抹面做滴水，如图 11-20(d)所示。

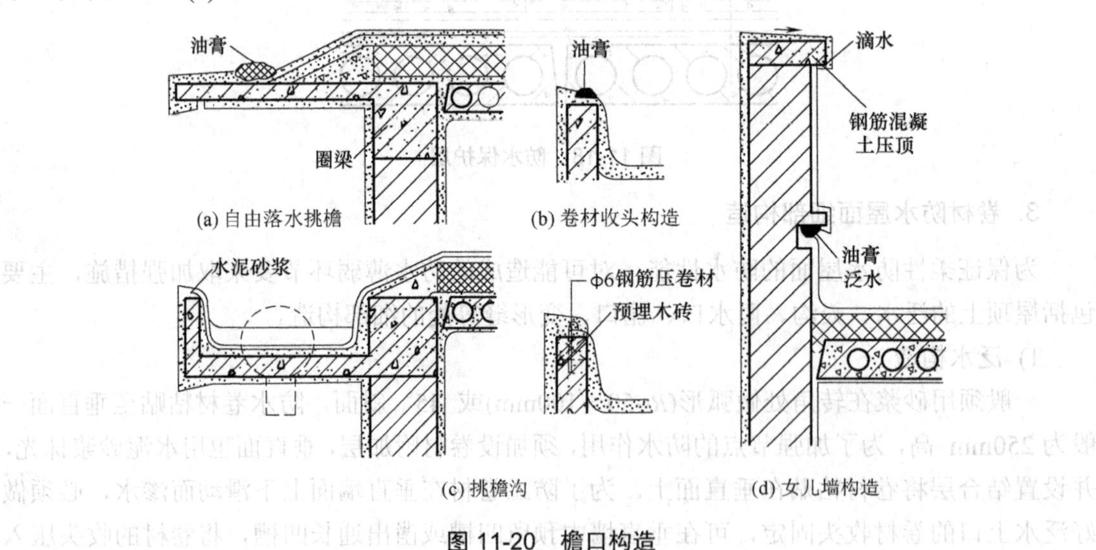

图 11-20　檐口构造

3) 雨水口构造

挑檐沟外排水和内排水的雨水口均采用直管式雨水口，女儿墙外排水采用弯管式雨水口。在雨水口处应尽可能比屋顶或檐沟面低一些，有垫坡层或保温层的屋顶，可在雨水口直径 500mm 周围减薄，形成漏斗形，使之排水通畅、避免积水。雨水口的材质过去多为铸铁，管壁较厚，强度较高，但易锈，近年来塑料雨水口越来越多地得到运用，塑料雨水口质轻，不易锈蚀，色彩丰富。

直管式雨水口有多种型号，根据降雨量和汇水面积加以选择。民用建筑常用的雨水口由套管、环形筒、顶盖底座和顶盖几部分组成，如图 11-21(a)所示，套管呈漏斗形，安装在天沟底板或屋顶板上，用水泥砂浆埋嵌牢固，各层卷材均粘贴在套管内壁上，再用环形筒嵌入套管，将卷材压紧，嵌入的深度至少为 100mm。环形筒与底座及防水保护层的接缝等薄弱环节须用油膏嵌封。顶盖底座有隔栅，作用为遮挡杂物。上人屋顶可选择铁篦雨水口，各层卷材粘贴在水斗内壁上，其面层与铸铁篦之间用油膏嵌封，图 11-21(b)所示。

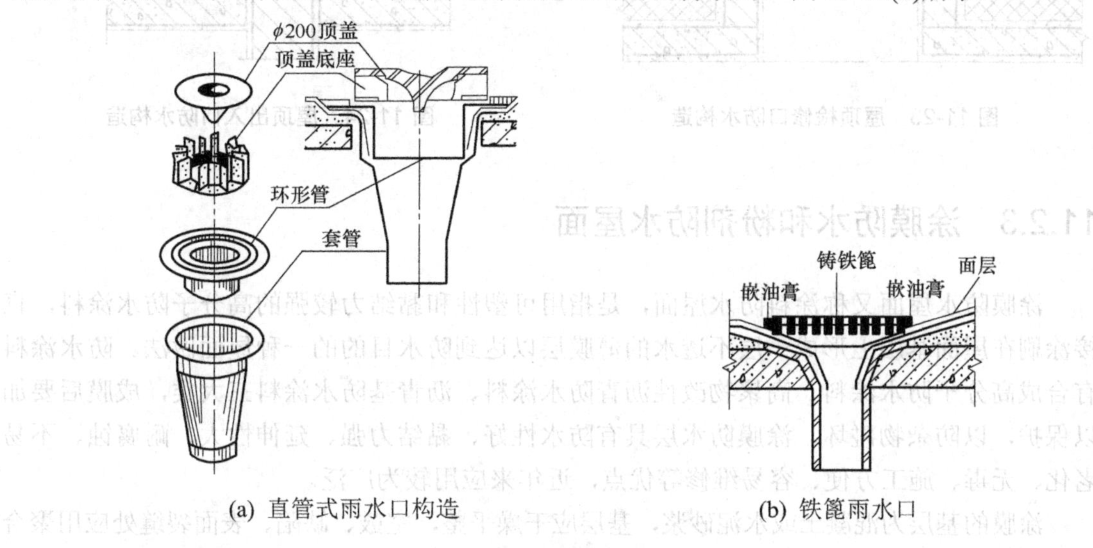

(a) 直管式雨水口构造　(b) 铁篦雨水口

图 11-21　直管式雨水口

弯管式雨水口由弯曲套管和铁篦两部分组成，如图 11-22 所示，弯曲套管置于女儿墙预留孔洞中，屋顶防水层及泛水的各层卷材(包括附加卷材)应铺贴到套管内壁四周，铺入深度不少于 100mm，套管口用铸铁篦遮盖，以防污物堵塞水口。

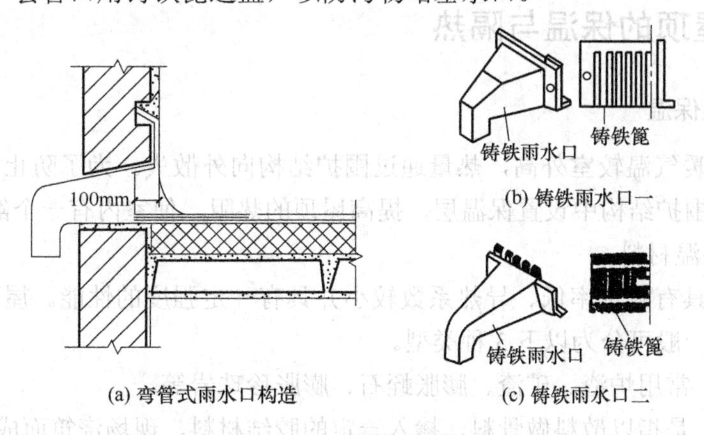

(a) 弯管式雨水口构造　(b) 铸铁雨水口一　(c) 铸铁雨水口二

图 11-22　弯管式雨水口

4) 屋顶检修孔、屋顶出入口构造

不上人屋顶须设屋顶检修孔。检修孔四周的孔壁可用砖立砌，在现浇屋顶板时可用混凝土上翻制成，其高度一般为 300mm，壁外侧的防水层做成泛水并将卷材用镀锌铁皮盖缝钉压牢固，如图 11-23 所示。 直达屋顶的楼梯间，室内应高于屋顶，若不满足时应设门槛，屋顶与门槛交接处的构造可参考泛水构造，屋顶出入口构造如图 11-24 所示。

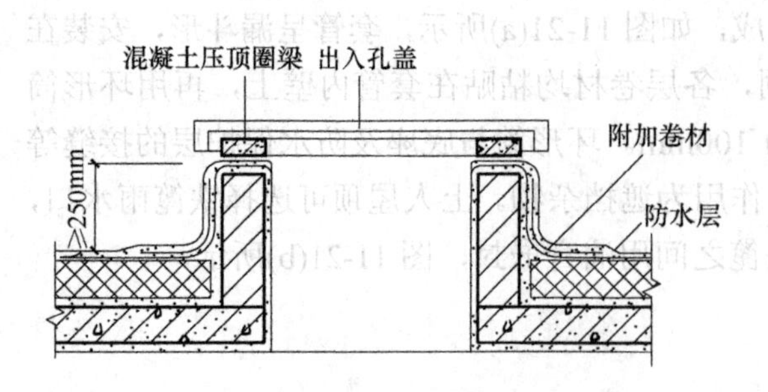

图 11-23　屋顶检修口防水构造

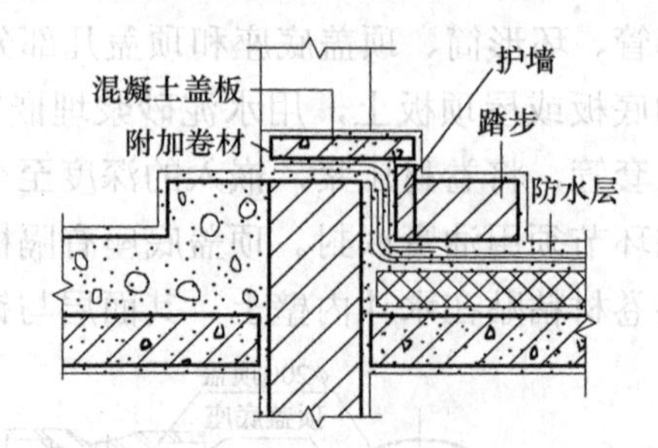

图 11-24　屋顶出入口防水构造

11.2.3　涂膜防水和粉剂防水屋面

涂膜防水屋面又称涂料防水屋面，是指用可塑性和黏结力较强的高分子防水涂料，直接涂刷在屋面基层上形成一层不透水的薄膜层以达到防水目的的一种屋面做法。防水涂料有合成高分子防水涂料、高聚物改性沥青防水涂料、沥青基防水涂料三大类，成膜后要加以保护，以防杂物碰坏。涂膜防水层具有防水性好、黏结力强、延伸性大、耐腐蚀、不易老化、无毒、施工方便、容易维修等优点，近年来应用较为广泛。

涂膜的基层为混凝土或水泥砂浆，基层应干燥平整，空鼓、缺陷、表面裂缝处应用聚合物砂浆修补，找平层上设分格缝，分格缝宽 20mm，其纵横间距不大于 6m，缝内嵌填油膏。

粉剂防水屋顶采用建筑拒水粉为防水层，具有透气而不透水，憎水性和随动性好，施工简单、方便等优点，主要适用于坡度较为平坦的防水基层即平屋顶防水。

11.2.4　平屋顶的保温与隔热

1. 平屋顶的保温

冬季室内采暖气温较室外高，热量通过围护结构向外散失。为了防止室内热量散失过多、过快，须在围护结构中设置保温层，提高屋顶的热阻，使室内有一个舒适的环境。

1) 屋顶的保温材料

保温材料应具有吸水率低、导热系数较小并具有一定强度的性能。屋顶保温材料多为轻质多孔材料，一般可分为以下 3 种类型。

(1) 散料类：常用炉渣、矿渣、膨胀蛭石、膨胀珍珠岩等。

(2) 整体类：是指以散料做骨料，掺入一定的胶结材料，现场浇筑而成，如水泥炉渣、水泥膨胀蛭石、水泥膨胀珍珠岩及沥青膨胀蛭石和沥青膨胀珍珠岩等。

(3) 板块类：是指利用骨料和胶结材料由工厂制作而成的块状材料，如加气混凝土、泡沫混凝土、膨胀蛭石、膨胀珍珠岩、泡沫塑料等块材或板材等。

保温材料的选择应根据建筑物的使用性质、构造方案、材料来源、经济指标等因素综合考虑确定。

2) 屋顶保温层的设置

平屋顶因屋面坡度平缓，适合将保温层放在屋面结构层上(刚性防水屋面不宜设保温层)。

(1) 保温层设在防水层的上面。

保温层设在防水层的上面称“倒铺法”。优点是防水层受到保温层的保护，从而使防水层不受阳光和室外气候以及自然界的各种因素的直接影响，耐久性增强。保温层应选用吸湿性小和耐气候性强的材料，如聚苯乙烯泡沫塑料板、聚氨酯泡沫塑料板等，加气混凝土板和泡沫混凝土板因吸湿性强，故不宜选用。保温层需加强保护，应选择有一定荷载的大粒径石子或混凝土做保护层，保证保温层不因下雨而“漂浮”。

(2) 保温层与结构层融为一体。

加气钢筋混凝土屋顶板，既能承载又能保温，构造简单，施工方便，造价降低，保温与结构融为一体，但承载力小，耐久性差，可适用于标准较低的不上人屋顶中。

(3) 保温层设在防水层下面。

这是目前广泛采用的一种形式。屋顶的保温构造，有多个构造层次，如图 11-25 所示。设置隔汽层的目的是防止室内水蒸气渗入保温层，使保温层受潮而降低保温效果。隔汽层的一般做法是在 20mm 厚 1∶3 水泥砂浆找平层上刷冷底子油两道作为结合层，结合层上做一毡二油或两道热沥青隔汽层。

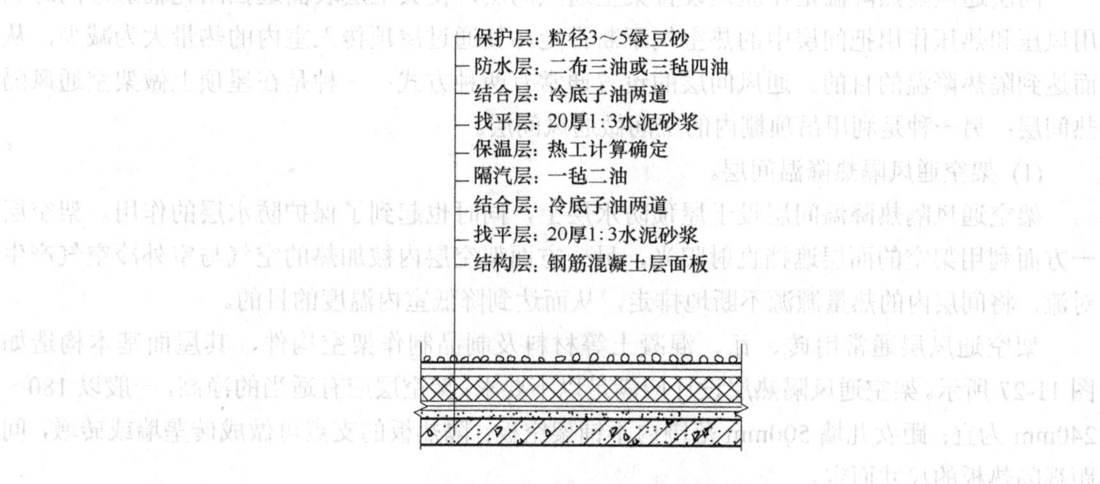

图 11-25　屋顶保温构造

2. 平屋顶的隔热

夏季南方炎热地区，在太阳辐射和室外气温的综合作用下，从屋顶传入室内大量热量，影响室内的温度环境。为创造舒适的室内生活和工作条件，应采取适当的构造措施解决屋顶的降温和隔热问题。

屋顶隔热降温主要是通过减少热量对屋顶表面的直接作用来实现的。采用的方法包括反射隔热降温屋顶、间层通风隔热降温屋顶、蓄水隔热降温屋顶、种植隔热降温屋顶等。

1) 反射隔热降温屋顶

利用表面材料的颜色和光洁度对热辐射的反射作用，对平屋顶的隔热降温有一定的效果，如图11-26(a)所示为表面不同材料对热辐射的反射程度。如屋顶采用淡色砾石铺面或用石灰水刷白对反射降温都有一定的效果。如果在通风屋顶中的基层加一层铝箔，则可利用其第二次反射作用，对屋顶的隔热效果将有进一步的改善，如图11-26(b)所示为铝箔的反射作用。

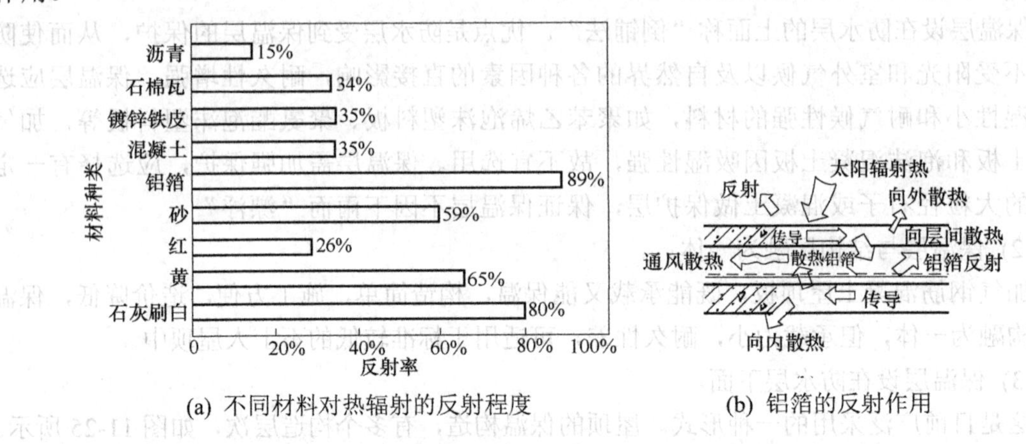

(a) 不同材料对热辐射的反射程度　　(b) 铝箔的反射作用

图11-26 反射降温屋顶

2) 间层通风隔热降温屋顶

间层通风隔热降温是在屋顶设置架空通风间层，使其上层表面遮挡阳光辐射，同时利用风压和热压作用把间层中的热空气不断带走，使通过屋顶传入室内的热量大为减少，从而达到隔热降温的目的。通风间层的设置通常有两种方式：一种是在屋顶上做架空通风隔热间层；另一种是利用吊顶棚内的空间做通风间层。

(1) 架空通风隔热降温间层。

架空通风隔热降温间层设于屋顶防水层上，同时也起到了保护防水层的作用。架空层一方面利用架空的面层遮挡直射阳光，另一方面架空层内被加热的空气与室外冷空气产生对流，将间层内的热量源源不断地排走，从而达到降低室内温度的目的。

架空通风层通常用砖、瓦、混凝土等材料及制品制作架空构件，其屋面基本构造如图11-27所示。架空通风隔热层设计应满足以下要求：架空层应有适当的净高，一般以180～240mm为宜；距女儿墙500mm范围内不铺架空板；隔热板的支点可做成砖垄墙或砖墩，间距视隔热板的尺寸而定。

(2) 顶棚通风隔热降温屋面。

利用顶棚与屋顶之间的空间做通风隔热层，隔热层可以起到与架空通风层同样的作用。顶棚通风隔热层设计应满足以下要求：顶棚通风层应有足够的净空高度，一般为500mm左右；需设置一定数量的通风孔，平屋顶的通风孔通常开设在外墙，以利空气对流；通风孔应考虑防飘雨措施。

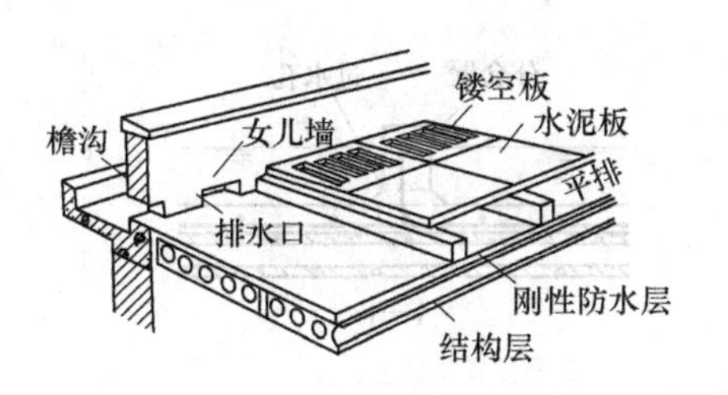

(a) 预制混凝土板

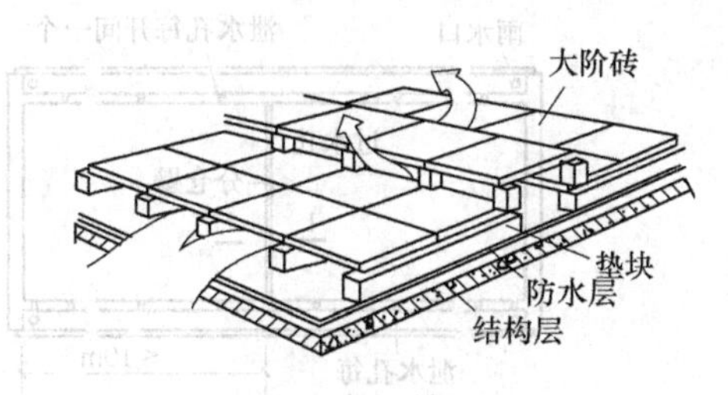

(b) 预测大阶砖

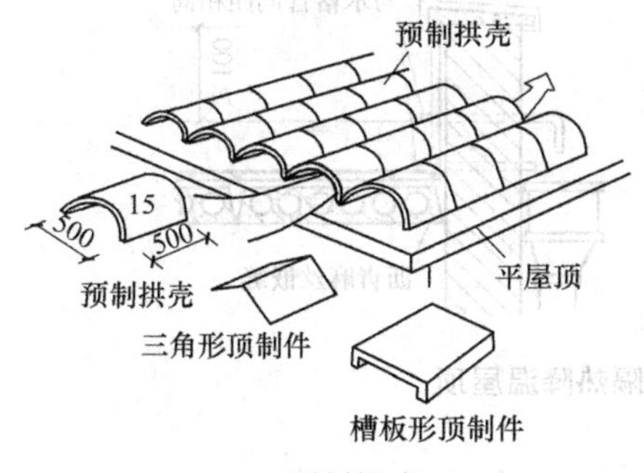

(c) 预制拱壳

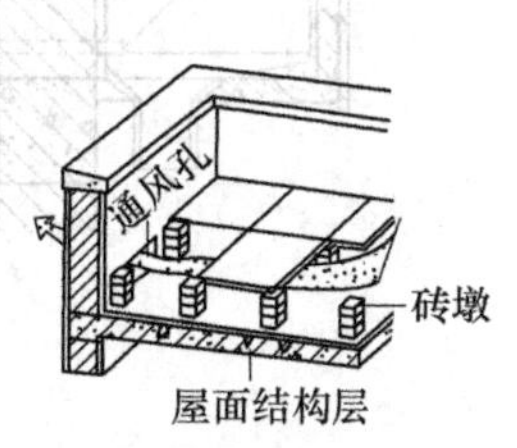

(d) 柱墩支承架空板

图 11-27　屋顶架空通风隔热构造(单位：mm)

3) 蓄水隔热降温屋顶

蓄水隔热降温屋顶利用平屋顶所蓄积的水层来达到屋顶隔热降温的目的。蓄水层的水面能反射阳光，减少阳光辐射对屋顶的热作用；蓄水层能吸收大量的热，部分水由液体蒸发为气体，从而将热量散发到空气中，减少了屋顶吸收的热能，起到隔热降温的作用。蓄水层在冬季还有一定的保温作用。若在水层中养殖水生植物，利用植被吸收阳光进行光合作用和植物叶片遮蔽阳光的作用，其隔热降温的效果将会更加理想。同时水层长期被防水层淹没，使混凝土防水层处于水的养护下，减少了由于气候条件变化引起的开裂，并防止混凝土的碳化；使诸如沥青和嵌缝油膏之类的防水材料在水层的保护下推迟老化进程，延长使用年限。蓄水屋面构造与刚性防水屋面基本相同，主要区别是增加了一壁三孔，即蓄水分仓壁、溢水孔、泄水孔和过水孔，其基本构造如图 11-28 所示。

蓄水隔热屋面构造应注意以下几点：合适的蓄水深度，一般为 150～200mm；根据屋面面积划分成若干蓄水区，每区的边长一般不大于 10m；足够的泛水高度，至少高出水面100mm；合理设置溢水孔和泄水孔，并应与排水檐沟或水落管连通，以保证多雨季节不超过蓄水深度和检修屋面时能将蓄水排除；注意做好管道的防水处理。

4) 种植隔热降温屋顶

种植隔热降温屋顶是在平屋顶上种植植物，借助栽植介质隔热及植被吸收阳光进行光合作用和遮挡阳光的双重功效来达到降温隔热的目的。

种植隔热降温根据栽培介质层构造方式的不同可分为一般种植隔热降温(见图 11-29)和蓄水种植隔热降温(见图 11-30)两类。

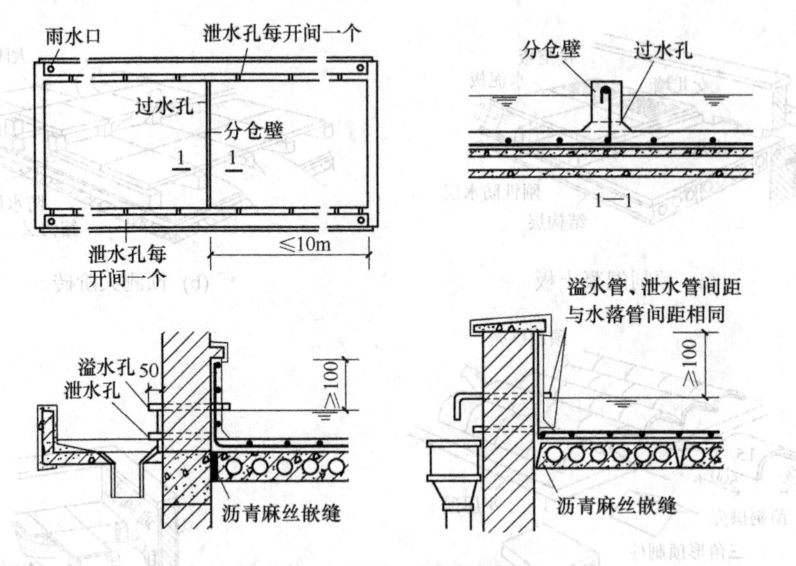

图 11-28　蓄水隔热降温屋顶

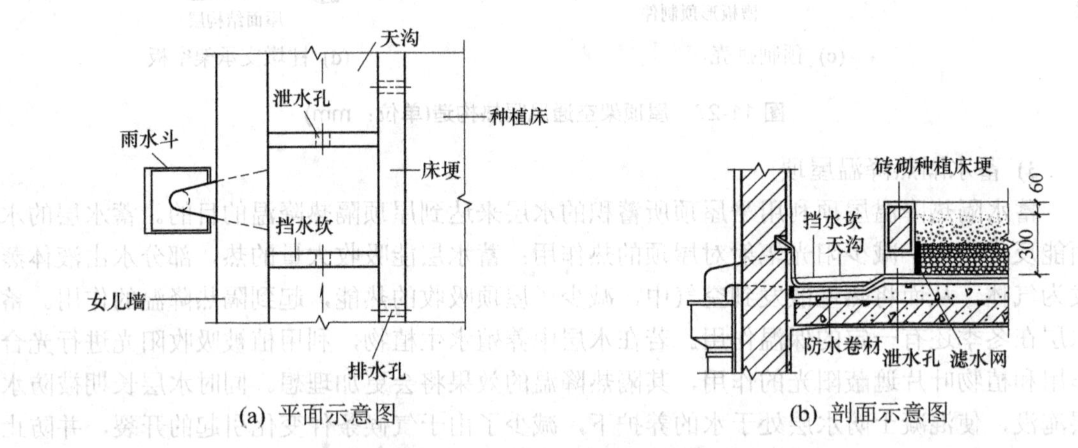

(a) 平面示意图　　(b) 剖面示意图

图 11-29　一般种植隔热降温屋顶

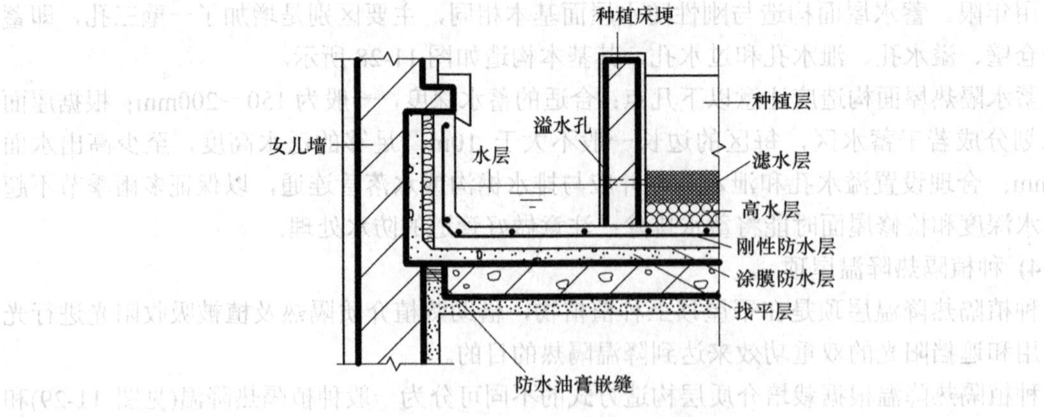

图 11-30　蓄水种植隔热降温屋顶

11.3　坡屋顶构造

11.3.1　坡屋顶的承重结构

1. 承重结构类型

坡屋顶中常用的承重结构有山墙承重、屋架承重和梁架承重，如图 11-31 所示。

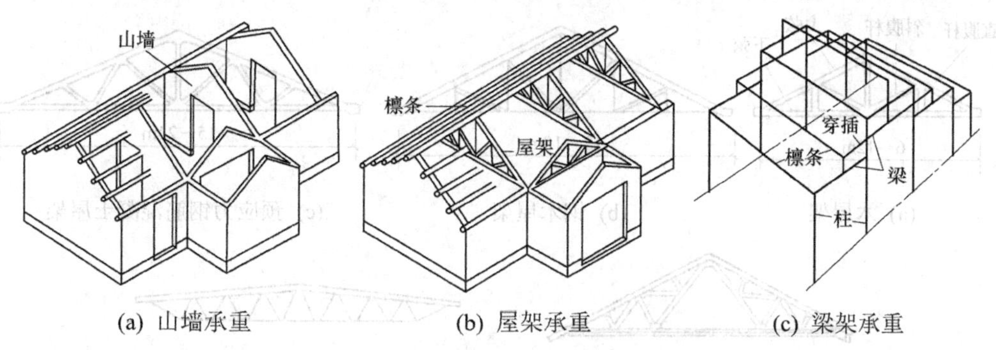

图 11-31　坡屋顶的承重结构类型

1) 山墙承重

山墙指房屋两端的横墙，利用山墙砌成尖顶形状直接搁置檩条以承载屋顶重量，这种结构形式为“山墙承重”或“硬山搁檩”。其优点是做法简单、经济，适合于多数相同开间并列的房屋，如宿舍、办公室等。

2) 屋架承重

一般建筑常采用三角形屋架，用来架设檩条以支承屋面荷载，屋架一般搁置在房屋的纵向外墙或柱子上，使建筑有一较大的使用空间，多用于要求有较大空间的建筑，如食堂、教学楼等。为防止屋架倾斜并加强其稳定性，应在屋架之间设置剪刀撑，常用截面约 50mm×100mm 的方木、角钢用螺栓固定在屋架上下弦或中柱上，如图 11-32 所示。

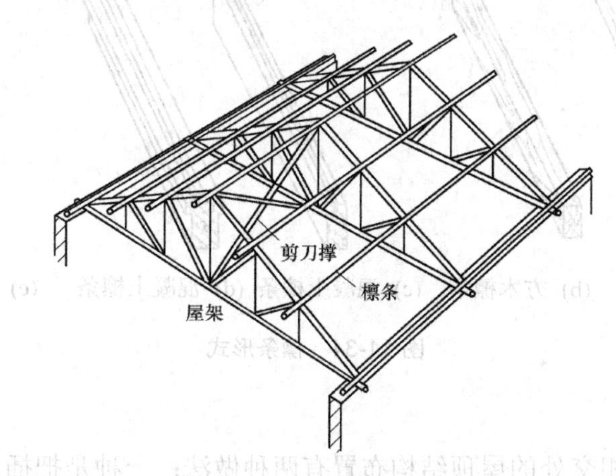

图 11-32　屋架之间的剪刀撑

3) 梁架承重

以柱和梁形成梁架来支承檩条，每隔 2～3 根檩条设立 1 根柱子。梁、柱、檩条把整个房屋形成一个整体骨架，墙只起到围护和分隔作用，不承重。

2. 承重结构构件

1) 屋架

屋架形式常为三角形，由上弦、下弦及腹杆组成，根据材料不同有木屋架、钢屋架及钢筋混凝土屋架等，如图 11-33 所示。

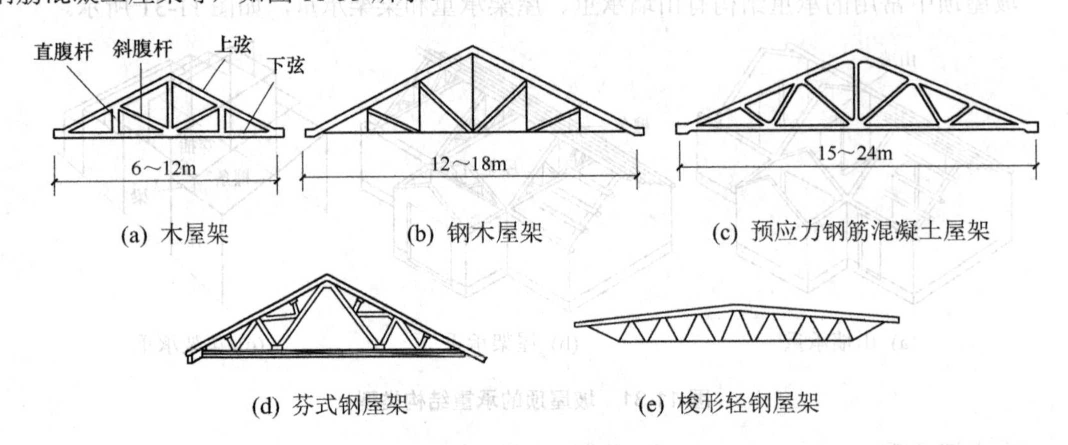

(a) 木屋架 (b) 钢木屋架 (c) 预应力钢筋混凝土屋架

(d) 芬式钢屋架 (e) 梭形轻钢屋架

图 11-33 屋架形式

2) 檩条

檩条一般用圆木或方木，为了节约木材，也可采用钢筋混凝土或轻钢檩条，檩条的形式如图 11-34 所示。檩条材料的选用一般与屋架所用材料相同，使二者的耐久性接近。

采用木檩条要注意搁置处的防腐处理，一般在端头涂以沥青，在搁置点下设有混凝土垫块，以便荷载的分布；预制钢筋混凝土檩条的形状有矩形、L 形、T 形等截面，为了在檩条上钉屋面板常在面上设置木条；采用轻钢檩条多为冷轧薄壁型钢。

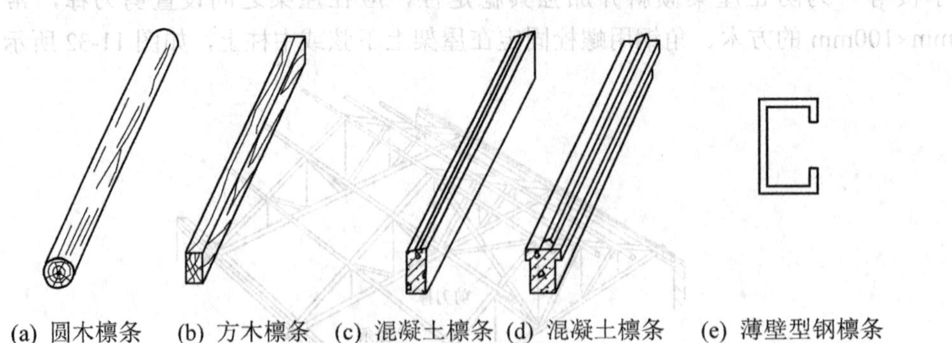

(a) 圆木檩条 (b) 方木檩条 (c) 混凝土檩条 (d) 混凝土檩条 (e) 薄壁型钢檩条

图 11-34 檩条形式

3. 承重结构布置

房屋平面呈垂直相交处的屋顶结构布置有两种做法：一种是把插入屋顶的檩条搁在原

来房屋的檩条上，适用于插入房屋的跨度不大的情况，如图 11-35(a)所示；另一种做法是用斜梁或半屋架，一端搁在转角的墙上，另一端，当中间有墙或柱作支点时可搁置在墙或柱上，无墙或柱可搁时，则支承在中间的屋架上，如图 11-35(b)所示；其他转角与四坡顶端部的屋架布置，基本上也按照这些原则，如图 11-35(c)、图 11-35(d)所示。

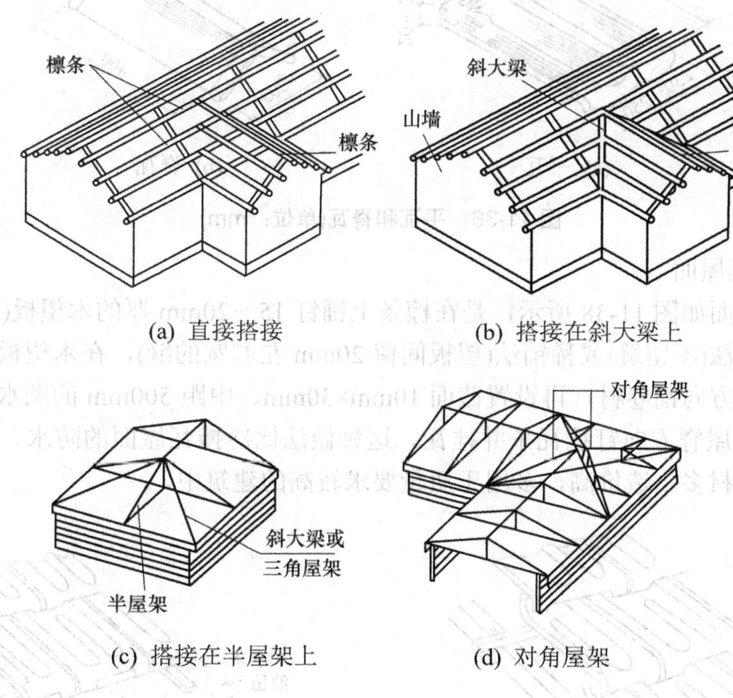

图 11-35　承重结构布置

11.3.2　坡屋顶的构造

坡屋顶是在承重结构上设置保温、防水等构造层，一般是利用各种瓦材，如平瓦、波形瓦、小青瓦等作为屋面防水材料，近些年来还有不少采用金属瓦屋面、彩色压型钢板屋面等。

1. 平瓦屋面的基层构造

平瓦外形是根据排水要求设计的，瓦的规格尺寸为(380～420)mm×(230～250)mm×(20～25)mm，如图 11-36(a)所示，瓦下装有挂钩，可以挂在挂瓦条上，防止下滑，中间有突出物穿有小孔，风大的地区可以用铅丝扎在挂瓦条上。屋脊部位需专用的脊瓦盖缝，如图 11-36(b)所示。

平瓦屋面根据基层的不同有冷摊瓦屋面、木望板瓦屋面、钢筋混凝土挂瓦板平瓦屋面和钢筋混凝土板瓦屋面 4 种做法。

1) 冷摊瓦屋面

冷摊瓦屋面是在檩条上钉固椽条，然后在椽条上钉挂瓦条并直接挂瓦，如图 11-37 所示。

挂瓦条的尺寸视椽子间距而定，椽子间距越大，挂瓦条的尺寸就越大。这种做法构造简单，但雨雪易从瓦缝中飘入室内，常用于南方地区质量要求不高的建筑。

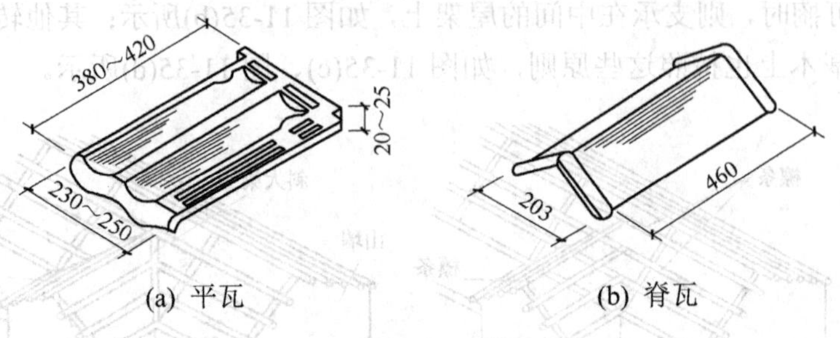

图 11-36　平瓦和脊瓦(单位：mm)

2) 木望板瓦屋面

木望板瓦屋面如图 11-38 所示，是在檩条上铺钉 15～20mm 厚的木望板(亦称屋面板)，望板可采取密铺法(不留缝)或稀铺法(望板间留 20mm 左右宽的缝)，在木望板上铺设保温材料，平行于屋脊方向铺卷材，再设置截面 10mm×30mm、中距 500mm 的顺水条，然后在顺水条上面平行于屋脊方向钉挂瓦条并挂瓦。这种做法比冷摊瓦屋面的防水、保温隔热效果要好，但耗用木材多、造价高，多用于质量要求较高的建筑中。

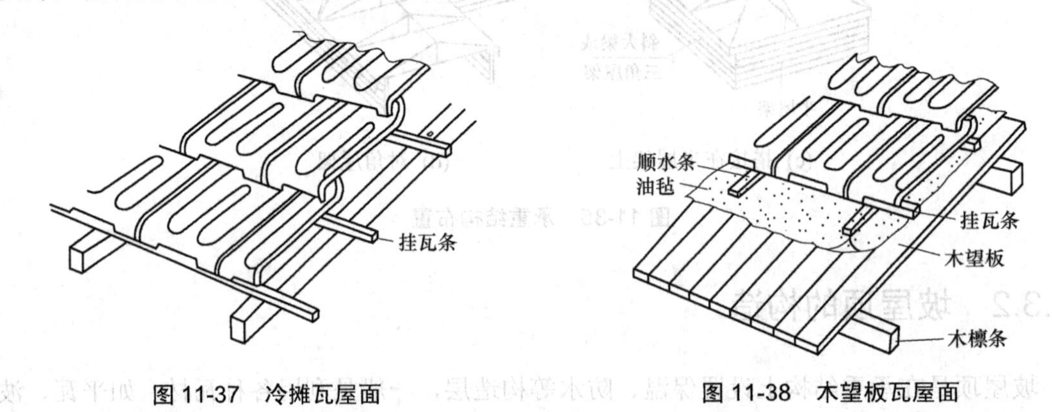

图 11-37　冷摊瓦屋面　　图 11-38　木望板瓦屋面

3) 钢筋混凝土挂瓦板平瓦屋面

钢筋混凝土挂瓦板为预应力或非预应力混凝土构件，是将檩条、望板、挂瓦条 3 个构件的功能结合为一体。钢筋混凝土挂瓦板基本截面形式有单 T 形、双 T 形、F 形，在肋根部留泄水孔，以便排除由瓦面渗漏下的雨水，如图 11-39 所示。挂瓦板与山墙或屋架的构造连接，用水泥砂浆坐浆，预埋钢筋套接。

4) 钢筋混凝土板瓦屋面

钢筋混凝土板瓦屋面如图 11-40 所示。瓦屋面由于保温、防火或造型等的需要，可将钢筋混凝土板作为瓦屋面的基层盖瓦。盖瓦的方式有两种：一种是在找平层上铺油毡一层，将压毡条(也称顺水条)钉在嵌在板缝内的木楔上，再钉挂瓦条挂瓦；另一种是在屋面板上直接粉刷防水水泥砂浆并贴瓦或陶瓷面砖或平瓦。在仿古建筑中也常常采用钢筋混凝土板瓦屋面。

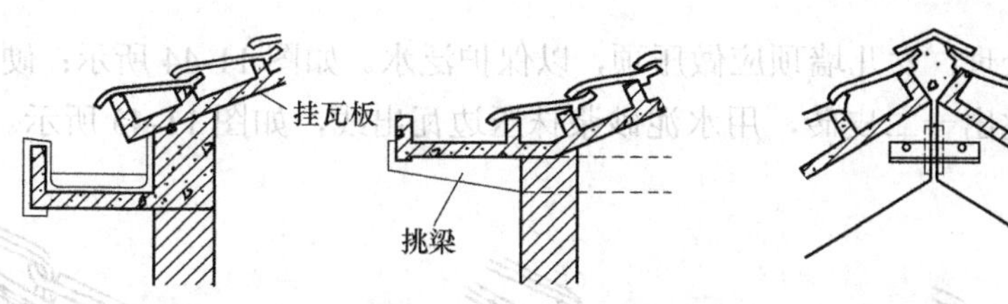

(a) 挂瓦板屋顶的剖面之一　(b) 挂瓦板屋顶的剖面之二　(c) 挂瓦板屋顶的剖面之三

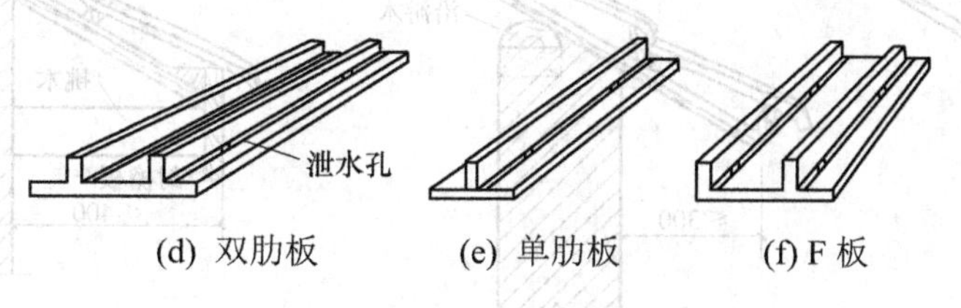

(d) 双肋板　(e) 单肋板　(f) F 板

图 11-39　钢筋混凝土挂瓦板平瓦屋面

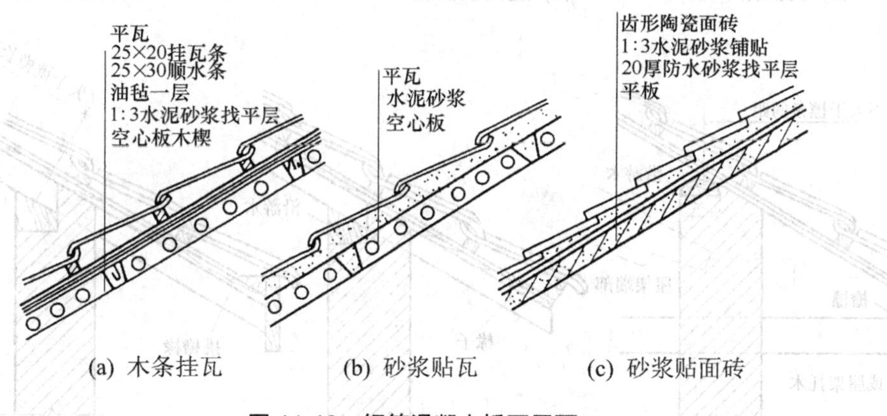

(a) 木条挂瓦　(b) 砂浆贴瓦　(c) 砂浆贴面砖

图 11-40　钢筋混凝土板瓦屋面

2. 平瓦屋面的细部构造

平瓦屋面要满足防水的需要，应做好檐口、天沟、屋脊等部位的细部处理。

1) 檐口构造

檐口根据所在位置不同，分为纵墙檐口和山墙檐口。

(1) 纵墙檐口。

纵墙檐口根据造型要求，一般做成挑檐或包檐。

① 挑檐。挑檐是屋面出挑部分，对外墙起保护作用。一般南方雨水较多，出挑较大，北方雨水较少，出挑可以小一些，如图 11-41 所示。

② 包檐。女儿墙包檐口构造如图 11-42 所示，在屋架与女儿墙相接处必须设天沟。天沟最好采用混凝土槽形天沟板，沟内铺油毡防水层，并将油毡一直铺到女儿墙上形成泛水。

(2) 山墙檐口。

山墙檐口按屋顶形式分为挑檐和封檐两种。

① 挑檐也称悬山，一般用檩条出挑，檩条端部钉木封檐板(又称博风板)，用水泥砂浆做出披水线，将瓦封固，如图 11-43 所示。

② 山墙封檐包括硬山、出山两种情况，出山是指将山墙升起包住檐口，女儿墙与屋面

交接处应做泛水处理。女儿墙顶应做压顶，以保护泛水。如图 11-44 所示；硬山做法为山墙与屋面平齐，或挑出一二皮砖，用水泥砂浆抹压边瓦出线，如图 11-45 所示。

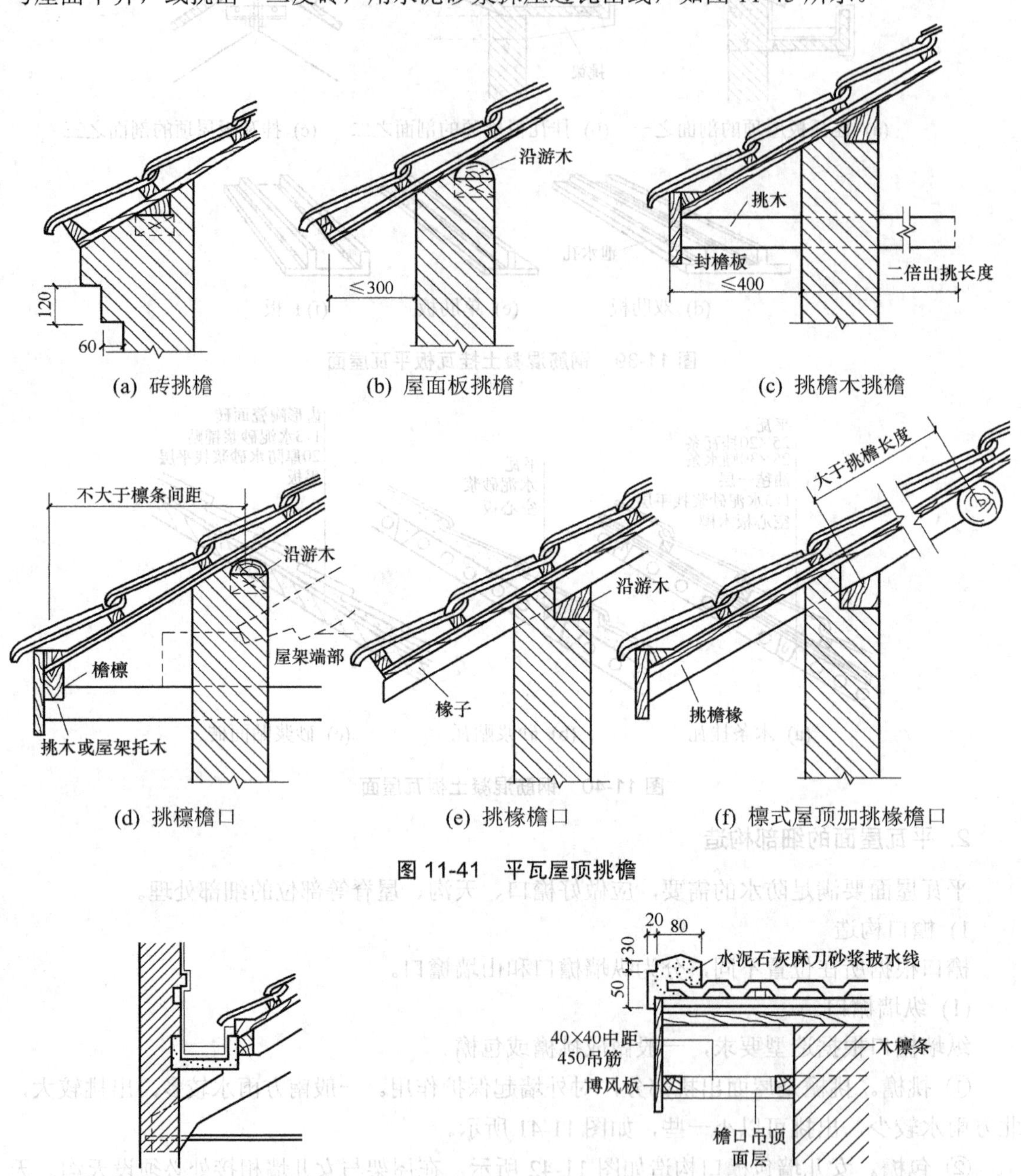

图 11-41　平瓦屋顶挑檐

图 11-42　女儿墙包檐

图 11-43　山墙挑檐(单位：mm)

2) 天沟和斜沟构造

在等高跨或高低跨相交处，常出现天沟，而两个相互垂直的屋面相交处则形成斜沟。沟应有足够的断面积，上口宽度不宜小于 300～500mm，一般用镀锌铁皮铺于木基层上，镀锌铁皮伸入瓦片下面至少 150mm。高低跨和包檐天沟若采用镀锌铁皮防水层时，应从天沟内延伸至立墙(女儿墙)上形成泛水，如图 11-46 所示。

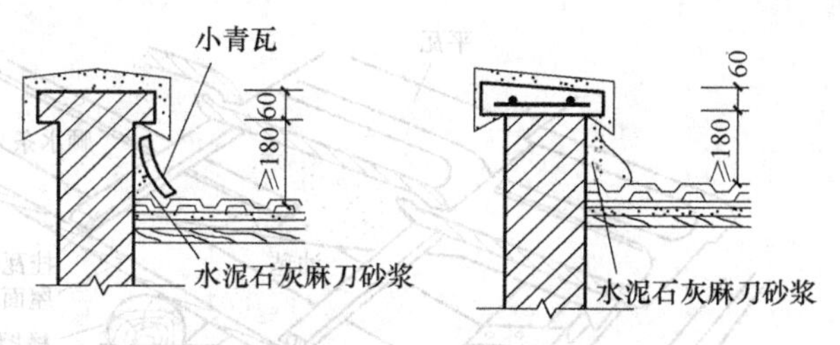

(a) 小青瓦泛水　　(b) 水泥石灰麻刀砂浆泛水

图 11-44　出山封檐(单位：mm)

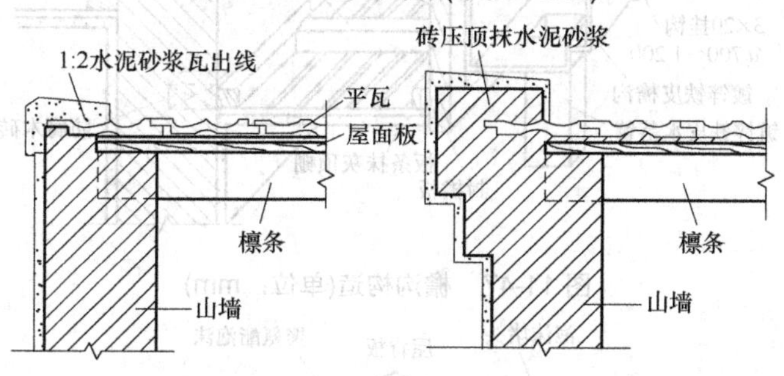

(a) 抹瓦出线封檐　(b) 挑砖压顶封檐(也可改压顶成抹瓦出线)

图 11-45　硬山封檐

3) 檐沟构造

瓦屋顶的排水设计原则与平屋顶基本相同，所不同的是挑檐有组织排水时的檐沟多采用轻质并耐水的材料，如镀锌铁皮等。排水檐沟可以利用封檐板作支承，平瓦在檐口处应挑出封檐板 40～60mm，防水卷材要绕过三角木搭入檐沟内，如图 11-47 所示。

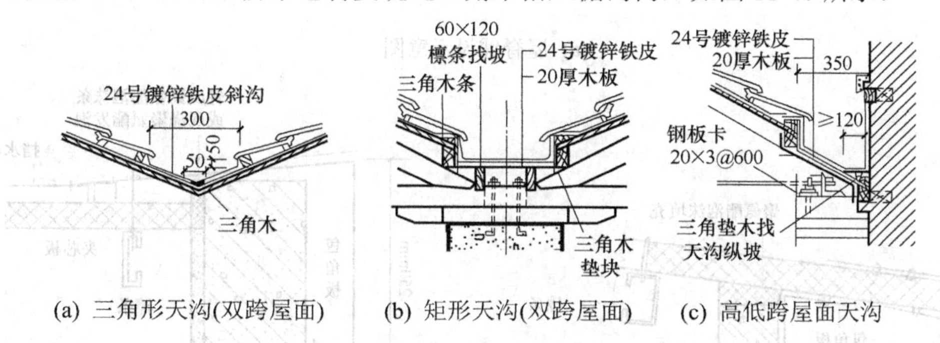

(a) 三角形天沟(双跨屋面)　(b) 矩形天沟(双跨屋面)　(c) 高低跨屋面天沟

图 11-46　天沟、斜沟构造(单位：mm)

3. 彩色压型钢板屋面

彩色压型钢板屋面简称彩板屋面，是近十多年来在大跨度建筑中广泛采用的高效能屋顶，具有自重轻、强度高，安装方便等优点，另外彩板的连接主要采用螺栓连接，不受季节气候的影响。彩板色彩绚丽，质感好，大大增强了建筑的艺术效果。彩板除用于平直坡面的屋顶外，还可根据造型与结构的形式需要，用于曲面屋顶。根据彩色压型钢板的功能构造分为单层彩色压型钢板和保温夹心彩色压型钢板(见图 11-48)。

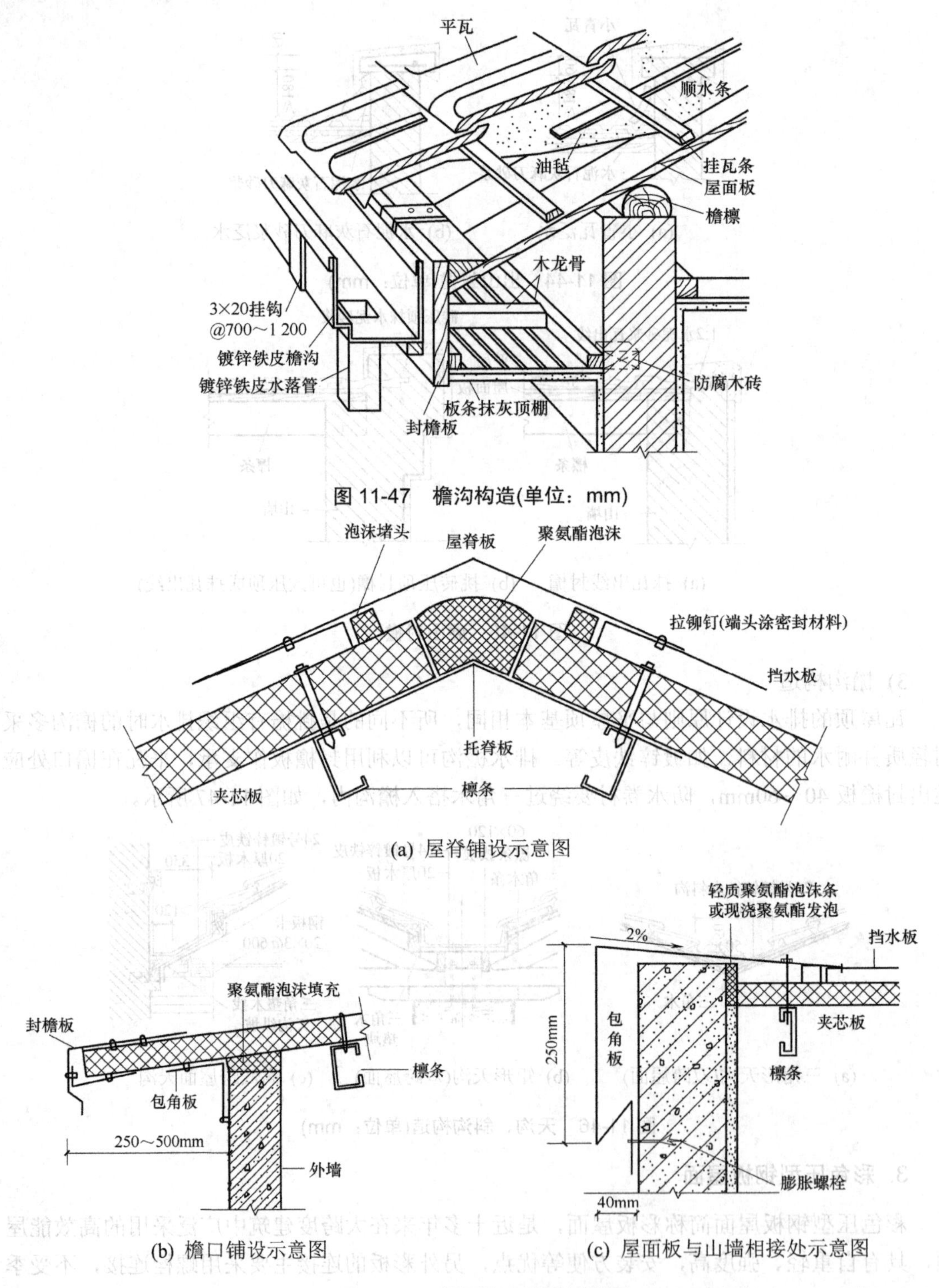

图 11-47　檐沟构造(单位：mm)

(a) 屋脊铺设示意图

(b) 檐口铺设示意图

(c) 屋面板与山墙相接处示意图

图 11-48　保温夹心彩钢板屋面

彩钢夹芯板是由两层彩色涂层钢板为表层，硬质阻燃自熄型聚氨酯泡沫(或聚苯乙烯泡沫等)为芯材，通过辊压、发泡成型后用高强度黏合剂黏合而成的一种组合材料，具有保温、体轻、防水、装饰、承力等多种功能，主要适用于公共建筑、工业厂房的屋顶。

4. 金属瓦屋面

金属瓦屋面是用镀锌铁皮或铝合金瓦做防水层的一种屋面，金属瓦屋面自重轻、防水性能好、使用年限长，主要用于大跨度建筑的屋面。

金属瓦的厚度很薄(厚度在 1mm 以内)，瓦材必须用钉子固定在木望板上，木望板则支承在檩条上，为防止雨水渗漏，瓦材下应干铺一层油毡。所有的金属瓦必须相互连通导电，并与避雷针或避雷带连接。

11.3.3　坡屋顶的保温与隔热

1. 坡屋顶保温构造

坡屋顶的保温层一般布置在瓦材与檩条之间或顶棚层上面，保温材料可根据工程具体要求选用松散材料、块体材料或板状材料。若使用散料，较为经济但不方便，近来多采用松质纤维板或纤维毯成品铺设在顶棚的上面。为了使用上部空间，也可以把保温层设置在斜屋顶的底层，通风口设在檐口及屋脊，如图 11-49 所示。隔汽层和保温层可共用通风口。保温材料可根据工程具体要求选用松散料或板块料。

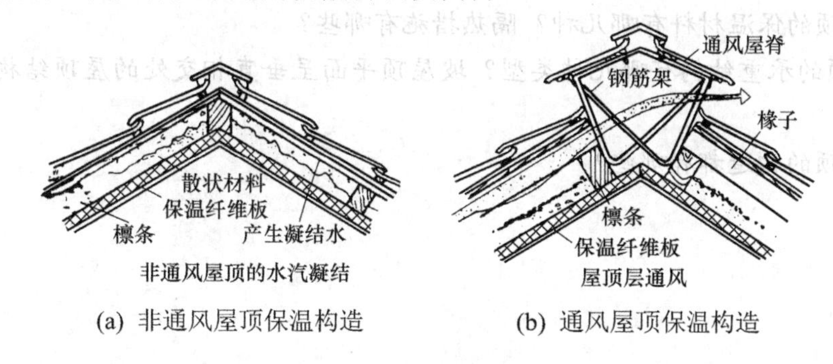

(a) 非通风屋顶保温构造　　(b) 通风屋顶保温构造

图 11-49　屋脊通风

2. 坡屋顶隔热构造

炎热地区在坡屋顶中设进气口和排气口，利用屋顶内外的热压差和迎风面的压力差，组织空气对流，形成屋顶内的自然通风，以减少由屋顶传入室内的辐射热，从而达到隔热降温的目的。进气口一般设在檐墙上、屋檐部位或室内顶棚上；出气口最好设在屋脊处，以增大高差，有利于加速空气流通，如图 11-50 所示。

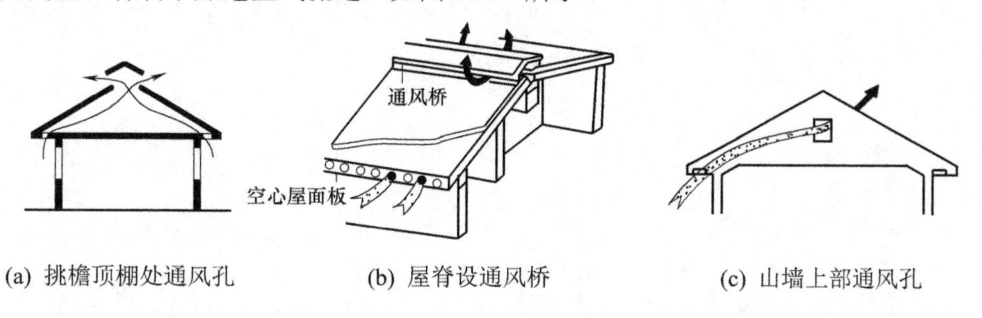

(a) 挑檐顶棚处通风孔　　(b) 屋脊设通风桥　　(c) 山墙上部通风孔

图 11-50　顶棚通风

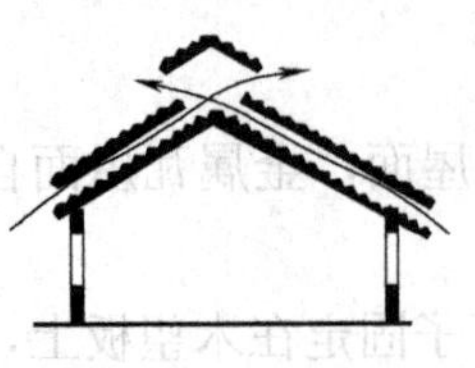
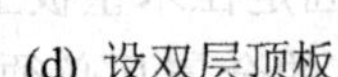
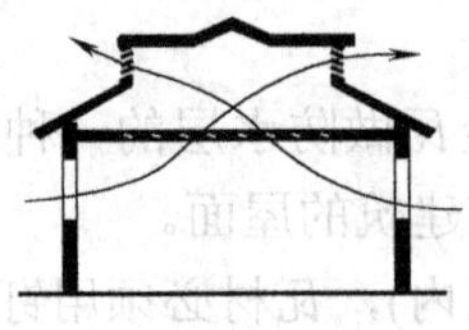
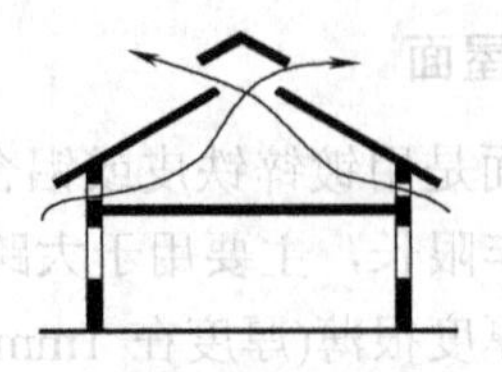

(d) 设双层顶板　　(e) 进气孔　　(f) 檐口外墙通风孔

图 11-50　顶棚通风(续)

思　考　题

1. 简述屋顶设计需要满足哪些要求？

2. 屋顶都有哪些类型？平屋顶和坡屋顶的坡度界限是多少？

3. 屋面防水主要从哪两个方面入手？

4. 屋顶的排水方式有哪些？各有什么优缺点？

5. 防水卷材施工时注意事项有哪些？

6. 平屋顶的保温材料有哪几种？隔热措施有哪些？

7. 坡屋顶的承重结构有哪几种类型？坡屋顶平面呈垂直相交处的屋顶结构布置有哪些原则？

8. 坡屋顶的构造都有哪些？

第 12 章　楼梯及其他垂直交通设施

12.1　概　　述

在建筑物中，为了解决垂直交通，一般常采用的设施有楼梯、电梯、自动扶梯、爬梯、台阶、坡道等。楼梯是房屋建筑构造的重要组成部分，其设置、构造和形式应满足防火安全、结构坚固、经济合理、造型美观的需要。电梯通常在高层建筑和有特殊需要的建筑中使用，自动扶梯则常用于人流较大的公共场所中。规范规定建筑中设有电梯或自动扶梯，同时也必须设置楼梯，以备在紧急情况下使用。

台阶和坡道是楼梯的特殊形式。在建筑物入口处，因室内外地面高差而设置的踏步段称为台阶；为方便车辆、轮椅通行也可以增设坡道，如图 12-1 所示。

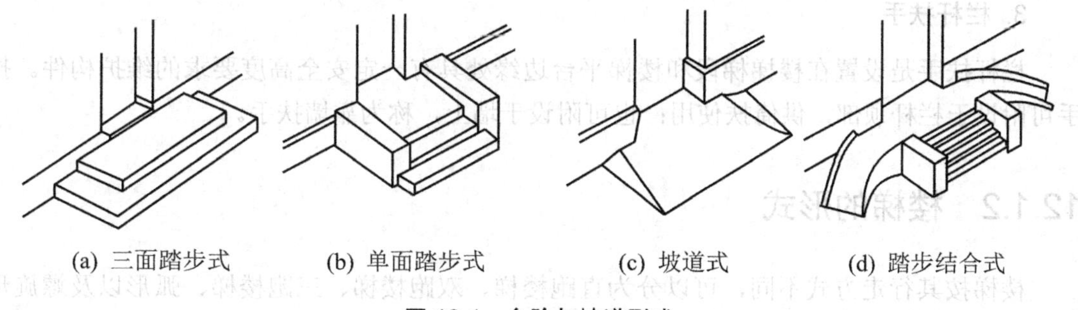

图 12-1　台阶与坡道形式

12.1.1　楼梯的组成

楼梯主要由楼梯梯段、楼梯平台及栏杆扶手 3 部分组成，如图 12-2 所示。

1. 楼梯梯段

楼梯梯段是两个平台之间由若干个连续踏步组成的倾斜构件。每个踏步一般由两个相互垂直的平面组成，供人们行走时脚踏的水平面称为踏面，与踏面垂直的平面称为踢面。踏面和踢面之间的尺寸关系决定了楼梯的坡度。

2. 楼梯平台

楼梯平台是联系两个倾斜梯段的水平构件。按所处位置不同，楼梯平台分为楼层平台和中间平台。与楼层地面相连的称为楼层平台，其标高同楼层标高一致，用以疏散到达各楼层的人流；介于两楼层之间的平台称为中间平台，其作用是在人们行走时调整体力和改变行进方向。

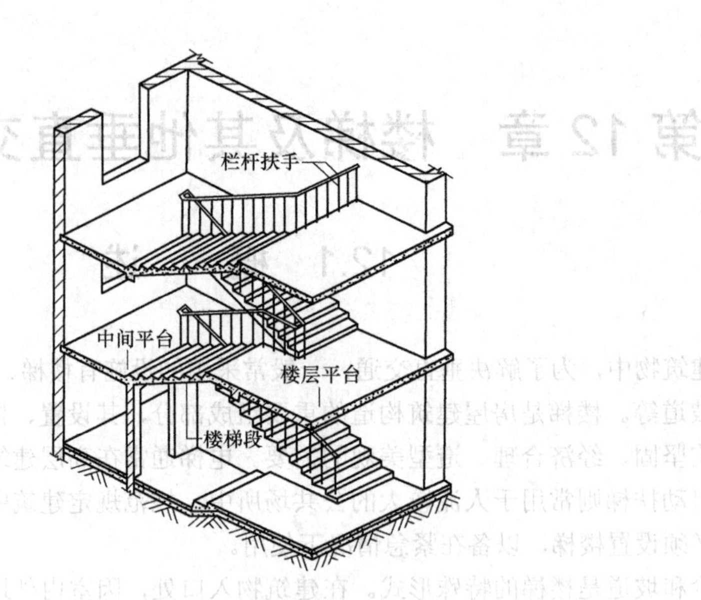

图 12-2 楼梯的组成

3. 栏杆扶手

栏杆扶手是设置在楼梯梯段和楼梯平台边缘处具有一定安全高度要求的维护构件。扶手可附设于栏杆顶部，供倚扶使用；也可附设于墙上，称为靠墙扶手。

12.1.2 楼梯的形式

楼梯按其行走方式不同，可以分为直跑楼梯、双跑楼梯、三跑楼梯、弧形以及螺旋形楼梯等多种形式，如图 12-3 所示。楼梯的形式与建筑设计的楼梯平面密切相关：当楼梯平面为矩形时，可以设计成双跑楼梯；当楼梯平面为方形时，可以设计成三跑楼梯；当楼梯平面比较宽敞，或平面为圆形、弧形时，可以设计成螺旋形楼梯。考虑到建筑中的功能需要、规范要求以及室内装饰效果，还可以将楼梯设计成双分、双合、交叉跑等形式。

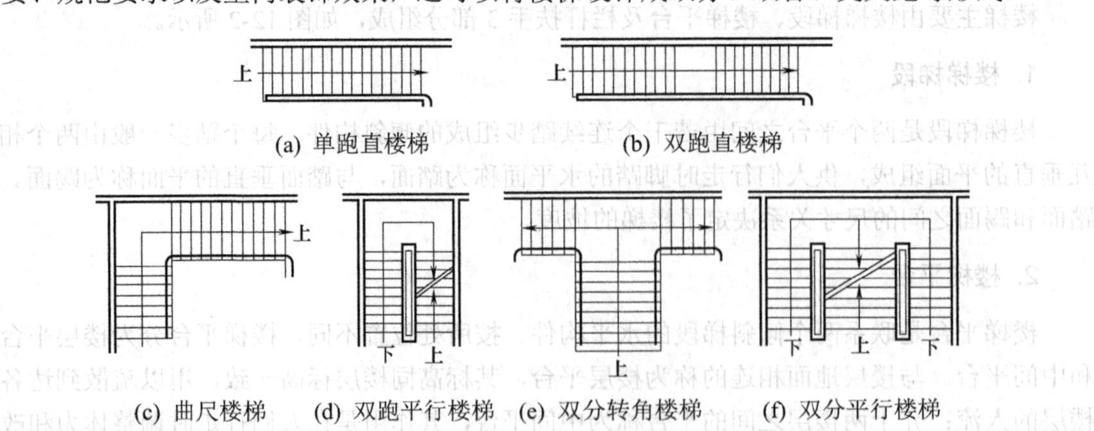

图 12-3 楼梯的形式

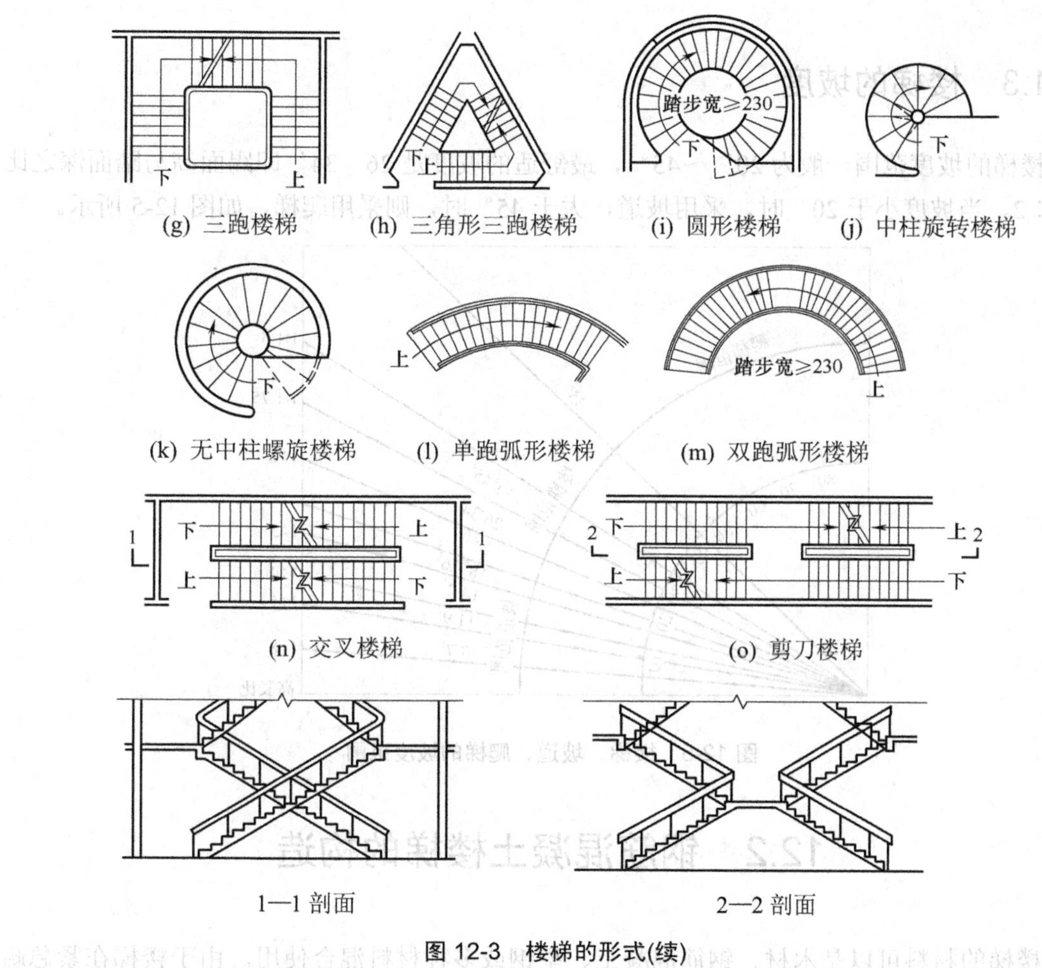

图 12-3　楼梯的形式(续)

楼梯间按其平面形式不同可分为开敞式楼梯间、封闭式楼梯间和防烟楼梯间，如图 12-4 所示。其中，开敞式楼梯间适用于多层建筑、11 层及 11 层以下的单元式高层住宅，但是在高层住宅中封闭楼梯间的户门应为乙级防火门，且在建筑设计中应该严格按照建筑设计防火规范的要求选择适宜的楼梯间平面形式。此外，楼梯间应靠外墙，并应有直接的天然采光和自然通风。

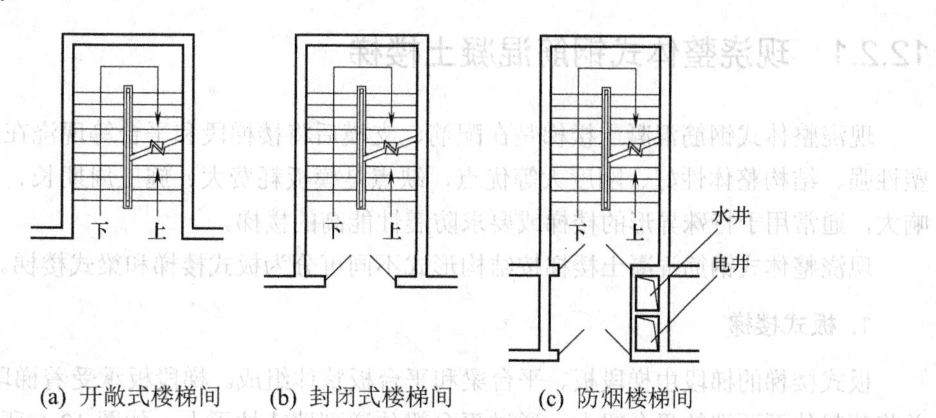

图 12-4　楼梯间的平面形式

12.1.3 楼梯的坡度

楼梯的坡度范围一般为20°～45°，最舒适的坡度是26°34′即踢面高与踏面深之比为1∶2。当坡度小于20°时，采用坡道，大于45°时，则采用爬梯，如图12-5所示。

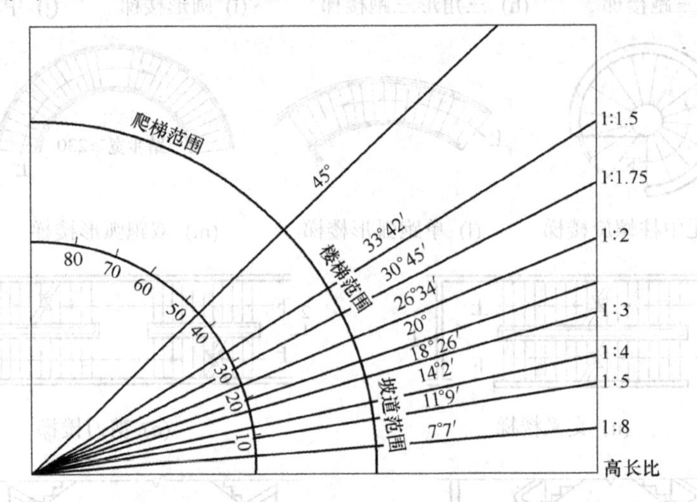

图12-5 楼梯、坡道、爬梯的坡度范围

12.2 钢筋混凝土楼梯的构造

楼梯的材料可以是木材、钢筋混凝土、型钢或多种材料混合使用。由于楼梯在紧急疏散时起着重要作用，所以对楼梯的坚固性、防火性等方面要求比较高。钢筋混凝土楼梯具有坚固耐久、节约木材、防护性能好、可塑性强等优点，并且在施工、造型和造价等方面也有较多优势，因此应用广泛。

钢筋混凝土楼梯按施工方法不同，主要有现浇整体式楼梯和预制装配式楼梯两类。

12.2.1 现浇整体式钢筋混凝土楼梯

现浇整体式钢筋混凝土楼梯是在配筋、支模后将楼梯段和平台等现浇在一起，具有可塑性强、结构整体性好、刚度大等优点，缺点是模板耗费大、施工周期长、受季节温度影响大，通常用于特殊异形的楼梯或要求防震性能高的楼梯。

现浇整体式钢筋混凝土楼梯按结构形式不同可分为板式楼梯和梁式楼梯。

1. 板式楼梯

板式楼梯的梯段由梯段板、平台梁和平台板整体组成。梯段板承受着梯段的全部荷载，并将荷载传至两端的平台梁上，通过平台梁传递到墙或柱子上，如图12-6所示。这种楼梯构造简单，施工方便，适合于荷载较小、层高较低、通常梯段跨度小于 3m 的建筑，如住宅、宿舍等。

有时，为了保证楼梯平台的净空高度，也可取消板式楼梯的平台梁，梯段板与平台板直接连为一跨，荷载经梯段板直接传递到墙体或柱子，这种楼梯称为折板式楼梯，如图 12-7 所示。

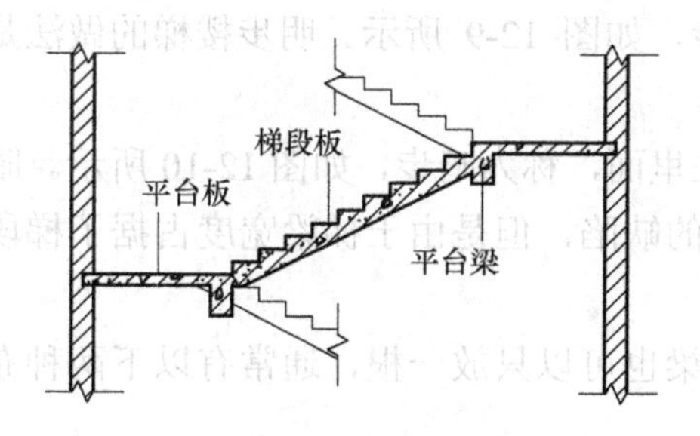

图 12-6　板式楼梯

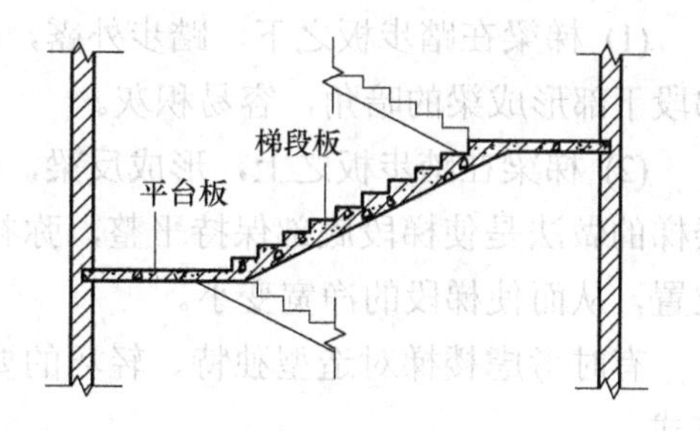

图 12-7　折板式楼梯

近年来，为了使楼梯造型新颖、空间感受开阔，出现了悬臂板式楼梯，即取消平台梁和中间平台的墙体或柱子支承，使楼梯完全靠上下梯段板和平台组成的空间板式结构与上下层楼板结构共同受力，如图 12-8 所示。

图 12-8　悬臂板式楼梯

2. 梁式楼梯

梁式楼梯的梯段由踏步板和梯段斜梁(简称梯梁)组成。梯段的荷载由踏步板传递给梯梁，梯梁再将荷载传递给平台梁，经平台梁传递到墙或柱子上。这种楼梯具有跨度大、承受荷载重、刚度大等优点，但是其施工速度较慢，适合于荷载较大、层高较高的建筑物，如剧场、商场等公共建筑。

梁式楼梯的梯梁位置比较灵活，一般放在踏步板的两侧；但是根据实际需要，梯梁在踏步板竖向的相对位置有两种布置方式。

(1) 梯梁在踏步板之下，踏步外露，称为明步，如图 12-9 所示。明步楼梯的做法是使梯段下部形成梁的暗角，容易积灰。

(2) 梯梁在踏步板之上，形成反梁，踏步包在里面，称为暗步，如图 12-10 所示。暗步楼梯的做法是使梯段底部保持平整，弥补了明步的缺陷，但是由于梯梁宽度占据了梯段的位置，从而使梯段的净宽变小。

有时考虑楼梯对造型独特、轻巧的要求，梯梁也可以只放一根，通常有以下两种布置方式。

(1) 踏步板的一端设梯梁，另一端搁置在墙上，以减少用料，但是施工比较复杂。

(2) 踏步板的中部设梯梁，形成踏步板向两侧悬挑的受力形式，如图 12-11 所示。

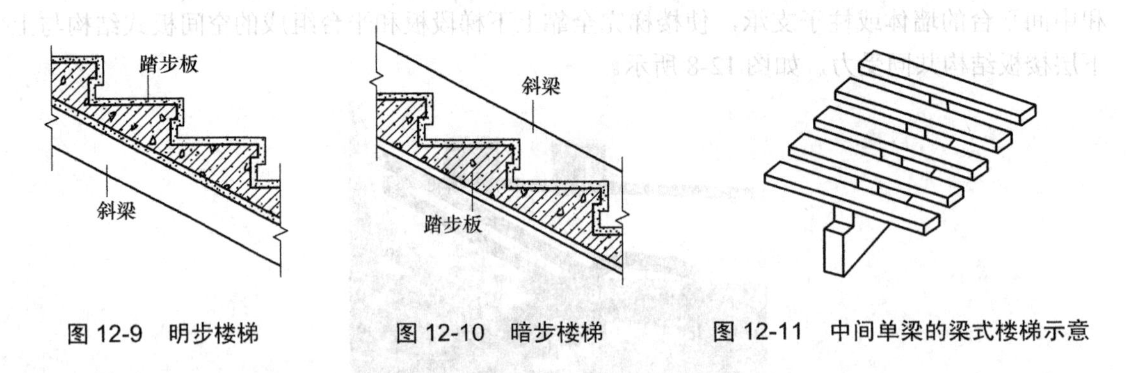

图 12-9　明步楼梯　　图 12-10　暗步楼梯　　图 12-11　中间单梁的梁式楼梯示意

12.2.2　预制装配式钢筋混凝土楼梯

预制装配式钢筋混凝土楼梯按支承方式不同主要有梁承式、墙承式和墙悬臂式 3 种。本节以常用的平行双跑楼梯为例，阐述预制装配式钢筋混凝土楼梯的构造原理和做法。

1. 梁承式楼梯

在一般民用建筑中常使用梁承式楼梯。预制梁承式钢筋混凝土楼梯是指梯段用平台梁来支承楼梯的构造方式。平台梁是设在梯段与平台交接处的梁，是最常用的楼梯梯段的支座。梁承式楼梯预制构件分为梯段(板式或梁板式楼梯)、平台梁、平台板 3 部分，如图 12-12 所示。

1) 梯段

(1) 板式梯段。

板式梯段为整块或数块带踏步条板，没有梯斜梁，梯段底面平整，结构厚度小，其上下端直接支承在平台梁上，如图 12-12(a)所示，使平台梁位置相应抬高，增大了平台下净空高度，适用于住宅、宿舍等建筑中。

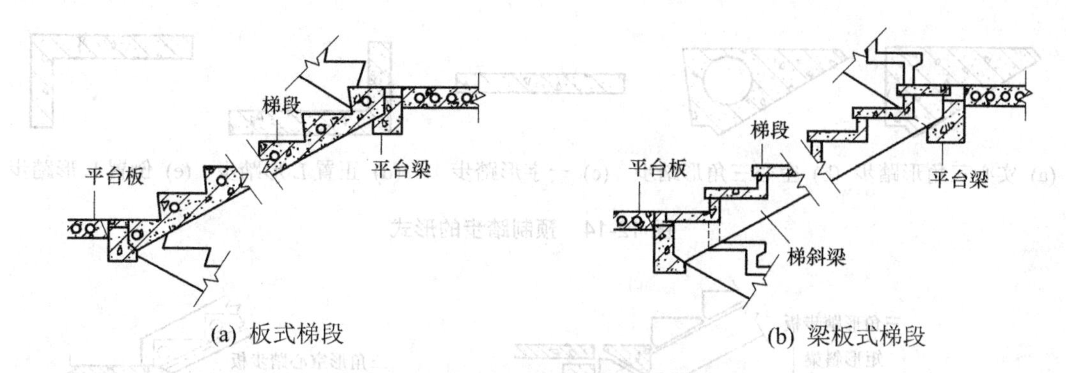

(a) 板式梯段　　(b) 梁板式梯段

图 12-12　预制装配式梁承式楼梯

板式梯段按构造方式不同，有实心和空心两种类型。实心梯段板自重较大，在吊装能力不足时，可沿宽度方向分块预制，安装时拼成整体。为减轻自重，也可将梯段板做成空心构件，有横向抽孔和纵向抽孔两种方式，其中横向抽孔较纵向抽孔合理易行，应用广泛，如图 12-13 所示。

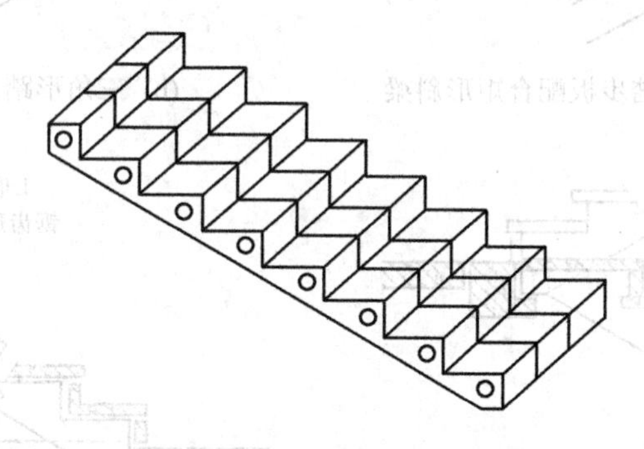

图 12-13　横向抽孔板式梯段板

(2) 梁板式梯段。

梁板式梯段由梯斜梁和踏步板组成。踏步板支承在两侧梯斜梁上，梯斜梁两段支承在平台梁上，构件小型化，施工时不需大型起重设备即可安装，如图 12-12(b)所示。

踏步板：钢筋混凝土踏步板的断面形式有三角形、一字形和 L 形 3 种，如图 12-14 所示。三角形踏步板始见于 20 世纪 50 年代，其拼装后底面平整。实心三角形踏步自重较大，为减轻自重，可将踏步内抽孔，形成空心三角形踏步。一字形踏步板只有踏板；没有踢板，制作简单，存放方便，外形轻巧，必要时可用砖补砌踢板；但其受力不太合理，仅用于简易梯、室外梯等。L 形踏步板自重轻、用料省，但拼装后底面形成折板，容易积灰。L 形踏步的搁置方式有两种：一种是正置，即踢板朝上搁置；另一种是倒置，即踢板朝下搁置。

梯斜梁：梯斜梁有矩形断面、L 形断面和锯齿形断面 3 种。矩形断面和 L 形断面梯斜梁主要用于搁置三角形踏步板，其中三角形踏步板配合矩形斜梁，拼装后形成明步楼梯，如图 12-15 所示；三角形踏步板配合 L 形斜梁，拼装后形成暗步楼梯。锯齿形断面梯斜梁主要用于搁置一字形、L 形踏步板，当采用一字形踏步板时，一般用侧砌墙作为踏步的踢面；如采用 L 形踏步板时，要求斜梁锯齿的尺寸和踏步板相互配合协调，避免出现踏步架空、倾斜的现象。

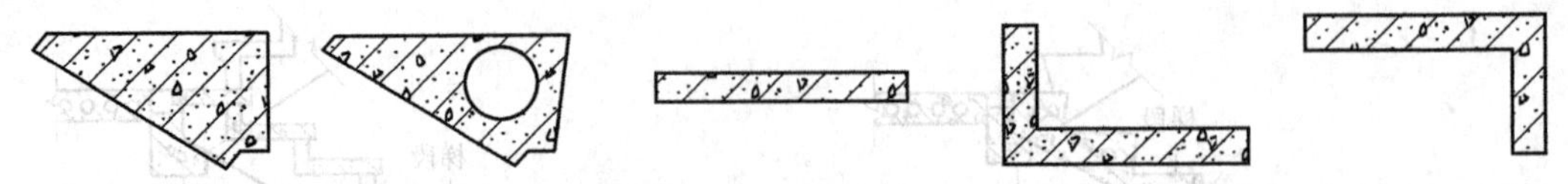

(a) 实心三角形踏步 (b) 空心三角形踏步 (c) 一字形踏步 (d) 正置L形踏步 (e) 倒置L形踏步

图 12-14 预制踏步的形式

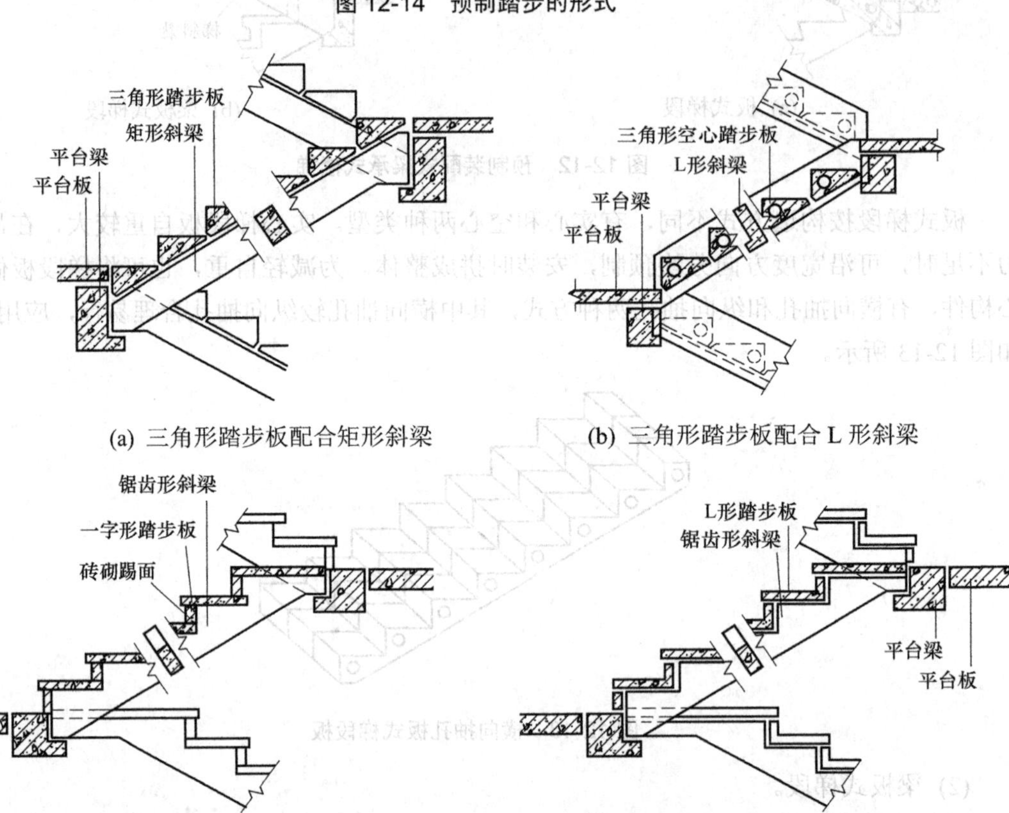

(a) 三角形踏步板配合矩形斜梁 (b) 三角形踏步板配合L形斜梁

(c) 一字形踏步板配合锯齿形斜梁 (d) L形踏步板配合锯齿形斜梁

图 12-15 梁承式楼梯斜梁与平台梁搁置方式

2) 平台梁

为了便于支承梯斜梁或梯段板，减少平台梁占用的结构空间，一般将平台梁做成L形断面，如图12-16所示，结构高度按$L/(10\sim12)$估算(L为平台梁跨度)。

3) 平台板

平台板一般采用钢筋混凝土空心板，也可以使用槽板或平板。平台板一般平行于平台梁布置，当垂直于平台板布置时，常用小平板，如图12-17所示。

4) 平台梁与梯段节点构造

根据两梯段之间的关系，一般分为梯段齐步和错步两种方式；根据平台梁与梯段之间的关系，有埋步和不埋步两种节点构造方式，如图12-18所示。梯段埋步，平台梁与一步踏步的踏面在同一高度，梯段的跨度较大，但是平台梁底标高可以提高，有利于增加平台梁下净空高度；梯段不埋步，用平台梁代替了一步踏步梯面，可以减少梯段跨度，但是平台梁底标高较低，减少了平台梁下净空高度。

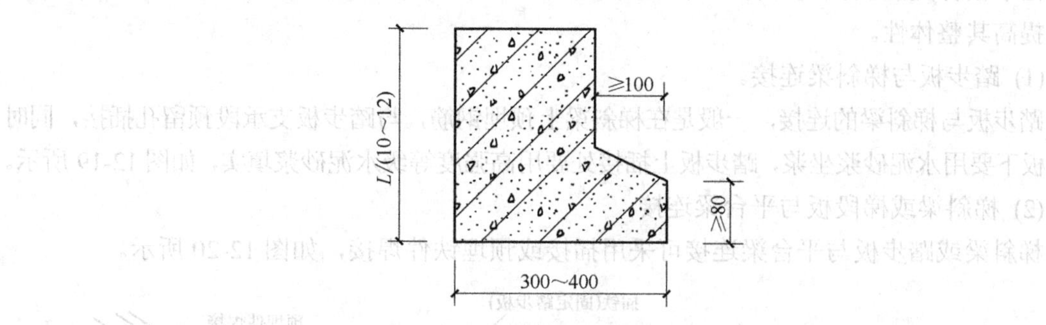

图 12-16　平台梁断面尺寸(单位：mm)

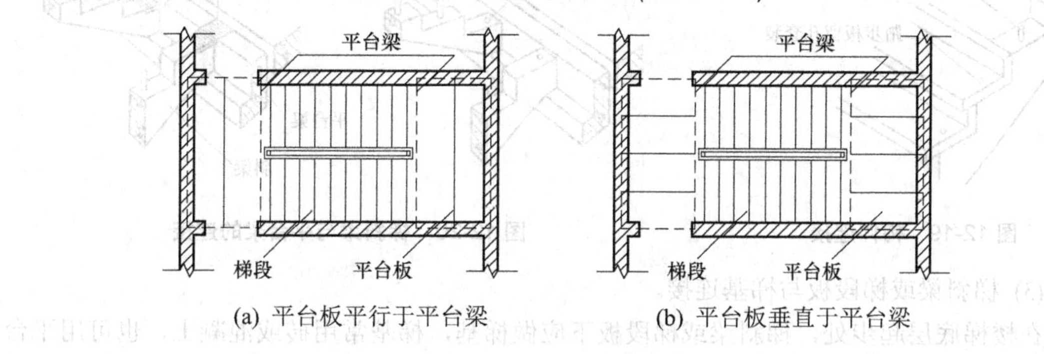

图 12-17　平台板布置方式

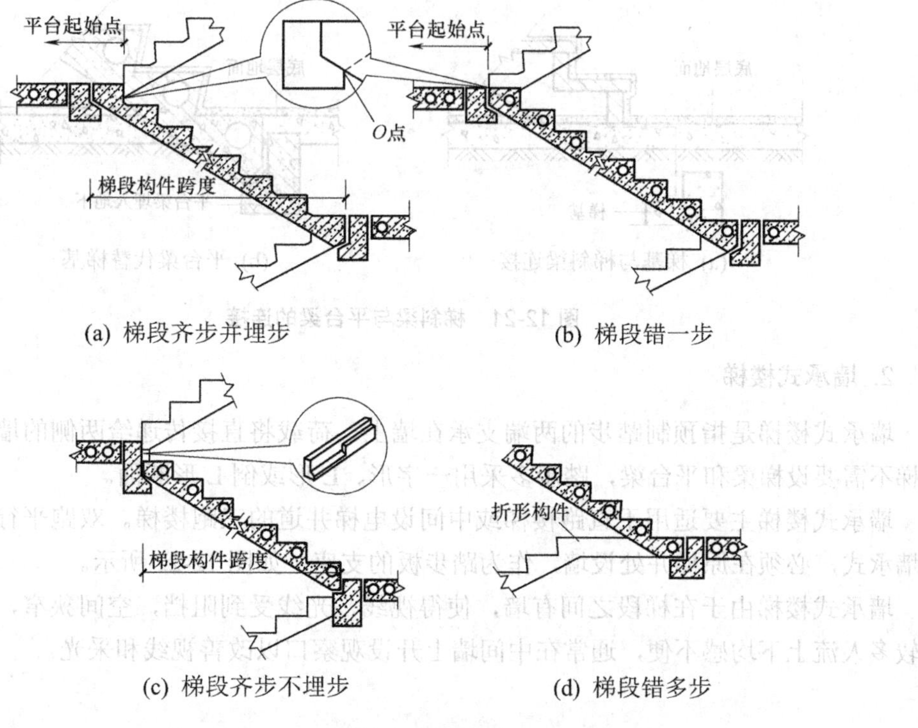

图 12-18　平台梁与梯段节点处理

5) 构件连接

由于楼梯是主要交通部件，对其坚固耐久性要求较高，因此需要加强各构件之间的连接，提高其整体性。

(1) 踏步板与梯斜梁连接。

踏步板与梯斜梁的连接，一般是在梯斜梁上预埋钢筋，与踏步板支承段预留孔插接，同时踏步板下要用水泥砂浆坐浆，踏步板上插接处要用高强度等级水泥砂浆填实，如图12-19所示。

(2) 梯斜梁或梯段板与平台梁连接。

梯斜梁或踏步板与平台梁连接可采用插接或预埋铁件焊接，如图12-20所示。

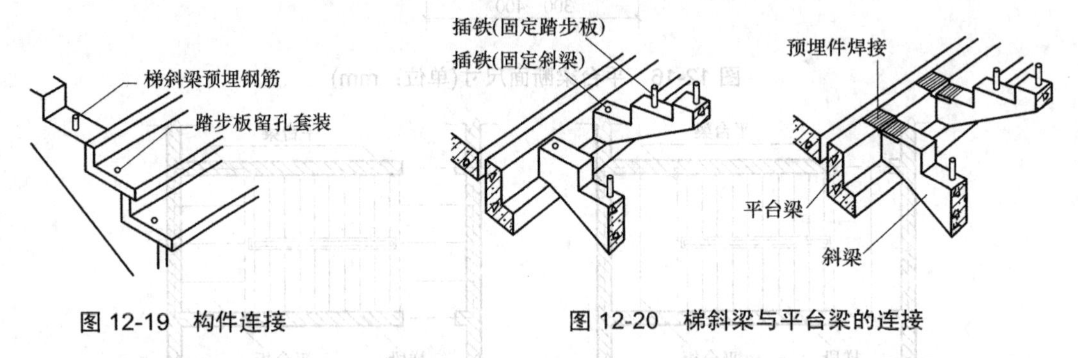

图12-19 构件连接　　图12-20 梯斜梁与平台梁的连接

(3) 梯斜梁或梯段板与梯基连接。

在楼梯底层起步处，梯斜梁或梯段板下应做梯基，梯基常用砖或混凝土，也可用平台梁代替梯基，但需处理该平台梁无梯段处与地坪的关系，如图12-21所示。

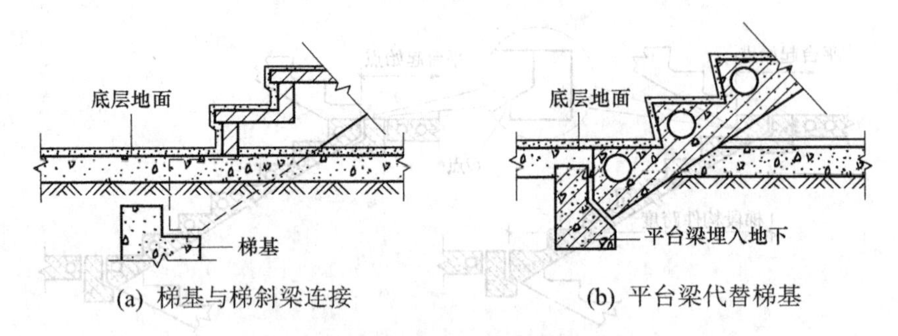

(a) 梯基与梯斜梁连接　　(b) 平台梁代替梯基

图12-21 梯斜梁与平台梁的连接

2. 墙承式楼梯

墙承式楼梯是指预制踏步的两端支承在墙上，荷载将直接传递给两侧的墙体。墙承式楼梯不需要设梯梁和平台梁，踏步多采用一字形、L形或倒L形断面。

墙承式楼梯主要适用于直跑楼梯或中间设电梯井道的三跑楼梯。双跑平行楼梯如果采用墙承式，必须在原梯井处设墙，作为踏步板的支座，如图12-22所示。

墙承式楼梯由于在梯段之间有墙，使得视线、光线受到阻挡，空间狭窄，对搬运家具及较多人流上下均感不便，通常在中间墙上开设观察口以改善视线和采光。

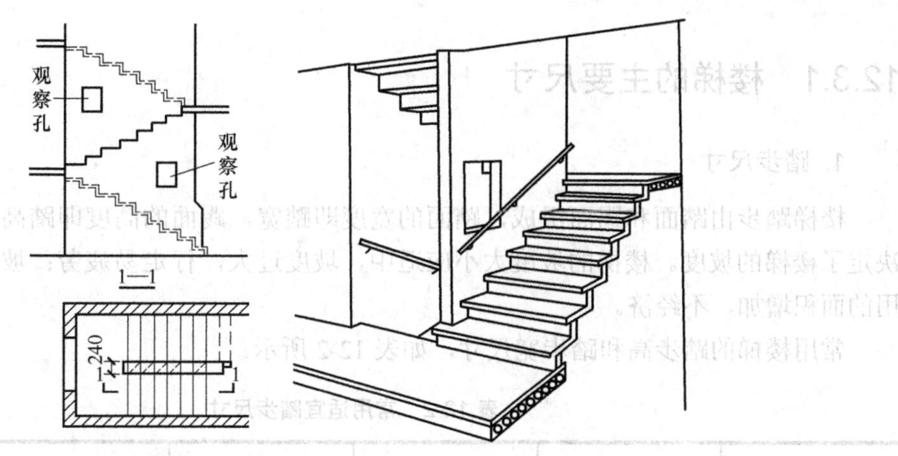

(a) 墙承式楼梯平面和剖面　　(b) 墙承式楼梯透视图

图 12-22　墙承式楼梯

3. 墙悬臂式楼梯

预制装配墙悬臂式钢筋混凝土楼梯是指预制钢筋混凝土踏步板一端嵌固于楼梯间侧墙上，另一端悬挑的楼梯形式，如图 12-23 所示。

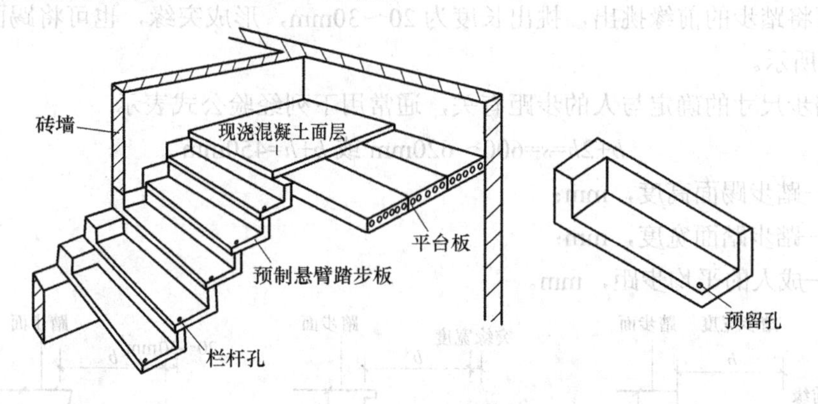

图 12-23　预制装配墙悬臂式钢筋混凝土楼梯

这种楼梯只有一种预制悬挑的踏步构件，无平台梁和梯斜梁，也无中间墙，楼梯间空间轻巧空透，结构占空间少，在住宅建筑中使用较多，但其楼梯间整体刚度较差，不能用于有抗震设防要求的地区。

墙悬臂式楼梯用于嵌固踏步板的墙体厚度不应小于 240mm，踏步板悬挑长度一般不大于 1 500mm，踏步板一般采用 L 形或倒 L 形带肋断面形式。

12.3　楼梯的设计

楼梯的设计必须符合有关规范的规定，例如与建筑物的性质、等级、防火等有关的规范等。

12.3.1 楼梯的主要尺寸

1. 踏步尺寸

楼梯踏步由踏面和踢面组成，踏面的宽度即踏宽，踢面的高度即踏高，踏步的高宽比决定了楼梯的坡度。楼梯的坡度大小应适中，坡度过大，行走易疲劳；坡度过小，楼梯占用的面积增加，不经济。

常用楼梯的踏步高和踏步宽尺寸，如表 12-2 所示。

表 12-2 常用适宜踏步尺寸

名　称	住宅	学校、办公楼	剧院、会堂	医院(病人用)	幼儿园
踏步高 *h*/mm	150～175	140～160	120～150	150	120～150
踏步宽 *b*/mm	250～300	280～340	300～350	300	260～300

一般情况下，踏步的高度为 140～175mm，踏步的宽度不宜小于 260mm，常用 260～320mm。为了适应人们上下楼时的活动情况，踏面应该适当宽一些，在不改变梯段长度的情况下，可将踏步的前缘挑出，挑出长度为 20～30mm，形成突缘，也可将踢面做成倾斜，如图 12-24 所示。

楼梯踏步尺寸的确定与人的步距有关，通常用下列经验公式表示

$$b+2h=s=600\sim620\text{mm} \text{ 或 } b+h=450\text{mm}$$

式中：h——踏步踢面高度，mm；

b——踏步踏面宽度，mm；

s——成人的平均步距，mm。

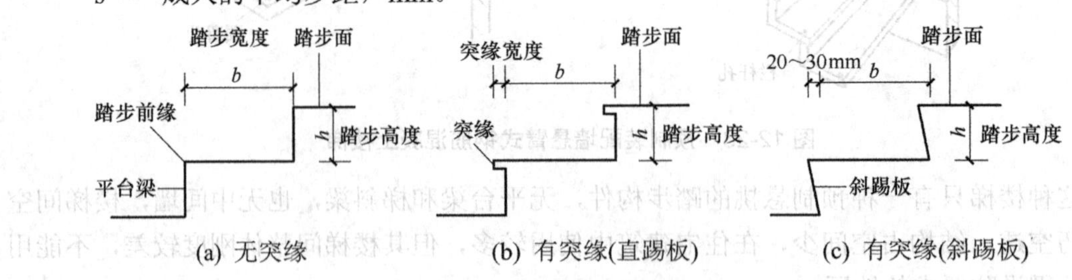

(a) 无突缘　(b) 有突缘(直踢板)　(c) 有突缘(斜踢板)

图 12-24 踏步形式和尺寸

2. 梯段尺寸

梯段尺寸主要指梯宽和梯长。楼梯梯段净宽是指楼梯扶手中心线至墙面或靠墙扶手中心线的水平距离，除应符合防火规范的规定外，供日常主要交通用的楼梯梯段净宽应根据建筑物的使用特征，一般按每股人流［0.55+(0～0.15)］mm 的宽度确定，并不应小于两股人流；同时还需满足各类建筑设计规范中对梯段宽度的限定，如住宅建筑大于或等于 1 100mm、公共建筑大于或等于 1 300mm 等。

梯段长即为踏步数和踏面宽，如果某梯段有 n 步台阶的话，踏面宽为 b，那么该梯段的长度为 $b(n-1)$，在一般情况下，每个梯段的踏步不应超过 18 级，也不应少于 3 级。

3. 平台宽度

平台有中间平台和楼层平台，通常中间平台的宽度不应小于梯段宽，楼层平台宽度一般比中间平台更宽一些，以利于人流分配。

4. 梯井宽度

梯井是指两梯段之间的空隙，一般是为楼梯施工方便而设置的，其宽度以 60～200mm 为宜，公共建筑梯井的净宽不应小于 150mm。有儿童经常使用的楼梯，当梯井大于 200mm 时，必须采取安全措施，防止儿童坠落。

5. 栏杆扶手高度

栏杆扶手的高度是指从踏步前缘至扶手上表面的垂直距离。一般室内楼梯栏杆的扶手高度不宜小于 900mm。室外楼梯，特别是消防楼梯的栏杆扶手高度应不小于 1 100mm。在幼儿园、小学校等使用对象主要为儿童的建筑中，需在 500～600mm 高度增设一道扶手，以适应儿童的身高，如图 12-25 所示。水平护身栏杆长度大于 500mm 时，栏杆扶手高度应不低于 1 050mm。当楼梯的宽度大于 1 650mm 时，应增设靠墙扶手；当楼梯的宽度大于 2 200mm 时，还应增设中间扶手。

6. 楼梯净空高度

楼梯的净空高度对楼梯的正常使用影响很大，不但关系到行走安全，在很多情况下还涉及楼梯下面空间利用和通行的可能性。楼梯的净空高度包括楼梯间的梯段净高和平台过道处的平台净高两部分，如图 12-26 所示。梯段的净高是指下层梯段踏步前缘(包括最低和最高一级踏步前缘线以外 300mm 范围内)至其正上方梯段下表面的垂直距离；平台过道处的净高是指平台过道地面至上部结构最低点(通常为平台梁)的垂直距离。梯段净高宜大于 2 200mm，平台净高应大于 2 000mm。为使平台下净高满足通行要求，一般采用以下几种处理方法。

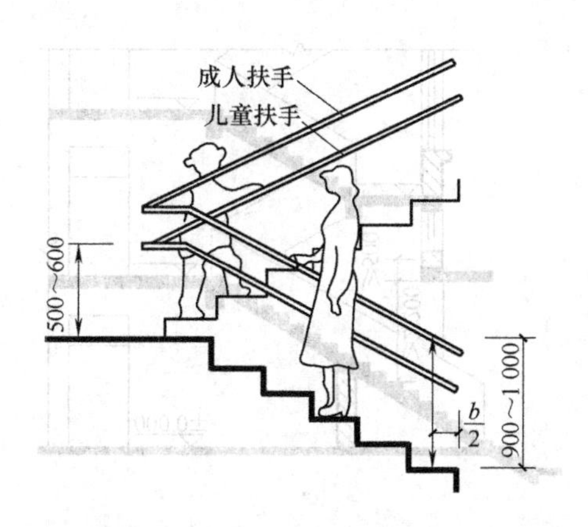

图 12-25　栏杆扶手高度(单位：mm)

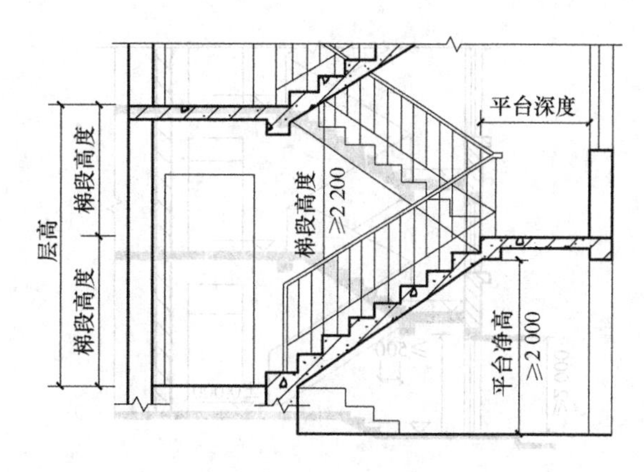

图 12-26　楼梯的净空高度要求(单位：mm)

1) 降低平台下过道处的地坪标高

在室内外高差较大的前提下，将部分室外台阶移至室内，同时为防止雨水倒灌入室内，应使室内最低点的标高高出室外标高至少 0.1m。这种处理方法可保持等跑梯段，使构件统一，如图 12-27 所示。

2) 采用长短跑楼梯

改变两个梯段的踏步数，采用不等级数，如图 12-28 所示，使起步第一跑楼梯变为长跑梯段，以提高中间平台标高。这种处理方法仅在楼梯间进深较大、底层平台宽度较富余时适用。

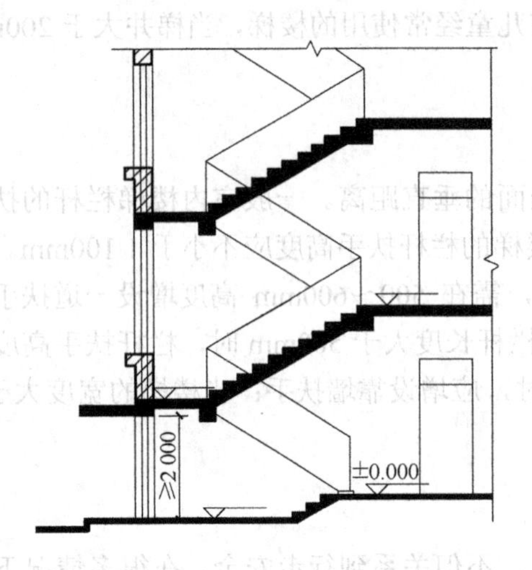

图 12-27　局部降低地坪(单位：mm)

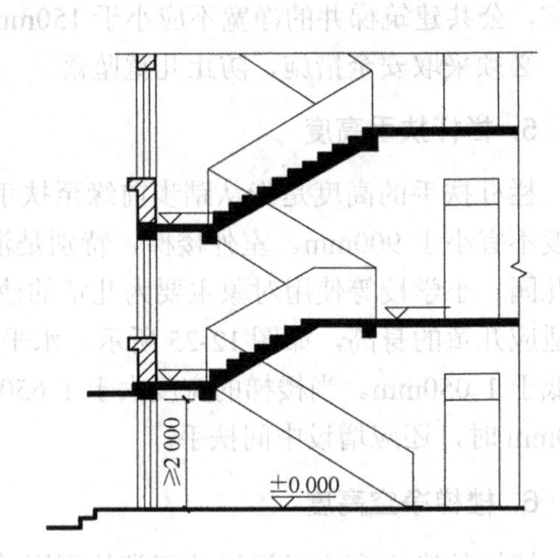

图 12-28　底层长短跑(单位：mm)

在实际工程中，经常综合以上两种方式，在降低平台下过道处地坪标高的同时采用长短跑楼梯，如图 12-29 所示。这种处理方法可兼有两种方式的优点，并减少其缺点。

3) 底层采用直跑楼梯

当底层层高较低时(不大于 3m)可用直跑楼梯直接从室外上 2 层，如图 12-30 所示，2 层以上可恢复两跑。设计时需注意入口雨篷底面与梯段间的净空高度，保证其可行性。

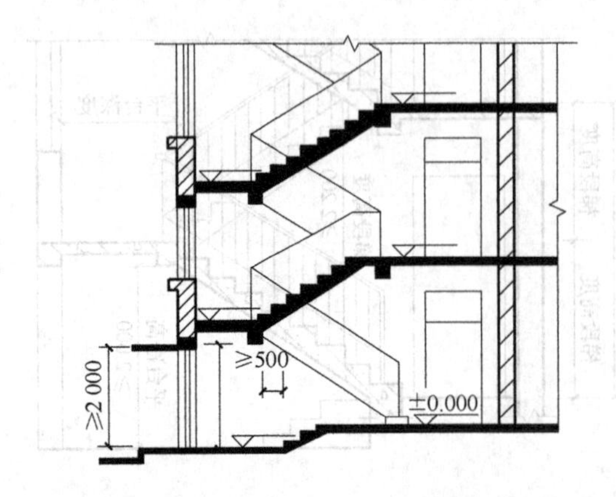

图 12-29　底层长短跑并局部降低地坪(单位：mm)

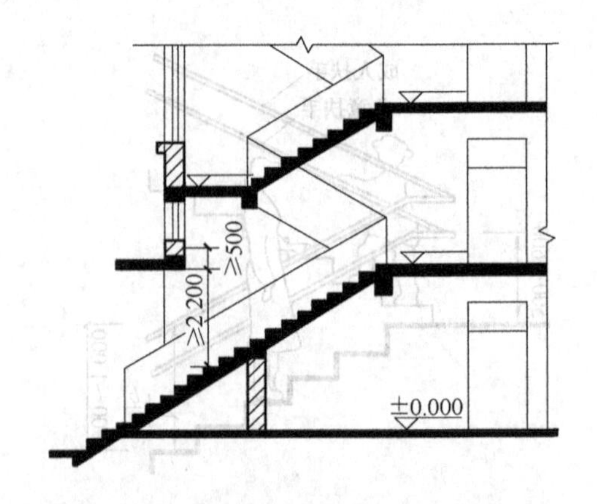

图 12-30　底层直跑(单位：mm)

12.3.2　楼梯尺寸的计算

在进行楼梯设计时，应对楼梯各细部尺寸进行详细的计算。以常用的平行双跑楼梯为例，楼梯尺寸的计算(见图 12-31)步骤如下。

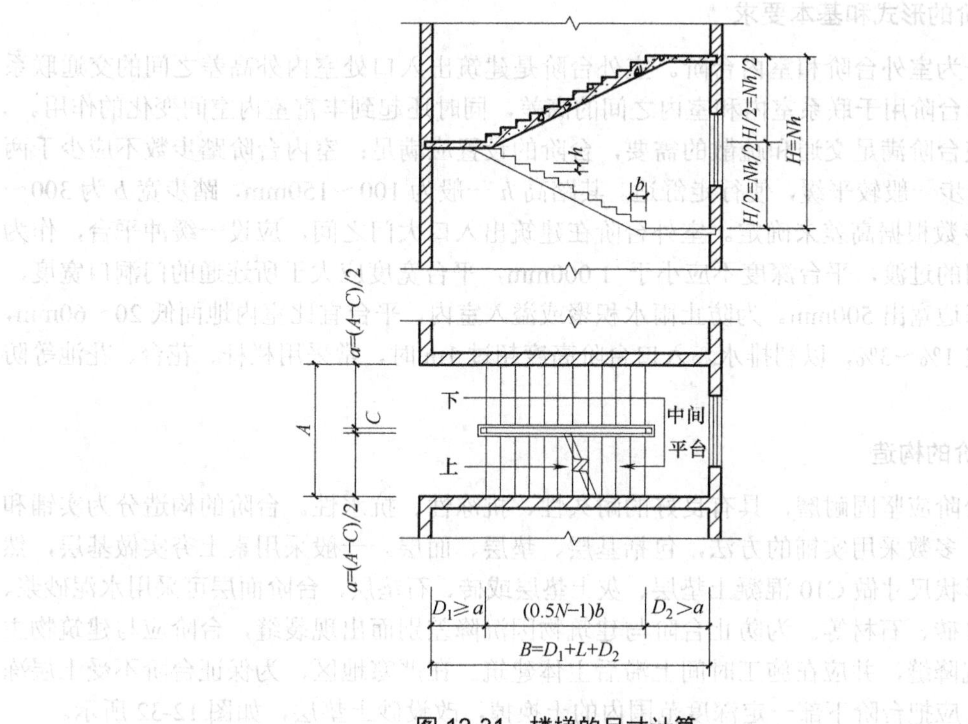

图 12-31　楼梯的尺寸计算

(1) 根据层高 H 和初选踏步高 h 确定每层踏步数量 N，$N=H/h$。设计时尽量采用等跑楼梯，N 宜为偶数，以减少构件规格。若所求出 N 为奇数或非整数，可以反过来调整步高 h。

(2) 根据步数 N 和初选步宽 b 确定梯段水平投影长度 L，$L=(0.5N-1)b$。

(3) 确定是否设梯井。如楼梯间宽度较富余，可在两梯段之间设梯井。

(4) 根据楼梯间开间净宽 A 和梯井净宽 C 确定梯宽 a，$a=(A-C)/2$。同时检验其通行能力是否满足紧急疏散时人流股数的要求，如不能满足，则应对梯井宽 C 或楼梯间开间净宽 A 进行调整。

(5) 根据初选中间平台宽 $D_1(D_1\geqslant a)$和楼层平台宽 $D_2(D_2>a)$以及梯段水平投影长度 L 检验楼梯间进深长度 B，$D_1+L+D_2=B$。如不能满足，可对 L 值进行调整(即调整 b 值)。必要时则需调整 B 值。在 B 值一定的情况下，如尺寸有富余，一般可加宽 b 值以减缓坡度或加宽 D_2 值以利于楼层平台分配人流。在装配式楼梯中，D_1 和 D_2 值的确定尚需注意使其符合预制板安放尺寸，并减少异形规格板数量。

12.4 台阶与坡道

12.4.1 台阶

1. 台阶的形式和基本要求

台阶分为室外台阶和室内台阶。室外台阶是建筑出入口处室内外高差之间的交通联系部件；室内台阶用于联系室内和室内之间的高差，同时还起到丰富室内空间变化的作用。

为了使台阶满足交通和疏散的需要，台阶的设置应满足：室内台阶踏步数不应少于两步。台阶踏步一般较平缓，使行走舒适。其踏高 h 一般为 100～150mm，踏步宽 b 为 300～400mm，步数根据高差来确定。室外台阶在建筑出入口大门之间，应设一缓冲平台，作为室内外空间的过渡，平台深度不应小于 1 000mm，平台宽度应大于所连通的门洞口宽度，一般至少每边宽出 500mm。为防止雨水积聚或溢入室内，平台宜比室内地面低 20～60mm，并向外找坡 1%～3%，以利排水。入口台阶高度超过 1m 时，常采用栏杆、花台、花池等防护措施。

2. 台阶的构造

室外台阶应坚固耐磨，具有良好的耐久性、抗冻性、抗水性。台阶的构造分为实铺和架空两种，多数采用实铺的方法，包括基层、垫层、面层。一般采用素土夯实做基层，然后按台阶形状尺寸做 C10 混凝土垫层、灰土垫层或砖、石垫层，台阶面层可采用水泥砂浆、水磨石、缸砖、石材等。为防止台阶与建筑物因沉降差别而出现裂缝，台阶应与建筑物主体之间设沉降缝，并应在施工时间上滞后主体建筑。在严寒地区，为保证台阶不受土层冻胀的影响，应把台阶下部一定深度范围内的土换掉，改设砂土垫层，如图 12-32 所示。

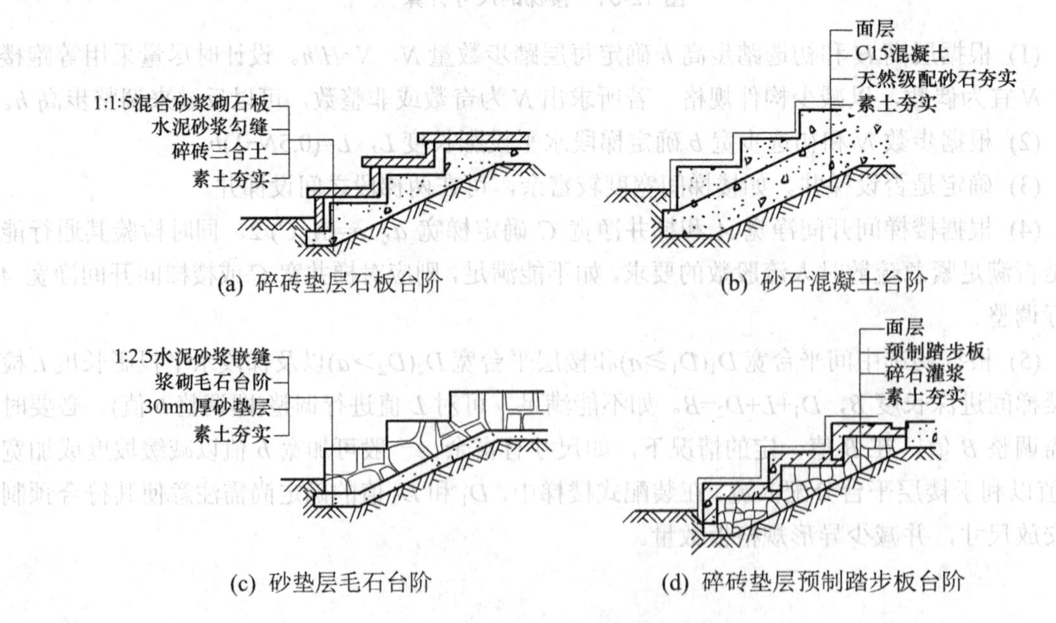

图 12-32 台阶的构造

12.4.2　坡道

坡道主要用于建筑中两个空间有高差时，为满足车辆行驶、行人活动和无障碍设计要求而设置的垂直交通构件。坡道的坡度用高度与长度之比来表示，一般为 1∶6～1∶12。供残疾人使用的坡道不应大于 1∶12，困难地段不应大于 1∶8，同时每段坡道的最大高度为 750mm，最大水平长度为 9 000mm，并且坡道的宽度不应小于 900mm，其中若为室外残疾人坡道其宽度不应小于 1 500mm。

坡道的构造同台阶的构造基本相同，对防滑要求较高或坡度较大的坡道可设置防滑条或做成锯齿形，如图 12-33 所示。

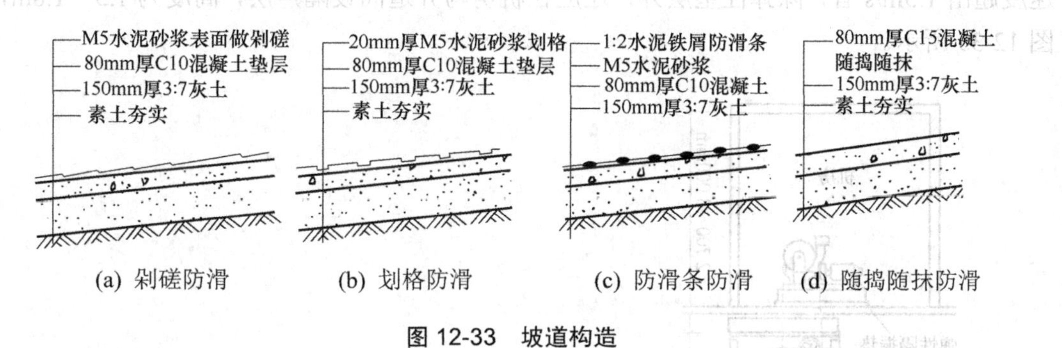

图 12-33　坡道构造

12.5　电梯与自动扶梯

电梯与自动扶梯是建筑物的垂直交通设施，它们运行速度较快，节省人力和时间。在多层、高层和具有特殊功能要求的建筑物中，为了上下运行的方便、快速和实际需要，常设有电梯或自动扶梯。

12.5.1　电梯

1. 电梯的类型

1) 按使用性质分

(1) 载人电梯。

(2) 载货电梯。

(3) 消防电梯。

(4) 观光电梯。

(5) 医院专用电梯。

2) 按电梯运行速度分

(1) 高速电梯：速度大于 2m/s，消防电梯常用高速电梯。

(2) 中速电梯：速度在2m/s以内，较常用。

(3) 低速电梯：速度在1.5m/s以内，运送食物的电梯常用低速电梯。

2. 电梯的组成

电梯由井道、机房和机坑3部分组成。

1) 电梯井道

电梯井道是电梯轿厢运行的通道，火灾事故中火焰及烟气容易从中蔓延。因此，井道壁应根据防火规定进行设计，较多采用钢筋混凝土墙。

为了减轻电梯运行对建筑物产生的振动和噪声，应采用适当的隔振及隔声措施。一般情况下，在机房机座下设置弹性垫层来达到隔振和隔声的目的，如图12-34所示。电梯运行速度超出1.5m/s者，除弹性垫层外，还应在机房与井道间设隔声层，高度为1.5～1.8m，如图12-35所示。

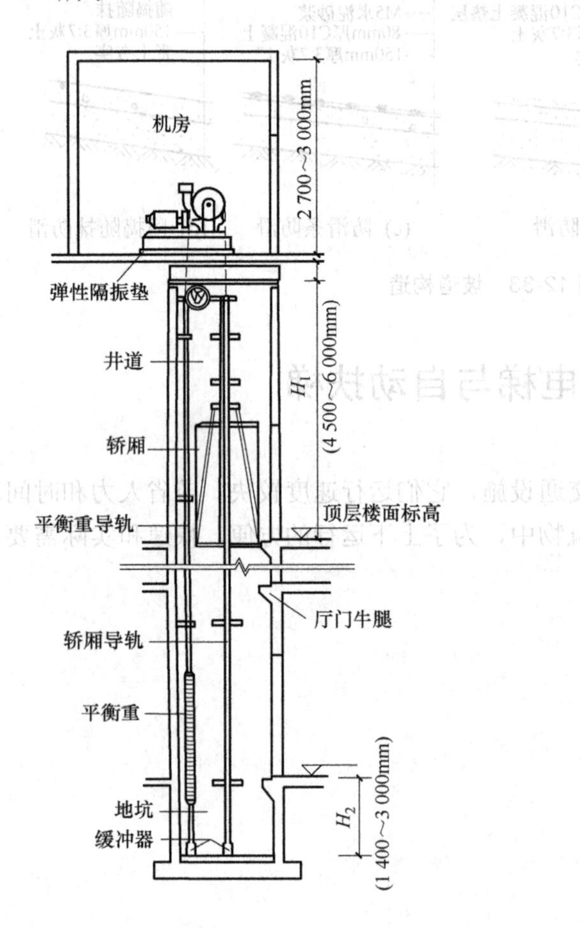

图 12-34　无隔声层电梯机房处理

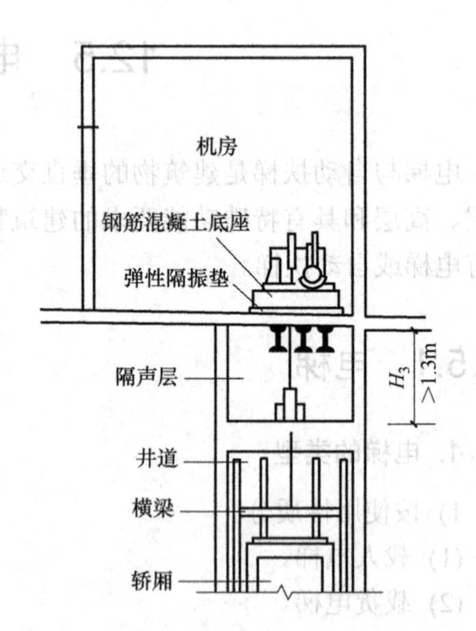

图 12-35　有隔声层电梯机房处理

2）电梯机房

电梯机房一般设在电梯井道的顶部，也有少数电梯把机房放在井道底层的侧面(如液压电梯)。机房和井道的平面相对位置允许机房任意向一个或两个相邻方向伸出，并满足机房

有关设备安装的尺寸安排及管理、维修等需要。

3）井道机坑

井道机坑在底层平面标高下(H≥1.4m)，作为轿厢下降时所需的缓冲器的安装空间。井道底坑须考虑防水处理，不得渗水，机坑底部应光滑平整。消防电梯的井道机坑还应有排水设施。

12.5.2　自动扶梯

自动扶梯是在人流集中的大型公共建筑中使用的、层间运输效率最高的垂直交通设施，常用于商场、车站、码头、航空港等人流量大的场所。自动扶梯由电动机驱动，踏步与扶手同步运行，一般自动扶梯均可正、逆方向运行，停机时可当作临时楼梯行走。平面布置可单台设置或双台并列，如图 12-36 所示，双台并列时一般采取一上一下的方式，以求得垂直交通的连续性，但必须在二者之间留有足够的结构间距(D≥380mm)，以保证装修的方便和使用者的安全。

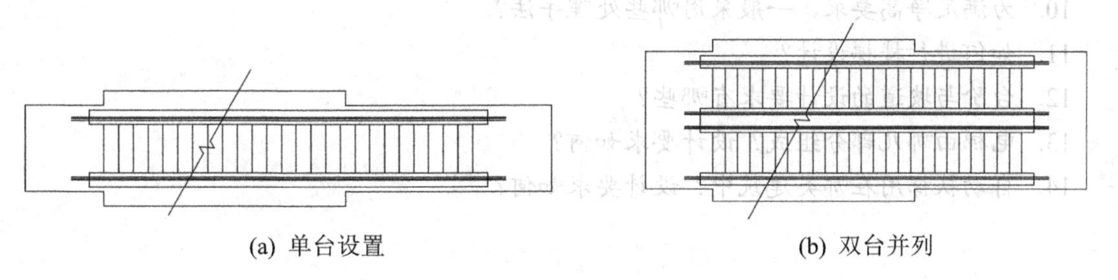

(a) 单台设置　　(b) 双台并列

图 12-36　自动扶梯平面

自动扶梯的机械装置悬在楼板下面，楼层下做外装饰处理，底层则做机坑，如图 12-37 所示。在机房上部自动扶梯口应做活动地板，以利检修，地坑也应做防水处理。

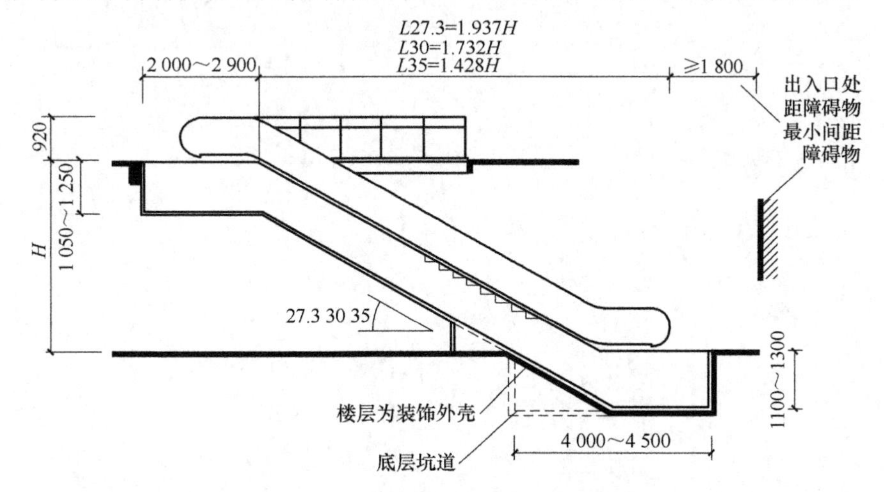

图 12-37　自动扶梯基本尺寸(单位：mm)

在建筑物中设置自动扶梯时，上下两层面积总和如果超过防火分区面积要求时，应按防火要求设防火隔断或复合式防火卷帘，在火灾发生时自动封闭自动扶梯梯井。

思 考 题

1. 楼梯由哪几部分组成？各部分有什么功能？
2. 常见的楼梯类型有哪些？如何选用？
3. 楼梯间按平面形式分为哪几种类型？分别用在哪类建筑中？
4. 现浇钢筋混凝土楼梯的结构形式有哪几种？各有何特点？
5. 预制装配式楼梯按支承方式分为哪几种类型？各有何特点？
6. 民用建筑中楼梯的踏步尺寸如何确定？
7. 楼梯的梯宽和梯长如何确定？
8. 楼梯的栏杆扶手高度如何确定？
9. 楼梯的净空高度包括哪几部分？各有哪些要求？
10. 为满足净高要求，一般采用哪些处理手法？
11. 如何进行楼梯设计？
12. 台阶与坡道的设计要求有哪些？
13. 电梯由哪几部分组成？设计要求如何？
14. 自动扶梯用在哪类建筑中？设计要求如何？

第 13 章 门 窗

13.1 概 述

13.1.1 门窗的作用

建筑物的门窗是建造在墙体上可启闭的建筑构件。门的主要作用是交通联系、分隔建筑空间，并兼有采光、通风的作用；窗的主要功能是采光、通风及观望。门窗均属围护构件，除了满足基本使用要求外，还应具有保温、隔热、隔声、防护及防火等功能。对于建筑物外立面(见图 13-1)而言，如何选择门窗的形状、尺寸、排列组合方式以及材料、线形分格和造型是非常重要的。

图 13-1 建筑门窗

13.1.2 门窗的设计要求

1. 交通安全要求

建筑中的门主要供人出入、联系室内外，与交通安全密切相关，因此在设计中门的数量、位置、大小及开启方向应按照规范进行设计，并根据建筑物的性质和人流数量的多少考虑，以便能满足通行流畅、符合安全的要求。

2. 采光、通风要求

从室内环境的舒适性及合理利用太阳能的角度来说，设计首先要考虑自然采光的因素，根据不同建筑物的采光要求，选择合适的窗户面积和形式。一般民用建筑的采光面积，除要求较高的陈列、展示空间外，还可根据窗洞口与房间净面积之比值来决定。居住建筑卧室、起居室(厅)、厨房窗地面积比不小于 1/7；公共建筑中，例如学校教室、实验室、办公室等窗地比不小于 1/5；饮水处、厕所等窗地比不小于 1/10。

房间的通风和换气，主要靠外窗。为使房间内形成合理的通风及气流，内门窗和外窗的相对位置很重要，应尽量选择易于形成穿堂风的位置。

3. 围护作用要求

门窗作为围护构件，必须考虑防尘、防水、防盗、保温、隔热和隔声等要求，以保证室内环境的舒适，这就要求在门窗构造设计中根据不同地区的特点选择恰当的材料和构造形式。

4. 立面美观要求

门窗是建筑物立面造型的主要部分，应在满足交通、采光、通风等主要功能的前提下，同时考虑视觉美观和造价问题，在建筑造型中门窗也可以作为一种装饰语言传达设计理念。

5. 门窗模数要求

在建筑设计中门窗、门洞大小涉及模数问题，采用模数制可以给设计、施工和构件生产带来方便。门窗在制作生产上已实现标准化、规格化和商品化，设计时可选用各地的建筑门窗标准图和通用图集。

13.1.3 门窗的分类

1. 门的分类

门可以按其开启方式、材料及使用要求等进行如下分类。

(1) 按开启方式分为平开门、弹簧门、推拉门、折叠门、转门、翻门、升降门、卷帘门等，如图 13-2 所示。

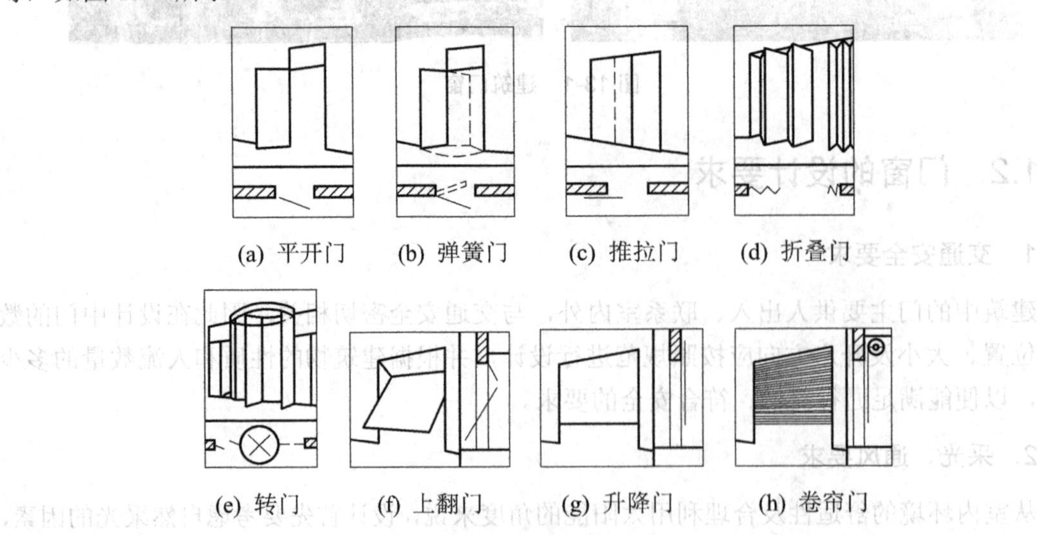

图 13-2 门按开启方式分类

① 平开门。平开门是建筑中最常见、使用最广泛的门，铰链装于门扇的一侧与门框相连，水平开启，门扇围绕铰链轴转动，有单扇与双扇、内开与外开之分。平开门具有构造

简单、制作方便、开关灵活等优点。

② 弹簧门。弹簧门形式同平开门，但采用了弹簧铰链或地弹簧代替普通铰链，借助弹簧的力量使门扇可单向或内外双向弹动且开启后可自动关闭，兼具内外平开门的特点。单面弹簧门多为单扇，常用于有温度调节及气味遮挡要求的房间，如厨房、厕所；双面弹簧门适用于人流较多、对门有自动关闭要求的公共场所，如过厅、走道。弹簧门应在门扇上安装玻璃或者采用玻璃门扇，供出入人员相互观察，避免碰撞。弹簧门使用方便，但存在关闭不严密、密闭性不好的缺点。

③ 推拉门。推拉门是沿设置在门上部或下部的轨道左右滑移的门，有单扇和双扇两种。从安装方法上可分上挂式、下滑式以及上挂下滑结合 3 种形式。采用推拉门分隔内部空间既节省空间，又轻便灵活，门洞尺寸也可较大，但有关闭不严密、密闭性不好的缺点。日常使用中有普通推拉门、电动及感应推拉门等。

④ 折叠门。折叠门的门扇可以拼合、折叠并推移到洞口的一侧或两侧，减少占据房间使用面积。简单的折叠门只在侧边安装铰链，复杂的需在门上、下两侧安装导轨及转动的五金配件。折叠门开启节省空间，但构造较复杂，一般作为公共空间(如餐厅包间、酒店客房)中的活动隔断。

⑤ 转门。转门是由三或四扇门用同一竖轴组合成夹角相等、在两个固定弧形门套内旋转的门，其开启方便，密封性能良好，赋予建筑现代感，广泛用于有采暖或空调设备的宾馆、商厦、办公大楼和银行等高级场所。优点是外观时尚，能够有效防止室内外空气对流；缺点是交通能力小，不能作为安全疏散门，因此需要在两旁设置平开门、弹簧门等组合使用。转门的旋转方向通常为逆时针，分普通转门和自动旋转门两种。

普通转门为手动旋转结构，门扇的惯性转速可通过阻力调节装置按需要进行调整，转门构造如图 13-3 所示。普通转门按材质分为铝合金、钢质、钢木结合 3 种类型。

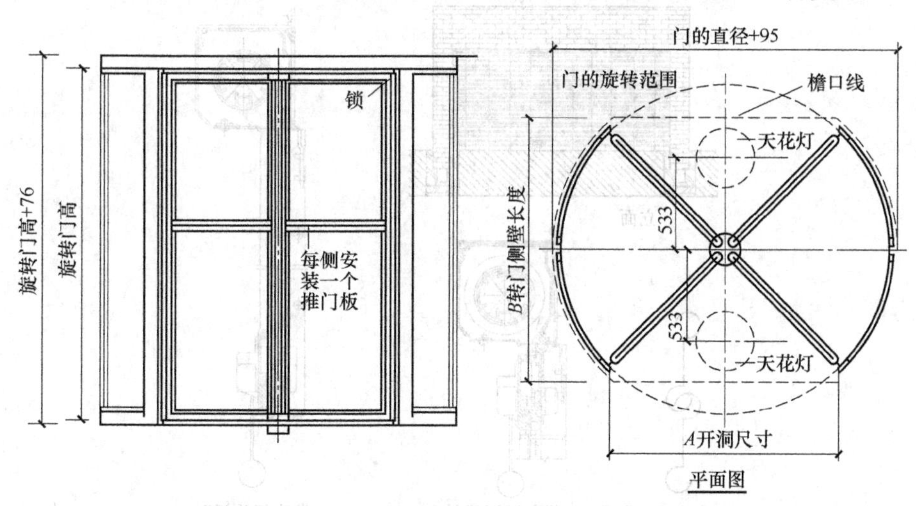

图 13-3　转门构造(单位：mm)

自动旋转门采用声波、微波或红外传感装置和计算机控制系统，传动机构为弧线旋转往复运动。旋转自动门按材质分有铝合金和钢质两种，活动扇部分为全玻璃结构。

⑥ 上翻门。上翻门一般由门扇、平衡装置、导向装置 3 部分组成，如图 13-4 所示。平衡装置一般采用重锤或弹簧来平衡。这种门有不占使用面积的优点，但对五金零件、安装工艺要求较高，多用于车库门。

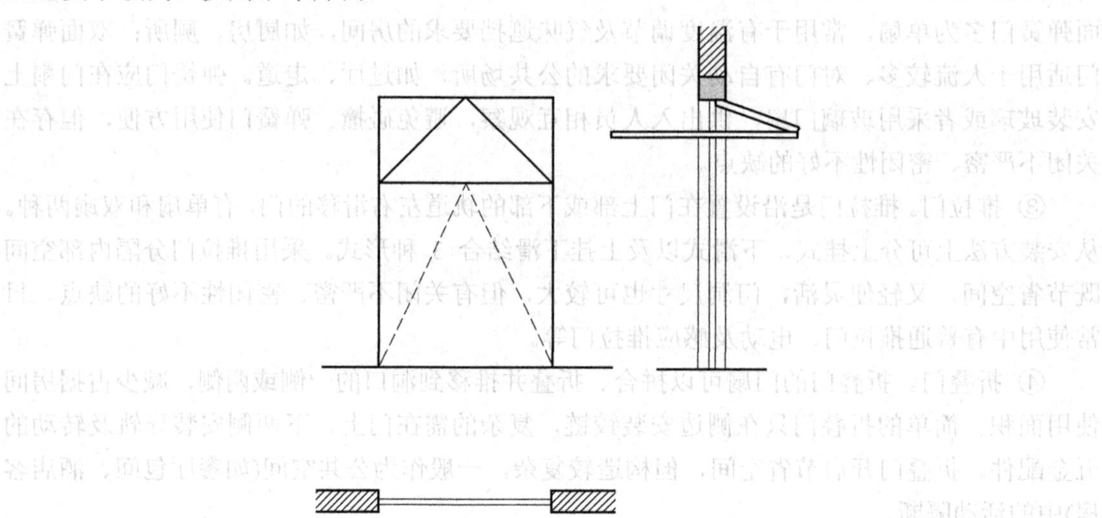

图 13-4　上翻门的构造

⑦ 卷帘门。卷帘门在门洞上部设置卷轴，利用卷轴将门帘收放来开关门洞口。门的组成主要包括帘板、导轨及传动装置，如图 13-5 所示。帘板由条状金属帘板相互铰接组成。开启时，帘板沿着门洞两侧的导轨上升，卷入卷筒中。门洞的上部安装手动或者电动传动装置。卷帘门具有防火、防盗、开启方便、节省空间的优点，主要适用于商场、车库、车间等需大门洞尺寸的场所。

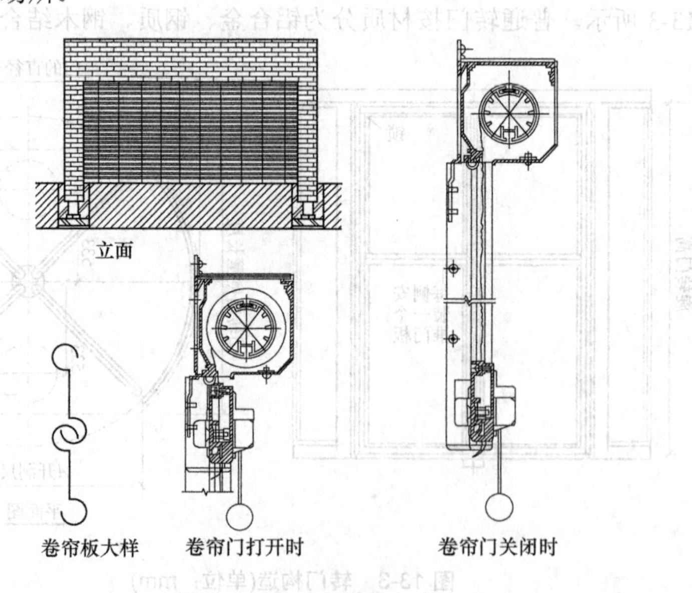

图 13-5　卷帘门的构造

(2) 按使用材料分为木门、钢木门、钢门、铝合金门、玻璃门、塑钢门及铸铁门等。

(3) 按构造分为镶板门、拼板门、夹板门、百叶门等。

(4) 按使用要求分为保温门、隔声门、防火门等。

2. 窗的分类

(1) 按使用材料分为木窗、钢窗、铝合金窗、塑料窗、玻璃钢窗和塑钢窗等。

(2) 按开启方式分为固定窗、平开窗、悬窗、立转窗、推拉窗及百叶窗等，如图 13-6 所示。

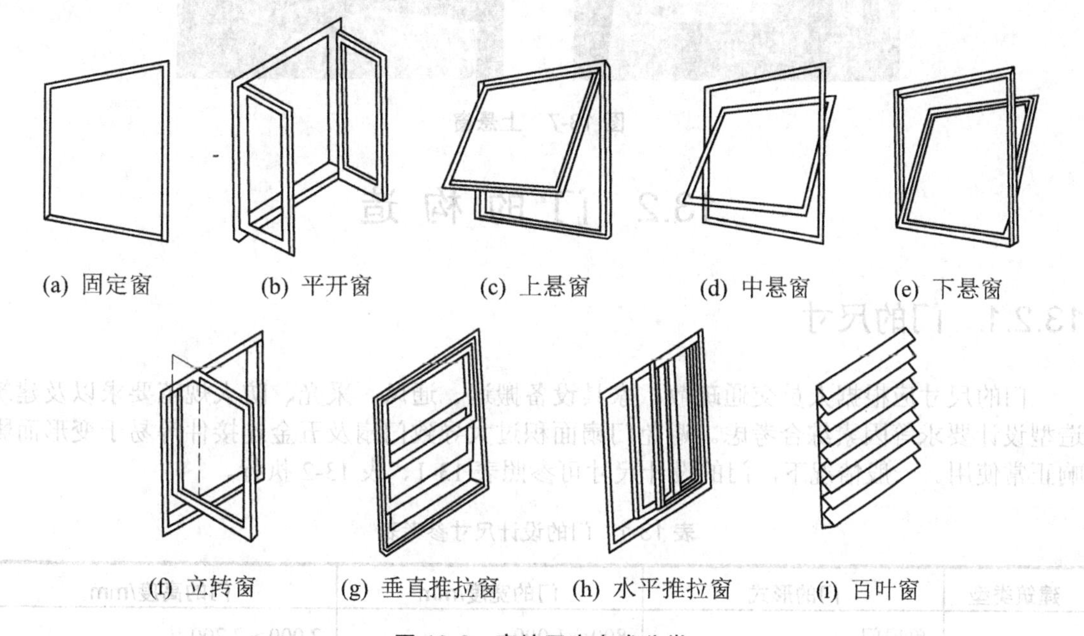

图 13-6 窗按开启方式分类

① 固定窗。不能开启的窗。固定窗的玻璃直接嵌固在窗框上，仅供采光和眺望使用。

② 平开窗。铰链装于窗扇一侧与窗框相连，向外或向内水平开启，分单扇、双扇和多扇，有内开与外开之分。其构造简单、开启灵活、制作维修方便，广泛应用于民用建筑中。

③ 悬窗。按铰链和转轴的位置不同，可分为上悬窗、中悬窗和下悬窗 3 种。

上悬窗的铰链安装在窗扇上部，一般向外开启，如图 13-7 所示，具有良好的防雨性能，多用作门和窗上部的亮子；中悬窗的铰链安装在窗扇中部，开启时窗扇绕水平轴旋转，窗扇上部向内开，下部向外开，有利于挡雨、通风，多用于高侧窗；下悬窗的铰链安装在窗扇下部，一般向内开，但占据室内空间且不防雨，多用于内门的亮子。

④ 立转窗。窗扇可沿竖轴转动，其开启大小及方向可随风向调整，有利于将室外空气引入室内，但因密闭性较差，不宜用于寒冷和多风沙地区。

⑤ 推拉窗。分为垂直推拉窗和水平推拉窗两种。水平推拉窗需在窗扇上、下设置轨槽，垂直推拉窗需有滑轮和平衡措施。其开启时不占室内外空间，窗扇受力状态较好，窗扇和玻璃可以较大，但通风面积受限制。铝合金和塑钢材料窗多采用推拉方式开启。

⑥ 百叶窗。主要用于遮阳、防雨和通风，但采光较差。窗扇可用金属、木材、玻璃等制作，有固定式和活动式两种形式。

图 13-7　上悬窗

13.2　门 的 构 造

13.2.1　门的尺寸

门的尺寸应根据人员交通疏散、家具设备搬运、通风、采光、防火规范要求以及建筑造型设计要求等因素综合考虑。避免门扇面积过大导致门扇及五金连接件等易于变形而影响正常使用。一般情况下，门的设计尺寸可参照表 13-1、表 13-2 执行。

表 13-1　门的设计尺寸参考表

建筑类型	门的形式	门的宽度/mm	门的高度/mm
居住建筑	单扇门	800～1 000	2 000～2 200
	双扇门	1 200～1 400	有亮子时增加 300～500
公共建筑	单扇门	950～1 000	21 00～2 300
	双扇门	1 400～1800	有亮子时增加 500～700

表 13-2　门洞最小尺寸

类　别	洞口宽度/mm	洞口高度/mm
共用外门	1.20	2.00
户(套)门	1.00	2.00
起居室(厅)门	0.90	2.00
卧室门	0.90	2.00
厨房门	0.80	2.00
卫生间门	0.70	2.00
阳台门(单扇)	0.70	2.00

注：1. 表中门洞口高度不包括门上亮子高度，宽度以平开门为准；
2. 洞口两侧地面有高低差时，以高地面为起算高度；
3. 本表摘自《住宅设计规范》(GB 50096—2001)。

13.2.2　门的组成

门主要由门框、门扇和五金零件等组成，如图 13-8 所示。

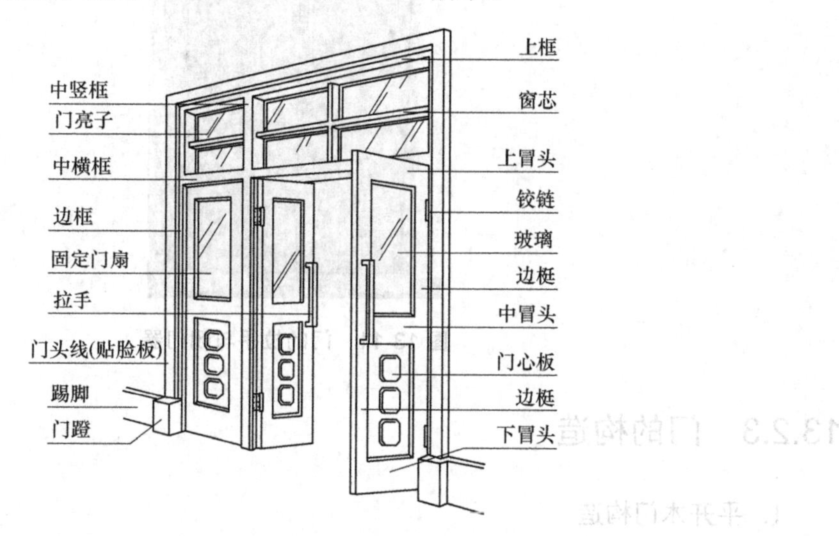

图 13-8　门的组成

门框，又称门樘，由上框、中框和边框等组成，多扇门还有中竖框。为了采光和通风，可在门的上部设腰窗(俗称上亮子)，可以固定，也可以平开或旋转开启，其构造同窗扇。门框与墙间的缝隙常用木条盖缝，称门头线(俗称贴脸板)。

门扇主要由上冒头、中冒头、下冒头、边梃、门芯板、玻璃和五金零件组成。

门的五金零件主要有铰链、插销、门锁和拉手(见图 13-9)、闭门器(见图 13-10)、地弹簧等。在选型时，需特别注意铰链的强度，防止其变形影响门的使用；拉手样式需结合建筑装修设计进行选型，如图 13-11 所示。

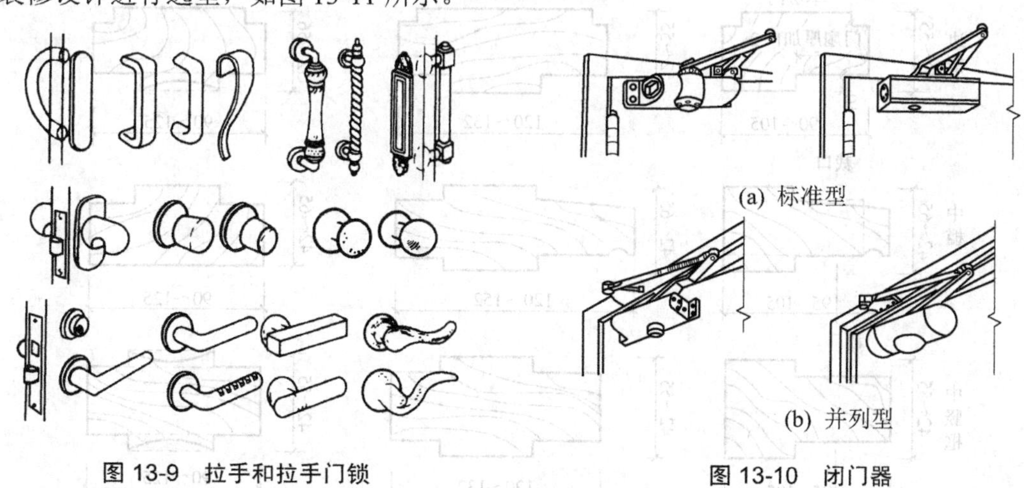

图 13-9　拉手和拉手门锁　　图 13-10　闭门器

随着建筑技术与材料的发展，门的形式呈现多样化的趋势，其组成与构造也灵活多变、各具特色。

图 13-11　门的拉手与闭门器

13.2.3　门的构造

1. 平开木门构造

1) 门框

(1) 断面尺寸。

门框的主要作用是固定门扇和腰窗，并与门洞固定联系。其断面形式、尺寸与门的类型、层数有关，同时应有利于门的安装，并应具有一定的密闭性。木门框的断面形式与尺寸如图 13-12 所示。为便于门扇密闭，门框上需有铲口。根据门扇数量与开启方向，可以开设单铲口用于单层门，或双铲口用于双层门。铲口的宽度要比门扇厚度大 1～2mm，铲口深度一般为 8～10mm。

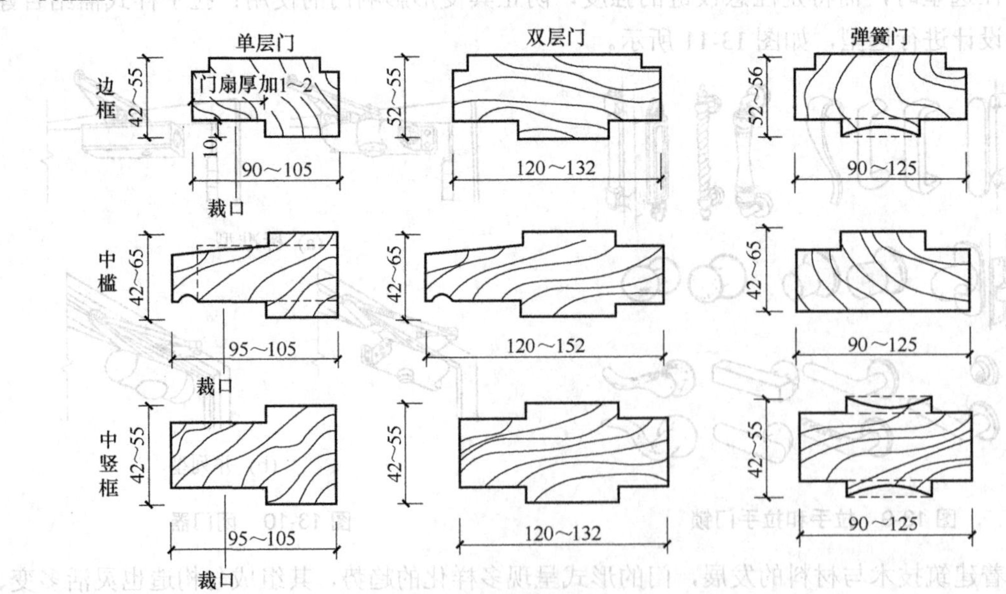

图 13-12　平开木门的门框断面形式与尺寸(单位：mm)

(2) 安装。

门框的安装分先立口和后塞口两类，但均需在地面找平层和墙体面层施工前进行，以使门边框距地面 20mm 以上。施工时先立好门框后砌墙称先立口安装，也称为立樘子，如图 13-13(a)所示。目前常用的施工做法是后塞口安装，也称为塞樘子，是指在砌墙时沿高度方向每隔 500～800 mm 预埋经过防腐处理的木砖，留出洞口后，用长钉、木螺钉等固定门框，安装方式如图 13-13(b)所示。为了便于安装，预留的洞口应比门框的外缘尺寸多出 20～30mm。

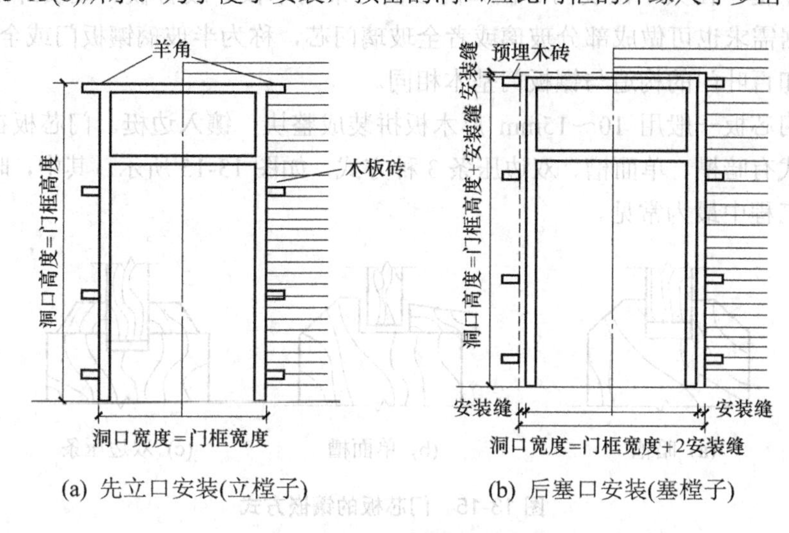

(a) 先立口安装(立樘子)　(b) 后塞口安装(塞樘子)

图 13-13　门框的安装方式

(3) 与墙的关系。

门框在墙中的位置确定需考虑房间的使用要求、墙身材料以及墙厚，有门框内平、门框居中、门框外平 3 种。一般多与开启方向一侧平齐，尽可能使门扇开启时角度最大。对于较大尺寸的门，为了安装牢固，多居中设置。门框位置、门贴脸板及筒子板设置如图 13-14 所示。

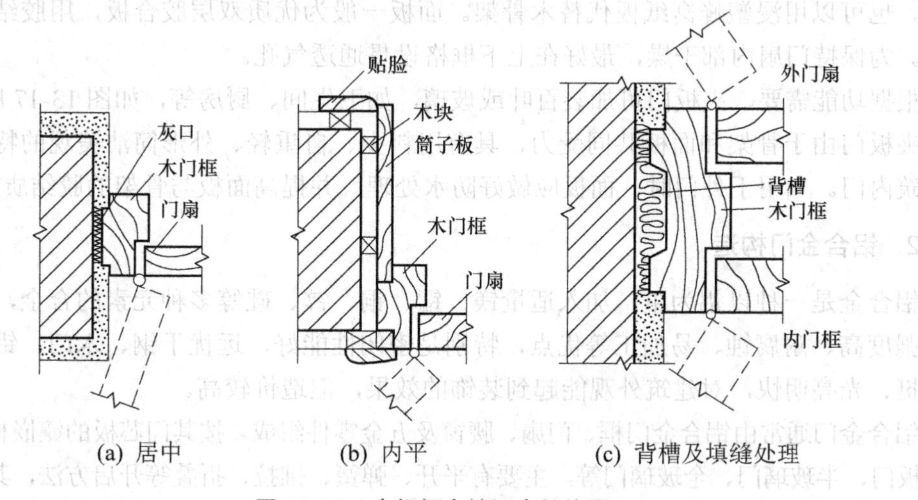

(a) 居中　(b) 内平　(c) 背槽及填缝处理

图 13-14　木门框在墙洞中的位置

2) 门扇

木门扇主要由上冒头、中冒头、下冒头、门梃及门芯板等组成。常见木门按照构造不同分为镶板门、夹板门、纱门和百叶门等。

(1) 镶板门。

镶板门主要骨架由上、下冒头和两根边梃组成框子，有时中间还有一条或几条横冒头或一条竖向中梃，在其中镶装门芯板。门芯板可采用木板、胶合板、硬质纤维板及塑料板等，有时根据需求也可做成部分玻璃或者全玻璃门芯，称为半玻璃镶板门或全玻璃镶板门。另外，纱门和百叶门的构造与镶板门基本相同。

木质的门芯板一般用 10～15mm 厚木板拼装成整块，镶入边梃。门芯板在边梃与冒头中的镶嵌方式有暗槽、单面槽、双边压条 3 种方式，如图 13-15 所示。其中，暗槽构造方式结合最牢，工程中最为常见。

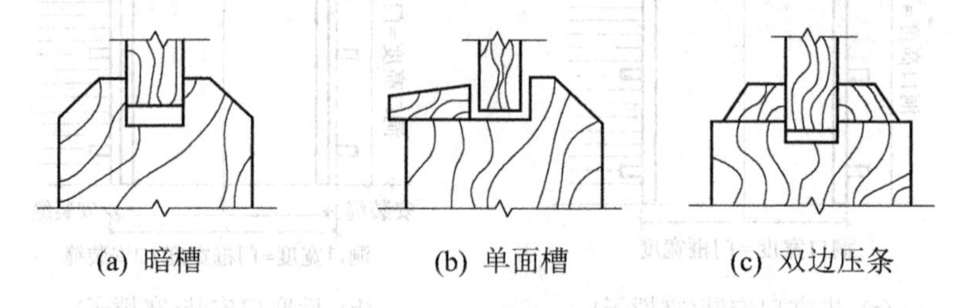

图 13-15　门芯板的镶嵌方式

为方便门锁安装，门扇边框的厚度即上、下冒头和边梃厚度，一般为 40～45mm，纱门的厚度为 30～35mm，上、中冒头和两旁边梃的宽度为 80～150mm，根据设计可以将上、下冒头和边梃做成等宽。镶板门构造如图 13-16 所示。

(2) 夹板门。

先用木料做成木框格，再在两面用钉或胶黏的方法加上面板。外框用料采用 23mm×(80～150)mm，内框采用 23mm×(30～40)mm 的木料，中距为 100～300mm。为节约木材，也可以用浸塑蜂窝纸板代替木骨架。面板一般为优质双层胶合板，用胶结材料双面胶结。为保持门扇内部干燥，最好在上下框格设贯通透气孔。

根据功能需要，夹板门可加装百叶或玻璃，如卫生间、厨房等，如图 13-17 所示。

夹板门由于骨架和面板共同受力，具有用料少、自重轻、外形简洁美观的特点，常用于建筑内门。当用于外门时，面板应做好防水处理，并提高面板与骨架的胶结质量。

2．铝合金门构造

铝合金是一种以铝为主，加入适量镁、锰、铜、锌、硅等多种元素的合金，具有自重轻、强度高、耐腐蚀、易加工等优点，特别是密闭性能好，远优于钢、木门。铝合金门结构坚挺、光亮明快，对建筑外观能起到装饰的效果，但造价较高。

铝合金门通常由铝合金门框、门扇、腰窗及五金零件组成。按其门芯板的镶嵌材料分铝合金条板门、半玻璃门、全玻璃门等，主要有平开、弹簧、推拉、折叠等开启方法，其中铝合金弹簧门、推拉门最为常用，如图 13-18 所示。铝合金弹簧门的构造如图 13-19 所示。

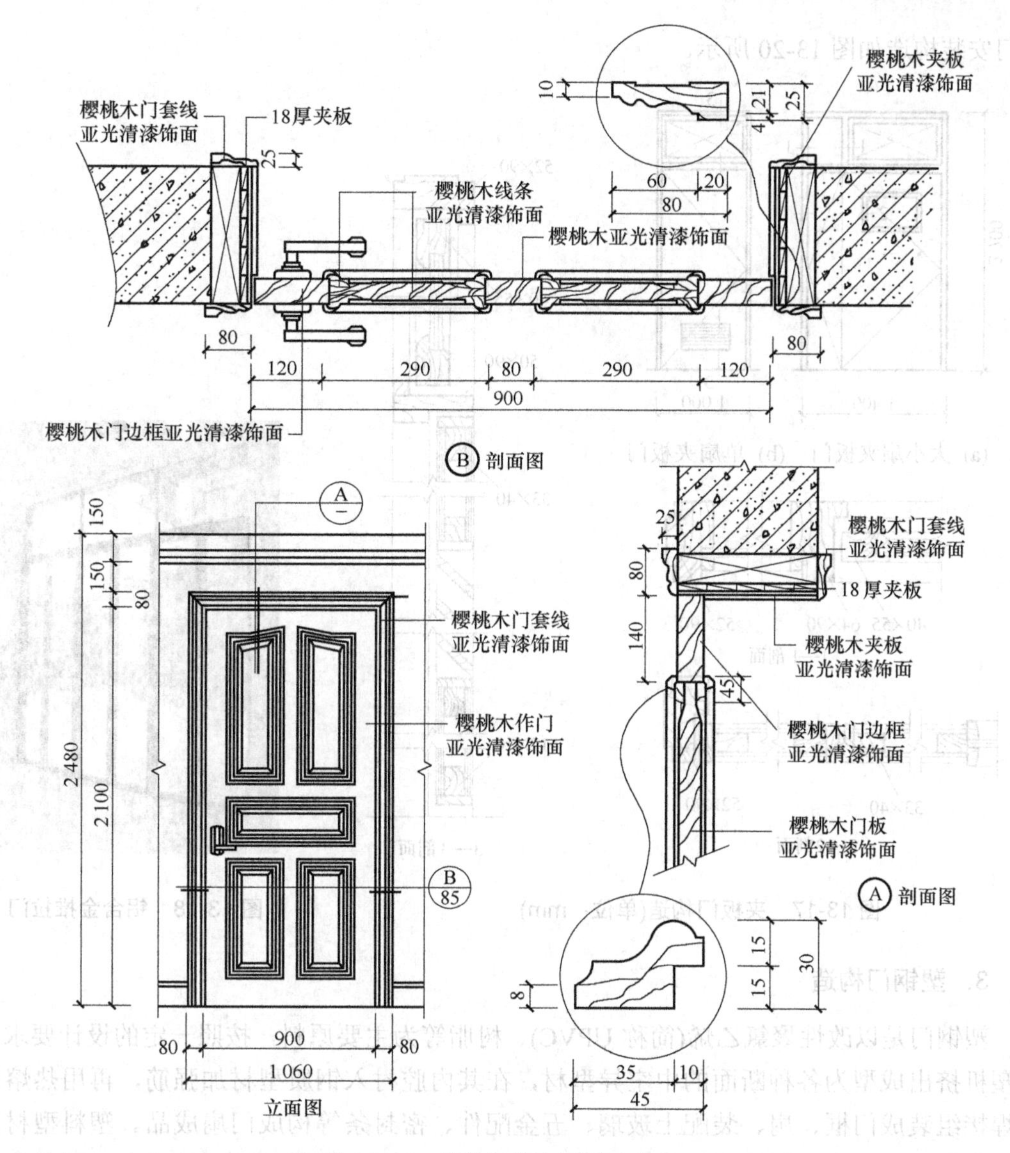

图 13-16 镶板门构造(单位：mm)

为避免铝合金门的门扇变形，其单扇门宽度受型材影响有如下限制，平开门最大尺寸：55 系列型材为 900mm×2 100mm；70 系列型材为 900mm×2 400mm;推拉门最大尺寸：70 系列型材为 900mm×2 100mm；90 系列型材为 1 050mm×2 400mm；地弹簧门最大尺寸：90 系列型材为 900mm×2 400mm; 100 系列型材为 1 050mm×2 400mm。

铝合金门的安装主要靠金属锚固件准确定位，然后在门框与墙体之间分层填以泡沫塑料条、泡沫聚氨酯条、矿棉毡条、玻璃丝毡条等保温隔声材料，外表留 5～8mm 深的槽口后填建筑密封膏，有效防止结露，且避免铝合金框直接与混凝土、水泥砂浆接触，减少碱对门框的腐蚀。

门框固定点一般控制相互间距不大于 700mm，至边角一般为 180～200mm 处也需设置。可采用射钉、膨胀螺栓将铁卡固定在墙上，或将铁卡与焊于墙中的预埋件进行焊接。铝合金门安装构造如图 13-20 所示。

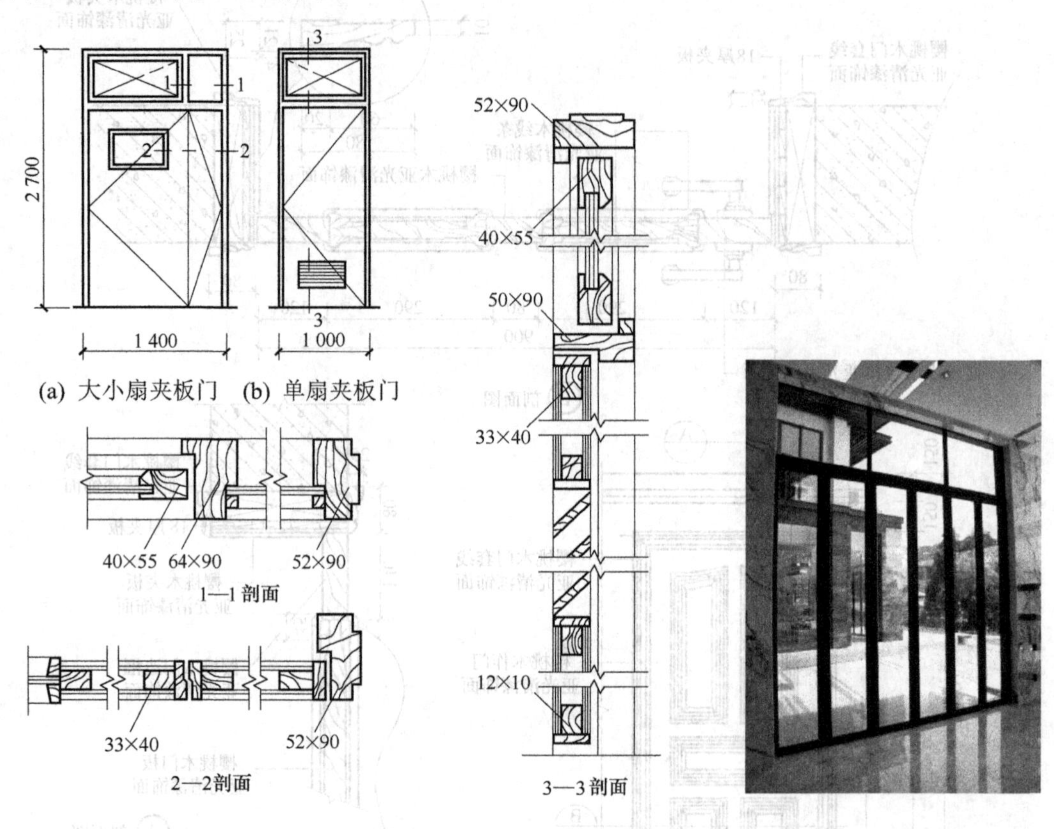

图 13-17 夹板门构造(单位：mm)

图 13-18 铝合金推拉门

3. 塑钢门构造

塑钢门是以改性聚氯乙烯(简称 UPVC)、树脂等为主要原料，按照一定的设计要求，经挤塑机挤出成型为各种断面的中空异型材，在其内腔衬入钢质型材加强筋，再用热熔焊接机焊接组装成门框、扇、装配上玻璃、五金配件、密封条等构成门扇成品。塑料型材内膛以型钢增强，形成塑钢结构，故称塑钢门。其特点是耐水、耐腐蚀、抗冲击、耐老化，使用寿命长，节约木材，比铝门窗经济。

4. 玻璃门构造

当使用中要求增加采光量和通透效果时，可以采用玻璃门。一般分为无框全玻璃门和有框玻璃门。

无框全玻璃门用 10～12mm 厚钢化玻璃做门扇，上部装转轴铰链，下部装地弹簧，如图 13-21 所示。由于无框，门视觉通透性良好，多用于建筑物的主要出入口。在高档装修场所(如宾馆、写字楼)多采用自动感应开启的玻璃推拉门，如图 13-22 所示。

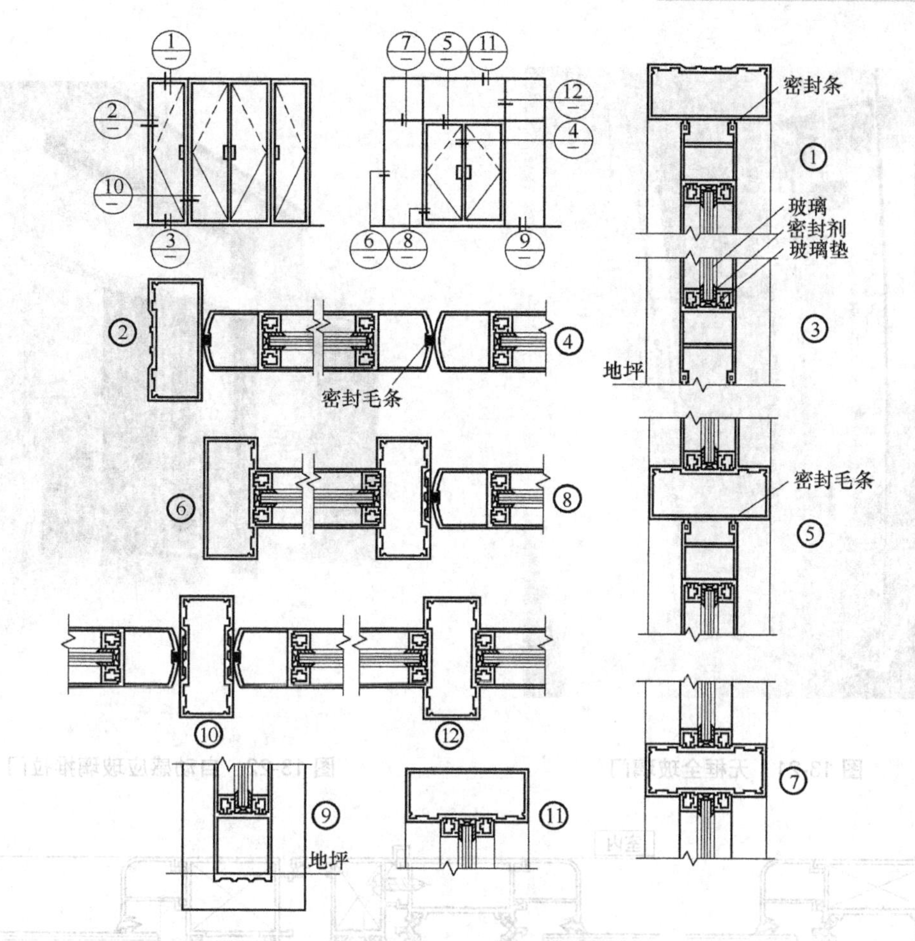

图 13-19 铝合金弹簧门构造

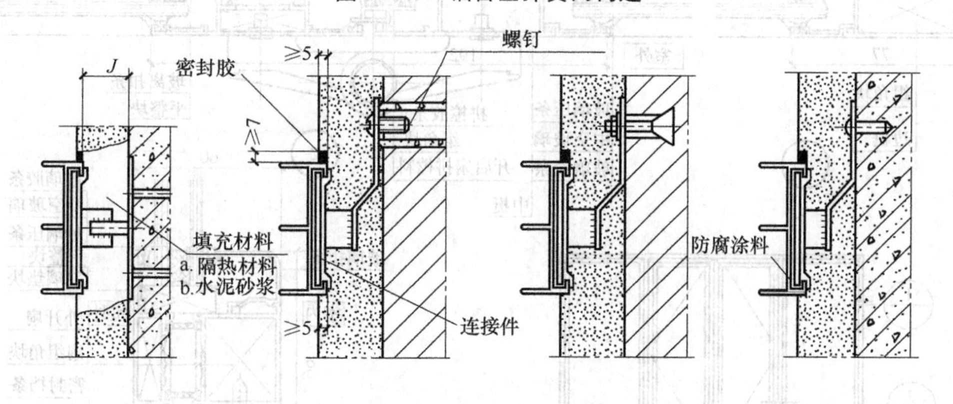

图 13-20 铝合金门安装构造(单位：mm)

有框玻璃门的门扇构造与镶板门基本相同，如图 13-23 所示。镶板门的门芯板用玻璃代替，可采用磨砂玻璃、冰裂玻璃、夹丝玻璃、彩釉玻璃等工艺玻璃增加艺术效果。

图 13-21　无框全玻璃门

图 13-22　自动感应玻璃推拉门

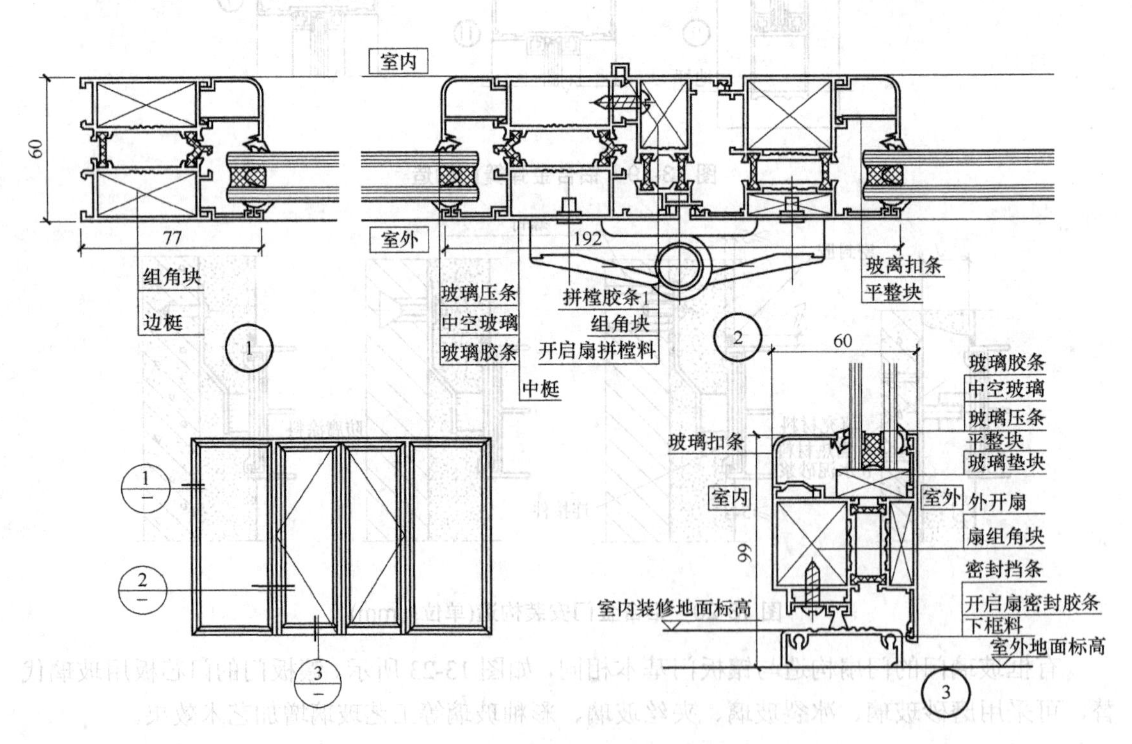

图 13-23　玻璃门构造(单位：mm)

13.3 窗的构造

13.3.1 窗的尺寸

窗的尺寸主要取决于房间的采光、通风、构造做法和建筑造型等要求，并要符合现行《建筑模数协调统一标准》(GB 50003—2001)的规定，窗的高度与宽度尺寸通常采用扩大模数 3*M* 数列作为洞口的标志尺寸。对一般民用建筑而言，各地均有通用图集，可按所需类型及尺度大小直接选用。

通常，为使窗坚固耐久，平开窗单扇宽度不宜大于 600mm；双扇宽 900～1 200mm；三扇窗宽 1 500～1 800mm。高度一般为 1 500～2 100mm，窗台距离地面高度 900～1 000mm。旋转窗的宽度、高度不宜大于 1m，超过时须设中竖框或中横框。窗台高度可适当提高，约 1 200mm。推拉窗宽度不大于 1 500mm，高度一般不超过 1 500mm，也可设置亮子。

13.3.2 窗的组成

窗主要由窗框、窗扇和五金零件等组成，如图 13-24 所示。

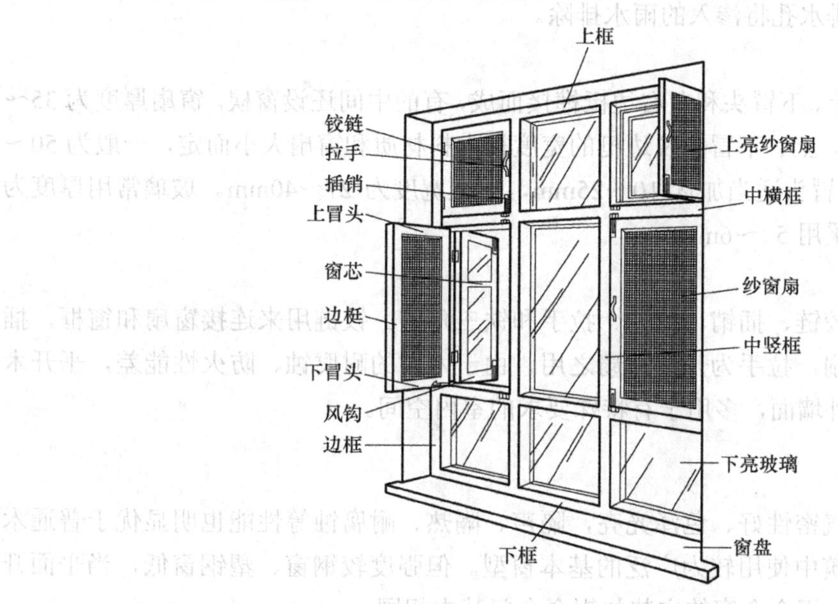

图 13-24 窗的组成

窗框又称窗樘，主要作用是与墙连接并通过五金零件固定窗扇。窗框由上框、中框、下框、边框等组成。窗扇一般由上、下冒头和左右边梃组成。窗扇依镶嵌材料不同，有玻璃窗扇、纱窗扇和百叶窗扇等，用五金零件与窗框连接。窗框与墙连接处依不同要求可加设贴脸板、窗台板、窗帘盒等。

13.3.3 窗的构造

1. 平开木窗

1) 窗框

(1) 尺寸。

一般情况下，单层窗窗框厚度为40～50mm，宽度为70～95mm，中竖梃双面窗扇需加厚一个铲口的深度10mm。中横框除加厚10mm外，考虑增加披水时，一般还需加宽约20mm。

(2) 安装。

与门的安装一样，分先立口和后塞口两类。先立口窗框与墙连接紧密，但施工不便，窗框及其临时支撑易被碰撞。目前多采用后塞口形式安装。

(3) 在墙中的位置。

窗框在墙中的位置，一般与墙内表面平。安装时窗框突出砖面20mm，保证墙面粉刷后与抹灰齐平。窗框与抹灰面交接处应用贴脸板搭盖，以阻止由于抹灰干缩形成缝隙后风透入室内，同时可增加美观。贴脸板的形状及尺寸与门的贴脸板相同。当窗框立于墙中时应内设窗台板，外设窗台。窗框外平时，靠室内一面设窗台板。

外开窗上口和内开窗下口一般须做披水板及滴水槽以防止雨水内渗，同时在窗樘内槽及窗盘处做积水槽及排水孔将渗入的雨水排除。

2) 窗扇

平开木窗一般由上、下冒头和左右边梃榫接而成，有的中间还设窗棂。窗扇厚度为35～42mm，一般为40mm。上、下冒头及边梃的宽度视木料材质和窗扇大小而定，一般为50～60mm，下冒头可较上冒头适当加宽10～25mm，窗棂宽度为27～40mm。玻璃常用厚度为3mm，面积较大时可采用5 ～6mm。

3) 五金零件

五金零件一般有铰链、插销、窗钩、拉手和铁三角等。铰链用来连接窗扇和窗框，插销和窗钩用来固定窗扇，拉手为开关窗扇之用。由于木材的耐腐蚀、防火性能差，平开木窗目前较少用于建筑外墙面，多用于有特殊要求的室内空间。

2. 铝合金窗

铝合金窗质轻、气密性好、色泽光亮，隔声、隔热、耐腐蚀等性能也明显优于普通木窗、钢窗，是目前建筑中使用较为广泛的基本窗型。但强度较钢窗、塑钢窗低，当平面开窗尺寸较大时易变形。铝合金窗的安装与铝合金门基本相同。

铝合金平开窗构造如图13-25所示，推拉窗构造如图13-26所示。

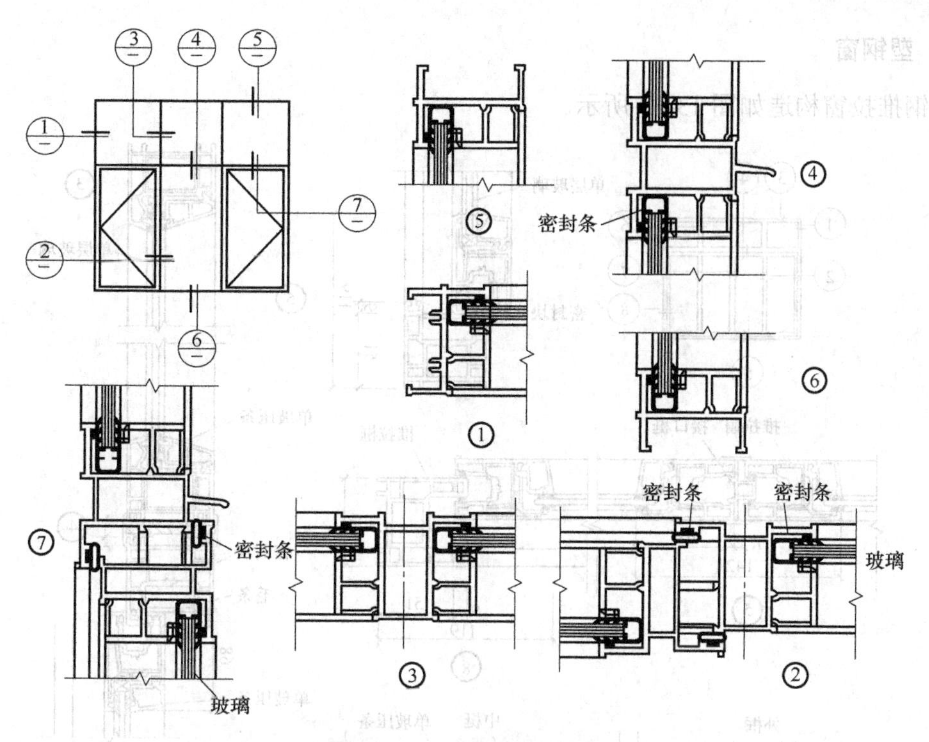

图 13-25 铝合金平开窗构造

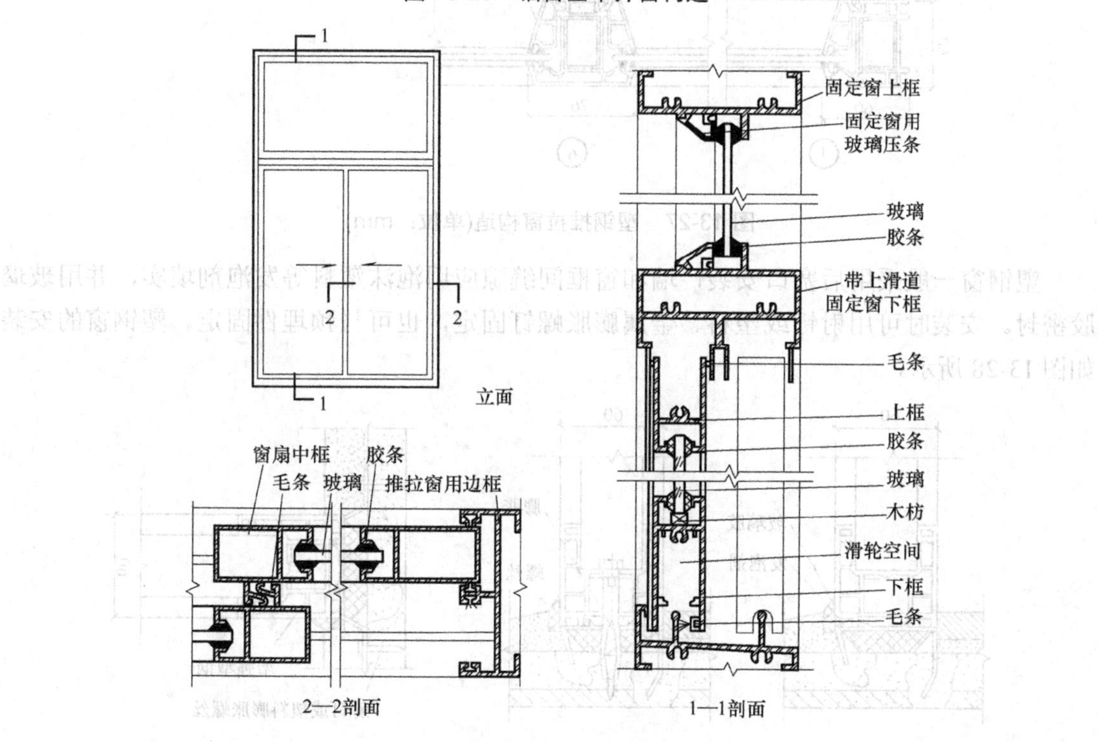

图 13-26 铝合金推拉窗构造

3. 塑钢窗

塑钢推拉窗构造如图 13-27 所示。

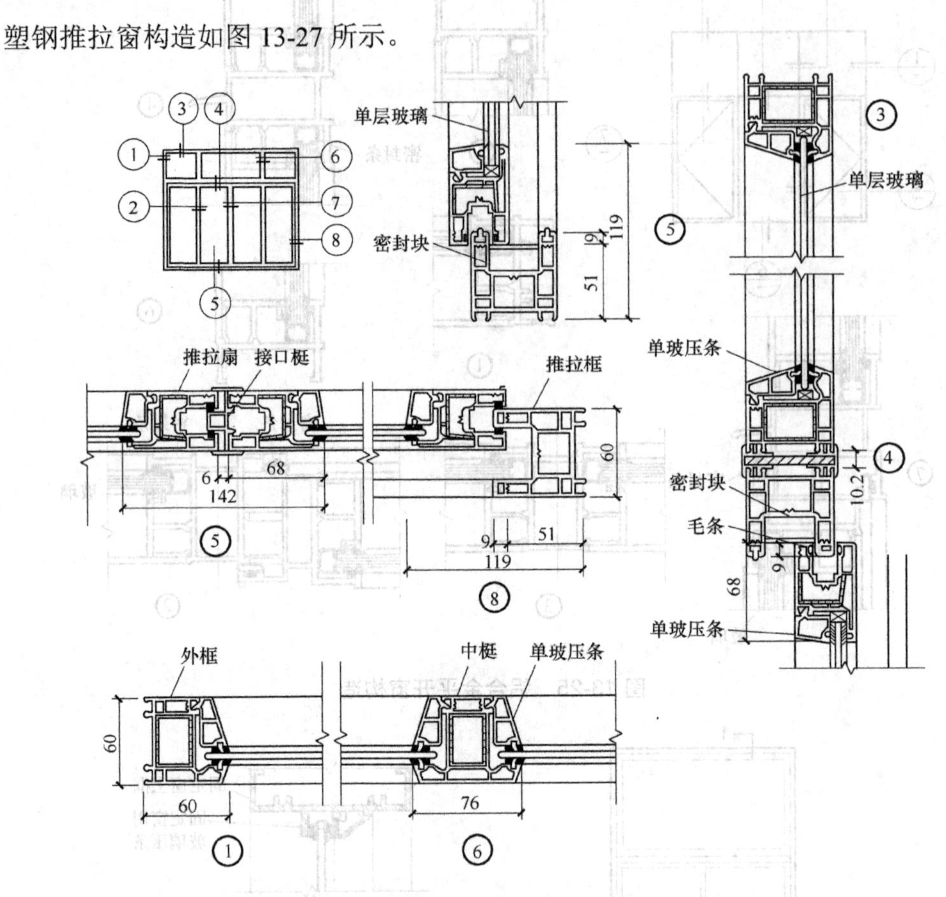

图 13-27 塑钢推拉窗构造(单位：mm)

塑钢窗一般采用后塞口安装，墙和窗框间缝隙应用泡沫塑料等发泡剂填实，并用玻璃胶密封。安装时可用射钉或塑料、金属膨胀螺钉固定，也可与预埋件固定。塑钢窗的安装如图 13-28 所示。

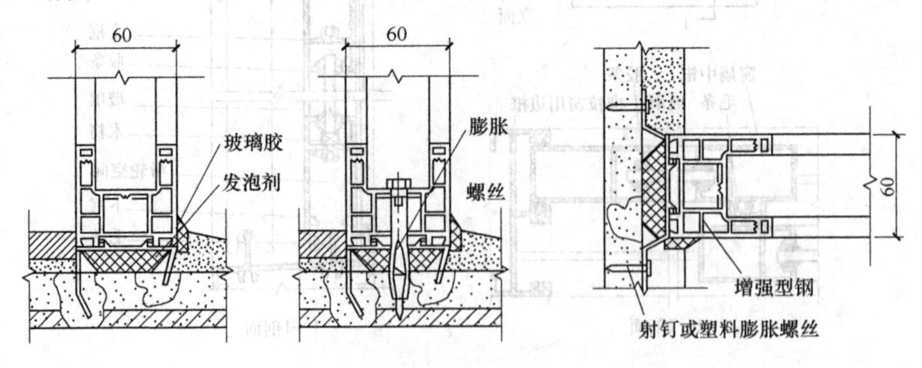

图 13-28 塑钢窗的安装(单位：mm)

13.4　特殊门窗

建筑物门窗设计中，有时需考虑特殊环境的使用要求选用特殊门窗，如防火、隔声、保温隔热门窗等。

13.4.1　特殊门

1．防火门

建筑防火设计中，建筑物各部分构件的燃烧性能和耐火极限需符合设计规范的耐火等级要求。防火门是建筑物的重要防火分隔设施，常用非燃烧材料钢或者木门外包镀锌铁皮，内填衬石棉板、矿棉等耐火材料制作。防火门按照耐火极限要求分为甲、乙、丙三级。甲级耐火极限为 1.2h，乙级为 0.9h，丙级为 0.6h。

对于有防火要求的车间或仓库常采用自重下滑关闭的防火门，门上的导轨做成 5%～8%的坡度，火灾中易熔合金片熔断后重锤落地，门扇依靠自重下滑关闭。

2．保温门

保温门要求门扇具有一定的热阻值和门缝密闭处理，故常在门扇两层面板间填以轻质、疏松的材料(如玻璃棉、矿棉)。

3．隔声门

隔声门多用于高速公路、铁路、飞机场边等有严重噪声污染的建筑物，其隔声效果与门扇材料、门缝的密闭处理及五金件的安装处理有关。门扇的面层常采用整体板材(如五层胶合板、硬质木纤维板等)，内层填多孔性吸声材料(如玻璃棉、玻璃纤维板)。门缝密闭处理常用措施是在门缝内粘贴填缝材料(如橡胶条、乳胶条和硅胶条)。

13.4.2　特殊窗

1．防火窗

防火窗也是重要的防火分隔设施，其等级划分同防火门。防火窗有固定扇和开启扇两种。防火窗必须采用钢窗或塑钢窗，玻璃镶嵌铁丝以免破裂后掉下，防止火焰窜入室内或窗外。

2．保温窗

保温窗分为双层窗或单层窗中空玻璃两种。中空玻璃之间为封闭式空气间层，其厚度一般为 4～12mm，充以干燥空气或惰性气体，玻璃四周密封。该构造处理可增大热阻、减少空气渗透，避免空气间层内产生凝结水。采用低辐射镀膜玻璃时其保温性能将进一步提高。保温窗的框料应选用导热系数小的材料，如PVC塑料、玻璃钢、塑钢共挤型材，也可使用铝塑复合材料。

3. 隔声窗

隔声窗的设计主要是提高玻璃隔声量和解决好窗缝的密封处理。

玻璃隔声量可通过适当增加玻璃厚度来改善，也可采用双层叠合玻璃、夹胶玻璃等方式处理。窗户缝隙包括玻璃与窗框间缝隙、窗框与窗扇间缝隙、窗框与隔墙间缝隙，一般用胶条或玻璃胶密封。

13.5 遮阳设计

建筑遮阳是为避免直射阳光照入室内，以减少太阳辐射热，避免夏季室内过热，或产生眩光及保护室内物品不受阳光照射而采取的一种有效构造措施。建筑物遮阳的方法很多，如室外绿化、室内窗帘、设置百叶窗、设计外廊阳台等。但对于太阳辐射强烈的地区，特别是朝向不利的墙面、建筑物上的门窗等洞口，则应设置专用遮阳构造措施，如图13-29所示。

图13-29 建筑遮阳设施

建筑物的遮阳设施有简易活动遮阳和固定遮阳板遮阳两种。简易活动遮阳是利用苇席、布篷竹帘等措施在使用时装置在窗外进行遮阳，如图13-30所示。简易遮阳措施简单、经济、灵活，但耐久性差。固定遮阳板按其形状和效果，可分为水平遮阳板、垂直遮阳板、综合式遮阳板及挡板遮阳4种形式，如图13-31所示。

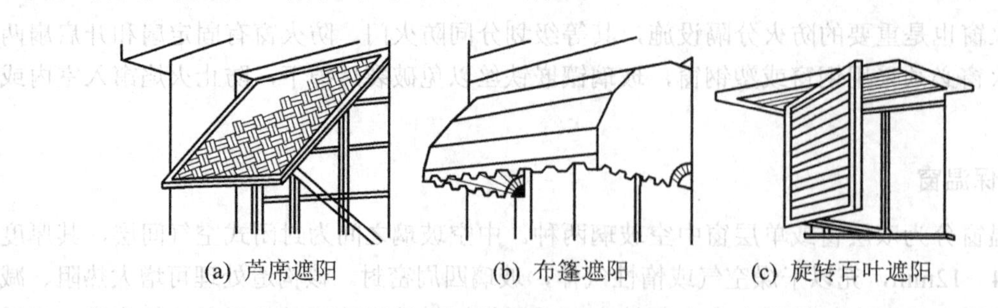

(a) 芦席遮阳　(b) 布篷遮阳　(c) 旋转百叶遮阳

图13-30 简易活动遮阳设施

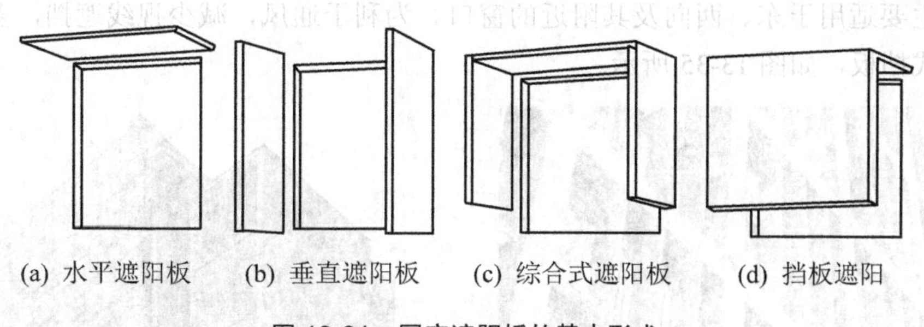

图 13-31 固定遮阳板的基本形式

1．水平遮阳板

在窗口上方设置具有一定宽度的水平方向遮阳板，能够遮挡高度角较大、从窗口上方照射下来的阳光，一般适用于南向及附近朝向的窗口或北回归线以南低纬度地区的北向及其附近朝向的窗口。当窗口比较高大时，可以在不同的高度设置双层或多层水平遮阳板，如图 13-32 所示。遮阳板可以是普通实心平板，也可以是空格板。

2．垂直遮阳板

在窗口两侧设置垂直方向的遮阳板，能够遮挡高度角小的、从窗户侧边斜射进来的阳光，主要适用于偏东、偏西的南向或北向及其附近的窗口。对高度角较大的、从窗口上方照射下来的阳光或接近日出日落时向窗口正射的阳光不起遮挡作用。垂直遮阳板可垂直于墙面，也可与墙面形成一定的角度，如图 13-33 所示。

图 13-32 水平遮阳板

图 13-33 垂直遮阳板

3．综合式遮阳板

综合式遮阳板是将水平遮阳板和垂直遮阳板组合应用的遮阳形式，能够遮挡从窗左右侧及前上方的斜射阳光，遮挡效果均匀，适用于南、东南、西南及其附近的窗口，如图 13-34 所示。

4．挡板遮阳

在窗前方一定距离设置与窗平行方向垂直的挡板，能够遮挡高度角较小的、正射窗口的阳光，主要适用于东、西向及其附近的窗口。为利于通风，减少视线遮挡，多做成格栅式或百叶式挡板，如图 13-35 所示。

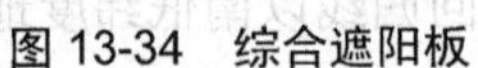
图 13-34　综合遮阳板

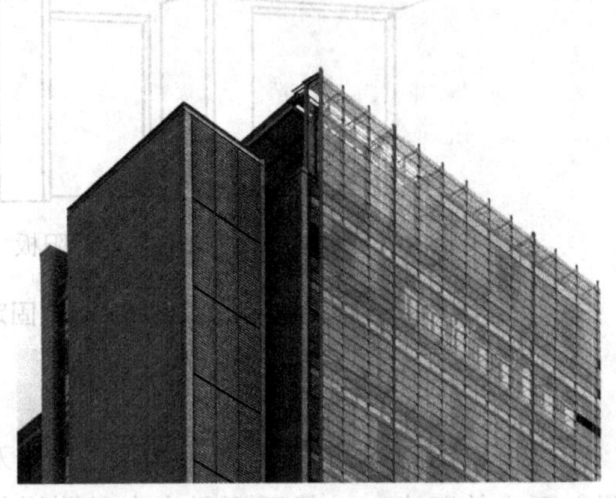
图 13-35　挡板遮阳

思　考　题

1. 门和窗的作用分别是什么？
2. 门和窗按照开启方式可以分为哪几种形式？各有何特点？
3. 门和窗的组成部分分别有哪些？
4. 安装木窗框的方法有哪些？各有什么特点？如何安装？
5. 铝合金门窗和塑料门窗有那些特点？
6. 建筑物中遮阳板有哪些类型？
7. 绘图说明平开木门的构造组成。
8. 绘图说明镶板门和夹板门各自的构造特点。
9. 木门窗框与砖墙连接方法有哪些？窗框与墙体间的缝隙如何处理？画图说明。
10. 画出一种日常生活中你所熟悉的门或窗的构造图。

第14章　变　形　缝

14.1　概　　述

当建筑物的长度超过规范，平面形状曲折变化比较多，或同一建筑物不同部分的高度或荷载差异较大时，建筑构件内部会因气温变化、地基不均匀沉降或地震等原因产生附加应力。当这种应力较大而又处理不当时，会引起建筑构件产生变形，导致建筑物产生开裂甚至破坏，影响正常使用与安全。为了防止这种情况发生，一般采取两种措施：一是通过加强建筑物的整体性，使之具有足够的强度和刚度克服上述附加应力和变形；二是在设计和施工中预先在这些变形敏感部位将建筑构件垂直断开，留出一定的缝隙，将建筑物分成若干独立的部分，形成能自由变形而互不影响的刚度单元，通过减少附加应力避免破坏。这种将建筑物垂直分开的预留缝隙称为变形缝。

14.2　变形缝的种类及设置

14.2.1　变形缝的种类

变形缝按其作用不同可分为伸缩缝、沉降缝、防震缝 3 种。伸缩缝又称温度缝，是为防止建筑构件因温度变化产生胀缩变形而设置的竖缝；沉降缝是为防止由于建筑物高度不同、重量不同、平面转折部位等产生的不均匀沉降而在适当位置设置的竖缝；防震缝是为减少地震对建筑物的破坏而设置的竖缝。

各种变形缝功能不同，应依据工程实际情况设置并符合设计规范规定要求。具体构造处理方法和材料的选用应根据设缝部位和需要，分别达到盖缝、防水、防火、防虫和保温等要求，同时需确保缝两侧的建筑物各独立部分可自由变形、互不影响、不被破坏。

14.2.2　伸缩缝的设置

由于建筑物处于温度变化的外界环境中，热胀冷缩使其结构构件内部产生附加应力而变形，其影响力随建筑物长度的增加而增加；当应力和变形达到一定数值时，建筑物出现开裂甚至破坏。为避免该情况出现，通常沿建筑物长度方向每隔一定距离或在结构变化较大处预先在垂直方向预留缝隙。

凡符合下列情况之一时应设置伸缩缝。

(1) 建筑物长度过长。

(2) 建筑平面曲折变化较多。

(3) 建筑中结构类型变化较大。

伸缩缝设置的最大间距应根据不同结构类型、材料和当地温度变化情况而定。砌体结构、钢筋混凝土结构房屋伸缩缝的最大间距分别见表14-1和表14-2。此外，也可通过具体计算，采用附加应力钢筋抵抗可能产生的温度应力，使建筑物减少设缝或不设缝。

表14-1　砌体结构房屋伸缩缝最大间距

屋盖或楼盖的类型		间距/m
整体式或装配整体式钢筋混凝土结构	有保温层或隔热层的屋盖、楼层	50
	无保温层或隔热层的屋盖	40
装配式无檩体系钢筋混凝土结构	有保温层或隔热层的屋盖、楼层	60
	无保温层或隔热层的屋盖	50
装配式有檩体系钢筋混凝土结构	有保温层或隔热层的屋盖	75
	无保温层或隔热层的屋盖	60
瓦材屋顶、木屋顶或楼板、轻钢屋顶		100

注：本表摘自《砌体结构设计规范》(GB 5003—2001)。

表14-2　钢筋混凝土结构房屋伸缩缝最大间距

结构类型		室内或土中/m	露天/m
排架结构	装配式	100	70
框架结构	装配式	75	50
	现浇式	55	35
剪力墙结构	装配式	65	40
	现浇式	45	30
挡土墙及地下室墙壁等类结构	装配式	40	30
	现浇式	30	20

注：本表摘自《混凝土结构设计规范》(GB 50010—2010)。

伸缩缝要求将建筑物墙体、楼板层、屋顶等地面以上部分全部断开，使缝两侧的建筑可沿水平方向自由伸缩。基础部分由于埋于土层中受温度变化影响小可不必断开。在结构处理上，对于砖混结构墙和楼板及屋顶结构布置可采用单墙(见图14-1(a))，或双墙承重方案(见图14-1(b))；对于框架结构主要考虑主体结构部分的变形要求，一般采用双侧挑悬臂梁方案(见图14-2(a))，也可采用双柱双梁(见图14-2(b))、双柱牛腿简支式(见图14-2(c))等方案；对于砖混结构与框架结构交接处，可采用框架单侧挑梁方案(见图14-2(d))。伸缩缝最好设置在平面图形有变化处，以利隐藏处理。

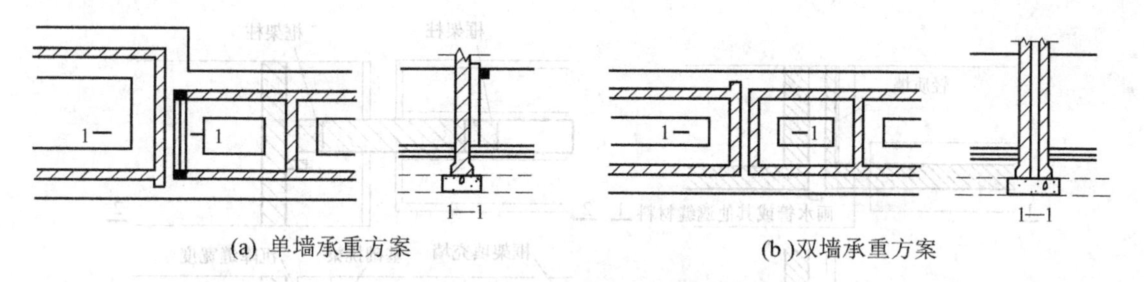

(a) 单墙承重方案　　(b)双墙承重方案

图 14-1　砖混结构伸缩缝处结构简图

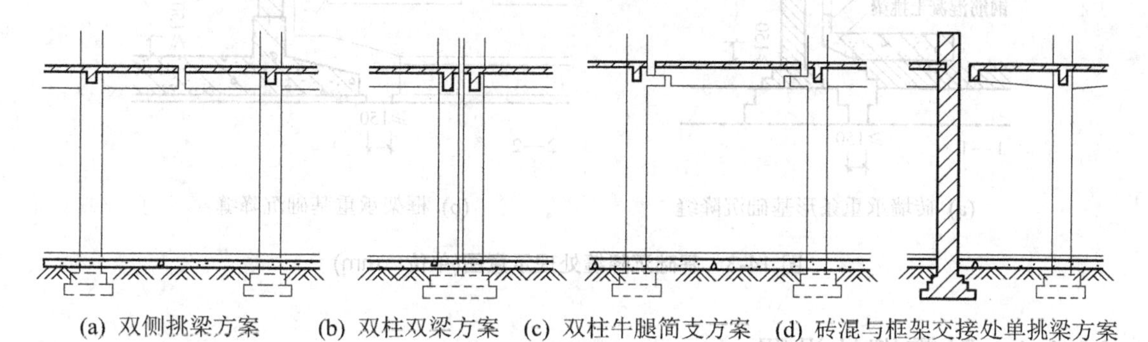

(a) 双侧挑梁方案　(b) 双柱双梁方案　(c) 双柱牛腿简支方案　(d) 砖混与框架交接处单挑梁方案

图 14-2　框架结构伸缩缝处结构简图

14.2.3　沉降缝的设置

沉降缝是为了防止建筑物由于各部位因地基不均匀沉降而导致结构内部产生附加应力引起破坏而设置的缝隙。

建筑物的下列部位，宜设置沉降缝。

(1) 建筑平面的转折部位。

(2) 高度差异或荷载差异处。

(3) 长高比过大的砌体承重结构或钢筋混凝土框架的适当部位。

(4) 地基土的压缩性有显著差异处。

(5) 建筑结构或基础类型不同处。

(6) 分期建造房屋的交界处。

为使沉降缝两侧的建筑成为各自独立的单元，在垂直方向分别沉降，减少对相邻部分的影响，要求建筑物从基础到屋顶的结构部分或全部断开。基础沉降缝的结构处理有砖混结构和框架结构两种情况，如图 14-3 所示。

沉降缝也可以起到伸缩缝的作用。当建筑物既要做伸缩缝又要做沉降缝时，应尽可能将它们合并设置。

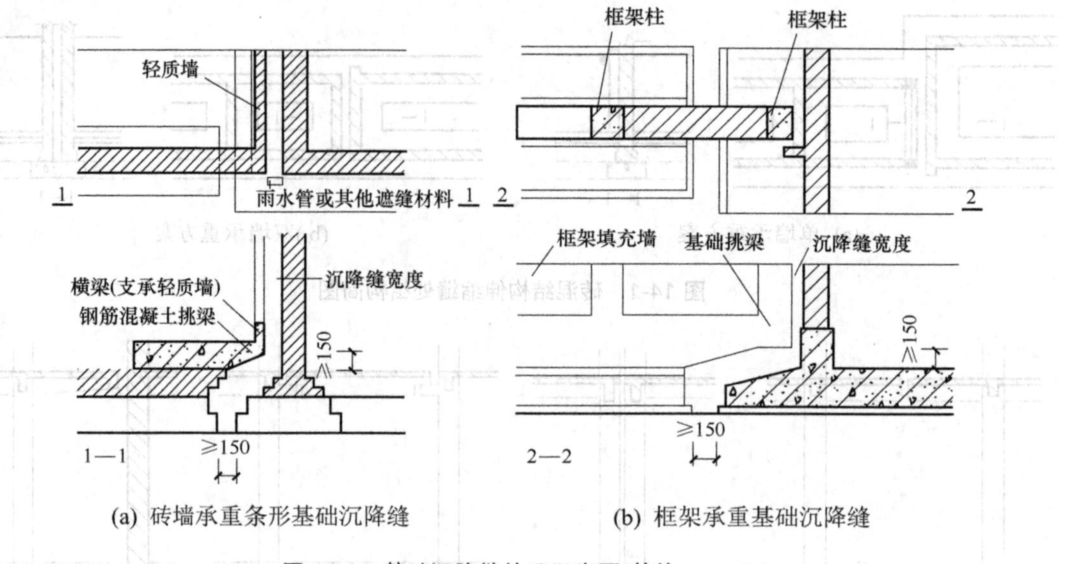

(a) 砖墙承重条形基础沉降缝　　(b) 框架承重基础沉降缝

图 14-3　基础沉降缝处理示意图(单位：mm)

14.2.4　防震缝的设置

建筑物在受地震作用时，不同部位有不同的振幅和振动周期，影响较大时易产生裂缝、断裂等现象，因此建筑设计时必须充分考虑地震会对建筑物造成的影响。我国《建筑抗震设计规范》中明确规定了我国各地区建筑物抗震的基本要求。

防震缝是为了防止建筑物的各部分在地震时相互撞击造成变形和破坏而设置的垂直预留缝。设置防震缝部位需根据不同的结构类型来确定。

(1) 对于多层砌体建筑，8 度和 9 度设防区凡符合下列情况之一时，宜设置防震缝，缝两侧均应设置墙体。

① 建筑立面高差大于 6m，在高差变化处须设防震缝。

② 房屋有错层，且楼板高差大于层高的 1/4。

③ 各部位结构刚度、质量截然不同。

(2) 对于钢筋混凝土结构的建筑物，遇到下列情况时宜设防震缝。

① 建筑平面不规则且无加强措施。

② 建筑有错层，且错层楼板高差较大。

③ 各部位结构的刚度或荷载相差悬殊且未采取有效措施时。

④ 地基不均匀，各部位沉降差过大，需设置沉降缝时。

⑤ 建筑物长度较大，需设置伸缩缝时。

防震缝应根据抗震设防烈度、结构材料种类、结构类型、结构单元的高度和高差情况，留有足够宽度，其两侧的上部结构应完全分开，将建筑物分割成独立、规则的结构单元，一般情况下基础可不设防震缝，如图 14-4(a)所示，但在平面复杂的建筑中，与震动有关的建筑各相连部分的刚度差别很大或具有沉降要求时，设置防震缝也应将基础分开，如

图 14-4(b)所示。当设置伸缩缝和沉降缝时，其宽度应符合防震缝要求。

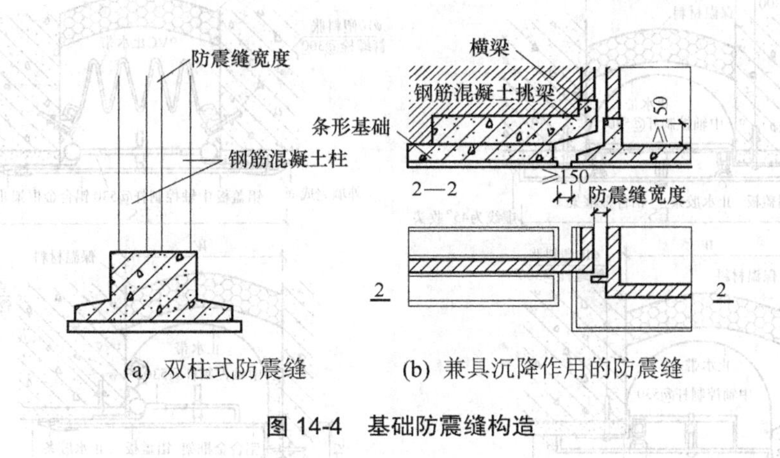

(a) 双柱式防震缝　　(b) 兼具沉降作用的防震缝

图 14-4　基础防震缝构造

14.3　变形缝的盖缝构造

变形缝的盖缝处理应达到以下要求：满足各类缝的变形需要；设置于建筑物外围护结构处的变形缝应能阻止外界风、雨、霜、雪对室内的侵袭；缝口的面层处理应符合使用要求，外表美观。

14.3.1　伸缩缝的盖缝构造

伸缩缝宽一般为 20～40mm，通常采用 30mm。

1．墙体伸缩缝构造

砖墙伸缩缝一般根据墙体厚度，做成平缝、错口缝或企口缝，如图 14-5 所示。较厚的墙体应采用错口缝或企口缝，以利于保温和防水。根据缝宽的大小，缝内一般应填塞防水、保温和防腐性能较好的弹性材料，如沥青麻丝、橡胶条、聚苯板、油膏等。外墙伸缩缝的外侧常选用耐候性好的镀锌薄钢板、铝板等盖缝，如图 14-6 所示；内墙一般结合室内装修用木板、各类金属板等盖缝处理，如图 14-7 所示。

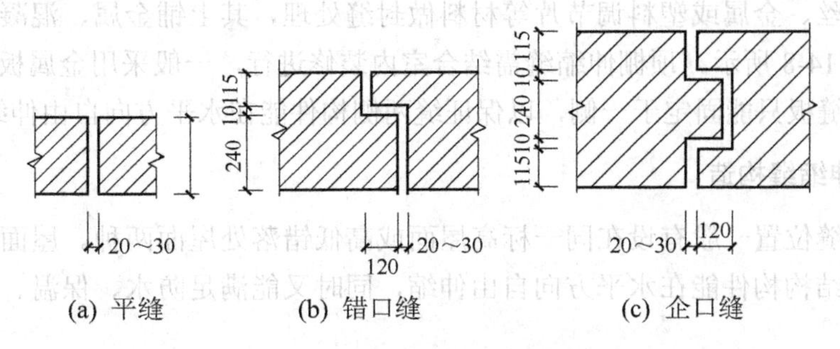

(a) 平缝　　(b) 错口缝　　(c) 企口缝

图 14-5　砖墙变形缝的接缝形式(单位：mm)

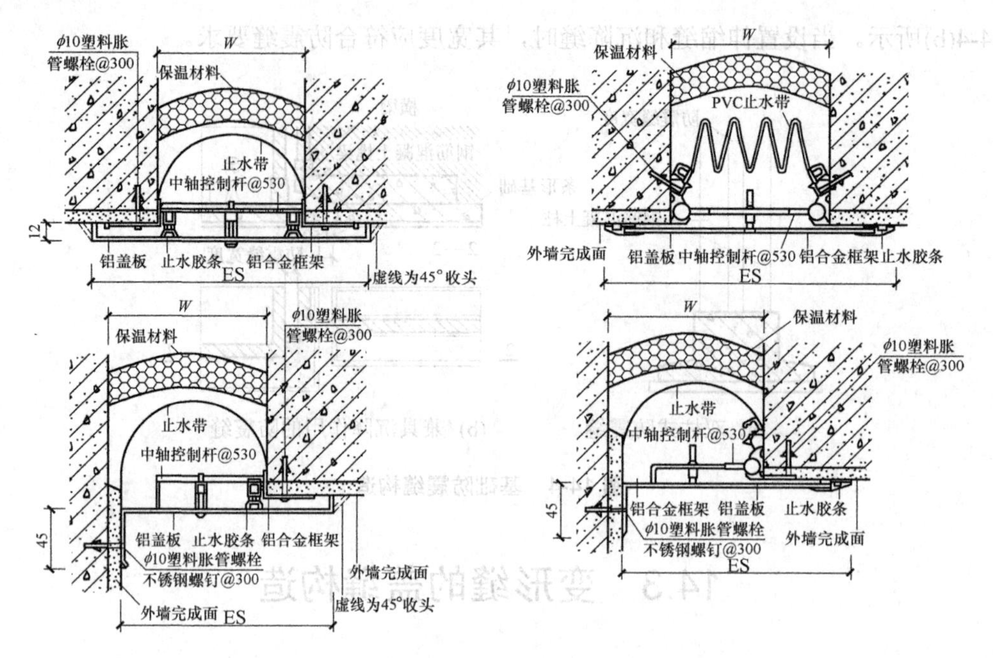

图 14-6　外墙伸缩缝盖缝构造(单位：mm)

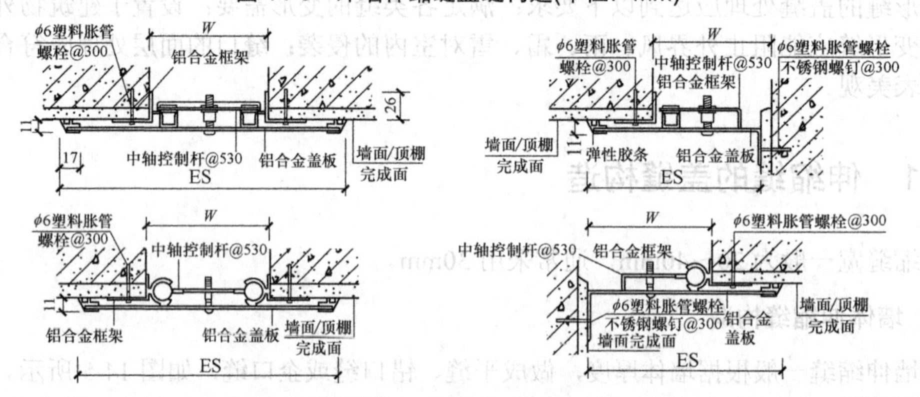

图 14-7　内墙伸缩缝盖缝构造(单位：mm)

2．楼地板伸缩缝构造

楼地板伸缩缝的构造处理需满足地面平整、光洁、防水和卫生等使用要求。缝内常用油膏、沥青麻丝、金属或塑料调节片等材料做封缝处理，其上铺金属、混凝土或橡塑等活动盖板，如图 14-8 所示。顶棚伸缩缝需结合室内装修进行，一般采用金属板、木板、橡塑板等盖缝，盖缝板只能固定于一侧，以保证缝两侧构件能在水平方向自由伸缩变形。

3．屋面伸缩缝构造

屋面伸缩缝位置一般有设在同一标高屋面或高低错落处屋面两种。屋面伸缩缝设置时既需保证两侧结构构件能在水平方向自由伸缩，同时又能满足防水、保温、隔热等屋面结构要求。

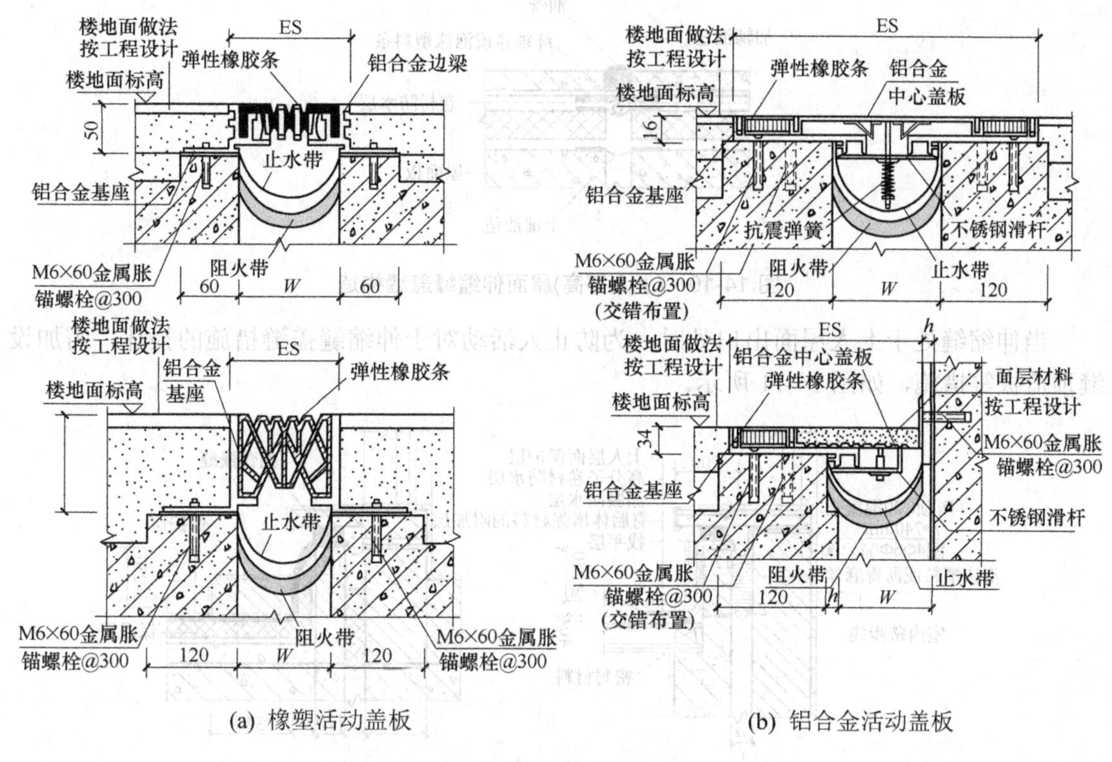

(a) 橡塑活动盖板　　(b) 铝合金活动盖板

图 14-8　楼地板伸缩缝盖缝构造(单位：mm)

当伸缩缝两侧屋面等高且不上人时，一般采用在伸缩缝处加砌砖矮墙或混凝土凸缘，高出屋面至少 250mm，再按屋面构造要求将防水层沿矮墙上卷固定。缝口用镀锌铁皮或混凝土板盖缝，也可采用彩色薄钢板、铝板或不锈钢皮等盖缝，如图 14-9 所示。

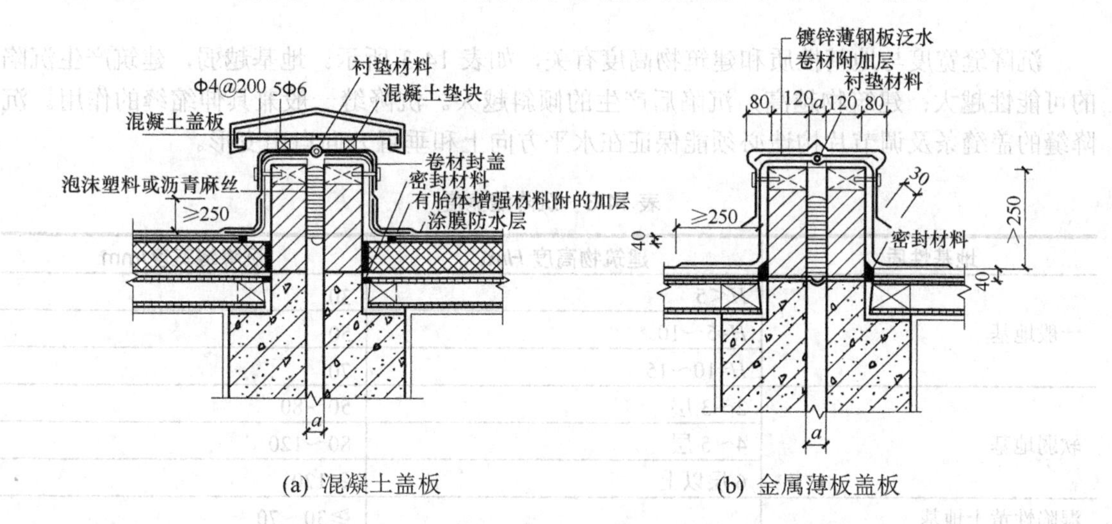

(a) 混凝土盖板　　(b) 金属薄板盖板

图 14-9　(不上人等高)屋面伸缩缝盖缝构造(单位：mm)

当伸缩缝两侧屋面标高相同又为上人屋面时，一般不设矮墙，通常做油膏嵌缝并注意防水处理，如图 14-10 所示。

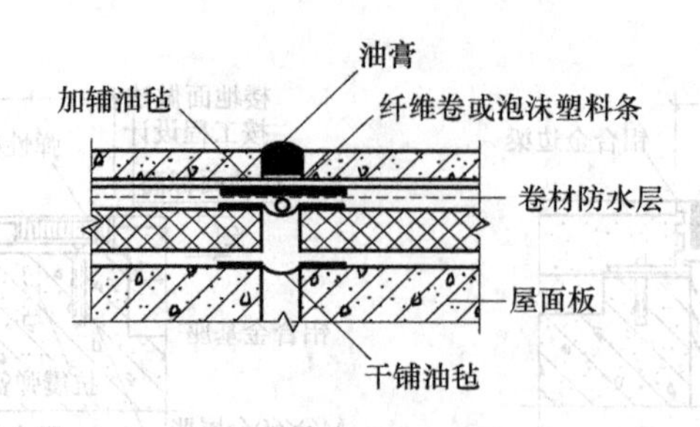

图 14-10 (上人等高)屋面伸缩缝盖缝构造

当伸缩缝处于上人屋面出口处时，为防止人活动对于伸缩缝盖缝措施的损坏，需加设缝顶盖板等措施，如图 14-11 所示。

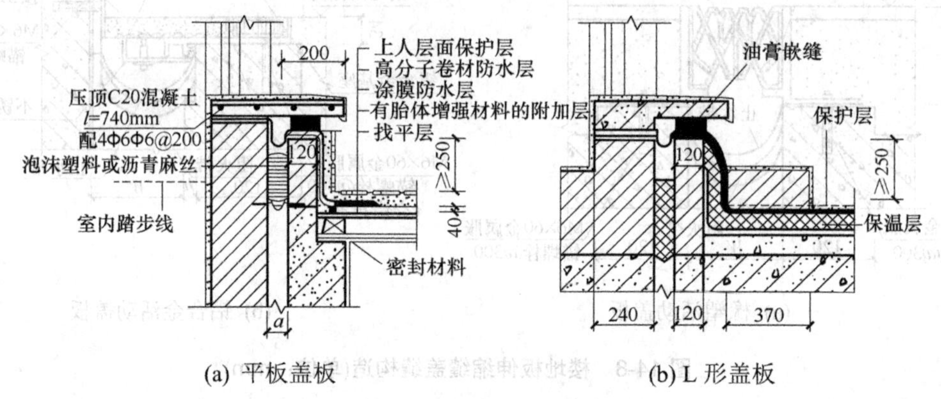

(a) 平板盖板 (b) L 形盖板

图 14-11 上人屋面出口处伸缩缝盖缝构造(单位：mm)

14.3.2 沉降缝的盖缝构造

沉降缝宽度与地基性质和建筑物高度有关，如表 14-3 所示。地基越弱，建筑产生沉陷的可能性越大；建筑物越高，沉陷后产生的倾斜越大。沉降缝一般兼具伸缩缝的作用。沉降缝的盖缝条及调节片构造必须能保证在水平方向上和垂直方向自由变形。

表 14-3 沉降缝宽度

地基性质	建筑物高度 H/m	沉降缝宽度/mm
一般地基	$H<5$	30
	$H=5\sim10$	50
	$H=10\sim15$	70
软弱地基	2～3 层	50～80
	4～5 层	80～120
	6 层以上	≥120
湿陷性黄土地基		≥30～70

墙体沉降缝构造需同时满足垂直沉降变形和水平伸缩变形的要求，如图 14-12 所示。地面、楼板层、屋面沉降缝的盖缝处理基本同伸缩缝构造。顶棚盖缝处理应充分考虑变形方向，尽量减少不均匀沉降后产生的影响。

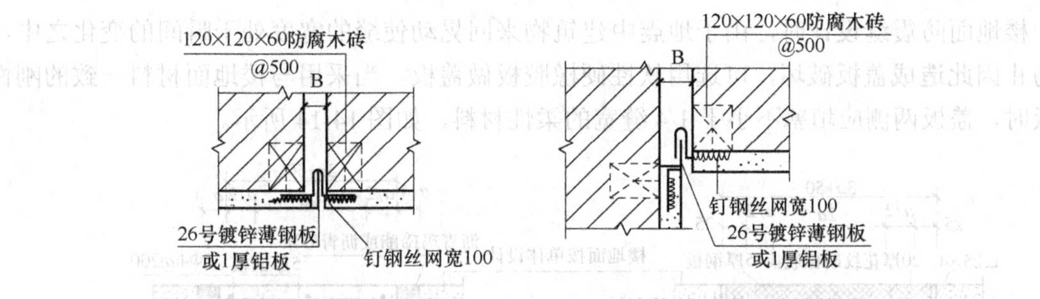

(a) 墙体平齐盖缝构造　　(b) 墙体前后错开盖缝构造

图 14-12　墙体沉降缝盖缝构造(单位：mm)

14.3.3　防震缝的盖缝构造

防震缝宽度与房屋高度、结构类型和设防烈度有关，如表 14-4 所示。

表 14-4　防震缝的宽度

建筑物高度/m	设计烈度	建筑物结构类型	防震缝宽度/mm
≤15	—	多层砌体建筑	70～100
	—	多层钢筋混凝土结构房屋	≥100
＞15	6	建筑物高度每增高 5m	宜在≥100 基础上增加 20
	7	建筑物高度每增高 4m	
	8	建筑物高度每增高 3m	
	9	建筑物高度每增高 2m	

建筑防震一般只考虑水平地震作用的影响，因此防震缝构造与伸缩缝相似。但墙体防震缝不能做成错口缝或企口缝。由于防震缝一般较宽，且地震时缝口处在“变动”中，盖板需具有伸缩功能，实际工程中通常将盖板设计为横向有两个三角凹口的形式。为防锈蚀通常选用铝板或不锈钢板制作，如图 14-13 所示。

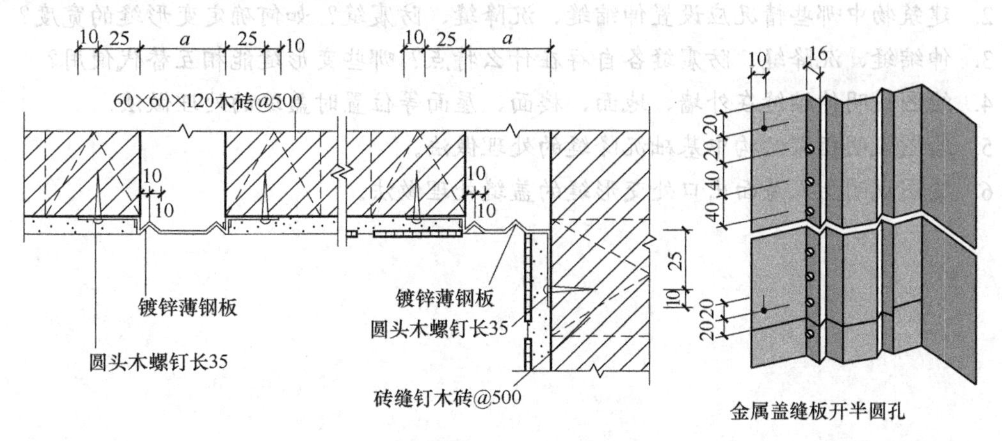

图 14-13　外墙防震缝盖缝构造(单位：mm)

楼地面防震缝设计时，由于地震中建筑物来回晃动使缝的宽度处于瞬间的变化之中，为防止因此造成盖板破坏，可选用软性硬橡胶板做盖板。当采用与楼地面材料一致的刚性盖板时，盖板两侧应填塞不小于1/4缝宽的柔性材料，如图14-14所示。

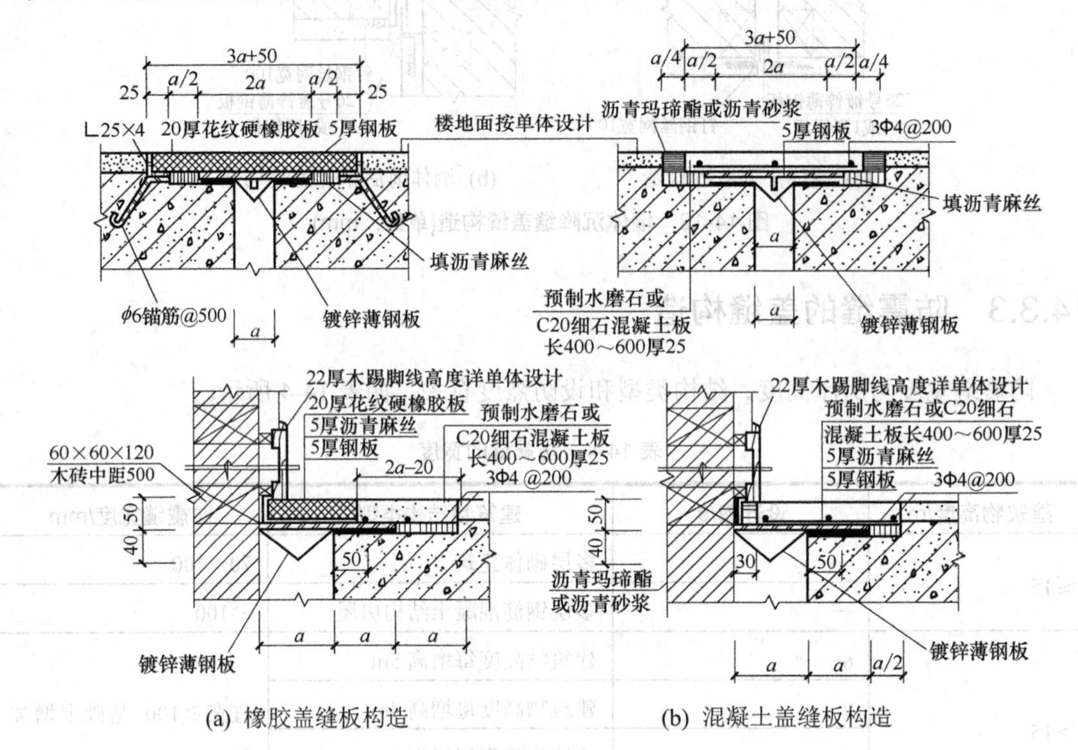

(a) 橡胶盖缝板构造　　(b) 混凝土盖缝板构造

图14-14　楼面防震缝盖缝构造(单位：mm)

思考题

1. 简述变形缝的定义、类型和作用。
2. 建筑物中哪些情况应设置伸缩缝、沉降缝、防震缝？如何确定变形缝的宽度？
3. 伸缩缝、沉降缝、防震缝各自存在什么特点？哪些变形缝能相互替代使用？
4. 绘图说明伸缩缝在外墙、地面、楼面、屋面等位置时盖缝的处理做法。
5. 绘图说明框架结构中基础沉降缝的处理做法。
6. 绘图说明上人屋面出口处变形缝的盖缝处理做法。

第 15 章　工业建筑设计概论

15.1　概　　述

15.1.1　工业建筑的特点和分类

工业建筑是指从事各类工业生产及直接为生产服务的房屋，一般称为厂房。工业建筑与民用建筑一样，要体现适用、安全、经济、美观的建筑方针；但由于生产工艺复杂多样，在设计原则、建筑用料和建筑技术等方面，两者也有许多不同之处。

1. 工业建筑的特点

工业建筑生产工艺复杂多样，在设计配合、使用要求、室内采光、屋面排水及建筑构造等方面，具有如下特点。

1) 工艺设计是基础

厂房的建筑设计应满足生产工艺的要求，使生产活动顺利进行。由于产品及工艺的多样化，不同生产工艺的厂房有不同的特征。

2) 内部起吊空间大而空旷

由于厂房内各生产工部联系紧密，需要设置大量或大型的生产设备以及起重运输设备，同时保证各种起重设备运输工具的畅通运行，因此需要较大的内部面积和宽敞的空间。

3) 承重结构复杂

厂房由于屋盖和楼板的荷载较大，多数厂房采用大型的承重构件组成的钢筋混凝土骨架结构；对于特别高大的厂房，或有重型吊车的厂房，或高温厂房以及地震烈度较高地区的厂房，宜采用钢结构骨架承重。

4) 屋顶等构造复杂

厂房宽度一般较大，特别是多跨厂房，为满足室内采光、通风的需要，屋顶上往往设有天窗；为了屋面防水、排水的需要，还应设置屋面排水系统(天沟及落水管)；由于设有天窗，室内大都无天棚，屋顶承重结构袒露于室内。

2. 工业建筑的分类

工业建筑通常按照用途、内部生产状况和层数分类。

1) 按厂房的用途分类

(1) 主要生产厂房：是指用于完成主要产品从原料到成品的生产工艺过程的各个车间。

(2) 辅助生产厂房：是指不直接加工产品而只是为主要生产厂房服务的各类厂房，例如机修和工具等车间。

(3) 动力用厂房：是指为工厂生产能源的各类厂房，如发电站、锅炉房、煤气站等。

(4) 储藏用库房：是指储存各种原材料、半成品或成品的仓库，如金属材料库、辅助材料库、油料库、零件库、成品库等。

(5) 运输工具用库房：是指管理、停放、检修各种运输工具的库房，如汽车库、电瓶车库等。

2) 按车间内部生产状况分类

(1) 热加工车间：主要指在高温、红热或材料融化状态下进行生产并在生产中会产生大量的热量及有害气体、烟尘的车间，如冶炼、铸造、锻造等车间。

(2) 冷加工车间：主要是指在正常温湿度状态下进行生产的车间，如机械加工、装配等车间。

(3) 有侵蚀的车间：主要是指在生产过程中会受到酸、碱、盐等侵蚀性介质的作用，对厂房耐久性有影响的车间。这类厂房在建筑材料选择及构造处理上应做可靠的防腐蚀措施，如化工厂和化肥厂中的某些生产车间、冶金工厂中的酸洗车间等。

(4) 恒温恒湿车间：主要是指为了保证产品的质量，要求在温、湿度波动很小的范围内进行生产的车间，如精密仪表车间、纺织车间等。这些车间除了室内装有空调设备外，厂房也要采取相应的措施，以减小室外气候对室内温、湿度的影响。

(5) 洁净车间(无尘车间)：主要是指产品的生产对室内空气的洁净程度要求很高的车间，如集成电路车间、食品厂、精密仪器加工、制药厂等。这类车间除通过净化处理，将空气中的含尘量控制在允许范围以外，厂房围护结构应保证严密，以免大气灰尘的侵入，保证产品质量。

3) 按厂房层数分类

(1) 单层厂房：广泛应用于机械制造、冶金等工业部门，对具有大型生产设备、振动设备、地沟、地坑或重型起重运输设备的生产有较大的适应性。单层厂房按照建筑跨数的多少又有单跨厂房、多跨厂房之分。

(2) 多层厂房：是指层数在2层及以上的厂房，多为2～6层，如图15-1所示。多层厂房用于垂直方向组织生产及工艺流程的生产企业，以及设备、产品较轻的企业具有较大的适应性，多用于轻工、食品、电子、仪表等工业部门。车间运输分为垂直和水平运输两类，垂直交通靠电梯，水平交通则通过小型运输工具，如电瓶车等。

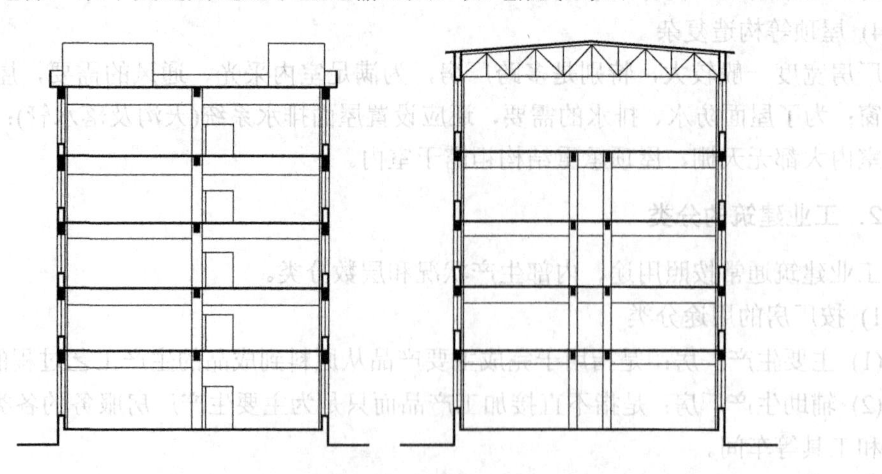

图 15-1 多层厂房

(3) 混合厂房：是指单层工业厂房和多层工业厂房混合在一幢建筑中，在单层内或跨层设置大型生产设备，多用于化工和电力工业，如图 15-2 所示。

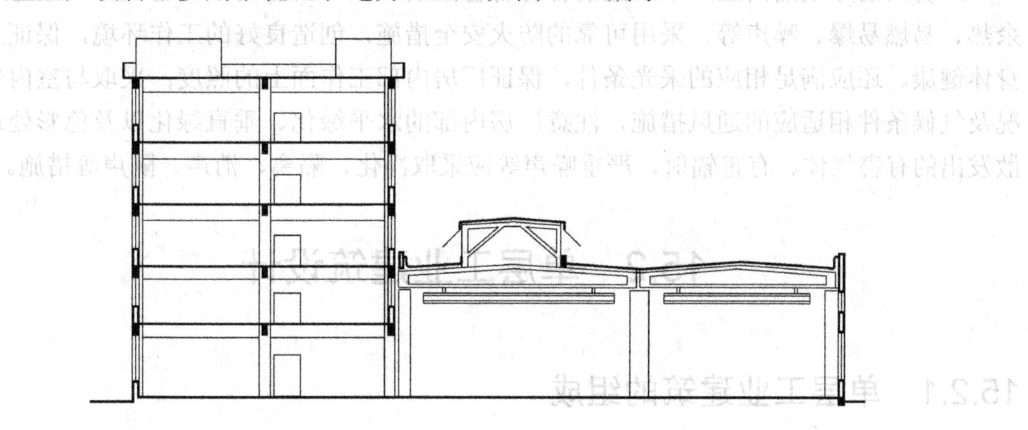

图 15-2　混合厂房

15.1.2　工业建筑的设计任务与要求

1. 工业建筑的设计任务

工业建筑设计应在分析建设单位提供的任务书的基础上，按工艺设计人员提出的生产工艺要求，确定厂房的平面形状、柱网尺寸、剖面形式、建筑体型，确定合理的结构方案和围护结构的类型、合适的建筑材料，完成细部构造设计，进一步协调建筑、结构、水、暖、电、气、通风等各工种，最终完成全部施工图。

2. 工业建筑的设计要求

1) 工艺要求

建筑设计在建筑面积、平面形状、柱距、跨度、剖面形式、厂房高度以及结构方案和构造措施等方面，要满足生产工艺的要求，还必须满足机器设备的安装、操作、运转、检修等方面的要求。

2) 建筑要求

工业建筑的坚固性和耐久性应符合建筑的使用年限，能够经受自然条件、外力、温湿度变化和化学侵蚀等各种不利因素的影响，并具有较大的通用性和适当的扩建条件。设计应严格遵守《厂房建筑模数协调标准》和《建筑模数协调统一标准》的规定，合理选择厂房建筑参数(柱距、跨度、柱顶标高等)，采用标准、通用的结构构件，使设计标准化、生产工业化、施工机械化，提高建筑工业化水平。

3) 经济要求

厂房在满足生产使用、保证质量的前提下，应适当控制面积、体积，合理利用空间，尽量降低建筑造价，节约材料和日常维修费用。

4) 卫生安全要求

厂房应消除或隔离生产中产生的各种有害因素，如冲击振动、有害气体和液体、烟尘余热、易燃易爆、噪声等，采用可靠的防火安全措施，创造良好的工作环境，保证工人的身体健康。还应满足相应的采光条件，保证厂房内部工作面上的照度；采取与室内生产状况及气候条件相适应的通风措施，注意厂房内部的水平绿化、垂直绿化以及色彩处理；对散发出的有害气体、有害辐射、严重噪声等应采取净化、隔离、消声、隔声等措施。

15.2 单层工业建筑设计

15.2.1 单层工业建筑的组成

1. 功能组成

功能组成即房屋的组成，指单层工业建筑内部生产房间的组成。生产房间是工厂生产的管理单位，由 4 部分组成：生产工段，是指加工产品的主体部分；辅助工段，是为生产工段服务的部分；库房部分，用于存放原材料、半成品、成品的地方；行政办公生活用房，是指办公室、更衣室等。对于一幢厂房建筑来说，其内部的组成部分是不一定的，采用什么形式组织及布置各工部和厂房以适应生产要求和建筑设计要求，应根据工厂性质、生产规模、工艺特点以及总平面布置等要求来确定。

2. 结构组成

单层工业建筑的结构组成包括承重结构、围护结构和其他结构。

1) 承重结构

承重结构分为墙体承重结构和骨架承重结构两种类型，目前后者应用广泛，因为该种结构受力合理、建筑设计灵活、施工方便、工业化程度也较高。我国采用横向排架结构较多，图 15-3 所示为典型的装配式钢筋混凝土结构的单层工业建筑。图中横向排架由基础、柱、屋架(或屋面梁)组成，承受各种荷载；纵向连系构件由基础梁、连系梁、圈梁、吊车梁组成，与横向排架共同构成骨架。为了保证建筑的刚度，还应设置屋架支撑、柱间支撑等支撑系统。

2) 围护结构

单层工业建筑的围护结构包括外墙、屋顶、地面、门窗、天窗等。

3) 其他结构

其他结构包括散水、地沟、坡道、吊车梯、室外消防梯、内部隔墙等。

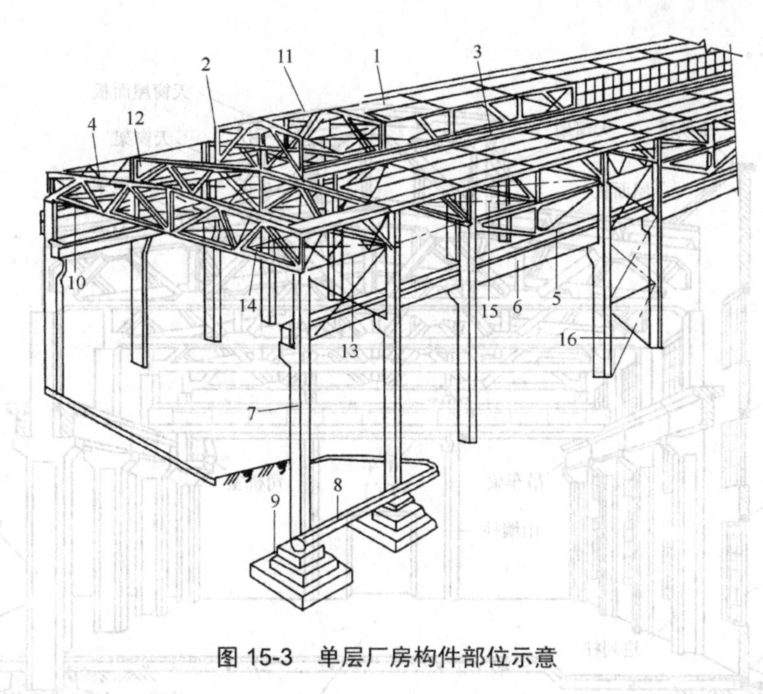

图 15-3　单层厂房构件部位示意

1—屋面板；2—天窗架；3—天窗侧；4—屋架；5—托梁；6—吊车梁；7—柱子；
8—基础梁；9—基础；10—连系梁；11—天窗支撑；12—屋架上弦横向支撑；
13—屋架垂直支撑；14—屋架下弦横向支撑；15—屋架下弦纵向支撑；16—柱间支撑

15.2.2　结构类型和选择

1. 砖石混合结构

砖石混合结构是由砖柱和钢筋混凝土屋架或屋面大梁组成，或砖柱与木屋架或轻钢或组合屋架。该结构构造简单，但承载能力及抗振性能较差，一般用于跨度不大于 15m 柱距为 4～6m 的小型厂房，且吊车起重量不超过 5t。

2. 装配式钢筋混凝土结构

这种结构是单厂中应用最广泛的一种，如图 15-4 所示。结构坚固耐久，可预制装配，与钢结构相比可节约钢材，造价较低，抗腐蚀性好，但自重较大，抗振性能不如钢结构，可用于单跨、双跨、多跨、等高以及不等高形式的大中型厂房。

3. 钢结构

钢结构的主要承重构件全部由钢材制成，如图 15-5 所示。这种结构的优点是自重轻，抗振性能好，施工速度快，缺点是钢结构易锈蚀，保护维修费用高，耐久性能较差，防火性能差，使用时应采取必要的防护措施。钢结构主要用于跨度巨大、空间高、吊车载重量大、高温或振动荷载大的工业建筑。

单层工业建筑的结构还有 V 形折板结构、单面或双面曲壳结构、网架结构和门式刚架，如图 15-6 所示。

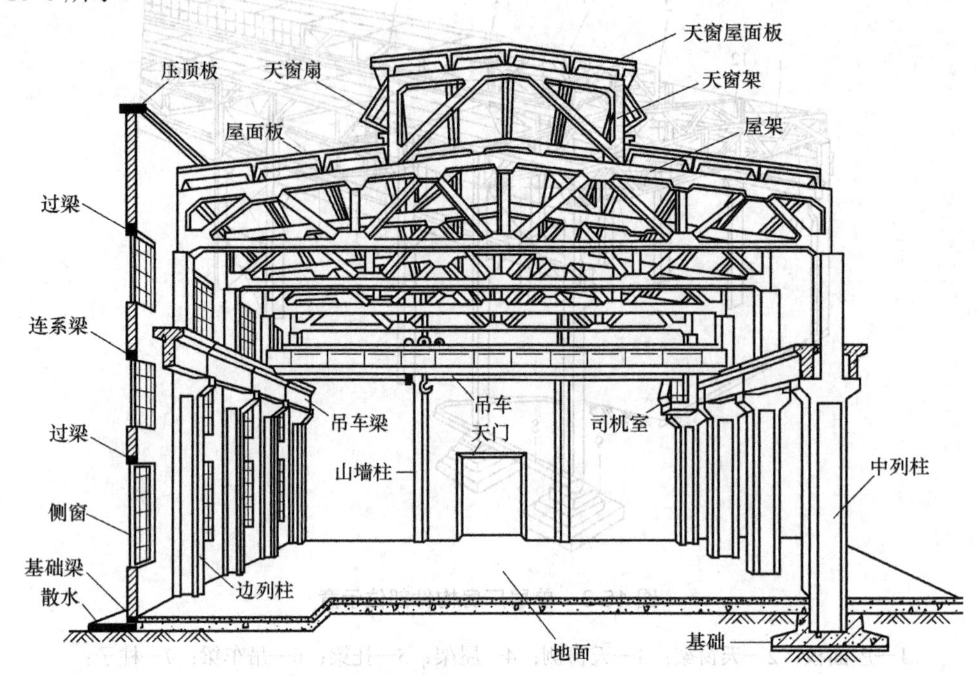

图 15-4　装配式钢筋混凝土结构单层厂房构件组成

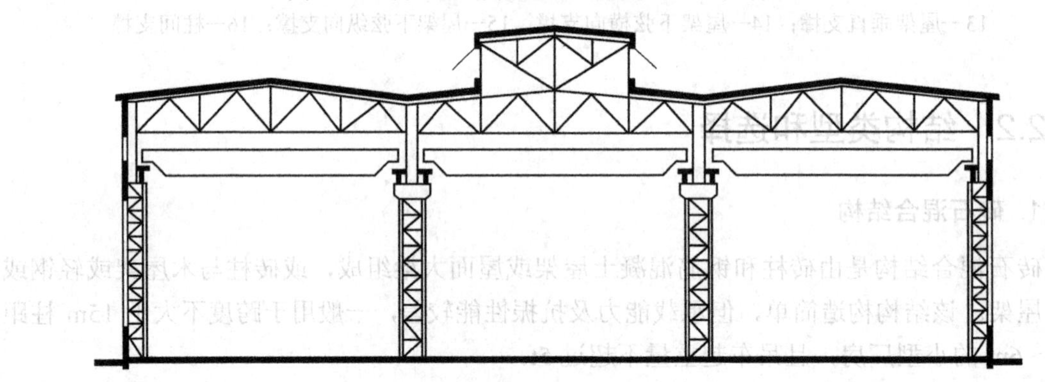

图 15-5　钢结构工业建筑

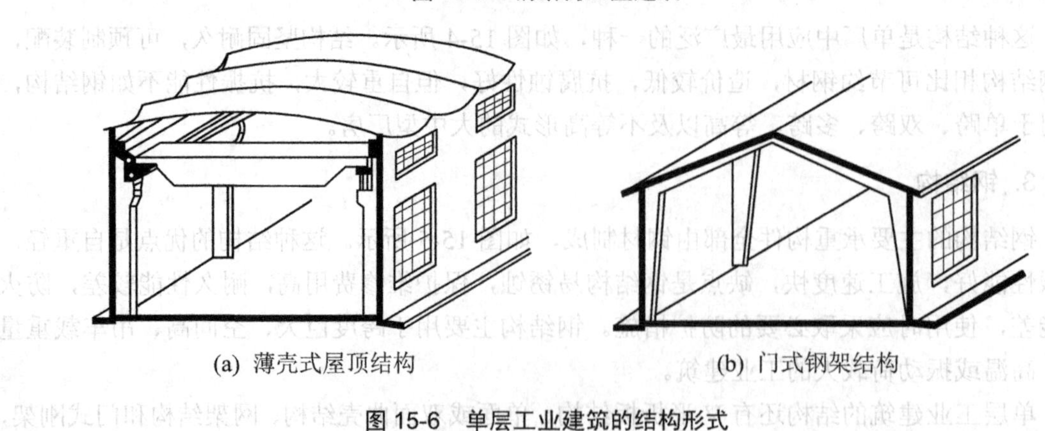

(a) 薄壳式屋顶结构　　(b) 门式钢架结构

图 15-6　单层工业建筑的结构形式

15.2.3　内部起重运输设备的类型

为了在生产中运送原材料、成品或半成品，以及安装、检修生产设备，厂房内应设置必要的起重运输设备，常见有单轨悬挂式吊车、梁式吊车和桥式吊车等。

1．单轨悬挂式吊车

单轨悬挂式吊车按操纵方法不同有手动及电动两种。吊车由运行部分和起升部分组成，安装在工字钢形钢轨上，钢轨悬挂在屋架下弦，可以布置成直线或曲线形(转弯或越跨时用)。这种吊车适用于小型起重量的车间，一般起重量为 1～2t，如图 15-7 所示。

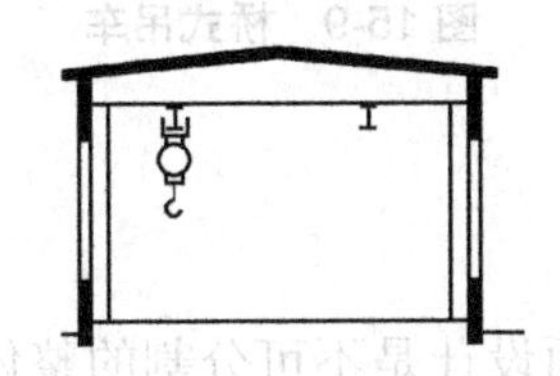

图 15-7　单轨悬挂式吊车

2．梁式吊车

梁式吊车也有电动和手动两种，一般厂房多采用电动梁式吊车，由梁架、工字钢轨道和电动葫芦组成。吊车轨道可悬挂在屋架下弦或支承在吊车梁上，如图 15-8 所示。这种吊车适用于小型起重量的车间，起重量一般不超过 5t。确定厂房高度时，应考虑吊车净空高度的影响，结构设计时也应考虑吊车荷载的影响。

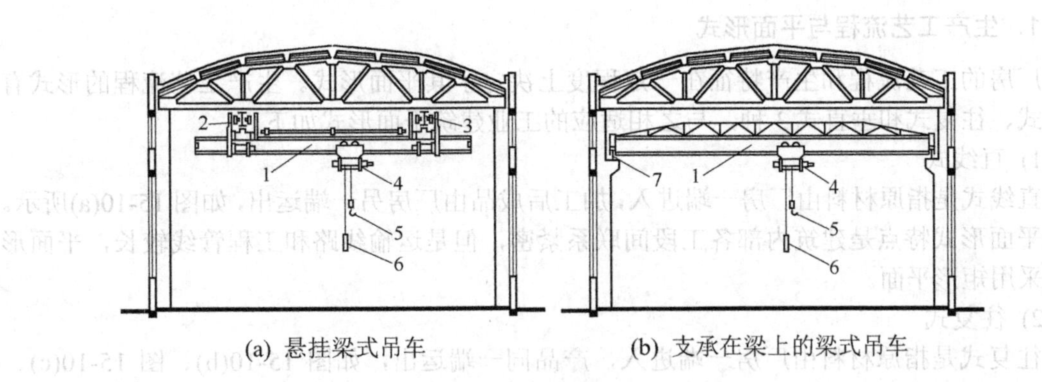

(a) 悬挂梁式吊车　　(b) 支承在梁上的梁式吊车

图 15-8　梁式吊车

1—钢梁；2—运行装置；3—轨道；4—提升装置；5—吊钩；6—操纵开关；7—吊车梁

3．桥式吊车

桥式吊车由起重行车及桥架组成，桥架上铺有起重行车运行的轨道(沿厂房横向运行)，桥梁两端借助车轮可在吊车轨道上运行(沿厂房纵向运行)，吊车的桥架支承在吊车梁的钢轨上，如图 15-9 所示。桥式吊车的起重范围可由 5t 到数百吨，在工业建筑中应用广泛，但由

于所需净空高度大，自重也大，对厂房结构不利。

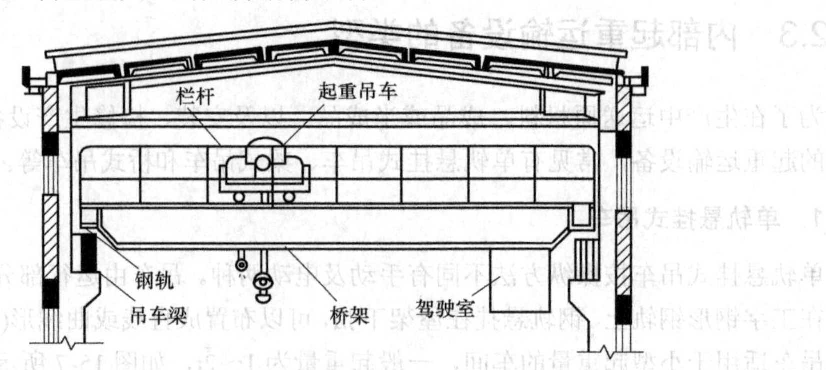

图 15-9　桥式吊车

15.2.4　平面设计

工业建筑的平面、剖面和立面设计是不可分割的整体，设计时应统一考虑。平面设计及空间组合设计在工艺设计及工艺布置的基础上进行，集中反映工业建筑的使用功能、生产工艺的布置情况以及和总平面之间的关系。完整的工艺平面图包括以下 5 项内容。

(1) 根据生产规模、性质、产品规格等确定生产工艺流程。

(2) 选择和布置生产设备和起重运输设备。

(3) 划分车间内部各生产工段及其所占有的面积。

(4) 初步拟定工业建筑的跨间数、跨度和长度。

(5) 提出生产对建筑设计的要求，如采光、通风、防振、防尘、防辐射等。

1. 生产工艺流程与平面形式

厂房的工艺流程和生产特征在一定程度上决定了其平面形式。生产工艺流程的形式有直线式、往复式和垂直式 3 种，与之相适应的工业建筑平面形式如下。

1) 直线式

直线式是指原材料由厂房一端进入，加工后成品由厂房另一端运出，如图 15-10(a)所示。这种平面形式特点是建筑内部各工段间联系紧密，但是运输线路和工程管线较长，平面形式多采用矩形平面。

2) 往复式

往复式是指原材料由厂房一端进入，产品同一端运出，如图 15-10(b)、图 15-10(c)、图 15-10(d)所示。这种平面形式的特点是工段联系紧密，运输线路和工程管线短捷，形状规整，占地面积小，外墙面积小，对节约材料和保温隔热有利。适用于多种生产性质的工业建筑，但采光通风及屋面排水复杂。

3) 垂直式

垂直式是原材料由厂房纵跨的一端进入，加工成品从横跨的另一端运出，如图 15-10(e)所示。这种平面形式的特点是工艺流程紧凑合理，运输及工程管线线路较短，但纵跨与横跨之间的结构构造较为复杂，费用较高，占地面积较大。

为了满足生产工艺的要求，工业建筑的平面也可设计成 L 形、U 形或 E 形，如图 15-10(f)、

图 15-10(g)、图 15-10(h)所示，特点是良好的通风、采光、排气、散热和除尘等功能，便于排除工业生产产生的热量、烟尘和有害气体。

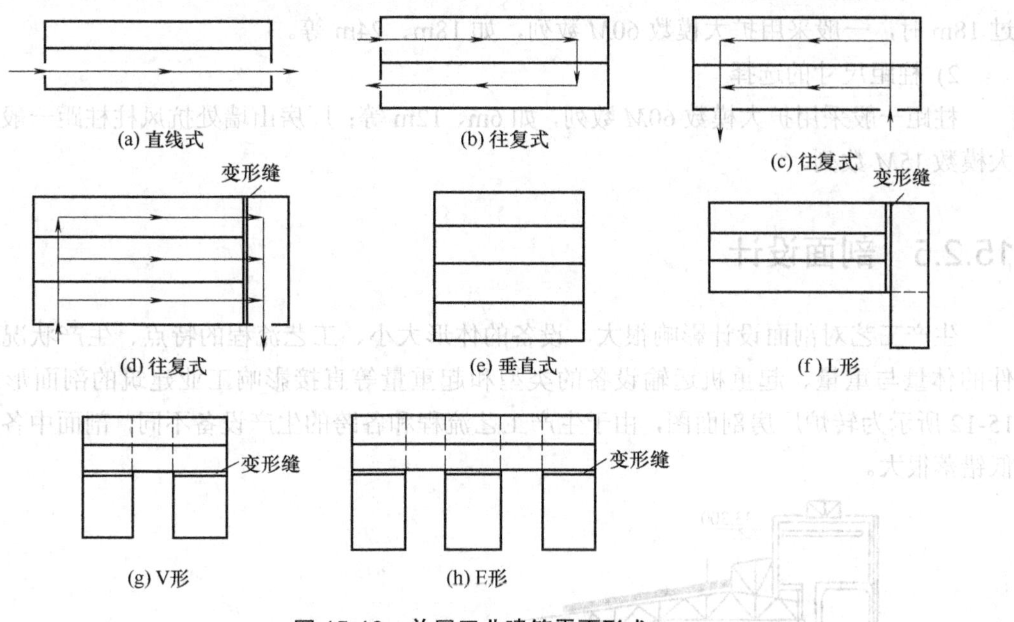

图 15-10　单层工业建筑平面形式

2．柱网选择

柱网尺寸由跨度和柱距确定，柱网的选择就是选择跨度和柱距。工艺设计人员根据工艺流程和设备布置状况，对跨度和柱距提出最初要求，建筑设计人员在此基础上，依照建筑及结构的设计标准，确定最终工业建筑的跨度和柱距。应尽量扩大柱网，提高厂房的通用性和经济合理性。图 15-11 所示为柱网尺寸示意图。

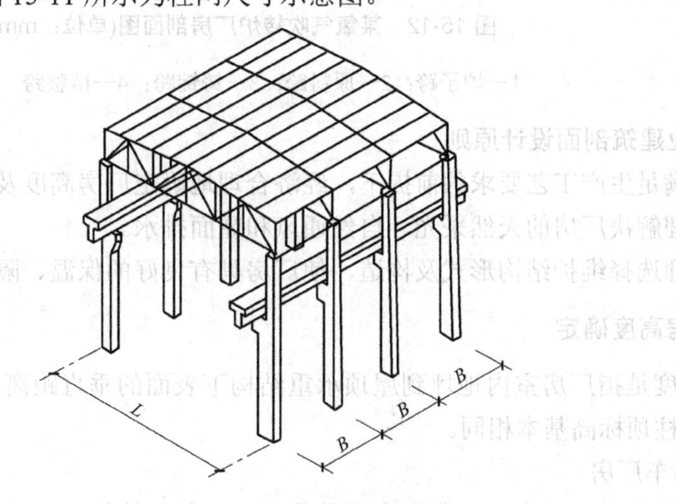

图 15-11　柱网尺寸示意图

L—跨度；B—柱距

1) 跨度尺寸的选择

工业建筑的跨度小于 18m 时，一般采用扩大模数 30*M* 数列，如 9m、12m 等；跨度超过 18m 时，一般采用扩大模数 60*M* 数列，如 18m、24m 等。

2) 柱距尺寸的选择

柱距一般采用扩大模数 60*M* 数列，如 6m、12m 等；厂房山墙处抗风柱柱距一般采用扩大模数 15*M* 数列。

15.2.5 剖面设计

生产工艺对剖面设计影响很大，设备的体形大小、工艺流程的特点、生产状况、加工件的体量与重量、起重机运输设备的类型和起重量等直接影响工业建筑的剖面形式。图 15-12 所示为转炉厂房剖面图，由于生产工艺流程和各跨的生产设备不同，剖面中各跨的高低错落很大。

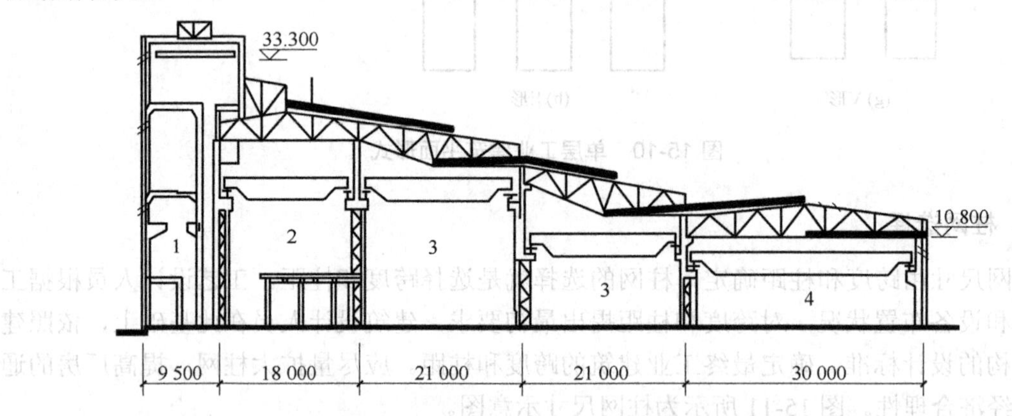

图 15-12 某氧气吹转炉厂房剖面图(单位：mm)

1—炉子跨；2—原料跨；3—铸锭跨；4—精整跨

1. 工业建筑剖面设计原则

(1) 在满足生产工艺要求的前提下，经济合理地确定厂房高度及有效利用和节约空间。

(2) 合理解决厂房的天然采光、自然通风和屋面排水。

(3) 合理选择维护结构形式及构造，使厂房具有良好的保温、隔热和防水等围护功能。

2. 厂房高度确定

厂房高度是指厂房室内地坪到屋顶承重结构下表面的垂直距离，根据是否使用吊车确定，一般与柱顶标高基本相同。

1) 无吊车厂房

柱顶标高按最大的生产设备高度及其使用、安装、检修时所需的净空高度来确定，且应符合《工业企业设计卫生标准》的要求。为保证室内最小空间，满足采光、通风的要求，一般净高不应低于 3.9m，并满足模数的要求。

2) 有吊车厂房(见图 15-13)

有吊车厂房的标高按照以下公式计算求得：

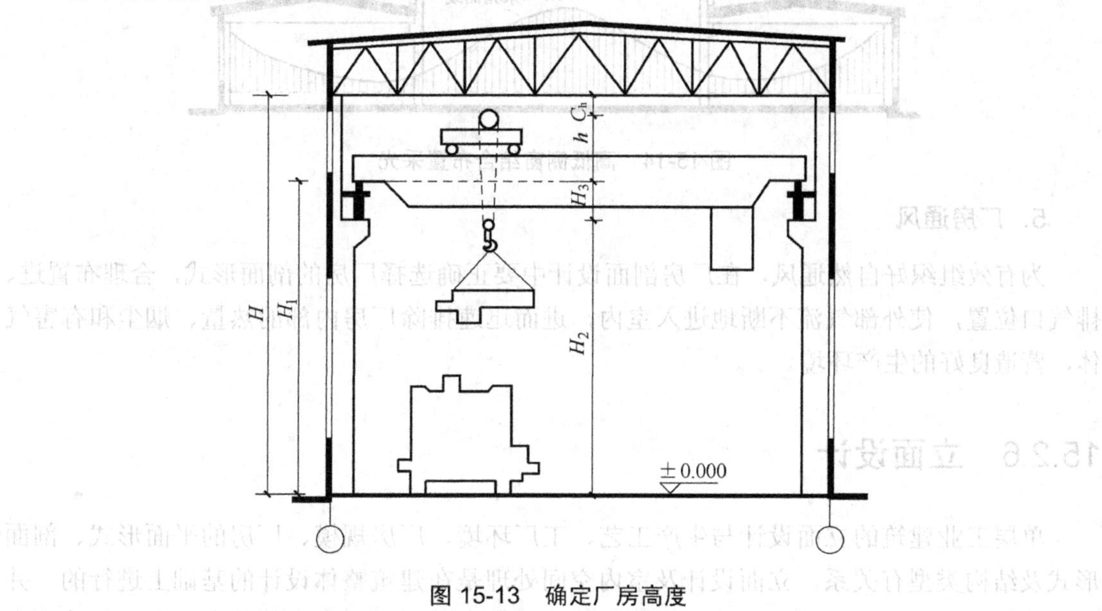

图 15-13　确定厂房高度

$$H = H_1 + h + C_h$$

式中：H——柱顶标高，应符合 3M 数列；

H_1——吊车轨顶标高，应符合工艺设计要求；

h——轨顶至吊车上小车顶面的高度，根据吊车起重量由吊车规格表中查出；

C_h——屋架下弦底面至吊车小车顶面的安全空隙。

$$H_1 = H_2 + H_3$$

式中：H_2——柱牛腿标高，应符合 3M 数列；

H_3——吊车梁高、吊车轨高及垫层厚度之和。

为了适应设备更新和重新组织生产工艺流程，提高厂房的通用性，通常将厂房高度提高一些。

3．室内地坪标高的确定

单层厂房室内地坪与室外地面须设置高差，防止雨水侵入室内，但高差不宜过大，以便于运输工具进出厂房，一般以 150mm 为宜。

4．天然采光

窗口的大小、形式及其布置方式都直接影响室内光线。厂房的采光方式有侧面采光、上部采光、混合采光等。侧面采光是利用开设在侧墙上的窗子进行采光；上部采光是利用开设在屋顶上的窗子进行采光；混合采光是利用上述两种方式组合起来同时采光。图 15-14 所示为某厂房利用高低侧窗采光的实例。

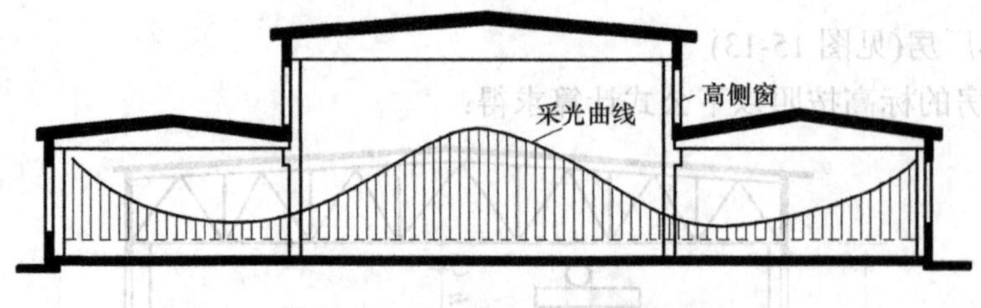

图 15-14 高低侧窗结合布置采光

5. 厂房通风

为有效组织好自然通风，在厂房剖面设计中要正确选择厂房的剖面形式，合理布置进、排气口位置，使外部气流不断地进入室内，进而迅速排除厂房内部的热量、烟尘和有害气体，营造良好的生产环境。

15.2.6 立面设计

单层工业建筑的立面设计与生产工艺、工厂环境、厂房规模、厂房的平面形式、剖面形式及结构类型有关系。立面设计及室内空间处理是在建筑整体设计的基础上进行的，并综合运用建筑构图原理，使工业建筑具有简洁、朴素、新颖、大方的外观形象，创造出内容与形式统一的体型。影响立面设计的因素如下。

1. 使用功能的影响

厂房的工艺特点对其形体有很大的影响。例如轧钢、造纸等工业，其生产工艺流程采用直线式，厂房也多采用单跨或单跨并列的形式，厂房的立面形体通常呈现出水平构图的特征。

2. 结构、材料的影响

结构、材料对厂房的体型影响较大，尤其是屋顶结构形式在很大程度上决定了厂房的体型。

3. 气候、环境影响

室外太阳辐射强度、空气的温湿度等因素对立面设计均有影响。北方寒冷地区的厂房一般要求防寒保暖，窗口面积不应开启较大，空间组合易采取集中围合布置方式，给人稳重、深厚的感觉；南方炎热地区的厂房，重点考虑通风、隔热、散热，因此常采用开敞式外墙，空间组合分散、狭长，具有轻巧、明快的特征。

15.3 多层工业建筑设计

多层工业建筑是随着科学技术的进步、新兴工业的产生而得到迅速发展的一种工业建筑形式，目前在机械、电子、电器、仪表、光学、轻工、纺织、化工和仓储等行业中具有广泛的应用。多层工业建筑对提高城市建筑用地率、改善城市景观等方面起着积极的作用。

15.3.1　特点

1. 建筑占地面积小

一般情况下多层工业建筑占地仅为单层工业建筑的 1/2～1/6，并且还降低了基础和屋顶的工程量，缩短了工程管线的长度，节约建设投资和维护管理费。同时厂区占地面积少，方便各部门、各车间的联系，工人上下班路线短捷，便于保安管理等。

2. 交通运输面积较大

多层工业建筑内的生产是在不同标高的楼层上进行的，生产工艺不仅有水平方向的联系，而且有竖直方向的联系，需要设置垂直方向的运输系统，如楼梯间、电梯间、坡道等，因此增加了用于交通运输的面积和体积。

3. 外围护面积小

多层工业建筑宽度较小，顶层房间可以不设天窗用侧窗采光，屋面雨水排除方便，屋顶构造简单，屋顶面积小，可节约建筑材料并获得节能的效果。在寒冷地区，还可以减少冬季采暖费，且易保证恒温恒湿的要求。

4. 分间灵活

多层工业建筑一般采用梁、板、柱框架承重体系，柱网尺寸较小，使厂房的通用性相对有所提高。

5. 结构、构造处理复杂

多层工业建筑中较重的设备通常放在底层，较轻的设备放在楼层。但是如果布置振动较大设备时，结构计算和构造处理复杂，适应性也不如单层工业建筑。

15.3.2　平面设计

多层工业建筑的平面设计要综合考虑建筑、结构、采暖通风、水、电设备等工种要求，合理确定平面形式、柱网布置、交通和辅助用房布置。平面布置形式主要有以下几种。

1. 内廊式

指多层工业建筑中每层的各生产工段用隔墙分隔成大小不同的房间，再用内廊将其联系起来的一种平面布置形式，如图 15-15 所示。该平面形式适用于生产工段所需面积不大、生产中各工段间既需要联系又需要避免干扰的房间。

2. 大宽度式

指平面采用加大厂房宽度，形成大宽度式的平面，呈现为厅廊结合、大小空间结合，如双廊式、三廊式、环廊式、套间式等，如图15-16所示。该平面形式主要适用于技术要求较高的恒温、恒湿、洁净、无菌等生产车间。

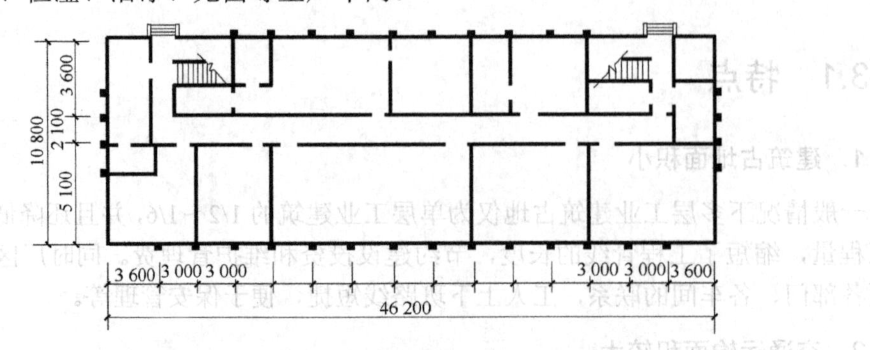

图15-15　内廊式的平面布置(单位：mm)

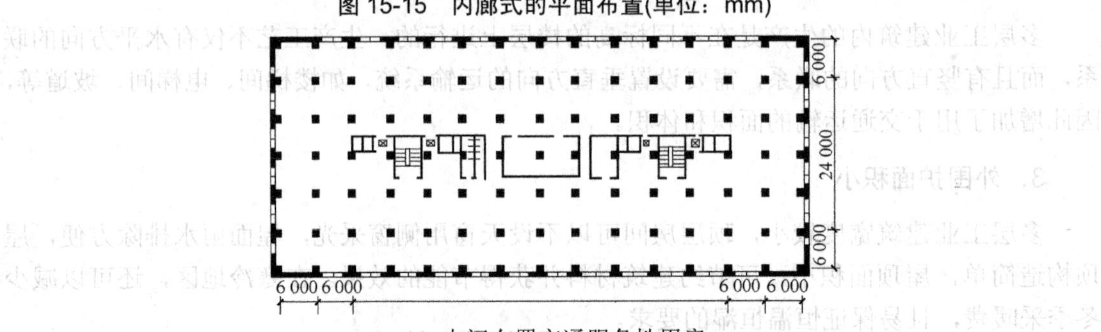

(a) 中间布置交通服务性用房

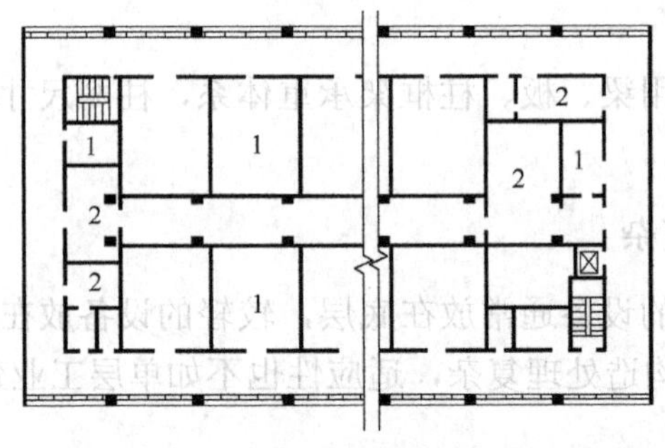

(b) 环状布置通道(通道在外围)

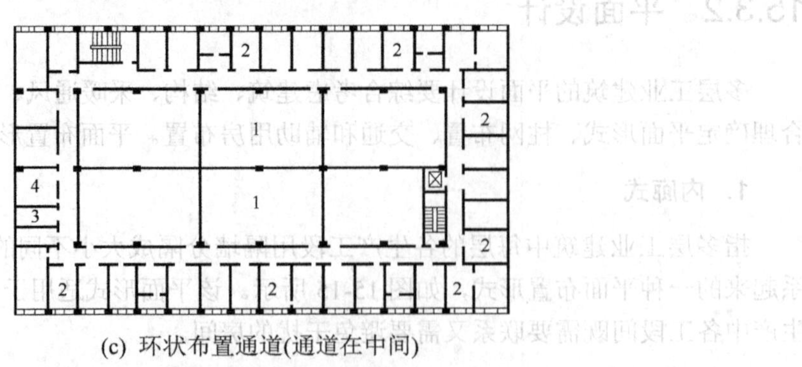

(c) 环状布置通道(通道在中间)

图15-16　大宽度式平面布置方案(单位：mm)

1—生产用房；2—办公、服务性用房；3—管道井；4—仓库

3．统间式

指厂房的主要生产部分集中布置在一个空间内，不设分隔墙，将辅助生产工部和交通运输部分布置在中间或两端的平面形式，如图 15-17 所示。该平面形式适用于生产工段需要较大面积、相互之间联系密切、不宜用隔墙分开的车间，各工段一般按照工艺流程布置在大统间中。

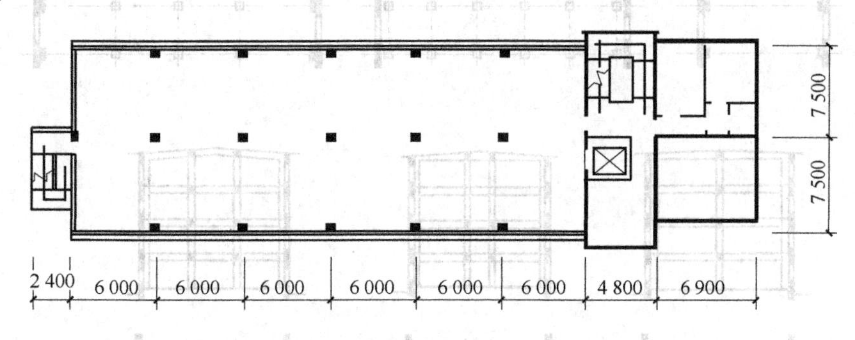

图 15-17　统间式平面布置(单位：mm)

4．混合式

指根据生产工艺以及建筑使用面积等不同需要，将上述各种平面形式混合布置。

多层工业建筑的柱网布置形式有内廊式、等跨式、不等跨式、大跨度式几种，如图 15-18 所示。在实际设计中应综合考虑应用。

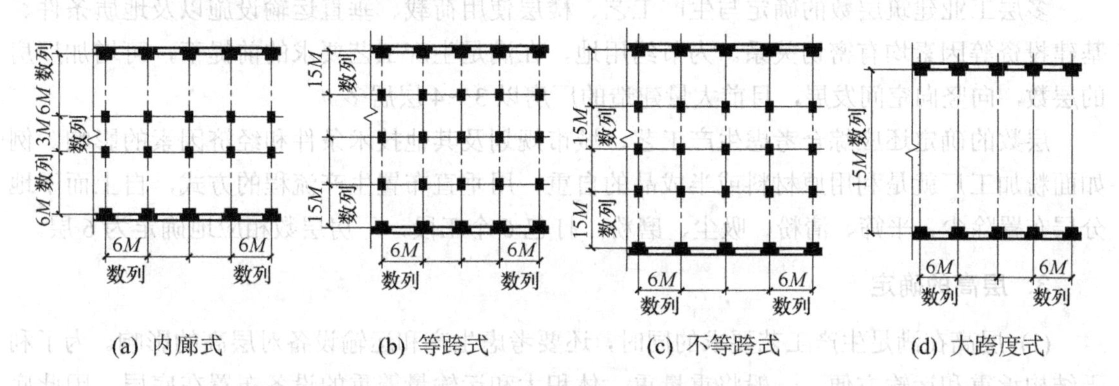

图 15-18　多层厂房的柱网类型

15.3.3　剖面设计

多层工业建筑的剖面设计，主要研究和确定建筑的剖面形式、层数和层高、工程技术管线的布置和内部设计等相关问题，并应该结合平面设计和立面处理。

1．剖面形式

多层工业建筑的平面柱网不同，其剖面形式多种多样，不同结构形式、生产工艺的平面布置会对剖面形式产生直接影响。目前多采用如图 15-19 所示的几种剖面形式。

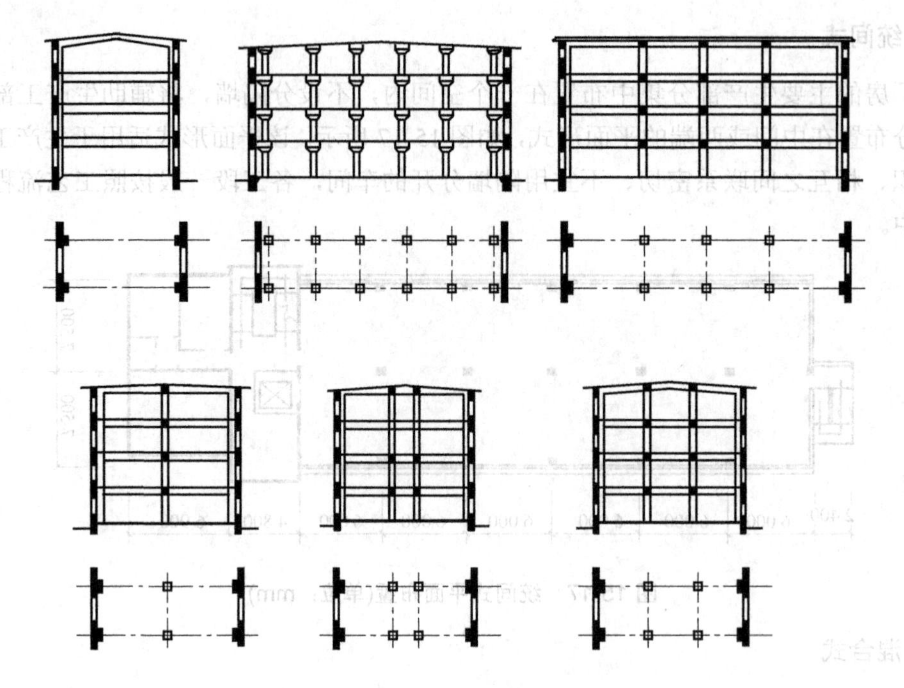

图 15-19　常用剖面形式

2. 层数的确定

多层工业建筑层数的确定与生产工艺、楼层使用荷载、垂直运输设施以及地质条件、基建投资等因素均有密切关系。为节约用地，在满足生产工艺要求的前提下，可增加厂房的层数，向竖向空间发展，目前大量建造的厂房以3～4层居多。

层数的确定还应综合考虑生产工艺、城市规划及其他技术条件和经济因素的影响。例如面粉加工厂就是利用原材料或半成品的自重，用垂直布置生产流程的方式，自上而下地分层布置除尘、平筛、清粉、吸尘、磨粉、打包6个工段，厂房层数相应地确定为6层。

3. 层高的确定

(1) 层高在满足生产工艺要求的同时，还要考虑生产和运输设备对层高的影响。为了利于结构承重和运输方便，一般将重量重、体积大和运输量繁重的设备布置在底层，因此底层层高相应增加。有时某些个别设备高度很高，也可以采取局部楼面抬高的做法，形成参差层高的剖面形式。

(2) 对于采用自然通风的车间，其层高的确定应满足工业企业设计卫生标准中对净高的要求；对于有散发热量的工段，应根据通风计算选择层高。

(3) 多层工业建筑的管道布置与单层厂房不同，除了底层可利用地面以下的空间外，其余都需要占有一定的空间高度，对层高产生影响。图15-20所示为几种管道的布置方案。

(4) 层高在满足生产工艺要求的前提下，要兼顾室内建筑空间比例的协调。

(5) 层高的确定还要考虑经济因素。根据计算，层高和单位面积造价的变化成正比，层高每增加0.6m，单位面积造价提高8.3%左右。

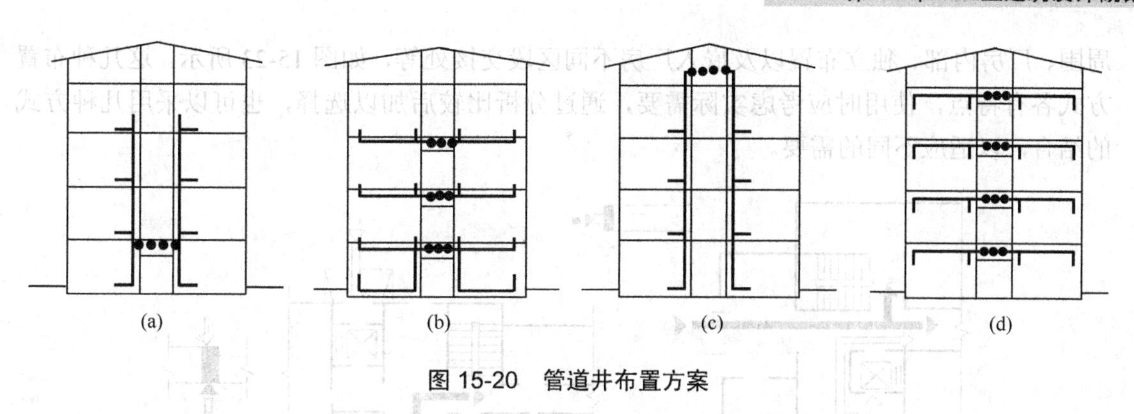

图 15-20 管道井布置方案

15.3.4 楼梯、电梯间、生活间和辅助用房布置

多层工业建筑的电梯间和主要楼梯通常布置在一起，并且和生活、辅助用房组合在一起，既方便使用又有利于节约建筑空间，其在平面中具体位置是设计重点。一般要考虑生产流程的组织、建筑防火或防震要求、建筑结构方案的选择和施工吊装方法等因素。

1. 布置原则和平面组合形式

楼梯、电梯间及生活、辅助用房的位置应选择在厂房合适的部位，路线应该满足直接、通顺、短捷的要求，使之既方便运输、有利于工作人员上下班的活动，还要避免人流、货流的交叉，同时满足安全疏散及防火、卫生等有关规范要求。

常见的楼梯、电梯间与出入口关系的处理有两种方式：第一种布置方式如图 15-21 所示，人流和货流从同一出入口进出，满足人流、货流同门进出、直捷通畅，互不相交的前提下，楼梯与电梯的相对位置可有不同的布置方案；第二种布置方式如图 15-22 所示，人流和货流分门进出，设置人行和货运两个出入口，这种组合方式人流、货流分流明确，互不交叉干扰，尤其适用于对生产上要求洁净的厂房。

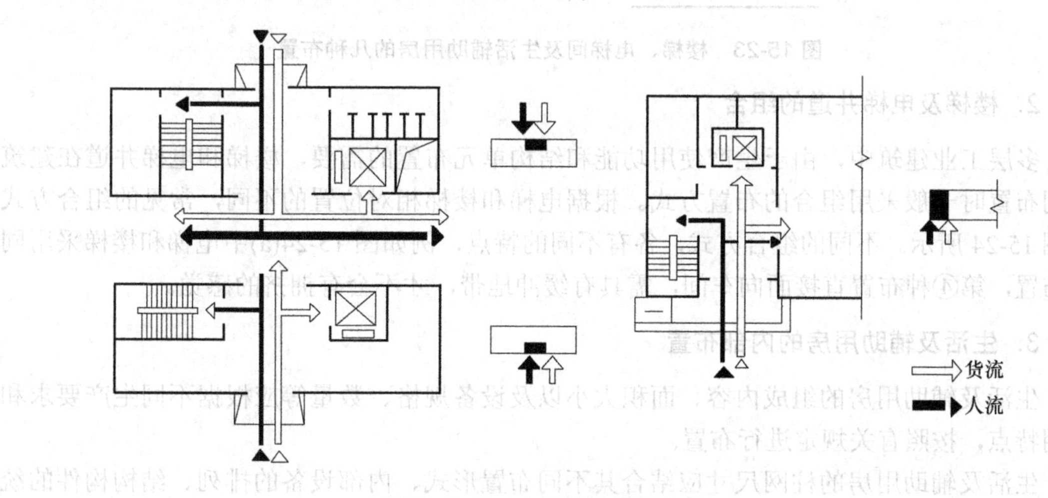

图 15-21 人流货流同门布置

楼梯、电梯间及生活、辅助用房在多层工业建筑中的布置方式有多种，可外贴在厂房

周围、厂房内部、独立布置以及嵌入厂房不同区段交接处等，如图15-23所示。这几种布置方式各有特点，使用时应考虑实际需要，通过分析比较后加以选择，也可以采用几种方式的结合，以适应不同的需要。

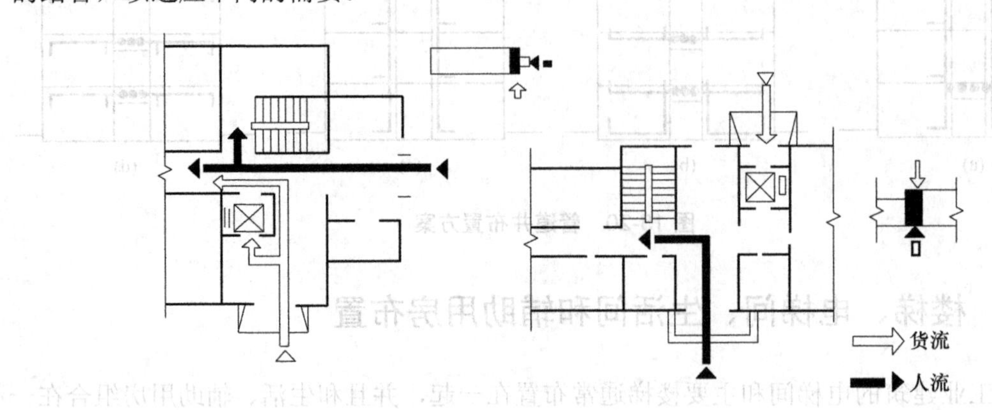

图 15-22 人流货流分门布置

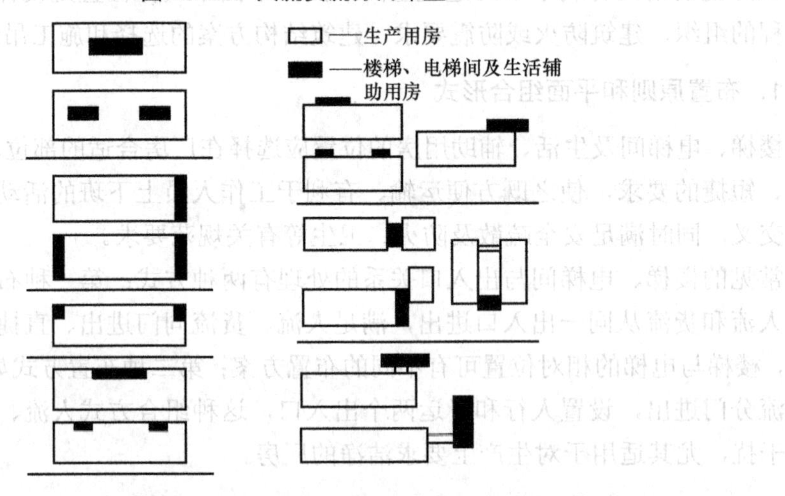

图 15-23 楼梯、电梯间及生活辅助用房的几种布置

2. 楼梯及电梯井道的组合

多层工业建筑中，由于生产使用功能和结构单元布置的需要，楼梯和电梯井道在建筑空间布置时一般采用组合的布置方式。根据电梯和楼梯相对位置的不同，常见的组合方式如图15-24所示。不同的组合方式，各有不同的特点，例如图15-24(a)中电梯和楼梯采用同侧布置，第④种布置直接面向车间，需具有缓冲地带，才不会有拥挤的感觉。

3. 生活及辅助用房的内部布置

生活及辅助用房的组成内容、面积大小以及设备规格、数量等应根据不同生产要求和使用特点，按照有关规定进行布置。

生活及辅助用房的柱网尺寸应结合其不同布置形式、内部设备的排列、结构构件的统一化以及和生产车间结构关系等因素综合研究决定。图15-25所示为生活及辅助用房层高和车间层高的布置关系。

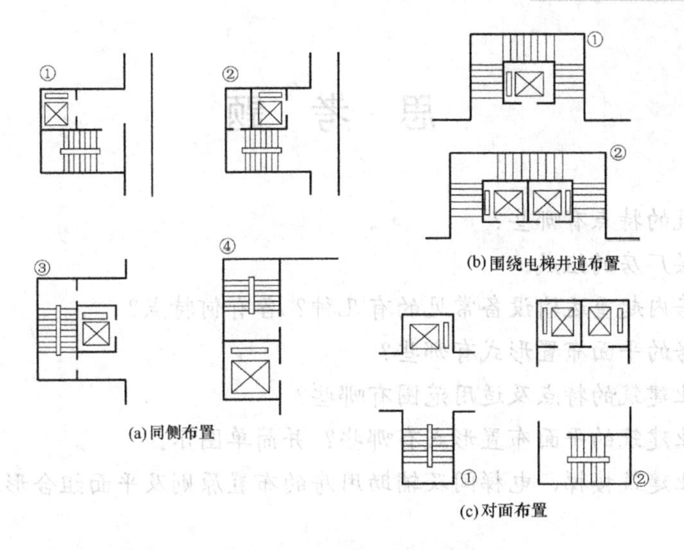

图 15-24　楼梯及电梯井道的组合方式

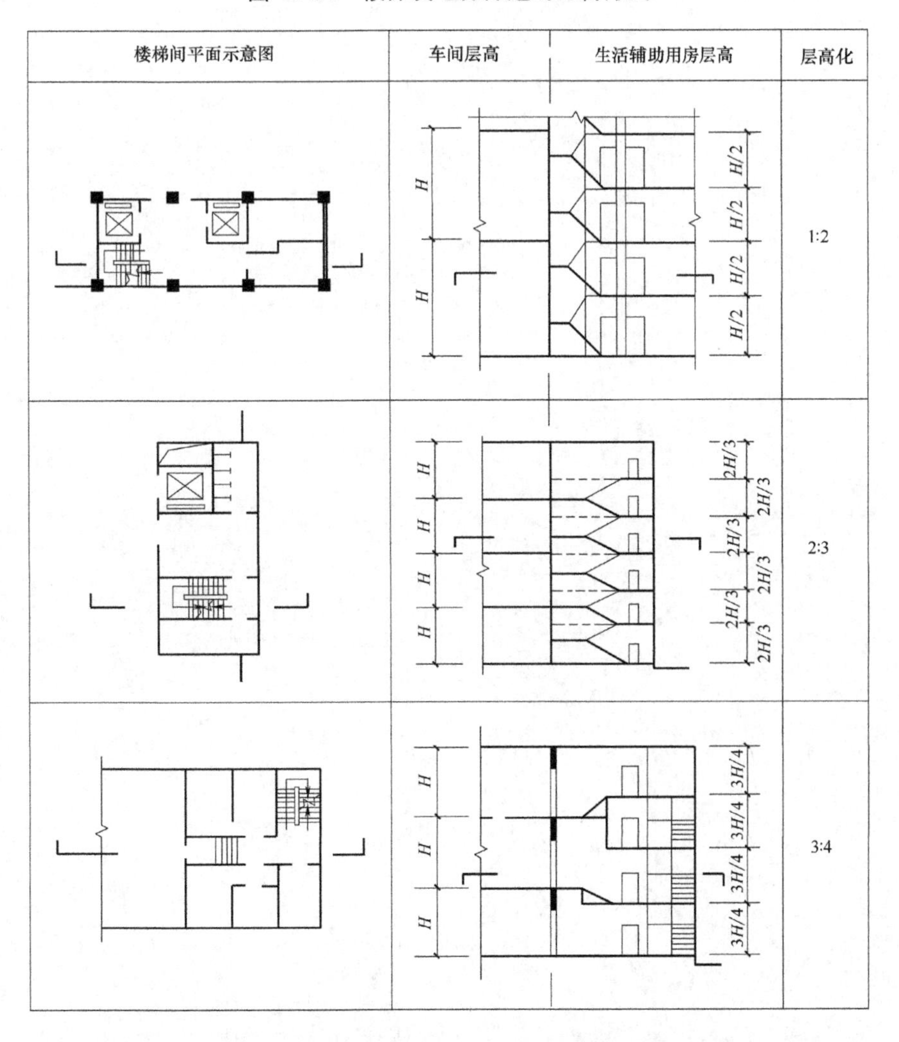

图 15-25　生活辅助用房与车间不同层高的布置

思 考 题

1. 工业建筑的特点有哪些?
2. 简述单层厂房的组成。
3. 单层厂房内起重运输设备常见的有几种?各有何特点?
4. 单层厂房的平面布置形式有哪些?
5. 多层工业建筑的特点及适用范围有哪些?
6. 多层工业建筑的平面布置形式有哪些?并简单图示。
7. 多层工业建筑楼梯、电梯间及辅助用房的布置原则及平面组合形式有哪些?

参 考 文 献

[1] 同济大学，西安建筑科技大学，东南大学，重庆大学．房屋建筑学[M]．北京：中国建筑工业出版社，2006．
[2] 聂洪达．房屋建筑学[M]．北京：北京大学出版社，2007．
[3] 北京城建集团．建筑结构工程施工工艺标准[S]．北京：中国计划出版社，2004．
[4] 北京城建集团．建筑装饰装修工程施工工艺标准[S]．北京：中国计划出版社，2004．
[5] 北京市城乡规划标准化办公室，北京工程建设标准化协会．12BJ1-1 工程做法[S]．北京：中国建筑工业出版社，2012．
[6] 付云松，李晓玲．房屋建筑学[M]．北京：中国水利水电出版社，2009．
[7] 姜忆南，李世芬．房屋建筑学[M]．北京：化学工业出版社，2004．
[8] 赵毅．房屋建筑学[M]．重庆：重庆大学出版社，2007．
[9] 杨维菊．建筑构造设计(上册)、(下册)[M]．北京：中国建筑工业出版社，2008．
[10] 李必瑜，魏宏杨．建筑构造(上册)、(下册)[M]．北京：中国建筑工业出版社，2008．
[11] 裴刚，安艳华．建筑构造(上册)、(下册)[M]．武汉：华中科技大学出版社，2008．
[12] 胡建琴，崔岩．房屋建筑学[M]．北京：清华大学出版社，2007．
[13] 陆可人，欧晓星，刁文怡．房屋建筑学与城市规划导论[M]．2 版．南京：东南大学出版社，2007．
[14] 裴刚，沈粤，扈媛，房屋建筑学[M]．广州：华南理工大学出版社，2004．
[15] 房志勇．房屋建筑构造学[M]．北京：中国建材工业出版社，2003．
[16] 沈福煦．建筑方案设计[M]．上海：同济大学出版社，1999．
[17] 聂洪达．房屋建筑学[M]．北京：北京大学出版社，2007．
[18] 舒秋华．房屋建筑学[M]．2 版．武汉：武汉理工大学出版社，2002．
[19] 彭一刚．中国古典园林分析[M]．北京：中国建筑工业出版社，1986．
[20] 付信祁，广士奎．房屋建筑学[M]．4 版．北京：中国建筑工业出版社，2006．
[21] 张新荣．建筑装饰简史[M]．北京：中国建筑工业出版社，2000．
[22] 彭一刚．建筑空间组合论[M]．2 版．北京：中国建筑工业出版社，1998．
[23] 蔡真钰．建筑设计资料集 7[M]．2 版．北京：中国建筑工业出版社，1994．
[24] 费麟．建筑设计资料集 6[M]．2 版．北京：中国建筑工业出版社，1994．
[25] 靳玉芳．房屋建筑学[M]．北京：中国建材工业出版社，2004．
[26] 田学哲．建筑初步[M]．2 版．北京：中国建筑工业出版社，2006．
[27] 张叔平．建筑防火设计[M]．北京：中国建筑工业出版社，2008．
[28] 苏炜．建筑构造[M]．郑州：郑州大学出版社，2006．
[29] 张根凤．房屋建筑学[M]．武汉：华中理工大学出版社，2006．
[30] 舒秋华，李世禹．房屋建筑学[M]．2 版．武汉：武汉理工大学出版社，2006．
[31] 冯美宇．房屋建筑学[M]．武汉：武汉理工大学出版社，2004．
[32] 中华人民共和国建设部．建筑地基基础设计规范 GB50007—2011[S]．北京：中国建筑工业出版社，2011．

[33] 国家人民防空办公室．地下工程防水技术规范 GB50108–2008[S]．中国计划出版社，2009.
[34] 李必瑜．房屋建筑学[M]．武汉：武汉理工大学出版社，2008.
[35] 舒秋华．房屋建筑学(精编本)[M]．武汉：武汉理工大学出版社，2005.
[36] 裴刚．房屋建筑学[M]．广州：华南理工大学出版社，2006.
[37] 张芹．新编建筑幕墙技术手册[M]．济南：山东科学技术出版社，2006.
[38] 屋面工程施工质量验收规范 GB 50207—2012[S]
[39] 房屋建筑制图统一标准 GB/T 50001—2010　新版本 2010[S]
[40] 建筑设计防火规范 GB 50016—2014[S]
[41] 中国建筑标准设计研究院．国家建筑标准设计图集．北京：2000
[42] 郭院成，等．建筑结构体系概念和设计[M]．郑州：黄河水利出版社，2001.
[43] 周云．高层建筑结构设计(精编本)[M]．武汉：武汉理工大学出版社，2006.
[44] 何淅淅．高层建筑结构设计(精编本)[M]．武汉：武汉理工大学出版社，2007.
[45] 董石麟，罗尧治，赵阳等．新型空间结构分析、设计与施工[M]．北京：人民交通出版社．2006.
[46] 完海鹰．大跨空间结构[M]．北京：中国建筑工业出版社，2008.
[47] 蓝天．大跨度屋盖结构抗震设计[M]．北京：中国建筑工业出版社，2000.
[48] 尹德钰，刘善维，钱若军．网壳结构设计[M]．北京：中国建筑工业出版社，1996.
[49] 中国建筑科学研究院．网壳结构技术规程 JGJ 61—2003.
[50] 李阳．建筑膜材料和膜结构的力学性能研究与应用[D]．同济大学，2007.
[51] 徐其功．张拉膜结构的工程研究[D]．华南理工大学，2003.
[52] 吕西林，程明．超高层建筑结构体系的新发展[J]．结构工程师，2008(2).
[53] 张宗尧．中小学校建筑实录集萃[M]．北京：中国建筑工业出版社，2000.
[54] 中华人民共和国建设部．民用建筑热工设计规范 GB 50176—93．北京：中国计划出版社，1993.
[55] 张启香，杨茂森，等．房屋建筑学实训指导[M]．北京：北京理工大学出版社，2009.
[56] 张宗尧，等．中小学校建筑设计[M]．北京：中国建筑工业出版社，2000.
[57] 建筑设计资料集编委会．建筑设计资料集 3[M]．2 版．北京：中国建筑工业出版社，1994.
[58] 中小学校建筑设计图集．北京：中国建筑工业出版社，1993.
[59] 张泽惠，曹丹庭，张荔．中小学校建筑设计手册[M]．北京：中国建筑工业出版社，2001.
[60] 张泽惠，曹丹庭，张荔．中小学校[M]．北京：中国建筑工业出版社，2002.